大学化学实验

孔 亮 李敏晶 主编

化学工业出版社
·北京·

本书共五篇，以化学实验基础知识和实验方法、实验操作技能为主线，内容包括无机化学实验、分析化学实验、有机化学实验、物理化学实验和天然产物化学实验，共包含76个实验；另外，部分篇章后附有附录，便于读者参考使用。

本书内容丰富，适用面广，具有海洋类专业特色，可供高等学校化学类、海洋科学类、环境类、食品类、生物类及相关专业师生使用，也可供化学化工领域工程技术人员和科研人员参考。

图书在版编目（CIP）数据

大学化学实验/孔亮，李敏晶主编. —北京：化学工业出版社，2019.6（2022.9重印）

ISBN 978-7-122-34083-2

Ⅰ.①大… Ⅱ.①孔…②李… Ⅲ.①化学实验-高等学校-教材 Ⅳ.①O6-3

中国版本图书馆CIP数据核字（2019）第049595号

责任编辑：刘兴春　刘　婧　　　　　　文字编辑：向　东
责任校对：宋　玮　　　　　　　　　　装帧设计：刘丽华

出版发行：化学工业出版社（北京市东城区青年湖南街13号　邮政编码100011）
印　　装：天津盛通数码科技有限公司
787mm×1092mm　1/16　印张19¼　字数456千字　2022年9月北京第1版第4次印刷

购书咨询：010-64518888　　　　　　售后服务：010-64518899
网　　址：http://www.cip.com.cn

凡购买本书，如有缺损质量问题，本社销售中心负责调换。

定　　价：58.00元　　　　　　　　　　　　　　　　版权所有　违者必究

《大学化学实验》
编写人员名单

主　　编：孔　亮　李敏晶

副 主 编：谭成玉　张　敏　陈　涛

编　　者：孔　亮　李敏晶　谭成玉　张　敏

　　　　　陈　涛　刘　靖　刘　远　刘恒明

前 言

化学实验是化学类及相关专业的重要基础课程之一，与化学理论课共同组成化学课程体系。化学实验教学可使学生通过发现与验证加深对化学基础理论、基本知识的理解，从而准确掌握化学实验技能和基本研究方法，提高观察、分析和解决实际问题的能力。与其他课程的实验课一样，化学实验课程已成为培养学生实验精神、动手能力与创新能力的重要教学方法和手段。

本书以化学实验基础知识和实验方法、实验操作技能为主线，对基础化学实验原理、方法与实验手段进行了较为全面的阐述，同时书中还涉及了很多综合设计性实验项目，目的是提高学生综合运用化学实验知识开展专业相关实验的能力。

在多年实验教学和研究的基础上，编者参考了国内外化学实验教材及相关研究资料，并结合大连海洋大学的办学特色，编写了这部实验教材。本书的实验内容分别为无机化学实验、分析化学实验、有机化学实验、物理化学实验和天然产物化学实验五部分，其中不但具有代表性的经典实验内容，还特别增加了具有海洋类专业特色的化学实验内容。本书符合高校复合应用型人才培养模式和理念，可供高校化学类、海洋科学类、环境类、食品类、生物类及相关专业的师生使用。

限于编者的水平及编写时间，书中不妥之处在所难免，恳请读者批评指正。

编者
2019 年 2 月

目 录

第三篇　有机化学实验

第四篇　物理化学实验

第五篇　天然产物化学实验

第一篇
无机化学实验

第一章　无机化学实验基础知识
第二章　无机化学实验

第一章　无机化学实验基础知识

第一节　无机化学实验课程的要求

一、课程的性质、教学目的与任务

化学是一门以实验为基础的科学。任何化学规律的发现和理论的建立都必须以大量的实验作为基础，并不断经受更多实验的验证和检验。化学理论和规律的应用也离不开化学实验。无机化学实验是学生进入大学后在化学实验技能方面受到系统和严格训练的开端。无机化学实验课程的教学目的和任务主要有：使学生能够更好地理解和掌握无机化学的基本理论和基础知识；使学生在无机化学实验的基本操作和技能技巧方面得到系统的培养和锻炼；提高学生学习化学的兴趣；培养学生独立分析和解决问题的能力；同时注重培养学生实事求是、严谨细致的科学态度，善于观察、勤于思考的科学素养，勇于探索、百折不挠的科学精神和勤俭节约、团结协作的优良作风；为后续化学理论和实验课程的学习以及今后独立地从事工业生产、开发和科学研究工作打下良好的基础。

二、学习要求和学习方法

1. 学习要求

（1）实验前必须做好预习

要求认真阅读实验教材和相关参考书，了解实验的目的和要求、掌握和理解实验基本原理、熟悉实验的具体操作步骤以及注意事项。

（2）认真独立地完成实验

实验中要做到认真规范地操作、细心观察、积极思考、如实和详细地记录。注意正确地保留实验数据中有效数字的位数。对于设计性实验审题要准确，在设计实验前需仔细查阅文献资料。设计的实验方案要合理可靠，以达到预期的目的。有些实验需要分组，由组内几位学生来共同完成一个实验，此时需要组内的同学们分工协作。要求每位同学不仅对自己独立承担的实验部分的原理和操作步骤非常熟悉，还应对其他同学的实验内容和步骤熟练掌握。在其他同学进行实验的过程中要在旁边仔细观察，积极思考，发现问题或有不理解的地方应随时提出，并积极讨论交流，最后通过团结合作来共同顺利地完成实验。

（3）按时完成实验报告

书写实验报告是学生对实验工作的分析和总结，也是对所学实验知识的归纳和巩固的过程。及时对实验结果进行分析和总结是一种良好的科学素养。实验报告要求及时完成，书写规范整洁，内容简明扼要，数据真实可靠。

2. 学习方法

（1）预习

实验课时间有限，一般教师只是在实验课课堂上简单介绍实验原理、操作步骤及注意事项等，之后会要求学生抓紧进行实验。如果事先不做好预习，在课堂上很难对实验的整个过程有深刻的印象。此时仓促上阵，往往会在实验过程中手忙脚乱，破绽百出。这样就达不到巩固理论知识、培养和锻炼实验技能的目的。因此在实验前必须要做好预习。只有对实验的原理及各个操作过程都心中有数，才能使实验有条不紊地进行。这样在实验过程中就有更多的时间用于观察和思考，从而达到预期的效果。预习时应做到：认真阅读实验教材和参考教材中的相关内容；明确实验的目的和要求；掌握和理解实验的基本原理；掌握实验的预备知识；熟练掌握实验的具体操作步骤；了解实验操作过程的关键步骤及注意事项；最好预先设想一下在实验中是否可能出现一些导致实验失败甚至引发安全事故的错误操作，以及避免这些错误的措施。写出简明扼要的实验预习报告等。

（2）实验

进行实验时要有严谨细致的科学态度，要养成做化学实验的良好习惯。实验时应做到：认真操作，严格遵守实验操作规范，注重基本操作训练与实验能力的培养；对于每一个实验，不仅要在原理上搞清弄懂，更要在具体操作上进行严格训练。即使是一个很小的操作也要按规范要求一丝不苟地进行练习。在练习中要注意思考和理解规范的操作好在哪里，以及错误的操作对实验会有什么不利的影响。实验中要细心观察现象，尊重实验事实，及时、如实地做好详细记录，从中得到有用的结论。如果观察到的实验现象与理论不符，应分析原因并进行重复实验来进一步核对。实验过程中应勤于思考，仔细分析，力争自己解决问题或和其他同学们讨论后解决问题。遇到难以解决的疑难问题时，可请教师指导。若实验失败应找出失败的原因，并经教师同意后重做实验。在实验过程中应保持肃静，遵守纪律，注意安全，爱护仪器和设备，注意节约药品、水、电、煤气等。设计新实验或做规定以外的实验时，应先获得指导教师允许。实验完毕后应洗净仪器，整理好药品及实验台，培养良好的实验习惯和公共道德。

（3）实验报告

实验报告是总结实验进行的情况、分析实验中出现的问题和整理归纳实验结果必不可少的基本环节，是把直接和感性认识提高到理性思维阶段的必要一步。实验报告也能反映出每个学生的实验水平，是实验评分的重要依据。实验者必须严肃、认真、如实和及时地写好实验报告。实验报告一般包括以下八部分内容。

① 实验题目：高度概括实验的内容。

② 实验目的：主要包括通过本实验验证什么原理，测量哪些参数，掌握哪些重要的和基本的操作，掌握哪些仪器设备的原理和使用方法等。要求尽可能简洁、清楚。

③ 实验原理：主要用反应方程式和物理化学公式表示，语言文字部分要简明扼要。

④ 实验仪器与药品：要求尽可能详细、清楚。

⑤ 实验步骤：可以用表格、框图、符号等形式，文字表达要条理清楚、言简意赅。

⑥ 实验现象和数据记录：表达实验现象要准确、全面，数据记录要规范、完整、真实、可靠，绝不允许主观臆造、弄虚作假。数据的记录还要特别注意应保留的有效数字位数。

⑦ 实验结果：解释所观察到的实验现象，对实验结果的可靠程度与合理性进行评价，分析本次实验说明了什么问题。若有数据计算，务必将所依据的公式和相关计算结果表达清楚。

⑧ 问题与讨论：针对本实验中遇到的疑难问题，提出自己的见解或体会；回答实验教材中及教师课堂上提出的思考题；也可以对实验方法、检测手段、合成路线、实验内容等提出自己的意见，从而训练创新思维和创新能力。

○ 第二节　加热仪器和加热方法

一、加热仪器

无机化学实验室中常用的加热仪器有酒精灯、酒精喷灯、煤气灯、电炉、电加热套、电加热板、马弗炉等，现对酒精灯、酒精喷灯和煤气灯三种常用加热仪器分别予以介绍。

1. 酒精灯

酒精灯一般是由玻璃制成的，其加热温度通常为 $400\sim500℃$，适用于加热温度不需太高的实验。酒精灯的构造如图 1-1 所示，主要包括灯帽、灯芯、灯壶三个部分。酒精灯的正常火焰分为三层（图 1-2）。其中，内层为焰心，温度最低；中层为内焰，该层中酒精蒸气过量而氧气不足，燃烧不充分。由于该层中含有大量具有一定还原性的含碳有机物而氧气稀薄，所以也被称为还原焰，其温度比焰心高，但低于外层的温度。火焰外层为外焰，该部分乙醇蒸气完全燃烧，火焰层中含过量的氧气，也被称为氧化焰。该层火焰的温度最高，进行实验时一般都用外焰来加热。

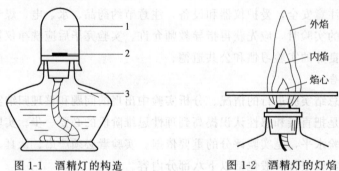

图 1-1　酒精灯的构造

1—灯帽；2—灯芯；3—灯壶

图 1-2　酒精灯的灯焰

使用酒精灯时，应先检查灯芯，剪去灯芯烧焦部分，露出灯芯管 $0.8\sim1cm$ 为宜（图 1-3）。然后添加酒精。加酒精时必须将灯熄灭，待灯冷却后借助漏斗将酒精注入。酒精加入量为灯壶容积的 $1/3\sim2/3$，即稍低于灯壶最宽位置（肩膀处）。必须用火柴点燃酒精灯，绝对不能用另一燃着的酒精灯去点燃，以免洒落酒精引起火灾（图 1-4）。酒精灯用完后要用灯罩盖灭，不可用嘴吹灭（图 1-5）。灯罩盖上片刻后，还应将灯罩再打开一次，以免冷却后盖内产生负压使以后打开困难。若要使灯焰平稳，并适当提高温度，可以加一金属网罩（图 1-6）。

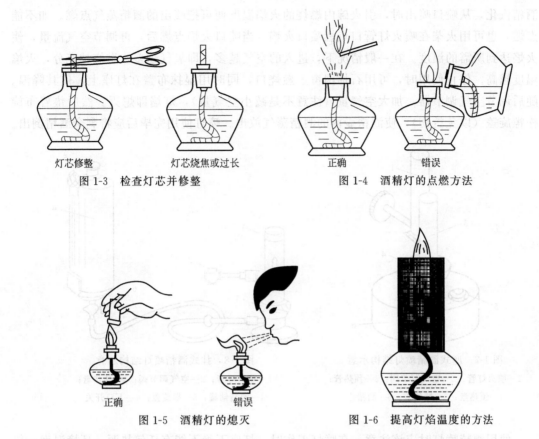

图1-3 检查灯芯并修整 图1-4 酒精灯的点燃方法

图1-5 酒精灯的熄灭 图1-6 提高灯焰温度的方法

2. 酒精喷灯

酒精喷灯一般是由金属制成的,其火焰温度一般在800℃左右,最高可达1000℃。常用的酒精喷灯有座式和挂式两种。座式喷灯的结构示意见图1-7。座式酒精喷灯由喷火灯管、空气调节阀、预热管、预热盘(引火碗)、螺旋盖、酒精壶等部分构成。预热管与喷火灯管焊在一起,中间有一细管相通。工作时先在预热管外面的预热盘中加入适量酒精并点燃,其燃烧导致的较高温度使预热管内部的酒精迅速蒸发,此时较高压强的酒精蒸气会从连接预热管与喷火灯管之间的细管喷嘴喷出,继而在喷火灯管内充分燃烧。通过调节空气调节阀来控制焰的大小及温度。一般连续工作半小时左右耗用酒精200mL。挂式酒精喷灯的结构和座式酒精喷灯非常相近(图1-8),工作原理也基本相同。主要不同之处在于座式喷灯的酒精存放于酒精壶灯座内,挂式喷灯的酒精储存于储罐并悬挂于高处。酒精储罐的底部通过导管和喷灯灯管的底部相连。下面以座式酒精喷灯为例来说明使用酒精喷灯的具体步骤及注意事项。

首先旋开加注酒精的螺旋盖,通过漏斗把酒精倒入酒精壶内。为了安全,酒精的量不可超过酒精壶容积的80%(约200mL)。随即将盖旋紧,避免漏气。然后把灯身倾斜70°,使灯管内的灯芯沾湿,以免灯芯烧焦。另外,灯管内的酒精蒸气喷口直径一般为0.55mm,容易被灰粒等堵塞,堵塞后就不能引燃,所以每次使用酒精喷灯时,可以用捅针捅一捅酒精蒸气出口,以保证出气口畅通。之后在预热盘内注入2/3容量的酒精,然后点燃预热盘内的酒精,以加热金属灯管(此时要转动空气调节器把入气孔调到最小)。待酒精汽化，从喷口喷出时，引火碗内燃烧的火焰温度便可把喷出的酒精蒸气点燃。如不能点燃，也可用火柴在喷火灯管口点燃喷口火焰。当喷口火焰点燃后，再调节空气流量，使火焰达到所需的温度。在一般情况下，进入的空气越多，即氧气越多，燃烧越充分，火焰温度越高。停止使用时，可用石棉网覆盖燃烧口，同时用湿抹布盖在灯座上，使其降温。随后调节空气调节器，加大空气量（注意不是减小空气量），灯焰即熄灭。然后垫着布旋松螺旋盖（以免烫伤），使酒精壶内的酒精蒸气放出。喷灯使用完毕后应将剩余酒精倒出。

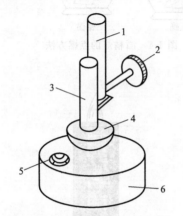

图 1-7　座式酒精喷灯结构示意
1—喷火灯管；2—空气调节阀；3—预热管；
4—预热盘；5—螺旋盖；6—酒精壶

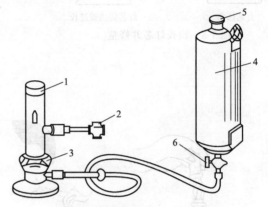

图 1-8　挂式酒精喷灯结构示意
1—喷火灯管；2—空气调节阀；3—预热盘；
4—酒精储罐；5—螺旋盖；6—下口开关

　　使用酒精喷灯时应该注意：在喷灯工作时，灯座下绝不能有任何热源，环境温度一般应在 35℃ 以下，周围不要有易燃物。当酒精壶内酒精剩到 20mL 左右时应停止使用，如需继续工作，要把喷灯熄灭后再添加酒精。不能在喷灯燃着时向酒精壶内加注酒精，以免引燃酒精壶内的酒精蒸气。使用喷灯时如发现酒精壶底凸起，要立即停止使用，检查喷口有无堵塞、酒精有无溢出等，待查明原因、排除故障后方能继续使用。每次连续使用喷灯的时间不宜过长，一般不能超过半小时。如果需要超过半小时，则必须暂时熄灭喷灯，待其冷却后添加酒精，然后方能重新点燃继续使用。当发现灯身温度升高或酒精壶内酒精沸腾（有气泡破裂声）时要立即停用，避免由于酒精壶内压强增大导致酒精壶崩裂。

3. 煤气灯

　　煤气灯也是化学实验室中最常用的加热器具，有多种式样，但基本构造和工作原理都基本相同。煤气灯一般由金属材料制得，主要有灯管和灯座两部分，其结构见图 1-9。灯管和灯座通过灯管下部的螺旋相连，在灯管的下部还有几个小圆孔，为空气入口，旋转灯管可开启和关闭圆孔，以调节空气的进入量。灯座侧面有一支管为煤气入口，接上橡皮管后与煤气开关相连，将煤气引入灯内。灯座侧面（或底部）还有

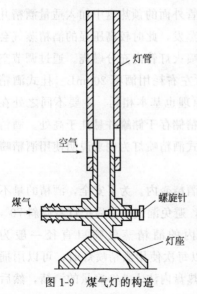

灯管

空气

煤气

螺旋针

灯座

图 1-9　煤气灯的构造

一螺旋针，可用于调节煤气的进入量。

点燃煤气灯时，先顺时针旋转灯管，以关闭空气入口，擦燃火柴，放于灯管口，打开煤气开关，点燃煤气，调节煤气灯座侧面的螺旋针，使火焰保持适当高度，然后，旋转灯管，调节空气进入量，使煤气完全燃烧，形成淡紫色分层的正常火焰。煤气灯的正常火焰和酒精灯一样也分为三层，如图 1-10(a) 所示。内层为焰心，含有未燃烧的煤气和空气的混合物，温度较低，一般在 300℃ 左右。中层为还原焰。此处煤气的燃烧不充分，含有大量烃类化合物而氧气稀薄，故这部分火焰具有一定的还原性，被称为还原焰。还原焰温度较焰心高，火焰呈淡蓝色。外层为氧化焰，该层的煤气完全燃烧，过剩的氧气使这部分火焰具有氧化性，故称为氧化焰。氧化焰一般呈淡紫色。煤气灯的最高温度处位于还原焰顶端上部的氧化焰中，温度可达 800～900℃。随煤气组成不同，火焰温度会有所不同。在煤气灯的使用中，若煤气和空气的进入量调节得不合适，则会出现几种不正常的火焰。如果煤气和空气的进入量都调节得很大，则点燃煤气后火焰在灯管的上空燃烧，这样的火焰称为"凌空火焰"，如图 1-10(b) 所示。移去点燃所用的火柴时，火焰也很容易自行熄灭，造成煤气泄漏。如果煤气的进入量很小，而空气的进入量很大时，煤气将在灯管内燃烧，管口会出现一缕细细的呈青色或绿色的火焰，同时有有特色的"嘘嘘"声响发出，这样的火焰称为"侵入火焰"，如图 1-10(c) 所示。遇到这些不正常的火焰时，应立即关闭煤气开关，重新调节和点燃煤气。

由于煤气中常夹杂未除尽的煤焦油，久而久之，它会把煤气阀门和煤气灯内孔道堵塞。为此，常需把金属灯管和螺旋针取下，用细铁丝清理孔道。堵塞较严重时，可用苯清洗的方法清除煤焦油。煤气灯焰所能提供的加热温度远高于普通酒精灯而和酒精喷灯相当。如果用纯氧气替代空气，则可以获得更高的灯焰温度。煤气灯在安全性能方面要优于酒精喷灯。只要操作得当煤气灯可以持续工作而不像酒精喷灯那样持续工作时间不宜过长。

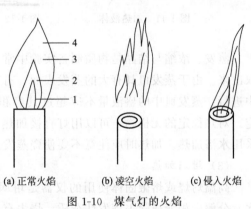

(a) 正常火焰　　(b) 凌空火焰　　(c) 侵入火焰

图 1-10　煤气灯的火焰

1—焰心；2—还原焰；3—最高温度处；4—氧化焰

二、加热方法

按加热的方式不同，加热可分为直接加热和间接加热。

1. 直接加热

当被加热的液体在较高温度下稳定而不分解，又无着火危险时，可以把盛有液体的容器放在石棉网上用灯直接加热。实验室常用于直接加热的玻璃器皿有烧杯、烧瓶、蒸发皿、试管等。它们均能承受一定的温度，但不能骤冷骤热，以防爆裂。因此在加热前必须将器皿外的水擦干，加热后也不能立即与潮湿物体接触。

(1) 试管加热

少量液体或固体一般可以置于硬质试管中加热。用试管加热时，由于温度较高，不能直接用手拿试管加热，应用试管夹夹持试管或将试管用铁夹固定在铁架台上。加热液体时，应控制液体的量不超过试管容积的 1/3，用试管夹夹持试管的中上部加热，并使管口稍微向上倾斜（图 1-11）。管口不能对着自己或他人，以免爆沸溅出的溶液灼伤自己或他人。为使液体各部分受热均匀，应先加热液体的中上部，再慢慢往下移动加热底部，并不时地摇动试管，以免由于局部过热、蒸气骤然产生将液体喷出管外，或因受热不均使试管炸裂。加热固体时，试管口应稍微向下倾斜（图 1-12），以免凝结在试管口上的水珠回流到灼热的试管底部，使试管破裂。

（2）烧杯、烧瓶、蒸发皿加热

蒸发液体或加热量较大时可选用烧杯、烧瓶或蒸发皿。用烧杯、烧瓶和蒸发皿等玻璃器皿加热液体时，不可用明火直接加热，应将器皿放在石棉网上加热（图 1-13），否则器皿易因受热不均而破裂。使用烧杯和蒸发皿加热时，为了防止爆沸，在加热过程中要适当加以搅拌。加热时，烧杯中的液体量不应超过烧杯容积的 1/2。

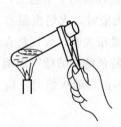 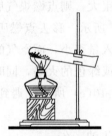 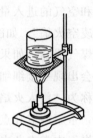

图 1-11　加热液体　　　　图 1-12　加热固体　　　　图 1-13　加热烧杯中的液体

蒸发、浓缩与结晶是物质制备实验中常用的操作，通过此步操作可将产品从溶液中提取出来。由于蒸发皿具有大的蒸发表面，有利于液体的蒸发，所以蒸发浓缩通常在蒸发皿中进行。蒸发皿中的盛液量不应超过其容积的 2/3。加热方式可视被加热物质的性质而定。对热稳定的无机物，可以用灯直接加热（应先均匀预热），见图 1-14。其他情况下多采用水浴加热。加热时应注意不要使瓷蒸发皿骤冷，以免炸裂。

（3）坩埚加热

高温灼烧或熔融固体使用的仪器是坩埚。灼烧是指将固体物质加热到高温以达到脱水、分解、相变或除去挥发性杂质、烧去有机物等目的的操作。实验室常用的坩埚有瓷坩埚、氧化铝坩埚、金属坩埚等。至于要选用何种材料的坩埚则视需灼烧物料的性质及需要加热的温度而定。加热时，将坩埚置于泥三角上，直接用酒精灯或煤气灯灼烧（图 1-15）。先用小火将坩埚均匀预热，然后加大火焰灼烧坩埚底部，根据实验要求控制灼烧温度和时间。夹取高温下的坩埚时必须使用干净的坩埚钳，坩埚钳使用前先在火焰上预热一下，再去夹取。灼热的瓷坩埚及氧化铝坩埚绝对不能与水接触，以免爆裂。坩埚钳使用后应使尖端朝上（图 1-16）放在桌子上，以保证坩埚钳尖端洁净。用煤气灯灼烧可获得 700～900℃ 的高温，若需更高温度可使用电炉或马弗炉（图 1-17、图 1-18）。

2. 间接加热

当被加热的物体需要受热均匀，且受热温度又不能超过一定限度时，可根据具体情况选择特定的热浴进行间接加热。所谓热浴是指先用热源将某些介质加热，介质再将热量传递给被加热物的一种加热方式。它是根据所用的介质来命名的，如用水作为加热介质称为水浴，类似的还有油浴、砂浴、金属浴、盐浴等。热浴的优点是加热均匀，升温平稳，并能使被加热物保持较恒定的温度。

图 1-14 蒸发皿加热

图 1-15 灼烧坩埚

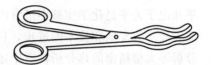
图 1-16 坩埚钳的放法

图 1-17 电炉

图 1-18 马弗炉

（1）水浴

以水为加热介质的一种间接加热法，水浴加热常在水浴锅中进行。在水浴加热操作中，水浴中水的表面略高于被加热容器内反应物的液面，可获得更好的加热效果。如采用电热恒温水浴锅加热，则可使加热温度恒定。实验室也常用烧杯代替水浴锅，在烧杯上放上蒸发皿，也可作为简易的水浴加热装置进行蒸发浓缩。如将烧杯、蒸发皿等放在水浴盖上，通过接触水蒸气来加热，这就是蒸汽浴。如果要求加热的温度稍高于 100℃，可选用无机盐类的饱和水溶液作为热浴液。

（2）油浴

油浴也是一种常用的间接加热方式，所用油多为花生油、豆油、亚麻油、蓖麻油、菜籽油、硅油、甘油和真空泵油等。

（3）砂浴

在铁盘或铁锅中放入均匀的细砂，再将被加热的器皿部分埋入砂中，下面用灯具加热即为砂浴。

● 第三节 溶液的配制

在化学实验中常常需要配制各种溶液来满足不同实验的要求，因此溶液的配制可视为化学实验中的一项基本操作。现从几个方面对溶液配制的基础知识予以介绍。

一、天平

天平是化学实验室中最常用的称量仪器。在配制溶液时一般均需要用到天平。天平的种类很多，按天平的工作平衡原理，可将其分为杠杆式天平和电磁力式天平两类；根据天平的精度，天平可分为常量（0.1g）天平、半微量（0.01g）天平、微量（0.001g）天平等。选用何种天平进行称量，需视实验时对称量物的质量范围和称量精度的要求。托盘天平和电子天平是化学实验中最常用的称量仪器。电光天平也曾经在实验室中广泛使用，但随着经济的发展和技术的进步，目前实验室中已很少用到普通的机械电光天平，仅在热重分析等大型精密的热分析仪器中还会用到一些精密的电光天平。

1. 台秤

台秤，又叫托盘天平，常用于一般称量。台秤一般能称准至 0.1g，其称量结果需估读一位，故而最后保留小数点后两位，如 1.45g。台秤常用于对精度要求不高的称量或精密称量前的粗称。

（1）构造

如图 1-19 所示，台秤由横梁、托盘、指针、刻度盘、游码标尺、游码、平衡调节螺钉、天平底座组成。

图 1-19   台秤

（2）称量

称量物品前，要先调整台秤零点。将台秤游码拨到标尺"0"位处，检查台秤指针是否停在刻度盘中间位置，若不在中间，可调节台秤托盘下侧的平衡调节螺钉。当指针在刻度盘中间位置左右摆动幅度大致相等时，则台秤处于平衡状态，停摇时，指针即可停在刻度盘中间。该位置即为台秤的零点。零点调好后方可称量物品。

称量时，左盘放被称物品，右盘放砝码（10g 或 5g 以下的质量，可用游码），用游码调节至指针正好停在刻度盘中间位置，此时台秤处于平衡状态，指针所停位置称为停点（零点与停点之间允许偏差在 1 小格以内），右盘上砝码的质量与游码指示的读数之和即为被称物的质量。

使用台秤应注意以下几点：不能称量热的物品；被称量物品不能直接放在台秤盘上，应放在称量纸、表面皿或其他容器中；吸湿性强或有腐蚀性的药品（如氢氧化钠）必须放在玻璃容器中快速称量；砝码只能放在台秤盘（大的放在中间、小的放在大的周围）和砝码盒里；不能用手直接拿取砝码而必须用镊子来夹取；称量完毕立即将砝码放回砝码盒内，将游码拨到"0"位处，把两个托盘放在一侧或用橡皮圈将横梁固定，以免台秤摆动；保持台秤的整洁，托盘上不慎沾有药品或其他脏物时应立即将其清除、擦净，方能继续使用。

2. 电子天平

通过电磁力矩的调节使物体在重力场中实现力矩平衡的天平称为电子天平（图 1-20）。电子天平是最新一代的天平，可直接进行称量，称量过程中不需要砝码，仅在称量前校准天平时需要用到砝码。被称量物品的质量读数以数字形式在液晶屏上直接显示出来。放上被称物品后，在几秒钟内即可达到读数平衡。电子天平具有称量速度快、精度高、使用寿命长、性能稳定、操作简便和灵敏度高的特点，其应用越来越广泛，并逐步取代机械天平。

（1）构造

电子天平的外框常为优质合金框架，上部有一个可以移动打开的天窗，左、右各有一个可以移动开的侧门。天窗和侧门供称量或方便地清理天平内部时使用。电子天平底座的下部有 3 个底脚（前 1 后 2），是电子天平的支撑部件，同时也是电子天平的水平调节器。水平仪一般位于天平左侧，用来指示天平是否处于水平状态。调节天平的水平时，旋动后面的底脚即可。当观察到水平仪内的气泡处于水平仪圆形表盘的中心（同心圆位

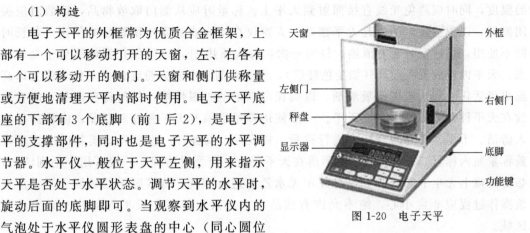

图 1-20　电子天平

置）时，说明天平已处于水平。秤盘由优质金属材料制成，是承受物品的装置，使用时要注意清洁，随时用毛刷除去洒落的药品或灰尘。前部面板是功能键：ON—开机键；OFF—关机键；TAR—去皮或清零键；CAL—自动校准键。

（2）使用方法

根据称量精度的需要，实验室中常会用到称量的绝对误差为千分之一克和万分之一克的电子天平（分析天平）。有时也需要用到十万分之一和百万分之一的电子天平。目前，千万分之一的电子天平正处于研制和完善阶段，并在一些国际现代化的实验室中逐步得到应用。下面以实验室中用得最多的万分之一电子天平为例来说明电子天平一般的使用方法。

① 检查并调整天平至水平位置。

② 事先检查电源电压是否匹配（必要时配置稳压器），按仪器要求通电预热至所需时间，不少于 30min。

③ 按一下"ON"键，显示器显示"0.0000g"，如果显示的不是"0.0000g"，应进行校准。对于具有自动校准功能的天平，可先按 TAR 键，稳定地显示"0.0000g"后，按一下"CAL"键，天平将自动进行校准，屏幕显示出"CAL"，表示正在进行校准。"CAL"消失后，表示校准完毕，即可进行称量。对于需要手动校准的天平，则需准备一个 100.0000g 的标准砝码。按下"CAL"键后，待显示屏闪动显示"100.0000"时，在称量盘上加上 100.0000g 的标准砝码。待读数稳定后校准过程即完成，之后可开始称量物品。不同型号天平校准的具体操作过程会有所不同，使用前应仔细阅读对应型号天平的使用说明书。

④ 称量前，可以先轻按一下"TAR"键，天平将自动校对零点，并显示"0.0000g"。然后打开电子天平侧门，将需称量的物品轻轻放在秤盘上，关闭侧门，待显示屏上的数字稳定并出现质量单位"g"后即可读数（最好再等几秒）。显示屏所显示的数值即为所称物品的质量。

⑤ 称量结束后应及时移去物品，关上侧门，切断电源，盖好天平罩。

（3）使用注意事项

电子天平应放置在牢固平稳的水泥台或木质台面上，室内要求清洁、干燥及较恒定的温度，同时应避免光线直接照射到天平上。称量时应从侧门取放物品，读数时应关闭侧门，以免空气流动引起天平摆动。天窗仅在检修或清除残留物品时使用。若长时间不使用，则应定时通电预热，每周一次，每次预热2h，以确保仪器始终处于良好状态。天平内应放置吸潮剂（如变色硅胶），当吸潮剂吸水变为粉红色或无色时应立即高温烘烤活化吸潮剂或更换吸潮剂，以确保吸潮剂的吸湿性能。任何待称药品不能直接放在天平秤盘上，以免腐蚀天平。一般使用称量纸隔开天平秤盘和药品，或将药品放入清洁、干燥、常温的烧杯中进行称量。挥发性、腐蚀性、强酸强碱类物质应盛于带盖称量瓶内称量。万一药品不慎洒落在天平秤盘上应及时清理，一般可用小毛刷清扫，必要时戴上无尘手套后取下秤盘并用无水乙醇进行擦洗，待其晾干后放回天平。注意该操作过程应非常小心，绝不允许有药品粉末或灰尘掉落在天平内部的电磁力感应区域。

二、配制溶液

如实验对溶液浓度的准确性要求不高，一般利用台秤、量筒及带刻度烧杯等低准确度的仪器来粗配溶液即可满足要求；如要求较高，则必须使用分析天平（如万分之一电子天平或更高精度天平）、移液管、吸量管、容量瓶等高准确度的仪器精确配制溶液。关于量筒、移液管、吸量管、容量瓶等容量仪器的使用方法可参考第二篇第一章第二节玻璃仪器的使用相关内容。不论是哪种配制方法，首先都要计算所需试剂的用量，然后再进行配制。

1. 粗略配制溶液的方法

先计算出配制溶液所需试剂用量，用台秤称取所需的固体试剂，加入带刻度烧杯中，加入少量蒸馏水搅拌使固体完全溶解后，冷却至室温，用蒸馏水稀释至刻度，即得所需浓度的溶液。也可将冷却至室温的溶液用玻璃棒移入量筒或量杯中，用少量蒸馏水洗涤烧杯和玻璃棒2~3次，洗涤液也移入量筒，再用蒸馏水定容。

若用液体试剂配制溶液，则先计算出所需液体试剂的体积，用量筒或量杯量取所需液体，倒入装有少量水的烧杯中混合，待溶液冷至室温，用蒸馏水稀释至刻度即可。

配好的溶液不可在烧杯或量筒中久存，混合均匀后要移入试剂瓶中，贴上标签备用。

2. 精确配制溶液的方法

浓度准确度非常高的溶液也被称为标准溶液，其配制方法一般分为直接配制法和间接配制法（也称标定法）。基准物质的标准溶液也被称为基准溶液，可以用直接法来配制。基准物质必须满足以下条件。

① 纯度高，杂质的质量分数低于0.02%，易制备和提纯。

② 组成（包括结晶水）与化学式相符。

③ 性质稳定，不分解，不吸潮，不与空气中的O_2、CO_2等气体反应，不失结晶水等。

④ 有较大的摩尔质量以减小称量的相对误差。

实验室中常用基准物质及其干燥条件和应用范围见表1-1。

表 1-1　常用基准物质及其干燥条件和应用范围

基准物质		干燥后组成	干燥条件/℃	标定对象
名称	化学式			
碳酸氢钠	$NaHCO_3$	Na_2CO_3	270～300	酸
无水碳酸钠	Na_2CO_3	Na_2CO_3	270～300	酸
硼砂	$Na_2B_4O_7 \cdot 10H_2O$	$Na_2B_4O_7 \cdot 10H_2O$	放在含 NaCl 和蔗糖饱和水溶液的干燥器中	酸
碳酸氢钾	$KHCO_3$	K_2CO_3	270～300	酸
草酸	$H_2C_2O_4 \cdot 2H_2O$	$H_2C_2O_4 \cdot 2H_2O$	室温空气干燥	碱或 $KMnO_4$
邻苯二甲酸氢钾	$KHC_8H_4O_4$	$KHC_8H_4O_4$	110～120	碱
重铬酸钾	$K_2Cr_2O_7$	$K_2Cr_2O_7$	140～150	还原剂
溴酸钾	$KBrO_3$	$KBrO_3$	130	还原剂
碘酸钾	KIO_3	KIO_3	130	还原剂
铜	Cu	Cu	室温干燥器中保存	还原剂
三氧化二砷	As_2O_3	As_2O_3	室温干燥器中保存	氧化剂
草酸钠	$Na_2C_2O_4$	$Na_2C_2O_4$	130	氧化剂
碳酸钙	$CaCO_3$	$CaCO_3$	110	EDTA
锌	Zn	Zn	室温干燥器中保存	EDTA
氧化锌	ZnO	ZnO	900～1000	EDTA
氯化钠	$NaCl$	$NaCl$	500～600	$AgNO_3$
氯化钾	KCl	KCl	500～600	$AgNO_3$
硝酸银	$AgNO_3$	$AgNO_3$	180～290	氯化物

（1）直接法

配制基准溶液时，可以根据所需要溶液的体积和浓度，用电子分析天平（一般为万分之一天平）准确称取一定质量的基准物试剂于干净的烧杯中，加少量蒸馏水使之溶解，冷至室温后用玻璃棒转移至容量瓶（与所配溶液体积相同）中。然后再加少量蒸馏水于烧杯中清洗烧杯和玻璃棒，并将该部分溶液也通过玻璃棒转移至容量瓶中。该清洗烧杯和玻璃棒的过程重复 3～4 次后，加蒸馏水于容量瓶中定容，摇匀。根据所称试剂的质量、质量摩尔浓度和溶液的体积，计算得到该溶液的准确浓度。如需长时间存放溶液则需将其转移至试剂瓶中，并贴上标签待用。

（2）间接法

配制非基准物质的标准溶液时需采用间接法，即先粗配成近似所需浓度的溶液，然后选用合适的基准物质通过滴定分析的方法确定已配溶液的准确浓度。这一过程被称为标定，因此间接配制法也被称为标定法。

用浓溶液稀释配制稀溶液时，先计算出所需液体试剂的体积，用移液管或吸量管直接将所需液体移入洗净的容量瓶中，然后按要求稀释定容即可。配好的溶液最后也要移入试剂瓶中保存。

配制饱和溶液时，应加入比计算量稍多的溶质，先加热使其完全溶解，然后冷却，待结晶析出后再用，这样可保证溶液饱和。配制易水解的盐溶液时，不能直接将盐溶解在水中，而应先溶解在相应的酸溶液或碱溶液中，然后再用蒸馏水稀释到所需的浓度，这样可防止水解。对于易氧化的低价金属盐类，不仅需要酸化溶液，而且应在溶液中加入少量相应的纯金属，以防低价金属离子被氧化。配好的溶液要保存在试剂瓶中，并贴好标签，注明溶液的名称、浓度、配制日期、配制人等信息。

● 第四节 气体的产生、收集、净化和干燥

一、气体的产生

在无机化学实验中需要用到大量气体时可以购置相应的钢瓶气，而仅需少量气体时可以在实验室中自行制备，这样比较方便和经济。实验室中一般都是通过适当的化学反应来制备少量气体的。制备时可以根据所使用原料的状态及化学反应条件来选择不同的方法和反应装置。在实验室制取少量无机气体，常采用图1-21～图1-23中所示装置。实验室制气，按反应物状态及反应条件常分为四大类：第一类为固体或固体混合物加热的反应，此类反应一般采用图1-21所示的装置；第二类为不溶于水的块状或粒状固体与液体之间不需加热的反应，一般选用图1-22所示的启普发生器装置；第三类为固液之间需加热的反应，或粉末状固体与液体间不需加热的反应，可使用图1-23所示装置；第四类为液液之间的反应，此类反应常需加热，也是采用图1-23所示装置。

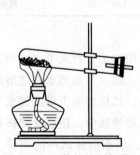
图1-21 固体加热制气装置

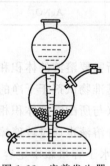
图1-22 启普发生器

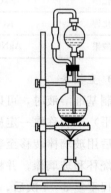
图1-23 固液或液液反应
气体发生装置

1.固体加热制气装置

固体加热制气装置（图1-21）一般由硬质试管、带导管的单孔橡胶塞、铁架台、加热灯具（一般为酒精灯）组成。适用于在加热条件下，利用固体反应物制备气体（如O_2、NH_3、N_2等）。使用本装置时应注意使管口稍向下倾斜，以免加热反应时，在管口冷凝的水滴倒流到试管灼烧处而使试管炸裂，同时注意要塞紧管口带导气管的橡胶塞以免漏气。最好在反应前检查装置的气密性。检查气密性的简单方法为将导管的外端插入水中，同时用手握住试管，利用人手的温度给试管加热，此时很快观察到插入水中的导管口有气

泡冒出。将手移开后，由于试管内气体温度降低而体积缩小，此时可观察到导管内水位上升，形成一段水柱（图1-24）。这些现象表明装置的气密性好，否则应怀疑气密性不好，可塞紧橡胶塞后重新检查。加热反应时，需先用小火将试管均匀预热，然后再放到有试剂的部位加热使反应进行。

2. 启普发生器

启普发生器（图1-25）适用于不溶于水的块状或粗粒状固体与液体试剂间反应，在不需加热的条件下制备气体，如制备 H_2、CO_2、H_2S 等气体均可使用启普发生器。

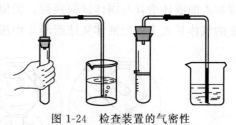

图1-24 检查装置的气密性

启普发生器的材质为普通玻璃，主要由球形漏斗和葫芦状的玻璃容器两部分组成。葫芦状玻

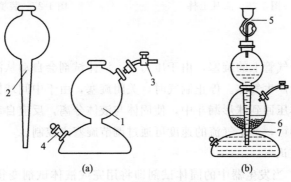

图1-25 启普发生器结构

1—葫芦状玻璃容器；2—球形漏斗；3—旋塞导气管；4—下口塞；5—安全漏斗；6—固体试剂；7—玻璃棉

璃容器由球体和半球体构成，球体上侧有气体出口。出口处配有玻璃旋塞（或单孔橡胶塞）导气管，利用玻璃旋塞来控制气体流量；葫芦体的下部有一液体出口，用于排放反应后的废液。反应时将磨口的玻璃塞或橡胶塞塞紧。如果用发生器制取有毒的气体（如 H_2S），应在球形漏斗口安装安全漏斗 [图1-25(b)]，在其弯管中加入少量水，水的液封作用可防止毒气逸出。

启普发生器使用方法如下。

(1) 装配

将球形漏斗颈、半球部分的玻璃塞及导管的玻璃旋塞的磨砂部分均匀涂抹一薄层凡士林，插好漏斗和旋塞，旋转，使之装配严密，以免漏气（图1-26）。

(2) 检查气密性

打开旋塞，从球形漏斗口注水至充满半球体，先检查半球体上的玻璃塞是否漏水，若漏水需重新处理塞子（取出擦干，重涂凡士林，塞紧后再检查）。若不漏水，关闭导气管旋塞，继续加水，至水到达漏斗球体处时停止加水，记下水面的位置，静置片刻，然后观察水面是否下降。若水面不下降则表明不漏气（否则应找出漏气的原因并进行处理），可以使用。从下面废液出口处将水放掉，再塞紧下口塞，备用。

(3) 加料

固体药品放在葫芦体的圆球部分，在发生器中间圆球的底部与球形漏斗下部之间的间隙处，先放些玻璃棉或橡胶垫圈［图 1-25（b）中的 7—玻璃棉］，以免固体落入葫芦体下半球内。固体试剂从球体上侧气体出口加入（图 1-27），加入时可使用小纸条，以防固体颗粒下落时碰破瓶底。固体试剂加入量不宜超过球体的 1/3，否则固液反应剧烈，液体很容易被气体从导管中冲出，然后塞好塞子。打开导气管上的旋塞，从球形漏斗加入液体，待加入的液体恰好与固体试剂接触，关闭导气管的旋塞。加入的液体也不宜过多，以免产生的气体量太多而把液体从球形漏斗中压出去。

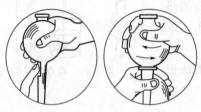
图 1-26　涂凡士林

图 1-27　装填固体试剂

（4）发生气体

制气时，打开导气管上的旋塞，由于压力差，液体试剂会自动从漏斗下降进入中间球内与固体试剂接触而产生气体。停止制气时，关闭旋塞，由于中间球体内继续产生的气体使压力增大，将液体压回到球形漏斗中，使固体与液体分离，反应自动停止。再需要气体时，只要打开旋塞即可，产生气流的速度可通过调节旋塞来控制。

（5）添加或更换试剂

如图 1-28 所示，当发生器中的固体试剂即将用完或液体试剂变得太稀时，反应逐渐变缓，生成的气体量不足，此时应及时补充固体试剂或更换液体试剂。更换或添加固体试剂时，先关闭旋塞，让液体压入球形漏斗中使其与固体分离。然后，用橡胶塞将球形漏斗的上口塞紧，再取下气体出口的塞子，即可从侧口更换或添加固体试剂。换液体（或实验结束后要将废液倒掉）时，先关闭旋塞，用塞子将球形漏斗的上口塞紧。然后用左手握住葫芦状容器半球体上部凹进部位，即"蜂腰"部位，把发生器先仰放在废液缸上，使废液出口朝上，再拔出下口塞子，倾斜发生器使下口对准废液缸，慢慢松开球形漏斗的橡胶塞，控制空气的进入速度，让废液缓缓流出［图 1-28（c）］。废液倒出后再把下口塞塞紧，重新从球形漏斗添加液体。中途更换液体试剂的另一种更方便和常用的方法是：先关闭旋塞，将液体压入球形漏斗中，然后用移液管将用过的液体抽吸出来，也可用虹吸管吸出，吸出液体量视需要而定，吸出废液后，即可添加新液体。

（6）清理

实验结束，将废液倒入废液缸内（或回收）。剩余固体倒出洗净回收。将仪器洗净后，在球形漏斗与球形容器连接处以及液体出口与玻璃旋塞间夹上纸条，以免长时间不用，磨口粘连在一起而无法打开。

（7）使用注意事项

① 启普发生器不能加热。

② 所用固体试剂必须是颗粒较大或块状固体而不能为粉末固体。主要原因：一方面是粉末状固体容易下落到葫芦状容器的下部半球部分；另一方面是粉末状固体和液体间的反应往往非常迅速，此时难以通过启普发生器上的气体出口旋塞来控制反应的发生和终

止，很容易发生气体和液体冲出反应器的实验事故。

　　③ 移动（或拿取）启普发生器时（图 1-29），应用手握住"蜂腰"部位，绝不可用手提（握）球形漏斗，以免葫芦状容器脱落打碎，造成伤害事故。

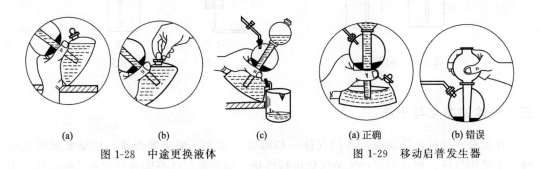

(a)	(b)	(c)	(a) 正确	(b) 错误

图 1-28　中途更换液体　　　　　　　　　图 1-29　移动启普发生器

3. 固液或液液加热反应制气装置

　　通过加热固液或液液的反应来制取气体时可采用图 1-23 所示装置。该装置主要由蒸馏烧瓶和分液漏斗两部分组成。将固液反应中的固体物放在蒸馏烧瓶中，液体通过分液漏斗（或滴液漏斗）加入。对于液液反应可将一种液体放在蒸馏烧瓶中，另一种液体通过漏斗加入。为防止反应过程中蒸馏烧瓶内的气体压力过大，常用玻璃导管将蒸馏烧瓶与分液漏斗的上口部分连接起来。加热时为保证蒸馏烧瓶均匀受热，应在蒸馏烧瓶下端垫上石棉网。该装置常可用于制备 CO、SO_2、Cl_2、HCl 等气体。

二、气体的收集

　　常见的气体收集方法主要有排水法和排空气法。排水法适用于收集难溶于水的气体，如 H_2、O_2、N_2、CH_4、CO、$CH_2\!\!=\!\!CH_2$ 等，其实验装置见图 1-30。收集气体前集气瓶中应装满水，不应有气泡。收集完气体后应先拔出导管或移走水槽，然后才能停止产生气体的反应。

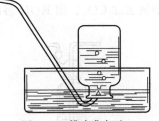

图 1-30　排水集气法

　　排空气集气法又分为向上排空法和向下排空法（图 1-31，图 1-32），分别用来收集密度明显比空气大和比空气小的气体。向上排空法常可收集 Cl_2、CO_2、SO_2、HCl 等气体，向下排空法常可收集 H_2、NH_3、CH_4 等气体。应该注意这里的向上和向下不是指排气时瓶口的朝向向上或向下，而是指从哪个方向将空气排出。例如，图 1-32(b) 所示集气法为向下排空法，用来收集密度比空气小的气体。此时密度小的气体浮在集气瓶上方，而将沉在集气瓶下方的空气通过导管挤出，也就是说将空气从集气瓶的下方排出。因此，虽然该装置中集气瓶口朝上，但仍然属于向下排空法。使用排气法收集气体时插入瓶内的导管应尽量接近集气瓶底部。密度和空气接近或在空气中不稳定的气体不宜用排气法收集，如 N_2、CO、NO 等。

　　另外，实验室中制备的气体常常是用于下一步合成或化合物制备反应的原料气。因此，实验室中更常用的收集气体的方法是将生成的气体经净化处理后直接通入下一步化合物制备的反应装置中，之后未反应完的气体通过适当的尾气接收装置予以吸收和处理。

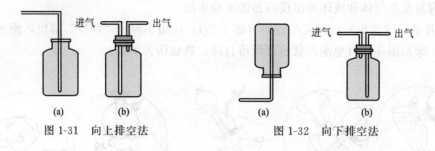

图 1-31　向上排空法　　　　　　图 1-32　向下排空法

三、气体的净化与干燥

在实验室通过化学反应制备的气体一般都带有水汽、酸雾等杂质。如果要求得到纯净、干燥的气体，则必须对产生的气体进行净化。通常将气体分别通过装有某些液体或固体试剂的洗气瓶、吸收干燥塔或 U 形管等装置（图 1-33），通过化学反应或者吸收、吸附等物理化学过程将其去除，以达到净化的目的。盛放液体洗气试剂时常使用洗气瓶，而对于固体气体净化试剂则一般选用干燥塔或 U 形管。各种气体的性质及所含的杂质虽不同，但通常都是先除杂质与酸雾，再将气体干燥。去除气体中的杂质，要根据杂质的性质选用合适的反应剂与其反应去除。还原性气体杂质可用适当的氧化剂去除，如 SO_2、H_2S、AsH_3 等，可使用 $K_2Cr_2O_7$ 与 H_2SO_4 组成的铬酸溶液或 $KMnO_4$ 与 KOH 组成的碱性溶液来作为有效的杂质气体去除试剂；对于干氧化性杂质，可选择适当的还原性试剂来去除；而杂质 O_2 可通过灼热的还原 Cu 粉、$CrCl_2$ 的酸性溶液或 $Na_2S_2O_4$（保险粉）溶液来除掉；对于酸性、碱性的气体杂质宜分别选用碱性、不挥发酸性溶液来去除。例如，CO_2 可用 NaOH 吸收而 NH_3 可用稀 H_2SO_4 溶液来吸收去除等。此外，许多化学反应都可以用来去除气体杂质，例如用 $Pb(NO_3)_2$ 溶液可除掉 H_2S 气体、用石灰水或 Na_2CO_3 溶液去除 CO_2、用 KOH 溶液去除 Cl_2 等。

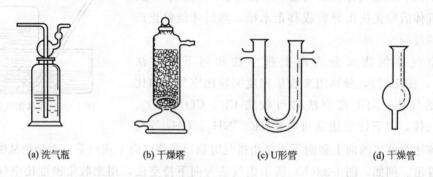

(a) 洗气瓶　　　　(b) 干燥塔　　　　(c) U形管　　　　(d) 干燥管

图 1-33　气体洗涤与干燥仪器

选择的除杂方法除了要满足除杂要求外，还应考虑所制备气体本身的性质。因此，相同的杂质，在不同的气体中去除的方法经常是不同的。例如制备的 N_2 和 H_2S 气体中都含有 O_2 杂质，但 N_2 中的 O_2 可用灼热的还原 Cu 粉除去，而 H_2S 中的 O_2 应选用 $CrCl_2$ 酸性溶液洗涤的方法来去除。气体中的酸雾一般可用水或玻璃棉来去除。

除掉了杂质气体，可根据气体的性质选择不同的干燥剂进行干燥。原则是：气体不能与干燥剂反应。例如，具有碱性的气体 NH_3 和具有还原性的气体 H_2S 均不能用浓 H_2SO_4 干燥。常用的气体干燥剂见表 1-2。实验中可根据具体的情况和要求来选用合适的干燥剂。

表 1-2 常用的气体干燥剂

气体	干燥剂	气体	干燥剂
H_2	$CaCl_2$、P_2O_5、浓 H_2SO_4	H_2S	$CaCl_2$
O_2	$CaCl_2$、P_2O_5、浓 H_2SO_4	NH_3	CaO 或 CaO-KOH
Cl_2	$CaCl_2$	NO	$Ca(NO_3)_2$
N_2	$CaCl_2$、P_2O_5、浓 H_2SO_4	HCl	$CaCl_2$
O_3	$CaCl_2$	HBr	$CaBr_2$
CO	$CaCl_2$、P_2O_5、浓 H_2SO_4	HI	CaI_2
CO_2	$CaCl_2$、P_2O_5、浓 H_2SO_4	SO_2	$CaCl_2$、P_2O_5、浓 H_2SO_4

第二章　无机化学实验

实验 1-1　玻璃细工与塞子钻孔

一、实验目的与要求

① 了解酒精灯、酒精喷灯和煤气灯的原理和构造，练习其使用方法。
② 练习玻璃管或玻璃棒的截断、熔光、弯曲、拉细、烧接等操作。
③ 完成毛细管和滴管的制作。
④ 练习塞子钻孔的基本操作。

二、实验步骤

1. 截断

将玻璃管（棒）平放在桌面上，依需要的长度左手按住要切割的部位，右手用锉刀的棱边（或薄片小砂轮）在要切割的部位按一个方向（不要来回锯）用力锉出一道凹痕（图 1-34）。锉出的凹痕应与玻璃管（棒）垂直，这样才能保证截断后的玻璃管（棒）截面是平整的。然后双手持玻璃管（棒），两拇指齐放在凹痕背面 [图 1-35(a)]，并轻轻地由凹痕背面向外推折，同时两食指和拇指将玻璃管（棒）向两边拉 [图 1-35(b)]，如此将玻璃管（棒）截断。如截面不平整，则不合格。

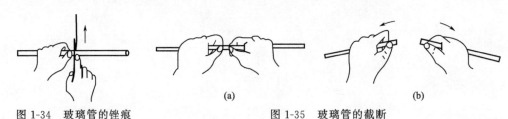

图 1-34　玻璃管的锉痕　　　　　　(a)　　　　　　　　　　(b)

　　　　　　　　　　　　　图 1-35　玻璃管的截断

2. 熔光

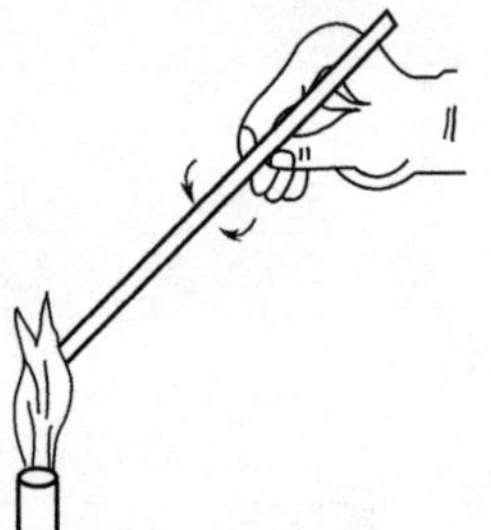

切割的玻璃管（棒），其截断面的边缘很锋利，容易割破皮肤、橡胶管或塞子，所以必须放在火焰中熔烧，使之平滑，这个操作过程被称为熔光（或圆口）。其原理为玻璃棒在火焰的高温作用下会逐渐熔化，之后在表面张力的作用下锋利的断面部分会逐步变得平钝和圆滑。将刚切割的玻璃管（棒）的一头插入酒精灯外焰中熔烧。熔烧时，角度一般为 45°，并不断来回转动玻璃管（棒）（图 1-36），直至管口变得红热平滑为止。

图 1-36　熔光

熔烧时，加热时间过长或过短都不好。加热时间过短，管

（棒）口不平滑；加热时间过长，管径会变小。转动不匀，会使管口不圆。灼热的玻璃管（棒）应放在石棉网上冷却，切不可直接放在实验台上，以免烧焦台面；也不要用手去摸，以免烫伤。

3. 弯曲

（1）烧管

将玻璃管用小火预热一下，然后双手持玻璃管，把要弯曲的部位斜插入酒精喷灯（或煤气灯）火焰中，以增大玻璃管的受热面积（也可在灯管上罩以鱼尾灯头扩展火焰，来增大玻璃管的受热面积）。若灯焰较宽，也可将玻璃管平放于火焰中，同时缓慢而均匀地不断转动玻璃管，使之受热均匀（图1-37）。两手用力均等，转速缓慢一致，以免玻璃管在火焰中扭曲。加热至玻璃管发黄变软时，即可自焰中取出，进行弯管。

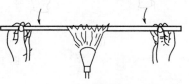

图1-37　烧管方法

（2）弯管

将变软的玻璃管取离火焰后稍等1~2s，使各部分温度均匀，用"V"字形手法（两手在上方，玻璃管的弯曲部分在两手中间的正下方）[图1-38（a）]缓慢地将其弯成所需的

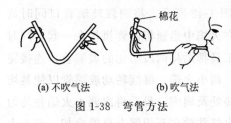

（a）不吹气法　　　　（b）吹气法

图1-38　弯管方法

角度。弯好后，待其冷却变硬才可松手，将其放在石棉网上继续冷却。冷却后，应检查其角度是否准确，整个玻璃管是否处于同一个平面上。在弯管过程中也可以向管内吹气，以防止弯曲过程中管内部分严重变形，见图1-38（b）。一般来说，120°以上的角度可一次弯成，但弯制较小角度的玻璃管，或灯焰较窄，玻璃管受热面积较小时，需分几次弯制，切不可一次完成，否则弯曲部分的玻璃管就会变形。首先弯成一个较大的角度，然后在第一次受热弯曲部位稍偏左或稍偏右处进行第二次加热弯曲，如此第三次、第四次加热弯曲，直至变成所需的角度为止。弯管好坏的比较见图1-39。

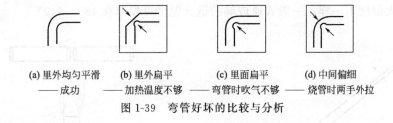

（a）里外均匀平滑　　（b）里外扁平　　　（c）里面扁平　　　（d）中间偏细
——成功　　　　　——加热温度不够　——弯管时吹气不够　——烧管时两手外拉

图1-39　弯管好坏的比较与分析

4. 制备毛细管和滴管

（1）烧管

拉细玻璃管时，加热玻璃管的方法与弯玻璃管时基本一样，不过要烧得时间长一些，玻璃管软化程度更大一些，烧至红黄色。

（2）拉管

待玻璃管烧成红黄色软化以后，移出火焰，两手顺着水平方向边拉边旋转玻璃管

（图1-40），直至拉到所需要的细度。冷却后，按需要长短截断，形成两个尖嘴管，或者仅将细管部分截取下来得到一根毛细管。如果要求细管部分具有一定的厚度，应在加热过程中当玻璃管变软后，将其轻缓向中间挤压，减短它的长度，使管壁增厚，然后再按上述方法拉细。

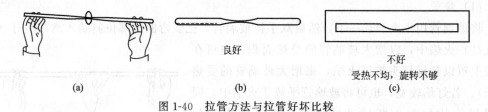

良好

不好
受热不均，旋转不够

(a)　　　　　　　　　　(b)　　　　　　　　　(c)

图1-40　拉管方法与拉管好坏比较

（3）滴管的扩口

将未拉细的另一端玻璃管口以40°角斜插入火焰中加热，并不断转动。待管口灼烧至红热后，用金属锉刀柄斜放入管口内迅速而均匀地旋转（图1-41），将其管口扩开。另一扩口的方法是待管口烧至稍软化后，将玻璃管口垂直放在石棉网上，轻轻向下按一下，将其管口扩开。冷却后安上胶头即成滴管。

5. 烧接两段玻璃管

将两段质地相同的玻璃管烧接在一起的操作如图1-42所示。将两段玻璃管口同时放入酒精喷灯或煤气灯的外焰中加热，至管口熔化后在火焰中迅速将两管拼接在一起，同时不断转动两管使其连接处均匀吻合。可以用镊子等工具帮助将两段熔化的玻璃管口连接完好，同时向管内吹气以使管内连接部分平滑。之后，调小火焰，继续转动玻璃管以使其均匀受热，接着进一步调小火焰并均匀加热玻璃管连接处及周围，最后再次调小火焰并均匀加热玻璃管连接处及周围一会儿后，将玻璃管移出火焰并放在石棉网上自然冷却。调小火焰的方法是调小空气流量或同时调小空气流量及煤气量（或酒精喷灯中的酒精蒸气量）。注意不能将高温火焰中受热的玻璃管直接移出火焰自然冷却，否则玻璃管接口受热处降温太快，在骤冷过程中由于玻璃内部应力不均而极易发生破裂，俗称冷爆。调小火焰后可降低火焰温度，使高温受热的玻璃缓慢降温，从而防止冷爆。该过程俗称退火。不同材质的玻璃所需退火温度不一样，一般普通玻璃的退火温度可控制在480～540℃。

图1-41　玻璃管的扩口　　　　　图1-42　玻璃管的烧接

6. 塞子与塞子钻孔

容器上常用的塞子有软木塞、橡胶塞和玻璃磨口塞。软木塞易被酸或碱腐蚀，但与有机物的作用较小。橡胶塞可以把容器塞得很严密，但对装有机溶剂和强酸的容器并不适用。相反，盛碱性物质的容器常用橡胶塞。玻璃磨口塞不仅能把容器塞得紧密，且除氢氟酸和碱性物质外，可作为盛装一切液体或固体容器的塞子。

为了能在塞子上装置玻璃管、温度计等，塞子需预先钻孔。如果是软木塞可先经压塞机压紧，或用木板在桌子上碾压，以防钻孔时塞子开裂。常用的钻孔器是一组直径不同的金属管（图1-43）。它的一端有柄，另一端很锋利，可用来钻孔。另外，还有一根带柄的铁条在钻孔器金属管的最内层管中，称为捅条，用来捅出钻孔时嵌入钻孔器中的橡胶或软木。

（1）塞子大小的选择

塞子的大小应与仪器的口径相适合，塞子塞进瓶口或仪器口的部分不能少于塞子本身高度的1/2，也不能多于2/3，如图1-44所示。

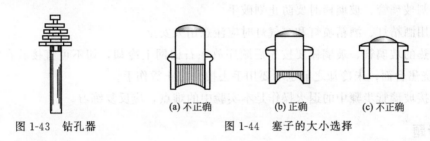

图1-43　钻孔器　　　　　　图1-44　塞子的大小选择

（2）钻孔器大小的选择

选择一个比要插入橡胶塞的玻璃管口径略粗一点的钻孔器，因为橡胶塞有弹性，孔道钻成后由于收缩而使孔径变小。

（3）钻孔的方法

如图1-45所示，将塞子小头朝上平放在实验台上的一块垫板上（避免钻坏台面），左手用力按住塞子，不得移动，右手握住钻孔器的手柄，并在钻孔器前端涂上甘油或水。将钻孔器按在选定的位置上，沿一个方向，一面旋转一面用力向下钻动。钻孔器要垂直于塞子的面，不能左右摆动，更不能倾斜，以免把孔钻斜。钻至深度约达塞子高度的1/2时，反方向旋转并拔出钻孔器，用带柄捅条捅出嵌入钻孔器中的橡胶或软木。然后调换塞子大头，对准原孔的方位，按同样的方法钻孔，直到两端的圆孔贯穿为止；也可以不调换塞子的方位，仍按原孔直接钻通到垫板上为止。拔出钻孔器，再捅出钻孔器内嵌入的橡胶或软木。孔钻好以后，检查孔道是否合适，如果选用的玻璃管可以毫不费力地插入塞孔里，说明塞孔太大，塞孔和玻璃管之间不够严密，塞子不能使用。若塞孔略小或不光滑，可用圆锉适当修整。

（4）玻璃导管与塞子的连接

将选定的玻璃导管插入并穿过已钻孔的塞子，一定要使导管与塞孔严密套接。先用右手拿住导管靠近管口的部位，并用少许甘油或水将管口润湿［图1-46(a)］，然后左手拿住塞子，将导管口略插入塞子，再用柔力慢慢地将导管转动着逐渐旋转进塞子［图1-46(b)］，并穿过塞孔至所需的长度为止。也可以用布包住导管，将导管旋入塞孔［图1-46(c)］。如果用力过猛或手持玻璃导管离塞子太远，都有可能将玻璃导管折断，刺伤手掌。温度计插入塞孔的操作方法与上述一样，但开始插入时要特别小心以防温度计的水银球破裂。

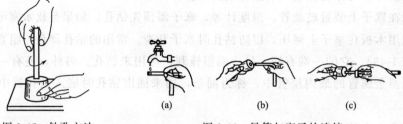

图 1-45　钻孔方法　　　　　　　图 1-46　导管与塞子的连接

三、实验注意事项

① 切割玻璃管、玻璃棒时要防止划破手。

② 使用酒精灯、酒精喷灯和煤气灯时应注意用火安全。

③ 灼热的玻璃管、玻璃棒要按先后顺序放在石棉网上冷却，切不可直接放在实验台上，防止烧焦台面；未冷却之前也不要用手去摸，防止烫伤手。

④ 烧接玻璃管步骤中的退火操作是本实验中的难点，应反复练习。

四、思考题

① 酒精灯、酒精喷灯和煤气灯的使用应注意哪些事项？

② 玻璃烧接过程中的退火有什么作用？

○ 实验 1-2　摩尔气体常数的测定

一、实验目的与要求

① 掌握一种测定气体常数的方法及操作。

② 加深对理想气体状态方程及道尔顿分压定律的理解。

③ 掌握气压计的原理和使用方法。

二、实验原理

用镁条与过量的硫酸反应制取氢气，反应方程式如下：

$$Mg + H_2SO_4 \longrightarrow H_2\uparrow + MgSO_4$$

生成氢气的物质的量与称取的镁条的物质的量相等，即：

$$n_{H_2} = n_{Mg} = \frac{m_{Mg}}{M_{Mg}}$$

通过准确称取镁条的质量即可计算出生成氢气的物质的量。生成的氢气收集在一个连有软管的 U 形量气管装置中（图 1-47），其体积可以通过读取量气管上的刻度来获得。量气管内气体的温度为室温，具体数值由温度计读取。控制管内气体的压力和大气压一致，管内除氢气外还有水蒸气。根据道尔顿分压定律：

$$p_{H_2} = p_{大气} - p_{H_2O}^*$$

式中，大气压可由气压计读出，水在一定温度下的饱和蒸气压为一常数，可查相关物理化学手册得到，从而计算出氢气的分压。最后，根据理想气体状态方程，

$$pV = nRT$$

则

$$R = \frac{p_{H_2} V_{H_2}}{n_{H_2} T}$$

通过计算求得气体常数。

三、实验装置

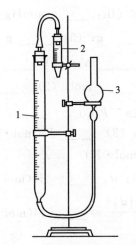

图 1-47 气体常数测定装置
1—量气管；2—反应管；3—液面调节管

四、实验步骤

① 两人一组按图 1-47 装好装置，打开反应管 2 的胶塞，由液面调节管 3 往量气管 1 内装水至略低于"0"刻度为止，上下移动液面调节管以赶尽胶管和量气管内的气泡，然后将反应管 2 接上并塞紧塞子。

② 检验气密性，抬高液面调节管 3（或下移），如量气管 1 内液面只在初始时稍有下降，以后维持不变（观察 3～4min），即表明装置不漏气。

③ 准确称取一份已擦去表面氧化膜的镁条，镁条质量在 0.025～0.03g（准至 0.0001g）。

④ 把液面调节管 3 移回原位，取下反应管 2，将镁条用水稍微湿润后贴于管壁合适的位置，然后用小量筒小心注入 4mL 2mol/L 的 H_2SO_4 溶液，注意加液时切勿与镁条接触。然后装好反应管 2。装好后再次确定量气管 1 水面位置并检验气密性。

⑤ 将液面调节管 3 靠近量气管 1，使两管液面保持水平，记下量气管 1 液面位置（V_1）。轻轻敲击反应管 2，使镁条落入硫酸溶液中发生反应产生 H_2。反应过程中可适当下移液面调节管 3，使之与量气管 1 液面相平行。

⑥ 反应结束后，待反应管冷至室温，调两液面水平一致，读取量气管1数值，1～2min后再次读取量气管1数值，直至两次读数一致，记下读数（V_2）。

⑦ 取下反应管2，洗净后再重复实验两次。

五、实验注意事项

① 向反应管中加入硫酸溶液时注意不要与镁条接触而使反应提前开始进行。

② 称量镁条前应用砂纸小心地将镁条表面的氧化膜完全擦去。

③ 读取量气管上的刻度读数时应保持量气管与液面调节管两端的液面平齐。

六、数据记录与结果处理

室温：_____℃　　　　　　大气压：_____mmHg_____Pa

m_{Mg}：(1)_____g；(2)_____g；(3)_____g

V_{H_2}：(1)_____m^3；(2)_____m^3；(3)_____m^3　　$V_{H_2}=V_2-V_1$

n_{H_2}：(1)_____mol；(2)_____mol；(3)_____mol

p_{H_2}：_____Pa；$p_{H_2}=p_{大气压}-p_{H_2O}$

R：(1)_____J/(mol·K)；(2)_____J/(mol·K)；(3)_____J/(mol·K)

$R_{测定值}=R_{平均值}$=_____J/(mol·K)

偏差 d_1=_____J/(mol·K)；d_2=_____J/(mol·K)；d_3=_____J/(mol·K)

平均偏差 $\overline{d}=\dfrac{|d_1|+|d_2|+|d_3|}{3}$=_____J/(mol·K)

相对平均偏差=$\dfrac{\overline{d}}{R_{平均值}}\times100\%$=_____%

相对误差=$\dfrac{R_{测定值}-R_{理论值}}{R_{理论值}}\times100\%$=_____%　[已知 $R_{理论值}$=8.3143J/(mol·K)]

七、思考题

① 检查实验装置是否漏气的原理是什么？

② 本实验产生误差的主要原因有哪些？

③ 为什么读取量气管上的刻度读数时应保持量气管与液面调节管两端的液面平齐？

◉ 实验 1-3　二氧化碳分子量的测定

一、实验目的与要求

① 学习气体相对密度法测定气体分子量的原理和方法，加深理解理想气体状态方程。

② 学习气体的净化、干燥和收集等基本操作方法。

③ 熟练掌握启普发生器的使用。

④ 进一步练习使用电子天平和托盘天平。

二、实验原理

同温同压下，A、B 两种气体（V 相同）均符合理想气体状态方程式：

$$p_A V_A = \frac{m_A}{M_A} RT, \; p_B V_B = \frac{m_B}{M_B} RT$$

则

$$\frac{m_A}{m_B} = \frac{M_A}{M_B}$$

本实验中

$$\frac{m_{CO_2}}{m_{空气}} = \frac{M_{CO_2}}{M_{空气}}$$

即

$$M_{CO_2} = \frac{m_{CO_2}}{m_{空气}} \times 29.00$$

实验中 CO_2 气体通过下面的反应制得：

$$2HCl + CaCO_3 \xrightarrow{\quad\quad} CO_2\uparrow + CaCl_2 + H_2O$$

制得的 CO_2 气体经净化和干燥后用向上排空法收集。最后通过测定同温同压同体积的 CO_2 和空气的质量，计算后得出 CO_2 的分子量。

三、实验仪器与试剂

① 仪器：托盘天平、电子天平、启普发生器、洗气瓶、分液漏斗、蒸馏烧瓶、碘量瓶、集气瓶、干燥管、酒精灯、石棉网、铁架台、铁圈、止水夹、电子气压温度计、玻璃导管、橡胶管、广泛 pH 试纸等。

② 试剂：大理石、HCl 溶液（6mol/L）、$NaHCO_3$ 溶液（1mol/L）、浓硫酸（98%）、$Ca(OH)_2$ 饱和溶液、无水 $CaCl_2(s)$ 等。

四、实验步骤

① 两人一组进行实验。装配启普发生器，检验其气密性。

② 按图 1-48 安装制取二氧化碳的实验装置。安装时应遵循"自下而上，从左到右"的原则。装好后检验装置的气密性，如气密性良好，即可拆开装置并依次加入各种药品和试剂，之后再次检查装置的气密性。注意：石子或大理石以敲碎到能装入启普发生器为准；装入前可用水或很稀的盐酸洗涤石子或大理石以清除其表面粉末。

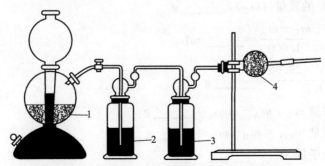

图 1-48　制取、净化和干燥二氧化碳实验装置
1—大理石＋稀 HCl；2—$NaHCO_3$ 溶液；3—浓硫酸；4—无水氯化钙

③ 用电子天平称量：碘量瓶＋空气质量＝m_A。

④ 打开启普发生器出气口处的止水夹，制取 CO_2 气体。采用向上排空法收集 CO_2 气体。收满 CO_2 气体后用电子天平进行称量：碘量瓶＋CO_2 质量＝m_B；重复收集 CO_2 气体和称量的操作，直至前后两次的质量相差不超过 1～2mg 为止。关闭启普发生器的出气口，停止制气反应。

⑤ 测定碘量瓶容积（即 V_{CO_2}）：瓶内装满水，塞上塞子，用大台秤称量：瓶重＋水重＝m_C。

$$V_{瓶} = \frac{m_C - m_A}{1.000}$$

之后，记下室温和大气压。

⑥ 计算 CO_2 的分子量。

⑦ 另取一个碘量瓶，按实验步骤③～⑥重复 CO_2 的分子量测试一次。

五、实验注意事项

① 实验前应仔细阅读启普发生器的使用方法和气体的发生、收集、净化与干燥等内容。

② 打开和关闭启普发生器的出气口时速度不宜过快，同时应注意观察启普发生器内液体的下降和上升情况。

③ 制取 CO_2 气体时可用饱和 $Ca(OH)_2$ 溶液对其进行定性检验，之后再收集。

④ 第一次收集 CO_2 气体时应适当延长排空时间，以保证整个装置内残余的空气全部被排尽。

⑤ 测量碘量瓶和水的质量后应及时记录当时的室温及大气压，以便对水的密度进行适当校正。这样在后面利用水的密度和质量计算碘量瓶体积时得到的数据更加准确。

⑥ 实验结束后应注意清洗仪器，整理好实验台面。

六、数据记录与结果处理

第一次实验：

室温 t：_____℃ 大气压 $p_{大气}$：_____Pa

（空气＋瓶＋塞）的质量（m_A）：_____g

（CO_2＋瓶＋塞）的质量（m_B）：_____g

（水＋瓶＋塞）的质量（m_C）：_____g

瓶的容积 $V_{瓶} = \dfrac{m_C - m_A}{1.000} = $_____mL

$m_{空气} = \dfrac{p_{大气} V \times 29.00}{RT} = $_____g

瓶和塞子的质量 $m_D = m_A - m_{空气} = $_____g

二氧化碳的质量 $m_{CO_2} = m_B - m_D = $_____g

二氧化碳的分子量 $M_{CO_2} = $_____

第二次实验：

室温 t：_____℃ 大气压 $p_{大气}$：_____Pa

（空气＋瓶＋塞）的质量（m_A）：_____ g

（CO_2＋瓶＋塞）的质量（m_B）：_____ g

（水＋瓶＋塞）的质量（m_C）：_____ g

瓶的容积 $V_{瓶} = \dfrac{m_C - m_A}{1.000} =$ _____ mL

$m_{空气} \dfrac{p_{大气} V \times 29.00}{RT} =$ _____ g

瓶和塞子的质量 $m_D = m_A - m_{空气} =$ _____ g

二氧化碳的质量 $m_{CO_2} = m_B - m_D =$ _____ g

二氧化碳的分子量 $M_{CO_2} =$ _____

两次二氧化碳的分子量测试平均值 $\overline{M}_{CO_2} =$ _____

相对误差 $= \dfrac{测定值 - 理论值}{理论值} \times 100\% =$ _____ %（已知二氧化碳的分子量理论值为 44.01，相对误差小于 $\pm 5\%$ 即可）

七、思考题

① 指出制取 CO_2 装置图中各部分的作用并写出有关反应方程式。

② 如何装配和使用启普发生器？使用时要注意哪些事项？

③ 为什么称量水和碘量瓶总质量时要用台秤而不能用电子分析天平？

◎ 实验1-4　五水硫酸铜的制备及结晶水的测定

一、实验目的与要求

① 学习并掌握以铜和硫酸为原料制备五水硫酸铜的实验原理和实验方法。

② 练习称量、取液、灼烧、加热、蒸发、冷却、结晶、抽滤、洗涤、干燥等基本操作。

③ 了解含结晶水的化合物中结晶水测定的一般方法，认识物质热稳定性和分子结构的关系。

二、实验原理

$CuSO_4 \cdot 5H_2O$ 易溶于水，不溶于乙醇，在干燥的空气中缓慢风化，加热到 230℃ 时完全失去结晶水而变为白色的 $CuSO_4$。

本实验以铜粉和硫酸为原料制备硫酸铜。反应如下：

$$2Cu + O_2 \xrightarrow{\text{灼烧}} 2CuO$$

$$CuO + H_2SO_4 =\!=\!= CuSO_4 + H_2O$$

$CuSO_4 \cdot 5H_2O$ 在水中的溶解度随温度变化较大，将硫酸铜溶液蒸发、浓缩、冷却、结晶、过滤、干燥，可得到蓝色的五水硫酸铜晶体。

三、实验仪器与试剂

① 仪器：托盘天平、电子天平（分析天平）、烧杯、量筒、试管、布氏漏斗、抽滤瓶、真空泵、蒸发皿、瓷坩埚、酒精灯、石棉网、铁架台、电炉、滤纸、广泛 pH 试纸、精密 pH 试纸等。

② 试剂：铜粉、H_2SO_4 溶液（2mol/L）、Na_2CO_3 饱和溶液、浓氨水、无水乙醇等。

四、实验步骤

1. 氧化铜的制备

称取 1.5g 铜粉，放入干燥、洁净的瓷坩埚中。用酒精灯或电炉加热，不断搅拌，加热至铜粉完全转化为黑色，停止加热，冷却。

2. 硫酸铜溶液的制备

将 CuO 粉倒入 50mL 小烧杯中，加入 15mL 2mol/L H_2SO_4 溶液，小火加热，搅拌，尽量使 CuO 完全溶解。趁热抽滤，得到蓝色的硫酸铜溶液。

3. 五水硫酸铜晶体的制备

将硫酸铜溶液转移到洁净的蒸发皿中，先检验溶液的酸碱性（pH＝1，必要时可滴加 Na_2CO_3 饱和溶液调节）。置于石棉网上小火加热蒸发，也可水浴加热蒸发，蒸发至溶液表面有晶膜出现（勿蒸干），停止加热，自然冷却至室温，有大量晶体析出。抽滤，将晶体尽量抽干。再用无水乙醇淋洗晶体 2~3 次。

4. 干燥

将晶体取出夹在两张干滤纸之间，轻轻按压吸干水分，之后将晶体转移到洁净、干燥且已称重的表面皿中，称量。

5. 五水硫酸铜的性质

① 取少量 $CuSO_4 \cdot 5H_2O$ 产品于试管中，加热至白色，备用。观察现象。

② 将上一步得到的 $CuSO_4$ 晶体用适量水溶解，滴加浓氨水，振荡，直至沉淀全部溶解，得到硫酸四氨合铜（Ⅱ）溶液，观察现象。

6. 结晶水的测量

① 在已准确称量的坩埚中加入 0.5~0.6g 研细的 $CuSO_4 \cdot 5H_2O$，在电子天平上准确称量坩埚及水合硫酸铜的总质量，减去坩埚质量，即为水合硫酸铜的质量。

② 将内装水合硫酸铜的坩埚置于沙浴盘中。靠近坩埚的沙浴中插入一支温度计（300℃）其末端应与坩埚底部大致处于同一水平位置，加热沙浴至约 210℃ 然后慢慢升温至 280℃ 左右，用坩埚钳将坩埚移入干燥器内，冷至室温。在电子天平上称量坩埚和脱水硫酸铜的总质量。计算脱水硫酸铜的质量，重复沙浴加热、冷却、称量，直至恒重（两次称量之差＜1mg）。实验后将无水硫酸铜置于回收瓶中。

五、实验注意事项

① 加热瓷坩埚、试管等器皿时要注意使其均匀受热，以免破裂。

② 水浴加热蒸发硫酸铜溶液时要注意不要将溶液蒸干。

③ 电子天平只能称量室温下的样品，不能在样品还未冷却时就进行称量。

六、数据记录与结果处理

1. 五水硫酸铜的制备

实验中制得五水硫酸铜产品 _____ g，产品外观 _____；收率 $=\dfrac{m_{实际}}{m_{理论}} \times 100\% =$

_____%（注：$m_{理论}$ 以铜粉量为基准计算）

2. 五水硫酸铜的性质

记录实验现象，填写表 1-3。

表 1-3 五水硫酸铜的性质

实验内容	现象	结论及解释
$CuSO_4 \cdot 5H_2O$ 加热		
$CuSO_4$ 溶液＋浓氨水		

3. 结晶水的测量

记录实验结果，填写表 1-4。

表 1-4 结晶水的测量

空坩埚质量/g			空坩埚＋$CuSO_4 \cdot xH_2O$ 质量/g			加热后坩埚＋$CuSO_4$ 质量/g		
第一次称量	第二次称量	平均值	第一次称量	第二次称量	平均值	第一次称量	第二次称量	平均值

$CuSO_4 \cdot xH_2O$ 的质量 $m_1 =$ _____ g

$CuSO_4 \cdot xH_2O$ 的物质的量 $= m_1/(249.7\text{g/mol}) =$ _____ mol

$CuSO_4$ 的质量 $m_2 =$ _____ g

$CuSO_4$ 的物质的量 $= m_2/(159.6\text{g/mol}) =$ _____ mol

结晶水的质量 $m_3 =$ _____ g

实验测得水合硫酸铜的化学式为：_____

七、思考题

① 在水合硫酸铜结晶水的测定中，控制加热温度在 280℃左右，为什么温度不能过高或过低？

② 在水合硫酸铜结晶水的测定中，加热后的样品为什么要放在干燥器内冷却？

③ 在水合硫酸铜结晶水的测定中，为什么要进行重复的灼烧操作？什么叫恒重？其作用是什么？

⚪ 实验1-5 化学反应速率与活化能的测定

一、实验目的与要求

① 了解浓度、温度和催化剂对化学反应速率的影响。

② 了解过二硫酸铵氧化 KI 的反应速率、速率常数、反应级数和活化能的测定原理和方法。

③ 学习用作图法处理实验数据。

二、实验原理

1. 反应级数、反应速率常数的测定

水溶液中，$(NH_4)_2S_2O_8$ 氧化 KI 的离子反应方程式为：

$$S_2O_8^{2-} + 3I^- \longrightarrow 2SO_4^{2-} + I_3^- \tag{1-1}$$

该反应的速率方程可表示为：

$$v = k[S_2O_8^{2-}]^x[I^-]^y$$

若用实验方法测定 Δt 时间内 $S_2O_8^{2-}$ 浓度的改变值 $\Delta[S_2O_8^{2-}]$，则该时间间隔 Δt 内的平均反应速率为：

$$\bar{v} = -\frac{\Delta[S_2O_8^{2-}]}{\Delta t}$$

如果把实验条件控制在 $S_2O_8^{2-}$ 和 I^- 的起始浓度比时间间隔 Δt 内反应掉的那部分离子浓度大得多的情况下，因 Δt 时间后 $S_2O_8^{2-}$ 和 I^- 的浓度与起始浓度差别不大，这时的平均反应速率可以近似看作起始浓度下的瞬时反应速率：

$$v \approx \bar{v} = -\frac{\Delta[S_2O_8^{2-}]}{\Delta t}$$

为了测出在一定时间 Δt 内 $S_2O_8^{2-}$ 的浓度变化，在混合 $(NH_4)_2S_2O_8$ 和 KI 溶液的同时，加入一定体积的已知浓度的 $Na_2S_2O_3$ 和淀粉溶液，这样在反应（1-1）进行的同时，还有以下反应发生：

$$2S_2O_3^{2-}(aq) + I_3^-(aq) \longrightarrow S_4O_6^{2-}(aq) + 3I^-(aq) \tag{1-2}$$

由于反应式(1-2)的速率比反应式(1-1)大得多，由反应式(1-1)生成的 I_3^- 会立即与 $S_2O_3^{2-}$ 反应生成无色的 $S_4O_6^{2-}$ 和 I^-。这就是说，在反应开始的一段时间内，溶液呈无色，但 $Na_2S_2O_3$ 一旦耗尽，由反应式（1-1）生成的微量 I_3^- 就会立即与淀粉作用，使溶液呈蓝色。

由反应式(1-1)和反应式(1-2)的关系可以看出，每消耗 $1mol$ $S_2O_8^{2-}$ 就要消耗 $2mol$ 的 $S_2O_3^{2-}$，即：

$$\Delta[S_2O_8^{2-}] = \frac{1}{2}\Delta[S_2O_3^{2-}]$$

由于在 Δt 时间内，$S_2O_3^{2-}$ 已全部耗尽，所以 $\Delta[S_2O_3^{2-}]$ 实际上就是反应开始时 $Na_2S_2O_3$ 的浓度，即 $-\Delta[S_2O_3^{2-}] = c_0(S_2O_3^{2-})$。

这里的 $c_0(S_2O_3^{2-})$ 为 $Na_2S_2O_3$ 的起始浓度。在本实验中，可以控制每份混合液中 $Na_2S_2O_3$ 的起始浓度都相同，因而 $-\Delta[S_2O_8^{2-}]$ 也是相同的，这样，只要记下从反应开始到出现蓝色所需要的时间 Δt，就可以算出一定温度下该反应的平均反应速率。实验中控制在 Δt 反应时间内消耗的 $S_2O_8^{2-}$ 的浓度远小于 $S_2O_8^{2-}$ 的初始浓度，则该平均反应速率可以近似看作瞬时反应速率，即：

$$v=-\frac{\Delta[\mathrm{S_2O_8^{2-}}]}{\Delta t}=k[\mathrm{S_2O_8^{2-}}]^x[\mathrm{I^-}]^y$$

若设计一组实验，保持 $\mathrm{I^-}$ 浓度不变，改变 $\mathrm{S_2O_8^{2-}}$ 的初始浓度，测得不同 $\mathrm{S_2O_8^{2-}}$ 初始浓度下反应的瞬时速率 v_1、v_2、v_3，根据上式进行计算可以确定该反应对于 $[\mathrm{S_2O_8^{2-}}]$ 的级数 x。同理，保持 $\mathrm{S_2O_8^{2-}}$ 浓度不变，改变 $\mathrm{I^-}$ 的初始浓度，测得不同 $\mathrm{I^-}$ 初始浓度下反应的瞬时速率 $v_1{}'$、$v_2{}'$、$v_3{}'$，通过计算可以得到该反应对于 $[\mathrm{I^-}]$ 的级数 y。反应的总级数为 $x+y$。再由

$$k=\frac{v}{[\mathrm{S_2O_8^{2-}}]^x[\mathrm{I^-}]^y}$$

求出反应速率常数 k。

2. 活化能的测定

由 Arrhenius 方程得：

$$\ln k=\ln A-\frac{E_\mathrm{a}}{RT}$$

式中，E_a 为反应的活化能，J；R 为摩尔气体常数，$R=8.314\mathrm{J/(mol\cdot K)}$；$T$ 为热力学温度，K。

实验中首先测出不同温度下的反应速率常数 k，然后以 $\ln k$ 对 $\frac{1}{T}$ 作图，可得一直线，由直线的斜率 $-\frac{E_\mathrm{a}}{R}$，可求得反应的活化能 E_a。

3. 催化剂对反应速率的影响

$\mathrm{Cu^{2+}}$ 可以加快 $(\mathrm{NH_4})_2\mathrm{S_2O_8}$ 与 KI 反应的速率。$\mathrm{Cu^{2+}}$ 的加入量不同，对反应速率的影响也不同。实验中向反应溶液中加入少量 $\mathrm{Cu(NO_3)_2}$ 溶液，观察 $\mathrm{Cu^{2+}}$ 的加入对反应速率的影响。

三、实验仪器与试剂

① 仪器：秒表、恒温水浴、烧杯（50mL，5 个，分别标上 1、2、3、4、5）、量筒 [10mL，4 个，分别贴上 0.20mol/L $(\mathrm{NH_4})_2\mathrm{S_2O_8}$、0.20mol/L KI、0.20mol/L $\mathrm{KNO_3}$、0.20mol/L $(\mathrm{NH_4})_2\mathrm{SO_4}$ 的标签]、量筒（5mL，2 个，分别贴上 0.05mol/L $\mathrm{Na_2S_2O_3}$、0.2%淀粉溶液的标签）、玻璃棒或电磁搅拌器等。

② 试剂：$(\mathrm{NH_4})_2\mathrm{S_2O_8}$（0.20mol/L）、KI（0.20mol/L）、$\mathrm{Na_2S_2O_3}$（0.05mol/L）、$\mathrm{KNO_3}$（0.20mol/L）、$(\mathrm{NH_4})_2\mathrm{SO_4}$（0.20mol/L）、$(\mathrm{NH_4})_2\mathrm{SO_4}$（0.02mol/L）、淀粉溶液（0.2%）、$\mathrm{Cu(NO_3)_2}$（0.02mol/L）等。

四、实验步骤

1. 浓度对反应速率的影响

在室温下，按表 1-5 所列各反应物用量，用量筒准确量取各试剂，除 0.20mol/L $(\mathrm{NH_4})_2\mathrm{S_2O_8}$ 溶液外，其余各试剂均可按用量混合在各编号烧杯中。当加入 0.20mol/L $(\mathrm{NH_4})_2\mathrm{S_2O_8}$ 溶液时，立即计时，并把溶液混合均匀（用玻璃棒搅拌或把烧杯放在电磁

搅拌器上搅拌），等溶液变蓝时停止计时，记下时间 Δt 和室温。

室温：____℃

表 1-5 浓度对反应速率的影响

实验编号	1	2	3	4	5
$V_{(NH_4)_2S_2O_8}$/mL	10.0	5.0	2.5	10.0	10.0
V_{KI}/mL	10.0	10.0	10.0	5.0	2.5
$V_{Na_2S_2O_3}$/mL	3.0	3.0	3.0	3.0	3.0
V_{KNO_3}/mL				5.0	7.5
$V_{(NH_4)_2SO_4}$/mL		5.0	7.5		
$V_{淀粉溶液}$/mL	1.0	1.0	1.0	1.0	1.0
Δt/s					

用表 1-5 中实验 1、2、3 的数据，依据初始速率法求 x；用实验 1、4、5 的数据，求出 y，再求出 $(x+y)$；最后计算出 k 值。

2. 温度对反应速率的影响、求活化能

按表 1-5 中实验 1 的试剂用量分别在 0℃、高于室温 10℃ 和高于室温 20℃ 的温度下进行实验。加上室温下的实验结果，总共获得 4 个温度下的反应速率常数。最后根据 Arrhenius 方程通过作图和计算求得反应的活化能。

3. 催化剂对反应速率的影响

在室温下，按表 1-5 中实验 1 的试剂用量，再分别加入 1 滴、5 滴、10 滴 0.02mol/L $Cu(NO_3)_2$ 溶液。为使总体积和离子强度一致，不足 10 滴的用 0.02mol/L $(NH_4)_2SO_4$ 溶液补充。最后同样测得加入不同量 $Cu(NO_3)_2$ 溶液后的反应速率常数。

五、实验注意事项

① $(NH_4)_2S_2O_8$ 溶液快速加入含有 KI、$Na_2S_2O_3$ 等物质的混合溶液中的同时开始计时，并要注意不断搅拌以使溶液迅速混合均匀。

② $Na_2S_2O_3$ 溶液的用量不宜过大或过小。

六、数据记录与结果处理

1. 浓度对反应速率的影响

记录实验结果，进行相应计算，填写和完成表 1-6。

表 1-6 浓度对反应速率的影响

实验编号	1	2	3	4	5
$V_{(NH_4)_2S_2O_8}$/mL	10.0	5.0	2.5	10.0	10.0
V_{KI}/mL	10.0	10.0	10.0	5.0	2.5
$V_{Na_2S_2O_3}$/mL	3.0	3.0	3.0	3.0	3.0
V_{KNO_3}/mL				5.0	7.5
$V_{(NH_4)_2SO_4}$/mL		5.0	7.5		
$V_{淀粉溶液}$/mL	1.0	1.0	1.0	1.0	1.0
$c_{0\,S_2O_8^{2-}}$/(mol/L)					

续表

实验编号	1	2	3	4	5
c_0 $_{I^-}$ /(mol/L)					
c_0 $_{S_2O_3^{2-}}$ /(mol/L)					
Δt/s					
$\Delta c_{S_2O_3^{2-}}$ /(mol/L)					
$\Delta c_{S_2O_8^{2-}}$ /(mol/L)					
v/[mol/(L·s)]					
x					
y					
k/[(mol/L)$^{1-x-y}$/s]					
$\bar{k}$/[(mol/L)$^{1-x-y}$/s]					

2. 温度对反应速率的影响

记录实验结果，进行相应计算，填写和完成表1-7。

表1-7　温度对反应速率的影响

实验编号	1	2	3	4
T/K				
Δt/s				
v/[mol/(L·s)]				
k/[(mol/L)$^{1-x-y}$/s]				
$\ln k$				
$\dfrac{1}{T}$/K^{-1}				

作图 $\ln k$-$\dfrac{1}{T}$

截距=_____

指前因子 A=_____

斜率=_____

活化能 E_a=_____

3. 催化剂对反应速率的影响

记录实验结果，进行相应计算，填写和完成表1-8。

表1-8　催化剂对反应速率的影响

实验编号	1	2	3
加入 Cu(NO$_3$)$_2$ 溶液(0.02mol/L)的滴数	1	5	10
Δt/s			
v/[mol/(L·s)]			

七、思考题

① 若用 I^-（或 I_3^-）的浓度变化来表示该反应的速率，则反应速率 v 和反应速率常数 k 是否和用 $S_2O_8^{2-}$ 的浓度变化表示的一样？

② 实验中当蓝色出现后，反应是否就终止了？

③ $Na_2S_2O_3$ 溶液的用量过多或过少，对实验结果有什么影响？

④ 本实验中测得的反应速率实际上是在反应时间间隔 Δt 内的平均速率，为什么说该平均反应速率近似等于反应初始时的瞬时速率？

◎ 实验 1-6　乙酸标准解离常数和解离度的测定

一、实验目的与要求

① 掌握 pH 值测定法测定弱酸标准解离常数和解离度的原理和方法，加深对弱电解质标准解离平衡常数和解离度的理解。

② 练习移液管、容量瓶的使用和溶液的配制等基本操作。

③ 学习使用酸度计。

二、实验原理

乙酸是弱电解质，在水溶液中存在下列解离平衡：

$$HAc \rightleftharpoons H^+ + Ac^-$$

其标准解离常数 $K_a^\ominus$ 的表达式为：

$$K_a^\ominus = \frac{([H^+]/c^\ominus)([Ac^-]/c^\ominus)}{[HAc]/c^\ominus} = \frac{[H^+][Ac^-]}{[HAc]} \tag{1-3}$$

设乙酸的起始浓度为 c_0，平衡时 $[H^+] = [Ac^-]$，$[HAc] = c_0 - [H^+]$ 代入式(1-3)，可得到：

$$K_a^\ominus = \frac{[H^+]^2}{c_0 - [H^+]} \tag{1-4}$$

在一定温度下，用酸度计测定一系列已知浓度的乙酸的 pH 值，根据 pH $= -\lg[H^+]$，换算出 $[H^+]$，代入式(1-4) 中，可求得一系列对应的 $K_a^\ominus$ 值，取其平均值，即为该温度下乙酸的标准解离常数。

另外，乙酸的解离度 α 可表示为：

$$\alpha = \frac{[H^+]}{c_0} \tag{1-5}$$

将测得的 $[H^+]$ 代入式(1-5) 即可计算出该初始浓度下的解离度。

三、实验仪器与试剂

① 仪器：酸度计、移液管、容量瓶（50mL，4 个）、烧杯（50mL，4 个）等。

② 试剂：HAc(0.1000mol/L)、NaAc(0.1000mol/L)、标准缓冲溶液（定位液，pH

值分别为 4.01、6.98、9.28) 等。

四、实验步骤

1. 配制不同浓度的乙酸溶液

用不同规格的移液管分别移取已标定的 0.1000mol/L HAc 溶液 25.00mL、10.00mL、5.00mL 于 3 个洗净的 50.00mL 容量瓶中，分别加入蒸馏水定容，摇匀。求出上述三种 HAc 溶液的浓度，编号为 2～4。已标定的 HAc 溶液编号为 1。

2. 配制乙酸-乙酸钠混合溶液

移取 25.00mL 已标定的 0.1000mol/L 乙酸溶液于 50.00mL 容量瓶中，加入 5.00mL 0.1000mol/L 的乙酸钠溶液，用蒸馏水稀释至刻度，摇匀，编号为 5。

3. 乙酸溶液 pH 值的测定

将上述 1～5 号溶液由稀到浓，分别用酸度计（本实验中使用 pHS-25 型酸度计）测定它们的 pH 值，记录各份溶液的 pH 值及实验时的温度。计算各溶液中乙酸的标准解离常数和解离度。酸度计的工作原理及使用方法见参考资料。

五、实验注意事项

① 使用酸度计前必须仔细阅读参考资料内容，了解其工作原理及使用方法。

② 酸度计在使用前必须经标准缓冲溶液标定。

③ 在使用酸度计的过程中注意保护好复合电极的玻璃球部分，以防其破损。

六、数据记录与结果处理

根据实验过程结果，完成表 1-9。

表 1-9 乙酸标准解离常数和解离度

实验编号	移取 HAc溶液体积V_{HAc}/mL	移取 NaAc溶液体积V_{NaAc}/mL	配制的 HAc溶液浓度c_0/(mol/L)	pH 值	$[H^+]$/(mol/L)	$[Ac^-]$/(mol/L)	$K_a^{\ominus}$	α
1	50.00	0.00						
2	25.00	0.00						
3	10.00	0.00						
4	5.00	0.00						
5	25.00	5.00						

室温：_____℃

$K_a^{\ominus}$ 平均值：_____

七、思考题

① 为什么可以对在不同浓度下测得的 HAc 的 $K_a^{\ominus}$ 值进行平均计算，而不能对测得的不同浓度 HAc 的 α 值进行平均计算？

② 酸度计中所用复合电极由哪些部分组成？各部分起什么作用？哪部分起到测量中

只测 H^+ 浓度而不受溶液中其他离子干扰的关键作用？

八、参考资料：酸度计的工作原理及使用方法

1. 酸度计（pH 计）的工作原理

酸度计是采用氢离子选择性电极测量液体 pH 值的一种广泛使用的化学分析仪器。酸度计是用电势法来测量 pH 值的，其基本原理是：将一个连有内参比电极的可逆氢离子指示电极和一个外参比电极同时浸入某一待测溶液中而形成原电池，在一定温度下产生一个内外参比电极之间的电池电动势。这个电动势与溶液中氢离子活度有关，而与其他离子的存在基本没有关系。仪器通过测量该电动势的大小，最后转化为待测液的 pH 值而显示出来。

实验中为了操作方便，常常把连有内参比电极的氢离子指示电极和外参比电极复合在一起构成复合电极。复合电极的基本结构如图 1-49 所示。其主要组成部件如下。

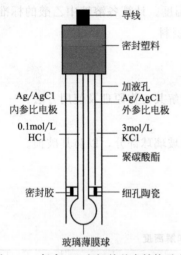

图 1-49 复合 pH 电极的基本结构示意

（1）玻璃薄膜球

它由具有 H^+ 交换功能的锂玻璃熔融吹制而成，呈球形，膜厚在 $0.1\sim0.2$mm，25℃ 下的电阻值＜250MΩ。

（2）玻璃支持管

玻璃支持管是支持电极球的玻璃管体，由电绝缘性优良的铅玻璃制成，其膨胀系数与电极球玻璃一致。

（3）内参比电极

多为 Ag/AgCl 电极或饱和甘汞电极，主要作用是提供一个稳定的参比电势，要求其电极电势稳定，温度系数小。

（4）内参比溶液

内参比溶液为 pH 值恒定的缓冲溶液或浓度较大的强酸溶液，如 0.1mol/L HCl 溶液。

（5）电极壳

电极壳是支持玻璃电极和液接界，盛放外参比溶液的壳体，通常由聚碳酸酯（PC）塑压成型或者玻璃制成。PC 在有些溶剂中会溶解，如丙酮、四氯化碳、三氯乙烯、四氢呋喃等，如果测试液中含有以上溶剂，就会损坏电极外壳，此时应改用玻璃外壳的 pH 复合电极。

（6）外参比电极

多为 Ag/AgCl 电极或饱和甘汞电极，其作用也是提供一个稳定的参比电势，要求其电极电势稳定，重现性好，温度系数小。

（7）外参比溶液

常为饱和 KCl 溶液或 KCl 凝胶电解质。

（8）液接界

液接界是外参比溶液和被测溶液之间的连接部件，要求渗透量大且稳定，通常由瓷砂

芯材料构成。

（9）电极导线

为低噪声金属屏蔽线，内芯与内参比电极连接，屏蔽层与外参比电极连接。

使用复合电极之前，必须将电极中的玻璃薄膜球在水中浸泡，使之形成一个三层结构，即中间的干玻璃层和两边的"水合硅胶层"。当球状玻璃膜的内、外玻璃表面与水溶液接触时，Na_2SiO_3 晶体骨架中的 Na^+ 或 Li_2SiO_3 中的 Li^+ 与水溶液中的 H^+ 发生交换：

$$G-Na^+ + H^+ \Longrightarrow G-H^+ + Na^+ \text{ 或 } G-Li^+ + H^+ \Longrightarrow G-H^+ + Li^+$$

因为该交换过程的平衡常数很大，因此，玻璃膜内外表面层中的 Na^+ 或 Li^+ 的位置几乎全部被 H^+ 所取代，从而形成所谓的"水合硅胶层"。当把浸泡好的玻璃电极插入到待测溶液中时，水合硅胶层与溶液接触，由于硅胶层表面 H^+ 的活度和溶液中 H^+ 的活度不同，形成活度差，H^+ 便从活度大的一方向活度小的一方迁移，从而在硅胶层与溶液中建立了平衡，改变了胶-液两相界面的电荷分布，产生一定的相界电势。同理，在玻璃膜内侧水合硅胶层-内部溶液界面也存在一定的相界电势。其相界电势可用下式表示：

$$\varphi_{外} = K_1 + \frac{RT}{zF}\ln\frac{a_1}{a_1'} \text{ 和 } \varphi_{内} = K_2 + \frac{RT}{zF}\ln\frac{a_2}{a_2'}$$

式中，a_1、a_2 分别为外部待测溶液和内参比溶液中 H^+ 的活度；a_1'、a_2' 分别为玻璃膜外、内水合硅胶层表面的 H^+ 活度；K_1、K_2 分别为由玻璃膜外、内表面性质决定的常数。

因为玻璃膜内、外表面性质基本相同，所以 $K_1 = K_2$，又因为水合硅胶层表面的 Na^+ 或 Li^+ 全部都被 H^+ 所取代，故 $a_1' = a_2'$，因此：

$$\varphi_{玻璃膜} = \varphi_{外} - \varphi_{内} = \frac{RT}{zF}\ln\frac{a_1}{a_2}$$

由于内参比溶液中 H^+ 活度 a_2 是一定值，故：

$$\varphi_{玻璃膜} = K_3 + \frac{RT}{zF}\ln a_1 = K_3 - \frac{2.303RT}{F}\text{pH}$$

其中 $K_3 = -[RT/(zF)]\ln a_2$，为一常数。

可以看出，在一定温度下玻璃电极的膜电势与试液的 pH 值呈直线关系。而酸度计测得的是内、外两个参比电极之间构成的原电池的总的电动势，其值为：

$$E = \varphi_{内参比} - \varphi_{玻璃膜} - \varphi_{外参比} - \varphi_{液接}$$

对于质量合格的复合电极，$\varphi_{内参比}$、$\varphi_{外参比}$ 的值均为稳定不变的常数，而外参比溶液和待测液之间的液接电势 $\varphi_{液接}$ 趋于 0 且非常稳定，所以可将上式中各个不变的量合并为一个常数 K，最后得：

$$E = K + \frac{2.303RT}{F}\text{pH}$$

可以看出，在一定温度下酸度计测得的由复合电极和待测液一起构成的原电池的电动势与待测液的 pH 值呈线性关系。在 pH 计使用前，用两个 pH 值已知的缓冲溶液为标准试液对仪器进行校正，确定上面公式中的截距和斜率，之后就可以用来测试待测液了。

2. 操作步骤

以 pHS-25 型酸度计为例说明酸度计的一般使用方法。图 1-50 为 pHS-25 型酸度计外部结构。具体操作步骤如下。

（1）开机

按下电源开关，电源接通后预热 10min。

（2）仪器选择开关置 "pH" 挡或 "mV" 挡

（3）标定

仪器使用前先要标定。一般说，如果仪器连续使用，只需最初标定一次。具体操作分以下两种。

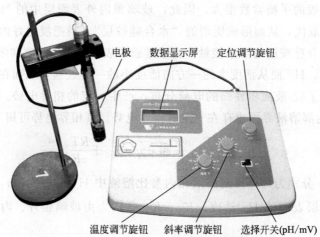

图 1-50　pHS-25 型酸度计外部结构

① 一点校正法——用于分析精度要求不高的情况。

a. 仪器插上电极，选择开关置于 "pH" 挡。

b. 仪器斜率调节旋钮在 100% 位置（即顺时针旋到底的位置）。

c. 选择一种最接近待测样品溶液 pH 值的标准缓冲溶液（其 pH 值为已知的），并把电极放入这一缓冲溶液中，调节温度调节旋钮，使所指示的温度与溶液的温度相同，并摇动烧杯，使溶液均匀。

d. 待读数稳定后，该读数应为标准缓冲溶液的 pH 值，否则调节定位调节旋钮，使读数与标准缓冲溶液的 pH 值一致。

e. 清洗电极，并吸干电极球泡表面的余水，准备测量待测液。

② 二点校正法——用于分析精度要求较高的情况。

a. 仪器插上电极，选择开关置于 pH 挡，仪器斜率调节器调节在 100% 位置。

b. 选择两种标准缓冲溶液（被测溶液的 pH 值应该大约在该两种标准缓冲溶液 pH 值之间，如 pH=4.00 和 pH=7.00）。

c. 把电极放入第一缓冲溶液（pH=7.00），调节温度调节旋钮，使所指示的温度与溶液相同。

d. 待读数稳定后，该读数应为该标准缓冲溶液的 pH 值，否则调节定位调节旋钮，使读数与标准缓冲溶液的 pH 值一致。

e. 清洗电极，并吸干电极球泡表面的余水后，把电极放入第二种缓冲溶液（如 pH=4.00），摇动烧杯使溶液均匀。

f.待读数稳定后，该读数应为第二种缓冲溶液的 pH 值，否则调节斜率调节旋钮，使其显示的数值与第二种标准缓冲溶液的 pH 值一致。此时，酸度计标定完成，之后不能再调节定位调节旋钮和斜率调节旋钮，否则需重新标定。对于精密度高的酸度计，有时需要重复 c.～f. 步骤以反复调节定位调节旋钮和斜率调节旋钮，以达到最佳的仪器校对效果。

g.清洗电极，并吸干电极球泡表面的余水待用。

（4）测量

① 将复合电极加液口上所套的橡胶套和下端的橡胶套全取下，以保持电极内 KCl 溶液的液压差恒定。

② 将电极夹向上移出，用蒸馏水清洗电极头部，并用滤纸吸干。

③ 把电极插在被测溶液内，调节温度调节旋钮，使所指示的温度与溶液的温度相同。摇动烧杯使溶液均匀，读数稳定后，读出该溶液的 pH 值。

（5）结束

测试完成后关闭仪器电源，用蒸馏水清洗电极头部，并用滤纸吸干，之后浸泡在饱和 KCl 溶液中保存。

● 实验 1-7　氧化还原反应

一、实验目的与要求

① 学会装配原电池装置。

② 熟悉常用的氧化剂、还原剂及常见氧化还原反应。

③ 了解电对的氧化型或还原型物质的浓度、介质溶液的酸度等因素对电极电势、氧化还原反应的方向及反应速率的影响。

二、实验仪器与试剂

① 仪器：伏特计、烧杯、电极架、素烧瓷筒等。

② 试剂：H_2SO_4（1mol/L）、HNO_3（2mol/L）、HAc（6mol/L）、NaOH（6mol/L）、浓氨水、$CuSO_4$（1mol/L）、$ZnSO_4$（1mol/L）、KBr（0.1mol/L）、$KMnO_4$（0.1mol/L、0.01mol/L）、$FeCl_3$（0.1mol/L）、Na_2SO_3（0.1mol/L）、KI（0.1mol/L）、$FeSO_4$（0.1mol/L）、$Fe_2(SO_4)_3$（0.1mol/L）、KIO_3（0.1mol/L）、H_2O_2（3%）、氯水、溴水、碘水、CCl_4、NH_4F、铜棒、锌棒等。

三、实验步骤与实验结果记录

1.原电池电动势的测定

在 50mL 小烧杯中加入 15mL 1mol/L $CuSO_4$ 溶液，在素烧瓷筒中加入 6mL 1mol/L $ZnSO_4$ 溶液，并将其放入盛有 $CuSO_4$ 溶液的小烧杯中。然后，通过电极架在 $CuSO_4$ 溶液中插入 Cu 棒，在 $ZnSO_4$ 溶液中插入锌棒，两极各连一导线，用伏特计测量其电动势：$E_1=$＿＿＿，$E_2=$＿＿＿，$E_3=$＿＿＿，$E_{平均值}=$＿＿＿。

在小烧杯中滴加浓氨水，不断搅拌，直至刚开始产生的沉淀完全溶解生成深蓝色的

$Cu(NH_3)_4^{2+}$ 为止，测量其电动势：$E_1 = $ _____，$E_2 = $ _____，$E_3 = $ _____，$E_{平均值} = $ _____。再在素烧瓷筒中滴加浓氨水，使沉淀完全溶解生成 $Zn(NH_3)_4^{2+}$，再次测量其电动势：$E_1 = $ _____，$E_2 = $ _____，$E_3 = $ _____，$E_{平均值} = $ _____。

比较上述三次测量的结果，说明浓度对电极电势的影响。

需要注意的是，本实验中用伏特计测量的电池电动势不是原电池的可逆电动势。如果要测定由可逆电对组成的原电池的可逆电动势则需要采用对消法。在对消法测量过程中流经原电池回路的电流为 0，从而保证了各电对都处于可逆状态下，所以测得的是可逆原电池的可逆电动势。而采用伏特计来测量电池电动势时，虽然伏特计的内阻很大，但仍有电流经过。此时原电池处于工作状态，对外做电功。原电池中的氧化还原反应正在进行。显然该反应不是在平衡条件下进行的，不是可逆过程，所以不可能测得原电池的可逆电动势。因此，用伏特计只能粗略地测量原电池的电动势，在测量时间不长时（长时间测量时会测得原电池电动势的值越来越小），将测量结果近似看作可逆原电池的可逆电动势。对于非可逆原电池，则不存在可逆电动势。进一步了解相关知识可查阅物理化学方面的书籍。

2. 常见氧化剂、还原剂和氧化还原反应

（1）H_2O_2 的氧化性

在小试管中加入 0.5mL 0.1mol/L KI 溶液，再加 2～3 滴 1mol/L H_2SO_4 酸化，然后逐滴加入 3% 的 H_2O_2 溶液，振荡试管并观察现象。写出反应式。

（2）$KMnO_4$ 的氧化性

在小试管中加入 0.5mL 0.01mol/L $KMnO_4$ 溶液，再加入 2～3 滴 1mol/L H_2SO_4 酸化，然后逐滴加入 3% 的 H_2O_2 溶液，振荡试管并观察现象。写出反应式。

（3）KI 的还原性

在小试管中加入 0.5mL 0.1mol/L KI 溶液，逐滴加入氯水，边加边振荡，注意溶液颜色的变化。继续滴入 Cl_2 水，溶液的颜色又有什么变化？写出反应方程式。

3. 比较电极电势的高低

① 在试管中加入 1mL 0.1mol/L KI 溶液和 5 滴 0.1mol/L 的 $FeCl_3$ 溶液，摇匀后有何现象？再加入 0.5mL CCl_4 充分振荡，观察 CCl_4 层颜色有无变化，反应的产物是什么。

② 用 0.1mol/L 的 KBr 溶液代替 KI 溶液进行同样的实验，能否发生反应？现象有什么不同？为什么？

③ 往两支试管中分别加入 3 滴碘水、溴水，然后加入约 0.5mL 0.1mol/L $FeSO_4$ 溶液，摇匀后，注入 0.5mL CCl_4，充分振荡，观察 CCl_4 层颜色有无变化。

根据以上结果，写出化学反应方程式，比较 Fe^{3+}/Fe^{2+}、Br_2/Br^-、I_2/I^- 这三个氧化还原电对电极电势的高低。最强的氧化剂和最强的还原剂分别是何种物质？

4. 浓度和介质酸度对氧化还原反应的影响

（1）浓度的影响

① 向试管中加入 CCl_4 和 0.1mol/L $Fe_2(SO_4)_3$ 各 0.5mL，再加入 0.5mL 0.1mol/L KI 溶液，振荡，观察 CCl_4 层的颜色为 _____。

② 向盛有 CCl_4、1mol/L $FeSO_4$ 和 0.1mol/L $Fe_2(SO_4)_3$ 各 0.5mL 的试管中加入

0.5mL 0.1mol/L KI 溶液，振荡后观察 CCl_4 层颜色为_____。

③ 在实验①的试管中，加入少许 NH_4F 固体，振荡，观察 CCl_4 层颜色为_____。

以上实验结果说明什么问题？

（2）介质酸度的影响

① 对氧化还原反应方向的影响。在一支盛有 1mL 0.1mol/L KI 溶液的试管中，加入数滴 1mol/L H_2SO_4 溶液酸化，然后逐滴加入 0.1mol/L KIO_3 溶液，振荡并观察现象。写出反应方程式。然后在该试管中逐滴加入 6mol/L NaOH 溶液，振荡，有什么现象发生？能够说明什么问题？写出化学反应方程式。

② 对氧化还原反应产物的影响。取 3 支试管分别加 0.5mL 0.1mol/L Na_2SO_3 溶液，向其中一支加入 0.5mL 1mol/L H_2SO_4 溶液，另一支加 0.5mL 蒸馏水，第三支试管加 0.5mL 6mol/L NaOH 溶液，混合后再各加 2 滴 0.1mol/L 的 $KMnO_4$ 溶液，观察溶液颜色变化有何不同。该现象能够说明什么问题？写出化学反应方程式。供参考的化学反应方程式如下：

$$5Na_2SO_3 + 3H_2SO_4 + 2KMnO_4 \Longrightarrow 5Na_2SO_4 + K_2SO_4 + 2MnSO_4 + 3H_2O$$

$$3Na_2SO_3 + 2KMnO_4 + H_2O \Longrightarrow 3Na_2SO_4 + 2MnO_2 \downarrow + 2KOH$$

$$Na_2SO_3 + 2KMnO_4 + 2NaOH \Longrightarrow K_2MnO_4 + Na_2SO_4 + Na_2MnO_4 + H_2O$$

③ 对氧化还原反应速率的影响。取 2 支试管分别加 0.5mL 0.1mol/L KBr 溶液，一支加 0.5mL 1mol/L H_2SO_4 溶液，另一支加 0.5mL 6mol/L HAc 溶液，再各加 2 滴 0.01mol/L 的 $KMnO_4$ 溶液，观察颜色褪去的速度。观察到什么现象？能够说明什么问题？写出化学反应方程式。参考的化学反应方程式分别为：

$$2MnO_4^- + 10Br^- + 16H^+ \Longrightarrow 2Mn^{2+} + 5Br_2 + 8H_2O$$

$$2MnO_4^- + 10Br^- + 16HAc \Longrightarrow 2Mn^{2+} + 5Br_2 + 16Ac^- + 8H_2O$$

四、实验注意事项

① 用伏特计测原电池电动势时不可长时间用表笔将原电池正、负极连通，否则电动势数值会逐渐降低。

② 本实验中所用试剂多为具有一定腐蚀性的氧化剂或还原剂，取用时应注意安全，不要与皮肤接触。不慎沾到皮肤上后应立即用干净的毛巾擦去并用大量自来水清洗。

五、思考题

① 原电池电动势测量中所用素烧瓷筒起什么作用？可否用小烧杯代替素烧瓷筒？

② 实验步骤与实验结果记录 3.①中所用 CCl_4 在反应体系中起什么作用？

● 实验1-8　碘酸铜溶度积的测定

一、实验目的与要求

① 了解用光电比色法测定碘酸铜溶度积的原理和方法，加深对溶度积概念的理解。

② 练习分光光度计的使用。

二、实验原理

碘酸铜是难溶强电解质，在其饱和水溶液中存在下列沉淀-溶解平衡：

$$Cu(IO_3)_2(s) \Longrightarrow Cu^{2+} + 2IO_3^-$$

在一定温度下，碘酸铜的饱和溶液中 Cu^{2+} 活度与 IO_3^- 活度平方的乘积是一个常数。由于溶液中各离子浓度很稀，离子强度很弱，各种离子的活度系数接近于 1，因而活度在数值上可以用浓度来代替，即：

$$K_{sp}^{\ominus} = [Cu^{2+}][IO_3^-]^2$$

$K_{sp}^{\ominus}$ 被称为溶度积常数，$[Cu^{2+}]$ 和 $[IO_3^-]$ 分别为碘酸铜饱和溶液达到溶解-沉淀平衡时 Cu^{2+} 和 IO_3^- 的平衡浓度。应该注意活度和 $K_{sp}^{\ominus}$ 均没有量纲，上式中只是以离子浓度的数值来代替活度，而不应考虑浓度的量纲。温度恒定时，$K_{sp}^{\ominus}$ 的数值与 Cu^{2+} 和 IO_3^- 的浓度无关。因此，如果能测得在一定温度下 $Cu(IO_3)_2$ 饱和溶液中的 $[Cu^{2+}]$ 和 $[IO_3^-]$，就可以通过计算算出 $Cu(IO_3)_2$ 的溶度积。

实验中可取少量新制备的 $Cu(IO_3)_2$ 固体，将它溶于一定体积的水中，达到平衡后，分离去除沉淀，然后向溶液中加入过量的 $NH_3 \cdot H_2O$，生成深蓝色的 $[Cu(NH_3)_4]^{2+}$。该离子对 $600 \sim 620nm$ 的可见光具有很强的吸收，因此可以采取可见分光光度法测定溶液中 Cu^{2+} 的浓度。最后通过计算求出实验温度下 $Cu(IO_3)_2$ 的 $K_{sp}^{\ominus}$ 值。

三、实验仪器与试剂

① 仪器：吸液管、容量瓶、台秤、滤纸、温度计、分光光度计等。

② 试剂：$Cu(IO_3)_2$、$NH_3 \cdot H_2O$（50%）、$Cu(NO_3)_2$（0.1000mol/L）、$CuSO_4$（0.25mol/L）、KIO_3（0.5mol/L）等。

四、实验步骤

1. $Cu(IO_3)_2$ 固体的制备

用量筒量取 50mL 0.25mol/L $CuSO_4$ 溶液置于烧杯中搅拌，加入 50mL 0.5mol/L KIO_3 溶液，加热混合液并不断搅拌（70℃左右），约 30min 后停止加热。静置至室温后弃去上层清液，用倾析法将所得 $Cu(IO_3)_2$ 洗净，以洗涤液中检测不到 SO_4^{2-} 为标志（可用 Ba^{2+} 来检测 SO_4^{2-}，每次大约需用 10mL 蒸馏水来洗沉淀 5~6 次）。记录产品的外形、颜色及观察到的现象。最后进行减压过滤，将 $Cu(IO_3)_2$ 沉淀抽干后烘干，计算产率。

2. $Cu(IO_3)_2$ 饱和溶液的制备

取 3 个 150mL 锥形瓶，加入少量（约 1.5g）自制的 $Cu(IO_3)_2$ 晶体，分别加入 100.0mL 蒸馏水，加热至近沸（70~80℃），充分搅拌约 15min，以保证配得 $Cu(IO_3)_2$ 饱和溶液。搅拌冷却至室温，静置 1h 以上，待溶液澄清后，用致密定量滤纸、干燥漏斗常压过滤（滤纸不要用水润湿，滤液要保证澄清），滤液用编号不同的 3 个干燥小烧杯收集，也可以直接取用上清液用于后续测定。

3. 分光光度法工作曲线的绘制

分别吸取 0mL、1.00mL、2.50mL、5.00mL 以及 7.50mL 0.1000mol/L $Cu(NO_3)_2$

溶液于 5 支 50mL 容量瓶中，各滴加 50％（体积分数）的 $NH_3 \cdot H_2O$ 6.0mL，然后用蒸馏水稀释至 50mL，摇匀。

（1）绘制 $Cu(NH_3)_4^{2+}$ 的吸收曲线，确定最大吸收波长

以蒸馏水（或 1 号标准溶液）作比溶液，用 4（或 5）号溶液作为吸收液，用 1cm 的比色皿在波长 480～680nm 范围内绘制测 $Cu(NH_3)_4^{2+}$ 的吸收曲线，从曲线上读取最大吸收波长 λ_{max}。参考区间为 600～620nm。

（2）绘制工作曲线

以蒸馏水（或 1 号标准溶液）作参比溶液，选用 1cm 比色池，在上述实验所确定的最大吸收波长下测定它们的吸光度，以吸光度为纵坐标，相应的 Cu^{2+} 浓度为横坐标，绘制工作曲线。

4. 饱和溶液中 Cu^{2+} 浓度的测定

分别从 3 个盛放 $Cu(IO_3)_2$ 滤液的烧杯中移取 20mL 溶液于 3 个 50mL 容量瓶中，分别加入 50％（体积分数）$NH_3 \cdot H_2O$ 6.0mL，用蒸馏水稀释至刻度后摇匀。在最大吸收波长下进行吸光度测试。从工作曲线上查出各容量瓶中 Cu^{2+} 的浓度，并进一步计算出 $Cu(IO_3)_2$ 滤液中 Cu^{2+} 的浓度。

5. $K_{sp}^{\ominus}$ 的计算

根据测得的 $Cu(IO_3)_2$ 滤液中 Cu^{2+} 的浓度，计算 $Cu(IO_3)_2$ 的 $K_{sp}^{\ominus}$。室温下，$Cu(IO_3)_2 K_{sp}^{\ominus}$ 的理论值为 1.4×10^{-7}。

五、实验注意事项

① 本实验中有些步骤的完成需要的时间比较长，例如烘干 $Cu(IO_3)_2$ 产品和冷却饱和热 $Cu(IO_3)_2$ 溶液至室温及静置的过程，因此要注意合理安排各部分实验以高效利用实验时间。

② 过滤饱和 $Cu(IO_3)_2$ 溶液时应使用致密的定量滤纸（必要时可考虑用双层滤纸），并在常压下完成过滤而不可减压抽滤，以防 $Cu(IO_3)_2$ 晶体穿透滤纸而进入滤液。

③ 光度计仪器接地要良好，否则显示数字不稳定。

④ 每台光度计仪器所配套的比色皿，不能与其他仪器上的比色皿互相调换。

⑤ 取放比色皿时，只能用手拿毛玻璃面；擦拭比色皿外壁溶液时，必须用镜头纸；比色皿内盛放的溶液不能超过其高度的 4/5；比色皿放入比色皿架中时，应使透光玻璃面通过光路。

六、数据记录与结果处理

1. 吸光曲线的绘制

记录实验数据并填写表 1-10。

表 1-10 吸收曲线绘制

波长 λ/nm	480	500	520	540	560	580	590	600	610	620
A										
波长 λ/nm	630	640	660	680						
A										

$Cu(NH_3)_4^{2+}$ 的浓度 $c=$ _____ ；$\lambda_{max}=$ _____ ；$\varepsilon_{max}=$ _____ 。

2. 绘制工作曲线

记录实验数据并填写表 1-11。

表 1-11 绘制工作曲线

实验编号	1	2	3	4	5
$V_{Cu(NO_3)_2}$/mL	0	1.00	2.50	5.00	7.50
$c_{Cu^{2+}}$/(mol/L)					
A					

3. $K_{sp}^{\ominus}$ 的测定

记录实验数据并填写表 1-12。

表 1-12 $K_{sp}^{\ominus}$ 的测定

实验编号	1	2	3
A			
容量瓶中 $c_{Cu^{2+}}$/(mol/L)			
$Cu(IO_3)_2$ 饱和溶液中 $c_{Cu^{2+}}$/(mol/L)			
$K_{sp}^{\ominus}$			
$K_{sp平均值}^{\ominus}$			

◎ 实验 1-9 磺基水杨酸合铁（Ⅲ）配合物的组成和稳定常数的测定

一、实验目的与要求

① 了解采用分光光度法测定配合物的组成和稳定常数的原理和方法。

② 学习用图解法处理实验数据的方法。

③ 进一步学习分光光度计的使用方法和工作原理。

④ 进一步练习吸量管、容量瓶的使用。

二、实验原理

磺基水杨酸，分子结构式为 HO—⟨COOH⟩—SO₃H （本书中用代表配体的字符 L 来简单表示），可以与 Fe^{3+} 形成稳定的配合物。磺基水杨酸合铁（Ⅲ）配合物的组成随溶液 pH 值的不同而改变。在 pH=2~3、4~9、9~11 时，磺基水杨酸与 Fe^{3+} 能分别形成三种不同颜色、不同组成的配离子。本实验是测定 pH=2~3 时所形成的红褐色磺基水杨酸合铁（Ⅲ）配离子的组成及其稳定常数。实验中通过加入一定量的 $HClO_4$ 溶液或 H_2SO_4 溶液来控制溶液的 pH 值。由于所测溶液中磺基水杨酸是无色的，Fe^{3+} 溶液的浓度很小，也可认为是无色的，只有磺基水杨酸合铁（Ⅲ）配离子（ML_n）是有色的，对可见光有较好的吸收，可以采用可见分光光度法对其进行定性和定量分析。

根据朗伯-比耳定律 $A = \varepsilon bc$ 可知，当入射光波长 λ、溶液的温度 T 及比色皿的厚度 b 均一定时，溶液的吸光度 A 只与有色配离子的浓度 c 成正比。通过对溶液吸光度的测定，可以求出配离子的组成。用光度法测定配离子组成，通常有摩尔比法、等摩尔连续变化法、斜率法和平衡移动法等，每种方法都有各自的适用范围。本实验采用等摩尔连续变化法（有时也被称为等物质的量系列法）来测定配位化合物的组成。该测试方法要求金属离子和配体都不吸收入射光，而由它们生成的配离子能较好地吸收入射光。显然，磺基水杨酸合铁（Ⅲ）配合物体系的吸光性质特点满足这一要求。具体操作时，取用摩尔浓度相等的金属离子溶液和配位体溶液，配成体积比 $V_M/(V_M+V_L)$ 不同但金属离子和配体的总的物质的量不变的一系列溶液，测定其吸光度值。这里的体积分数即摩尔分数。式中，V_M 为金属离子溶液的体积；V_L 为配位体溶液的体积。以吸光度值 A 为纵坐标，体积分数或摩尔分数为横坐标作图得到如图 1-51 所示的曲线。将曲线两边的直线部分延长相交于 B 点，B 点对应的吸光度值 A_B 最大。由 B 点对应的体积分数或摩尔分数值，可得知配离子中金属离子与配位体的摩尔比，即可获知配离子 ML_n 中配位体的数目 n。

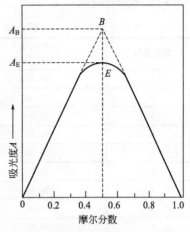

图 1-51　配合物的吸光度-金属离子摩尔分数曲线

一般认为，具有最大吸光度值的 B 点处的 M 和 L 全部配合。但由于配离子有一部分解离，其实际浓度要稍低一些，实验测得的最大吸光度值在 E 点（图 1-51），其吸光度为 A_E，则配离子的解离度为：

$$\alpha = \frac{A_B - A_E}{A_B}$$

采用类似于图 1-51 的作图法可获得 A_B 和 A_E，即可求出 α。而配离子的积累稳定常数 $\beta^{\ominus}$ 可由下列平衡式导出：

$$ML_n \rightleftharpoons M + nL$$

起始浓度	c_0	0	0
平衡浓度	$c_0 - c\alpha$	$c\alpha$	$nc\alpha$

则

$$\beta^{\ominus} = \frac{[ML_n]}{[M][L]^n} = \frac{1 - c\alpha}{(nc)^n \alpha^{n+1}}$$

由前面实验中得到的 c、n 和 α，即可计算出 $\beta^{\ominus}$。

三、实验仪器与试剂

① 仪器：分光光度计、吸量管、容量瓶、广泛 pH 试纸等。

② 试剂：$NH_4Fe(SO_4)_2$（0.00100mol/L）、磺基水杨酸（0.0010mol/L）、$HClO_4$（0.010mol/L）等。

四、实验步骤

1. 配制磺基水杨酸合铁系列溶液

用 10mL 吸量管按表 1-13 的数据吸取各溶液，分别注入已编号的干燥的 50mL 小烧杯中，并搅拌各溶液。

表 1-13 磺基水杨酸合铁系列溶液的配制

溶液编号	0.010mol/L HClO$_4$/mL	0.00100mol/L Fe^{3+}/mL	0.00100mol/L 磺基水杨酸/mL
1	10.00	9.00	1.00
2	10.00	8.00	2.00
3	10.00	7.00	3.00
4	10.00	6.00	4.00
5	10.00	5.00	5.00
6	10.00	4.00	6.00
7	10.00	3.00	7.00
8	10.00	2.00	8.00
9	10.00	1.00	9.00

2. 测定磺基水杨酸合铁系列溶液的吸光度

取 4 只 1cm 的比色皿，将参比溶液（即 0.010mol/L HClO$_4$）放入比色皿架中的第一格内，将 1 号溶液、2 号溶液和 3 号溶液分别放入比色皿架中的第二、三、四格内。在 $\lambda = 500$nm 处，调节合适的灵敏度挡，测各溶液的吸光度。然后将 1 号溶液、2 号溶液、3 号溶液分别换成 4 号溶液、5 号溶液、6 号溶液，测定它们的吸光度。依次类推，直至将所有的溶液都测出其吸光度为止。最后通过作图和计算求得 FeL$_n$ 中的 n 和该配合物的积累稳定常数 $\beta^{\ominus}$。

五、实验注意事项

① 本实验中编号的试样较多，测试中容易搞混淆，应特别小心。

② 本实验一般为两人一组，在实验过程中应注意分工协作。

③ 对结果进行作图分析处理时，可以使用传统的坐标纸，也可运用计算机，例如运用 Origin、Igor、Excel 等优秀的科学数据处理软件来完成作图和数据处理。

六、数据记录与结果处理

1. 记录实验结果

记录实验结果完成表 1-14。

表 1-14 磺基水杨酸合铁（Ⅲ）配合物的组成和稳定常数的测定实验结果

实验编号	1	2	3	4	5	6	7	8	9
V_M/mL									
V_L/mL									
$V_M/(V_M+V_L)$									
混合液吸光度 A									

2. 作图

以 $V_M/(V_M+V_L)$ 为横坐标，吸光度 A 为纵坐标作图。

3. 计算

根据上图获取相关数据，计算 n、α 和 $\beta^{\ominus}$。

$n = $ _____ ；

$\alpha = $ _____ ；

$\beta^{\ominus} = $ _____ 。

七、思考题

① 为什么本实验中配制配合物溶液时当金属离子与配体的摩尔比正好符合配合物组成时，混合溶液的吸光度最大？

② 为什么实验中要严格控制酸度？本实验中是如何控制酸度的？

实验 1-10　食盐中碘含量的测定

一、实验目的与要求

① 熟悉碘盐中碘的添加形式以及含量范围。

② 熟练掌握滴定的基本操作。

③ 掌握碘量法测定碘含量的基本原理、方法。

二、实验原理

在加碘盐的产品质量检验中，碘含量是一项重要的指标。按照国家标准 GB/T 5461—2016 的规定，加碘盐中碘酸钾的加入量应为 $20\sim50\text{mg/kg}$。加碘食盐中碘元素绝大部分以 IO_3^- 形式存在，少量以 I^- 形式存在。本实验依据碘元素及其化合物的性质对其进行定性和定量检测。

1. 碘的测定

(1) I^- 的定性检测

通过 $NaNO_2$ 在酸性环境下氧化 I^- 生成 I_2，遇淀粉呈蓝紫色而检验 I^- 的存在。

(2) KIO_3 的定性检测

在酸性条件下，IO_3^- 易被 $Na_2S_2O_3$ 还原成 I_2，遇淀粉呈现蓝紫色。但 $Na_2S_2O_3$ 浓度太高时，生成的 I_2 又和多余的 $Na_2S_2O_3$ 反应，生成 I^- 使蓝紫色消失。因此实验中要将 $Na_2S_2O_3$ 的浓度控制在一定范围内。可调节 $Na_2S_2O_3$ 的浓度范围使得 KIO_3 的测定范围为每克食盐含 $30\mu g$ 碘酸钾立即显浅蓝色，含 $50\mu g$ 显蓝色。含碘越多颜色越深。

(3) 碘含量的定量测定

I^- 在酸性介质中能被饱和溴水氧化成 IO_3^-，样品中原有及氧化生成的 IO_3^- 于酸性条

件下与过量的 I^- 反应生成 I_2，最后再用 $Na_2S_2O_3$ 标准溶液滴定生成的 I_2，以淀粉为指示剂，滴定至溶液的蓝色刚好消失为终点，从而求得加碘盐中的碘含量。主要反应方程式有：

$$I^- + 3Br_2 + 3H_2O \Longleftrightarrow IO_3^- + 6H^+ + 6Br^-$$

$$IO_3^- + 5I^- + 6H^+ \Longleftrightarrow 3I_2 + 3H_2O$$

$$I_2 + 2S_2O_3^{2-} \Longleftrightarrow 2I^- + S_4O_6^{2-}$$

故有 $KIO_3 \sim 3I_2 \sim 6Na_2S_2O_3$ 及 $I^- \sim KIO_3 \sim 3I_2 \sim 6Na_2S_2O_3$ 的计量关系。采用滴定分析的方法可以较为准确地测得样品中 KIO_3 的含量或 KIO_3 与 KI 的总含量。滴定中所用滴定剂为 $Na_2S_2O_3$ 标准溶液。

2. $Na_2S_2O_3$ 的标定

结晶硫代硫酸钠含有杂质，且 $Na_2S_2O_3$ 溶液不稳定，易分解，因而 $Na_2S_2O_3$ 标准溶液的配制不能采用直接法而需用标定法。一般来说，$S_2O_3^{2-}$ 在中性和碱性溶液中较稳定，在酸性溶液中不稳定，可能发生以下反应：

$$Na_2S_2O_3 + 2H^+ \longrightarrow H_2S\uparrow + SO_3\uparrow + 2Na^+$$

水中溶解的二氧化碳也可促使 $Na_2S_2O_3$ 分解：

$$Na_2S_2O_3 + CO_2 + H_2O \longrightarrow NaHCO_3 + NaHSO_3 + S\downarrow$$

酸度较高时空气中的氧气可以氧化 $Na_2S_2O_3$：

$$2Na_2S_2O_3 + O_2 \longrightarrow 2Na_2SO_4 + 2S\downarrow$$

故在配制 $Na_2S_2O_3$ 溶液时一般加入 0.02% 的 Na_2CO_3 溶液，使溶液的 pH$=9\sim10$，以抑制 $Na_2S_2O_3$ 的分解。另外，空气和水中的一些微生物可以促进 $Na_2S_2O_3$ 的分解：

$$Na_2S_2O_3 \longrightarrow Na_2SO_3 + S\downarrow$$

基于以上原因，制备溶液的水必须是新煮沸且放冷的蒸馏水，并加 0.02% Na_2CO_3，以杀死微生物，除去 CO_2。日光能使 $Na_2S_2O_3$ 分解，所以溶液宜保存于棕色试剂瓶中，放置一周以上，待溶液浓度稳定后再标定。

标定硫代硫酸钠浓度时，常用重铬酸钾作为基准物，所用指示剂为淀粉溶液。指示剂应在临近滴定终点时加入，终点溶液颜色变化为由蓝色变为无色。

$$Cr_2O_7^{2-} + 6I^- + 14H^+ \longrightarrow 2Cr^{3+} + 3I_2 + 7H_2O$$

$$I_2 + 2S_2O_3^{2-} \longrightarrow 2I^- + S_4O_6^{2-}$$

根据所称重铬酸钾的质量和滴定所消耗的硫代硫酸钠的体积来计算硫代硫酸钠溶液的准确浓度。滴定计量关系为：$K_2Cr_2O_7 \sim 3I_2 \sim 6Na_2S_2O_3$。

三、实验仪器与试剂

① 仪器：酸式滴定管（50mL，25mL）、锥形瓶（250mL）、容量瓶（250mL）、移液管（25mL）、移液枪、电子天平、胶头滴管、托盘天平、滤纸、药匙、小烧杯（50mL）、大烧杯（500mL）、量筒（5mL，10mL）、锥形瓶（250mL）、玻璃棒、电炉、白瓷板、表面皿等。

② 试剂：KI 溶液（5%）、$Na_2S_2O_3$ 溶液（0.05mol/L）、淀粉指示剂（0.2%）、$K_2Cr_2O_7$、HCl（6mol/L）、磷酸、混合试剂 I、混合试剂 II、碘盐等。

四、实验步骤

1. I⁻ 的定性检测

称取约 2g 碘盐样品，置于白瓷板上，滴加 2～3 滴混合试剂 I 于样品上，若显蓝紫色，表明有碘化物（KI）存在。

2. IO_3^- 的定性检测

取适量样品于白瓷板上，滴加混合试剂 II，显浅蓝色至蓝色为阳性反应，阴性不显色。

3. 碘含量的定量测定

（1）$Na_2S_2O_3$ 溶液的标定

① 用减量法准确称取 $K_2Cr_2O_7$ 0.6～0.7g 于小烧杯中，用适量的蒸馏水溶解，定量转移至 250mL 容量瓶中，摇匀，备用。

② 用 25mL 的移液管移取配制好的 $K_2Cr_2O_7$ 溶液于 250mL 的锥形瓶中，加入 0.8g KI 固体，摇匀，加入 3mL 6mol/L 盐酸，摇匀后盖上表面皿，暗处放置 5min。

③ 反应完毕后，用蒸馏水冲洗表面皿以及锥形瓶的瓶口周围，加入 80～100mL 水，用浓度约为 0.05mol/L 的 $Na_2S_2O_3$ 滴定，直至溶液呈现浅黄色，加入淀粉指示剂，继续滴定，直至溶液颜色变为蓝绿色，记录消耗 $Na_2S_2O_3$ 的体积。

④ 重复操作 3 次，计算 $Na_2S_2O_3$ 溶液的准确浓度。

（2）$Na_2S_2O_3$ 溶液的稀释

① 用 10mL 的移液管准确移取 0.05mol/L 的 $Na_2S_2O_3$ 溶液 10mL 于 250mL 的容量瓶中，加入蒸馏水定容，摇匀备用。

② 将稀释好的 $Na_2S_2O_3$ 溶液装入 25mL 碱式滴定管中，滴定备用。

（3）碘含量的定量测定

① 称取 9.0～11.0g 样品，置于 250mL 锥形瓶中，加水 100mL 溶解，加 2mL 磷酸，摇匀。

② 滴加饱和溴水至溶液呈现浅黄色，边滴加边摇，至黄色不褪色为止（约 1mL）。溴水不宜过多。在室温下放置 15min，放置期间，如发现黄色褪去，应再滴加溴水至呈现黄色。

③ 向锥形瓶中放入玻璃珠 4～6 颗。加热煮沸，至黄色褪去，再继续煮沸 5min，立即冷却，加入 5mL 5% 的碘化钾，摇匀，立即用稀释好待用的 $Na_2S_2O_3$ 标准溶液滴定至浅黄色。加入 1mL 淀粉指示剂，继续滴至溶液蓝色刚好消失为终点。

④ 重复实验，测定三组样品。计算所测食盐样品中碘的含量。

五、实验注意事项

① 实验之前应认真复习教材中关于碘量法和 $Na_2S_2O_3$ 标准溶液配制方面的相关知识，做到对实验中哪些地方容易引入误差及如何减小误差心中有数，这样才能在实验过程中不断培养和锻炼操作能力，提高实验技能，获得准确可靠的数据。

② 滴定过程中淀粉指示剂应在临近终点时加入，注意加入时机不能过早或太晚。

③ 实验结束后剩余的食盐不能食用，而应作为试剂来保存和处理。

④ 混合试剂 I 的配制方法：1∶4 硫酸 4 滴＋0.5％ $NaNO_2$ 溶液 8 滴＋0.5％淀粉溶液 20mL。用前临时配制。配制方法为：取浓硫酸 1mL 和去离子水 4mL，混合搅拌均匀配成 1∶4 的硫酸备用，取 0.05mL $NaNO_2$ 和 9.95mL 去离子水混合均匀备用。

⑤ 混合试剂 II 的配制方法：取 0.5％淀粉溶液 10mL＋1％ $Na_2S_2O_3 \cdot 5H_2O$ 12 滴＋2.5mol/L 硫酸 5～10 滴。用前临时配制。

六、数据记录与结果处理

1. I^- 的定性检测

在食盐样品上滴加混合试剂 I 后观察到的现象为：_____ 。说明的问题为：_____ 。

2. IO_3^- 的定性检测

在食盐样品上滴加混合试剂 II，观察到的现象为：_____ 。说明的问题为：_____ 。

3. 碘含量的定量测定

(1) $Na_2S_2O_3$ 的标定

记录实验结果，完成表 1-15。

表 1-15　$Na_2S_2O_3$ 的标定

实验编号	1	2	3
$m_{K_2Cr_2O_7}$/g			
$V_{Na_2S_2O_3}$/mL			
$c_{Na_2S_2O_3}$/(mol/L)			
$c_{平均}$/(mol/L)			

化学反应方程式：_____

$Na_2S_2O_3$ 浓度的计算公式：_____

(2) 碘含量的定量测定

记录实验结果，完成表 1-16。

表 1-16　碘含量的定量测定

实验编号	1	2	3
m_{NaCl}/g			
$V_{Na_2S_2O_3}$/mL			
碘含量/(mg/kg)			
平均碘含量/(mg/kg)			

化学反应方程式：_____

碘含量计算公式：_____

七、思考题

① 食盐中为什么要加碘？所加碘一般以什么形式存在？

② 本实验中测量的是以 KIO_3 形式存在的碘的含量还是以 KIO_3 和 KI 形式存在的总

的碘含量？能否分别测量以 KIO_3 和 KI 形式存在的碘含量？

③ 碘含量的定量测定中的第③步为"向锥形瓶中放入玻璃珠 4～6 颗。加热煮沸，至黄色褪去，再继续煮沸 5min"。试问这一步操作起什么作用？

八、参考资料：食用盐国家标准（GB/T 5461—2016）

食用盐国家标准指标见表 1-17。

表 1-17　食用盐国家标准指标

指标		精制盐			粉碎洗涤盐		日晒盐	
		优级	一级	二级	一级	二级	一级	二级
物理指标	白度/度	≥80	≥75	≥67	≥55		≥55	≥45
	粒度/%	0.15～0.85mm			0.5～2.5mm		0.5～2.5mm	1.0～3.5mm
		≥85	≥80	≥75	≥80		≥85	≥70
化学指标（湿基）/%	氯化钠	≥99.1	≥98.5	≥97.00	≥97.00	≥95.5	≥93.2	≥91.00
	水分	≤0.30	≤0.50	≤0.80	≤2.10	≤3.20	≤5.10	≤6.4
	水不溶物	≤0.05	≤0.10	≤0.20	≤0.1	≤0.20	≤0.10	≤0.20
	水溶性杂质	—	≤2.00	≤0.80	≤1.10		≤1.60	≤2.40
卫生指标/(mg/kg)	铅(以 Pb 计)	≤1.0						
	砷(以 As 计)	≤0.5						
	氟(以 F 计)	≤5.0						
	钡(以 Ba 计)	≤15						
碘酸钾/(mg/kg)	碘(以 I 计)	35±15						
抗结剂/(mg/kg)	亚铁氰化钾	≤10.0						

○ 实验 1-11　纳米 TiO_2 材料的制备、表征及光催化活性评价

一、实验目的与要求

① 掌握纳米 TiO_2 的溶胶-凝胶制备方法。
② 了解纳米材料的 TEM、XRD 等表征方法。
③ 学习光催化活性评价的一般方法。

二、实验原理

纳米技术是当今材料科学研究的热点领域，已在工业生产和日常生活中得到了广泛的应用。一般来说，纳米粒子是指粒径为 1～100nm 的微小固体颗粒。随着物质的超细化，其表面原子结构和晶体结构发生变化，产生了块状材料所不具有的表面效应、体积效应、量子尺寸效应和宏观量子隧道效应。与常规颗粒材料相比纳米粉体具有一系列优异的物理、化学性质。纳米 TiO_2 由于在精细陶瓷、屏蔽紫外线、半导体材料、光催化材料等方

面有广泛应用，近年来备受人们关注，已成为超细无机粉体合成的一个热点。国内外制备纳米 TiO_2 的方法有气相燃烧法、化学共沉淀法、胶溶法、溶胶-凝胶法、水热合成法等。

本实验采用溶胶-凝胶法来制备纳米 TiO_2 材料。该方法是 20 世纪 80 年代兴起的一种制备纳米粉体的湿化学方法。一般以钛醇盐或钛的无机盐为原料，经水解和缩聚得溶胶，再进一步缩聚得凝胶，凝胶经干燥、煅烧得到纳米 TiO_2 粒子。该法制得的 TiO_2 粉体分布均匀、分散性好、纯度高，该法煅烧温度低、反应易控制、副反应少、工艺操作简单，但原料成本较高，凝胶颗粒之间烧结性差，干燥时收缩大，易造成纳米 TiO_2 颗粒间的团聚。

本实验中制备溶胶所用的原料为钛酸四丁酯 $[Ti(O—C_4H_9)_4]$、水、无水乙醇 (C_2H_5OH) 以及盐酸。反应物为 $Ti(O—C_4H_9)_4$ 和水，分散介质为 C_2H_5OH。盐酸用来调节体系的酸度。注意酸度不能太高，以防止钛离子水解过速。在酸性条件下乙醇介质中，钛酸四丁酯的水解反应是分步进行的。首先，$Ti(O—C_4H_9)_4$ 在 C_2H_5OH 中水解生成 $Ti(OH)_4$：

$$Ti(O—C_4H_9)_4 + 4H_2O \longrightarrow Ti(OH)_4 + 4C_4H_9OH$$

一般认为，在酸性含钛离子的溶液中钛离子通常与其他离子相互作用形成复杂的网状基团，即形成溶胶。上述溶胶体系静置一段时间后，发生胶凝作用，形成稳定凝胶。最后，经加热脱水后即可获得 TiO_2 纳米粒子。在后续的热处理过程中，只要控制适当的温度条件和反应时间，就可以获得金红石型和锐钛型二氧化钛。

$$Ti(OH)_4 \xrightarrow{\triangle} TiO_2 + 2H_2O$$

三、实验仪器与试剂

① 仪器：磁力搅拌器、干燥箱、马弗炉、烧杯、量筒、表面皿、抽滤瓶、布氏漏斗、循环水真空泵、光度计、光催化反应器、高压汞灯、离心机、离心管、气体钢瓶、减压阀、pH 试纸、滤纸等。

② 试剂：钛酸四丁酯、冰醋酸、无水乙醇、盐酸、亚甲基蓝等。

四、实验步骤

1. TiO_2 纳米粉体的制备

本实验以钛酸四丁酯 $Ti(OBu)_4$ 为 TiO_2 的前驱体，乙醇 C_2H_5OH 为溶剂，盐酸或冰醋酸为酸度调节剂来制备 TiO_2 纳米晶。溶胶制备过程均在室温下进行，具体步骤如下。

取 TiO_2 的前驱体钛酸丁酯 $Ti(OBu)_4$ 0.01mol，根据 $Ti(OBu)_4$：CH_3CH_2OH：H_2O：$HCl = 1：20：1：0.1$ 的摩尔比计算各试剂用量（表 1-18）。

表 1-18　TiO_2 纳米粉体制备各试剂用量

试剂	所需物质的量/mol	摩尔质量/(g/mol)	密度/(g/mL)	所需体积/mL
$Ti(OBu)_4$	0.01	340.36	1.0	
CH_3CH_2OH	0.2	46.07	0.79	
H_2O	0.01	18	1.0	
HCl	0.001	36.5	1.18	

按照参考资料中图 1-52 所示工艺流程制备 TiO_2 溶胶：取 2/3 份 $(CH_3CH_2)OH$ 置于烧杯中，将 $Ti(OBu)_4$ 倒入其中并磁力搅拌 15min 形成 $Ti(OBu)_4$ 的乙醇溶液；再慢慢滴加剩余的 1/3 份 $(CH_3CH_2)OH + H_2O + HCl$，磁力搅拌 1h 后可形成透明的浅黄色溶胶。之后将溶胶倒入培养皿中，室温下陈化约 24h 即可转变为透明凝胶。将凝胶置于干燥箱中，在 100℃ 下干燥 2h。取出后用玛瑙研钵研碎。将粉末以坩埚承载置于电炉中，升温速度为 5℃/min，焙烧温度为 500℃，保温时间为 3h，取出后冷却即可得到 TiO_2 纳米粉末。

2. 表征

对制得的 TiO_2 纳米粉末进行透射电镜（TEM）和粉末 XRD 表征。通过 TEM 表征可以观察 TiO_2 纳米粒子的表面形貌，获取粒子大小、粒径分布等方面的信息。通过粉末 XRD 表征可以直接获得材料晶相结构方面的信息，还可通过布拉格公式间接计算出纳米粒子的平均粒径大小。详细了解 TEM 和粉末 XRD 表征方面的知识可阅读相关书籍。

3. 光催化活性评价

以亚甲基蓝为有机污染物的模型化合物，考察 TiO_2 纳米粉末光催化降解有机污染物的活性。具体步骤为称取 0.20g 制得的二氧化钛，分散在 500mL 0.2mmol/L 亚甲基蓝溶液中，通入 O_2，搅拌 30min 后开始用内置汞灯作为光源进行光催化反应。反应过程中分别在 0min、5min、10min、15min、20min、30min、40min、60min、80min 取出少量反应液（约 2mL），离心分离去除固体悬浮液，取上层清液约 0.5mL 稀释 10 倍后，用 1cm 比色皿在 664nm 下测其吸光度值。

采用亚甲基蓝溶液去除率为指标来评价催化剂的光催化活性。测定经光催化剂降解后亚甲基蓝溶液的吸光度，通过标准曲线计算其浓度。由于在一定范围内亚甲基蓝溶液浓度和吸光度成正比，且遵循朗伯-比尔定律，所以可以通过计算脱色率（D）来衡量亚甲基蓝溶液的降解程度。脱色率定义为：

$$D = (A_0 - A)/A_0 = (C_0 - C)/C_0$$

式中，A_0、A、C_0 和 C 分别为初始吸光度、降解后吸光度、初始浓度和降解后的浓度。

五、实验注意事项

① 溶胶-凝胶法制备 TiO_2 纳米晶体的过程中，溶液酸度不能过高或过低。过高会造成水解过速，导致最后所得产品粒径大，粒径分布不均匀。而酸度过低则水解后产物难以形成溶胶。

② 高压汞灯发射出的紫外线较强，对人眼和皮肤有一定伤害，实验中应注意防护。

六、数据记录与结果处理

① 制得 TiO_2 纳米粉体产品_____g，产率为_____。

② 根据 TEM 及 XRD 表征，产品粒子大小为_____，粒径分布_____，晶相为_____。

③ 根据光催化活性测试结果，完成表 1-19。

表 1-19 光催化活性测试结果

反应时间 $t/\min$	0	5	10	15	20	30	40	60	80
吸光度 A									
脱色率 D									

七、思考题

① 溶胶-凝胶法制备 TiO_2 纳米粉体过程中的关键环节有哪些？

② 光催化活性评价中取上层清液 0.5mL 后为什么要稀释 10 倍后再进行吸光度分析？

八、参考资料：溶胶-凝胶法工艺流程图

溶胶-凝胶法工艺流程见图 1-52。

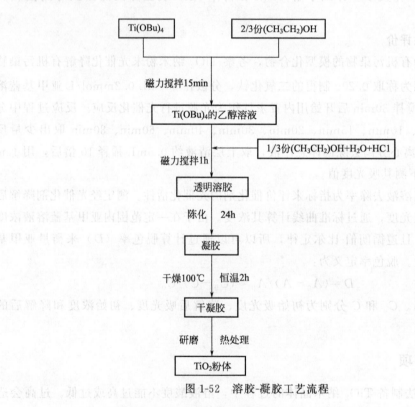

图 1-52 溶胶-凝胶工艺流程

◉ 实验 1-12 废干电池的综合利用

一、实验目的与要求

① 熟悉无机物的实验室提取、制备、提纯、分析等方法与技能。

② 了解废弃物中有效成分回收利用的方法。

③ 了解干电池的主要结构和各部分的组成成分。

二、实验原理

日常生活中用的干电池大多为锌锰电池。废锌锰电池中含有汞、镉、锌、铜、锰等重金属，随意丢弃会对环境造成污染，也导致金属资源浪费。我国每年报废 50 万吨以上的废锌锰电池，若能全部回收利用，可再生锰 11 万吨、锌 7 万吨、铜 1.4 万吨，是相当可观的资源。

锌锰电池的负极为锌电极，一般制成电池壳体。为了防止锌皮因快速消耗而渗漏电解质，通常在锌皮中掺入汞，形成汞齐。另外，负极锌电极中还常含有少量的铅和镉。正极是被二氧化锰包围的石墨电极。为增强导电性，石墨电极周围填充有炭粉。石墨电极的最前端为铜帽。电解质是氯化锌及氯化铵的糊状物。其主要结构如图 1-53 所示。废旧锌锰干电池回收利用流程见图 1-54。

1.成分分析

（1）Zn 含量分析

将洗净的锌皮用适量的酸溶解，在 pH 值为 5.8～6.0 的条件下，用硫代硫酸钠掩蔽铜，用氟化物掩蔽铝，以二甲酚橙作指示剂，用 EDTA 进行锌的滴定分析。

（2）$ZnCl_2$、NH_4Cl、MnO_2 含量分析

将黑色混合物分散在蒸馏水中，充分搅拌，之后减压过滤，得到滤液和滤渣。滤液中主要含 Zn^{2+}、Mn^{2+} 和 NH_4Cl，滤渣中主要为 MnO_2。向滤液中加入 Na_2S，以沉淀其中的锌和锰以及其他杂质。分离沉淀和溶液后分别进行锰、锌和氯化铵的含量测定。沉淀经酸溶解，用碳酸钠沉淀锰，分别获得锰、锌待测物。以二甲酚橙作指示剂，用 EDTA 进行锌的滴定。以酸性铬蓝 K 为指示剂，用 EDTA 进行 Mn^{2+} 的滴定。

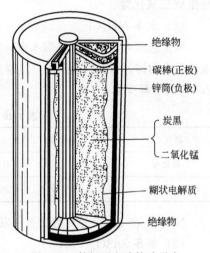

图 1-53 锌锰干电池构造示意

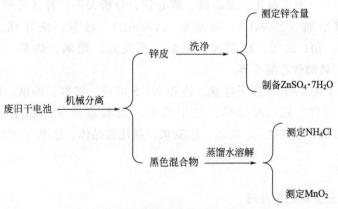

图 1-54 废旧锌锰干电池回收利用流程

NH_4Cl 含量可以由酸碱滴定法测定。使 NH_4Cl 先与甲醛作用生成六亚甲基四胺和盐

酸，后者可以用 NaOH 标准溶液滴定，有关反应如下：

$$4NH_4Cl + 6HCHO \rule{1cm}{0.4pt} (CH_2)_6N_4 + 4HCl + 6H_2O$$

MnO_2 的含量可应用草酸盐容量法滴定四价锰获得。草酸盐容量法是在硫酸介质中，用过量的草酸盐将四价的锰还原成二价后再用高锰酸钾溶液滴定过量的草酸盐，从而计算 MnO_2 的含量。主要反应式如下：

$$Na_2C_2O_4 + 2H_2SO_4 + MnO_2 \rule{1cm}{0.4pt} MnSO_4 + Na_2SO_4 + 2CO_2\uparrow + 2H_2O$$

$$5H_2C_2O_4 + 2KMnO_4 + 3H_2SO_4 \rule{1cm}{0.4pt} 2MnSO_4 + K_2SO_4 + 10CO_2\uparrow + 8H_2O$$

酸度和光照对本方法影响较大。本实验中对 MnO_2 的分析不做要求。

2. 产品制备

（1）制备 MnO_2

用过量草酸在硫酸介质中溶解黑色固体，再用碳酸钠沉淀锰，最后将沉淀在空气中焙烧生成二氧化锰。

（2）制备 NH_4Cl

将黑色混合物分散在蒸馏水中，充分搅拌，之后减压过滤。向滤液中加硫化钠以沉淀溶液体系中的锌、锰及其他杂质，过滤后即可用结晶的方法提取滤液中的氯化铵。NH_4Cl 和 $ZnCl_2$ 的溶解度见表 1-20。

表 1-20　NH_4Cl 和 $ZnCl_2$ 的溶解度　　　　　　　　单位：g/100g 水

温度/℃	0	10	20	30	40	60	80	90	100
氯化铵	29.4	33.2	37.2	31.4	45.8	55.3	65.6	71.2	77.3
氯化锌	342	363	395	437	452	488	541	—	614

NH_4Cl 在 100℃时开始显著挥发，338℃时解离，350℃时升华。

（3）制备 $ZnSO_4 \cdot 7H_2O$

用硫酸溶解锌片，通过过滤除去锌中的其他难溶物。用重结晶方法制备 $ZnSO_4 \cdot 7H_2O$。

三、实验仪器与试剂

① 仪器：剪刀、布氏漏斗、离心机、离心管、分析天平、普通天平、滴定管、移液管、铁架台、锥形瓶（250mL）、容量瓶（250mL）、吸管、洗耳球、量筒（25mL，50mL，100mL）、pH 试纸、玻璃棒、电炉、蒸发皿、坩埚、烧杯（50mL，100mL，250mL）、药匙、玻璃砂芯漏斗等。

② 试剂：2个废1号锌-锰干电池、饱和 Na_2S 溶液、甲醛、酚酞、NaOH 固体、浓盐酸、Na_2CO_3 固体、EDTA 固体、二甲酚橙、硫酸溶液（2mol/L）、草酸钠固体、$C_2H_2O_4 \cdot 2H_2O$ 固体、$KMnO_4$ 固体、浓氨水、氯化铵晶体、铬黑 T 固体等。

四、实验步骤

1. 废电池成分分析的前处理

取 2 个废电池，通过机械分离，分别获得锌皮和黑色固体粉末。锌皮洗净备用。准确称取 20.00g 黑色固体粉末，用 100mL 蒸馏水溶解，充分搅拌，待固体全部溶解，减压过滤，用蒸馏水充分洗涤，分别获得滤液、滤渣。

2. NH₄Cl、MnCl₂、ZnCl₂ 的含量测定

取 30mL 滤液置于 100mL 烧瓶中，加入 Na_2S，直至溶液中不再有沉淀生成，离心分离。

（1）NH_4Cl 的分析

向离心分离所得溶液中加入过量的甲醛，充分反应后，用 250mL 容量瓶定容。取出 20.00mL，以酚酞为指示剂，用浓度为 0.1200～0.1300mol/L 的 NaOH 标准溶液滴定，平行滴定三次。

（2）$MnCl_2$ 的分析

向离心分离所得沉淀中加入盐酸使沉淀充分溶解，加入 Na_2CO_3 溶液至溶液中不再有沉淀生成，离心分离沉淀（留溶液测定锌含量）。再用盐酸溶解沉淀，用 150mL 容量瓶定容，取 20.00mL，用浓度约为 0.1000mol/L 的 EDTA 标液，以酸性铬蓝 K 为指示剂，进行滴定，平行滴定三次。

（3）$ZnCl_2$ 的分析

取（2）中所留滤液，用 250mL 容量瓶定容，取出 5.00mL，以二甲酚橙作指示剂，用浓度约为 0.1000mol/L 的 EDTA 标准溶液进行锌的滴定，平行滴定三次。

（4）锌片中 Zn 的含量分析

准确称取约 2g 锌片，用足量的硫酸溶解，用 250mL 容量瓶定容，取出 25.00mL，加入适量的 NH_4F 和 $Na_2S_2O_3$ 掩蔽剂，以二甲酚橙作指示剂，用浓度约为 0.1000mol/L 的 EDTA 标液进行锌的滴定，平行滴定三次。

3. 产品制备

（1）制备 MnO_2

取 15.0g 黑色固体粉末，用 80mL 蒸馏水溶解后，减压抽滤，取过滤固体（留下滤液制备氯化铵）后，用草酸-硫酸溶液充分溶解，过滤不溶物，用蒸馏水洗涤。再用 Na_2CO_3 溶液充分沉淀，过滤，洗涤至滤液中不再含有 SO_4^{2-}（用氯化钡检验）。最后，把滤渣在空气中充分焙烧，所得产品为二氧化锰，冷却，称重。

（2）制备 NH_4Cl

取（1）中所留滤液，向滤液中加入 Na_2S，直至溶液中不再有沉淀生成。抽滤，除去沉淀，取溶液加热蒸发，在接近 20mL 左右改用小火加热，浓缩至表面有晶膜为止，冷却、结晶、抽滤、称重。

（3）制备 $ZnSO_4 \cdot 7H_2O$

取 2.0g 锌皮，用硫酸溶液在微热条件下充分溶解。通过过滤除去锌中的其他难溶物，取溶液加热蒸发，浓缩至表面有晶膜为止，冷却、结晶、抽滤、称重。

4. 纯度分析

自行设计简单的实验方案来检验 NH_4Cl、MnO_2 和 $ZnSO_4 \cdot 7H_2O$ 的纯度。

五、实验注意事项

① 在溶解锌片的过程中加热温度不宜过高，以防止水分蒸发过快硫酸浓度过高，使锌片钝化而反应不完全。

② 滴定时速度不能太快，以免滴定过量，当指示剂有颜色变化时，30s 不变色才为滴定终点。

六、数据记录与结果处理

① 根据成分分析实验结果，完成表 1-21。

表 1-21 成分分析实验数据

主要成分	1	2	3	平均值
NH_4Cl 含量/%				
$MnCl_2$ 含量/%				
$ZnCl_2$ 含量/%				
锌皮中 Zn 的含量/%				

② 根据产品制备的实验结果，完成表 1-22。

表 1-22 产品制备实验数据

产品名称	质量/g	收率/%
MnO_2		
NH_4Cl		
$ZnSO_4 \cdot 7H_2O$		

七、思考题

废干电池的综合利用有哪些现实意义？

● 实验 1-13 设计实验——利用鸡蛋壳制备丙酸钙

一、实验目的与要求

① 学习利用鸡蛋壳制备丙酸钙的方法。
② 尝试自行设计实验来制备目标化合物。

二、实验提要

丙酸钙 $[Ca(CH_3CH_2COO)_2]$ 是近年来发展起来的一种新型的食品及饲料防腐剂。丙酸钙属酸性防霉剂，对霉菌、好气性芽孢杆菌和革兰氏阴性菌都具有很好的杀灭作用，可抑制黄曲霉素的产生，对人体无毒，对酵母菌无害，被广泛应用于面包、糕点等食品的防霉及蔬菜保鲜、植物保护等方面。目前，国内主要采用丙酸和氢氧化钙 $[Ca(OH)_2]$ 或碳酸钙（$CaCO_3$）反应制得丙酸钙。

鸡蛋壳是一种宝贵的纯天然生物资源，其主要成分 $CaCO_3$ 含量达 90% 以上，另外还含有少量有机物，少量 P、Mg、Fe 化合物及微量 Si、Al、Ba 化合物。与其他钙源相比，鸡蛋壳受环境污染影响小，重金属含量极低，是一种良好的钙源。然而，目前绝大部分鸡蛋壳都被当作废物和垃圾来处理，没有得到很好的利用。如果利用鸡蛋壳为原料来制备丙酸钙，则可以实现变废为宝，具有重要的现实意义和实用价值。

三、实验要求

本实验为设计型实验。要求在实验前查阅相关文献资料，经分析总结和认真思考后制定出实验方案。要求在实验过程中，考察 2～3 个实验条件的改变对最后制得的丙酸钙产品质量和收率的影响。实验前撰写实验设计报告，画出实验路线方框图，准备实验仪器设备及所需试剂耗材。实验结束后完成实验报告。实验报告格式自行设计，要求内容详细清楚，并形成主要的实验结论。

参考文献

[1] 南京大学《无机及分析化学实验》编写组.无机及分析化学实验 [M].第 4 版.北京：高等教育出版社，2006.

[2] 刘晓燕.无机化学实验 [M].北京：科学出版社，2014.

[3] 铁步荣.无机化学实验 [M].北京：中国中医药出版社，2012.

[4] 北京师范大学无机化学教研室，等.无机化学实验 [M].第 3 版.北京：高等教育出版社，2001.

[5] 吴茂英，等.微型无机化学实验 [M].第 2 版.北京：化学工业出版社，2014.

[6] 朱灵峰.应用化学专业实验 [M].哈尔滨：哈尔滨工业大学出版社，2012.

[7] 邢存章.应用化学实验 [M].北京：化学工业出版社，2010.

[8] 付云芝，等.应用化学综合实验教程 [M].北京：中国财富出版社，2012.

[9] 季根忠.应用化学实验教程 [M].杭州：浙江大学出版社，2014.

[10] 郑净植.应用化学实验 [M].北京：化学工业出版社，2012.

[11] 辛勤，等.现代催化研究方法 [M].北京：科学出版社，2009.

第二篇
分析化学实验

第一章　分析化学实验基础知识

第一节　实验室安全知识

分析化学实验是一门实践性很强的学科，分析化学实验与分析化学理论教学紧密结合、息息相关，是化学及化学相关专业的重要基础课程之一。学生通过分析化学基础实验和综合设计性实验的系统性训练，可以加深对分析化学基本概念和基本理论的理解；进一步掌握分析化学实验的基本知识和典型的化学分析方法及分析化学实验基本操作；通过分析化学实验给学生树立"量"的概念，运用分析化学理论知识，正确处理实验数据，找出实验中影响分析结果的关键因素；学会正确合理地选择实验条件和实验仪器，保证实验结果准确可靠；培养良好的实验习惯、实事求是的科学态度、严谨细致的工作作风和坚韧不拔的科学品质；提高观察、分析和解决问题的能力，为学习后续课程和将来参加工作打下良好的基础。

一、实验室安全规则

① 进入实验室，必须按规定穿戴。

② 实验室严禁吃喝食物，严禁任何药品入口或接触伤口，使用化学药品后需先洗净双手方能进食。

③ 取用药品时，需确认容器上标示的中文名称是否为需要的实验药品，是否有危害，看清楚药品危害标示和图样。

④ 使用浓酸、浓碱及其他危险性化学药品时务必遵守操作守则或遵照老师的操作流程进行实验，不能擅自更换实验流程。

⑤ 使用挥发性有机溶剂以及强酸强碱性、高腐蚀性、有毒性药品要在通风橱里进行。

⑥ 实验室应保持洁净、整齐。废纸、碎玻璃片等废物应投入垃圾箱内，并按照实验室要求进行固体垃圾分类；废酸和废碱应小心倒入废液缸内，中和后倒入水槽中，以免腐蚀下水道；洒落在实验台上的试剂要随时清理干净；特殊药品使用后的废弃物如汞盐、砷化物、氰化物等严禁倒入水槽，应在专用收集容器中回收或加以特殊处理。

⑦ 实验室内不得使用明火取暖，严禁吸烟，以免引发火灾。

⑧ 使用电器设备时要小心，手上有水或潮湿请勿接触电器用品，以防触电。

二、学生实验守则

分析化学实验室学生实验守则是实验正常进行的保证，学生进入实验室时必须遵守以下规则，否则指导教师有权禁止学生参加实验，其具体内容如下：

① 在上实验课前，学生必须认真了解实验室安全规则的内容，并按教师要求预习实

验，理解实验原理，熟悉实验步骤并撰写实验预习报告。

② 进入实验室后，学生应保持安静，听从指导教师的安排，按指定座位就座，未得到指导教师许可不得任意动用实验用品。

③ 实验开始前，要认真清点、检查仪器，明确仪器规范操作方法及使用过程中的注意事项。

④ 使用药品时，要求明确其性质及使用方法后，据实验要求规范使用，禁止使用不明确药品或随意混合药品。

⑤ 在实验过程中，学生应保持安静，认真操作，并仔细观察实验现象，如实记录实验结果，不得擅自离开座位，如需中途离开务必取得指导教师的许可。

⑥ 仪器、药品等用完后，应放回原指定位置。实验废液、废物按要求放入指定收集器皿。

⑦ 如遇意外事故，应沉着、镇定，若不能妥善处理应及时报告指导教师。

⑧ 实验完毕后，要求整理、清洁实验台面，实验记录经教师签名认可后方可离开实验室。

⑨ 值日生要打扫实验室卫生，检查水、电等是否关闭，完事后经指导教师同意方可离开实验室。

三、实验室一般事故的预处理

1. 玻璃割伤

先把碎玻璃从伤处挑出，如轻伤可用生理盐水或消毒酒精擦洗伤处，用绷带或创可贴进行包扎。伤势较重时，则先用消毒酒精在伤口周围擦洗消毒，再用纱布按住伤口进行压迫止血，立即送医院就医。

2. 烫伤

可用 10% 高锰酸钾溶液或烫伤药膏轻轻涂抹灼伤处，伤势较重时立即送医院就医。

3. 强酸腐蚀

先用大量水冲洗，再用 5% 碳酸氢钠涂抹伤处。当强酸液溅入眼内时，首先用大量水冲眼，然后用 3% 的碳酸氢钠溶液冲洗，最后用清水洗眼，或者使用喷淋器及时进行清洗。

4. 强碱腐蚀

立即用大量水冲洗，再用 1% 柠檬酸或 3% 硼酸溶液涂抹伤处。当强碱液溅入眼内时，除首先用大量水冲洗外，再用饱和硼酸溶液冲洗，最后滴入蓖麻油。

5. 服毒物中毒者

首先将中毒者转移到安全地带，解开领扣，使其呼吸通畅，让中毒者呼吸到新鲜空气，立即送医院就医并进行洗胃。

6. 火灾

发现火情后应首先判断出火灾发生的原因，明确火灾周围环境，判断出是否有重大危险源分布及是否会带来次生灾难。按照应急处置程序采用适当的消防器材进行扑救：易燃可燃液体、易燃气体和油脂类等化学药品火灾，使用大剂量泡沫灭火剂、干粉灭火剂将火灾扑灭；带电电气设备火灾，应切断电源后再灭火，因现场情况及其他原因，不能断电，需要带电灭火时，应使用沙子或干粉灭火器，不能使用泡沫灭火器或水；可燃金属，如镁、钠、钾及其合金等火灾，应用特殊的灭火剂，如干沙或干粉灭火器等来灭火；视火情拨打"119"报警求救，并到明显位置引导消防车。

7. 触电事故

应立即断开电闸，截断电源，尽快地利用绝缘物将触电者与电源隔离。触电者脱离电源后，应使其就地躺平，且确保气道通畅，并于 5s 时间间隔呼叫伤员或轻拍其肩膀，以判定伤员是否意识丧失，并立即送医院就医。

◎ 第二节　玻璃仪器的洗涤、干燥与使用

一、常用的洗涤剂

1. 铬酸洗液

适用于洗涤无机物、油脂和部分有机物。铬酸洗液可反复使用，其溶液呈暗红色，当溶液呈绿色时，表示已经失效，必须重新配制。其配制方法是：称取 12.5g 左右 $K_2Cr_2O_7$ 固体，加入约 25mL 水后加热至固体完全溶解，然后在不断搅拌下，缓慢加入 250mL 浓 H_2SO_4 冷却后，转入细口瓶中，备用。

2. 碱性高锰酸钾洗液

适用于洗涤油脂及部分有机物。其配制方法是：称取 10g $KMnO_4$ 固体，用少量水溶解后，慢慢加入 250mL 10％的 NaOH 溶液，充分搅拌均匀，转入细口瓶中，备用。

3. 酸性草酸洗液

适用于洗涤氧化性物质。其配制方法是：称取 25g $C_2H_2O_4$ 溶于 250mL 20％的 HCl 溶液中，充分搅拌至完全溶解，转入细口瓶中，备用。

4. 盐酸羟胺洗涤液

适用于洗涤氧化性物质。其配制方法是：称取 2.5g $NH_2OH \cdot HCl$ 溶于 250mL 20％的 HCl 溶液中，充分搅拌至完全溶解，转入细口瓶中，备用。

5. 盐酸-乙醇溶液洗液

适用于洗涤被有色物污染的比色皿、容量瓶和移液管等。其配制方法是：将 HCl 和 C_2H_5OH（化学纯即可）按照 1∶2 的体积比进行混合，充分搅拌均匀，转入细口瓶中，备用。

6. 有机溶剂洗涤液

适用于洗涤聚合物、油脂及部分有机物。其配制方法是：NaOH（也可以使用丙酮、乙醚或苯）的饱和乙醇溶液。

7. 合成洗涤剂

适用于洗涤油脂和部分有机物。主要是市售的洗衣粉、洗洁剂等。

二、玻璃仪器的洗涤

玻璃仪器是所有化学实验中必不可少的实验装置，如果玻璃仪器本身不干净，就会导致实验结果不准确，甚至得不到实验结果，因此在使用玻璃仪器之前必须对其进行洗涤，

保证玻璃仪器是干净的才可以使用它进行实验。玻璃仪器洗涤干净的标志为：内壁不挂水珠。玻璃仪器的洗涤方法如下。

① 对玻璃仪器的状态进行观察，若脏污情况较为严重，选择大小适合的毛刷，蘸取洗涤剂对内壁进行刷洗，用自来水冲洗干净，再用蒸馏水冲洗 2～3 次。

② 若玻璃仪器看起来较为干净，选择大小适合的毛刷，直接用自来水刷洗干净，再用蒸馏水冲洗 2～3 次。

③ 对于某些形状特殊不宜用刷子刷洗且对洁净程度要求较高的玻璃仪器，需要采用洗液进行洗涤。具体操作为：先将玻璃仪器用自来水冲洗后，在其中加入少量的洗液，旋转仪器使内壁全部用洗液浸泡一段时间，再将洗液倒回原瓶，用自来水将玻璃仪器冲洗干净，再用蒸馏水冲洗 2～3 次。

三、玻璃仪器的干燥

1. 晾干
把洗干净的仪器倒置在干净的台子上，自然干燥，此法耗时较长。

2. 烘干
把洗干净的仪器放在电热烘箱中，调节烘箱温度为 105℃ 进行烘干，此法适合玻璃仪器的大量干燥。

3. 烤干
把洗干净的仪器放在电炉子的石棉网或电陶炉上，用明火加热进行干燥，此法需注意要保持玻璃仪器受热均匀以防止仪器裂损。

4. 吹干
用吹风机或玻璃仪器烘干器把洗干净的仪器吹干，吹风机适合小型仪器的快速干燥，玻璃仪器烘干器适合玻璃仪器的大量干燥。

5. 有机溶剂干燥
用少量乙醇、乙醚或丙酮等易挥发有机溶剂润洗器壁，然后晾干，此法适合玻璃成器的快速干燥。

四、玻璃仪器的使用

1. 胶头滴管的使用
在移取少量液体时可选用胶头滴管，若滴管不在滴瓶中，在使用前需要清洗干净。用滴管移取液体试剂时，需保持胶头滴管垂直，避免倾斜和倒立，防止液体倒流入胶头内被污染。用胶头滴管滴加试剂时，将其垂直放在容器口上方滴加液体，滴管的下端不可接触下方的容器壁。

2. 试管的使用
（1）取样为液体

取样为液体时，一般不能超过试管容积的 1/3，若需要用试管进行反应，溶液量不应过多，一般取 2～3mL 即可。

（2）取样为固体

取样为粉末状固体时，根据试管内径大小可选择合适的药匙或纸槽取样，将试管横放，将盛有样品的药匙或纸槽送入试管底部，轻轻取出药匙或纸槽，使上面盛放的样品全部落入试管底部。用试管取样颗粒状固体时，将试管倾斜，将盛有样品的药匙或纸槽放置在试管口处，使盛放的固体沿着试管壁慢慢滑入试管底部，切忌试管直立时过快倒入，导致固体撞破试管底部。

（3）加热

加热试管时，在试管口约 2cm 处用试管夹夹住试管，将试管倾斜置于火源上方，平行移动试管，保证液体受热均匀。加热过程中应注意试管口不能朝向有人的方向。当加热固体时，需将试管口略向下倾斜，以免加热时产生的水珠回流导致试管受热不均匀而炸裂。

3. 量筒（或量杯）的使用

量筒（或量杯）是用于量取一定体积液体的量器，使用时根据所需液体的量选择不同量程的量筒（或量杯）。量筒（或量杯）不能用来加热液体，也不能作为反应容器使用。读取量筒（或量杯）内液体的体积刻度时，要将液体凹液面的最低点与视线水平，保证测定误差最小。

4. 容量瓶的使用

容量瓶是一种细颈梨形平底的容量器（图 2-1），带有磨口玻璃塞或塑料塞，颈上有标线，容量瓶上一般会标有温度、容量、刻度线，一般表示 20℃时液体充满至刻度时的容积 [图 2-1(a)]。常见的有 10mL、25mL、50mL、100mL、250mL、500mL 和 1000mL 等各种规格，表示在标示的温度下，液体凹液面与容量瓶颈部的刻度线相切时，溶液体积恰好与瓶上标注的体积相等。

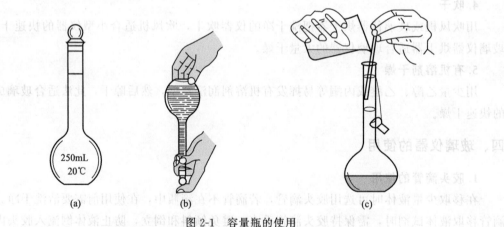

图 2-1 容量瓶的使用

（1）检漏

在使用容量瓶之前，应该先检验容量瓶上方的瓶塞是否漏水。具体操作方法为：在容量瓶中装入约 1/2 体积的自来水，塞上瓶塞后，左手食指按住瓶塞，右手抓住瓶底，倒置容量瓶 [图 2-1(b)]，观察瓶塞处是否有漏水现象，如果漏水则需要更换瓶塞。检漏完成后，将容量瓶洗净，再用皮筋将瓶塞绑缚在瓶颈口处，防止瓶塞被沾污或打碎。

（2）洗涤

若瓶内壁较为清洁，可先用自来水冲洗后再用蒸馏水清洗 2～3 次。若内壁有油污，可用铬酸洗液进行清洗。其操作方法为：在容量瓶内倒入适量的铬酸洗液，倾斜转动，使洗液充分浸润内壁，再将洗液倒回原洗液瓶中，用自来水冲洗容量瓶至干净后再用蒸馏水润洗 2～3 次备用。

（3）溶液转移

右手持玻璃棒，将玻璃棒下端靠在瓶颈内壁，但上端不能与瓶口处接触，左手持烧杯，将烧杯嘴紧靠玻璃棒，使溶液经玻璃棒引流进入容量瓶内壁而下［图 2-1(c)］，待溶液流尽后，将烧杯嘴沿玻璃棒上提，同时使烧杯直立。用少量溶剂冲洗玻璃棒和烧杯内壁数次，每次按上法将洗涤液完全转移到容量瓶中，当容量瓶内溶液体积至 3/4 左右时，需水平摇荡容量瓶，使瓶内溶液初步混匀，继续补充溶剂至近刻度线，最后改用胶头滴管逐滴加入，直到容量瓶内溶液的凹液面恰好与刻度线相切。盖上瓶塞，将容量瓶倒置［图 2-1(b)］，待气泡上升至底部，再倒转过来，使气泡上升到顶部，如此反复 10 次左右，使溶液混匀。

注意：容量瓶不宜长期储存试剂，如需长期保存应转入试剂瓶中。转移前需用该溶液将洗净的试剂瓶润洗 3 遍。容量瓶使用完毕，应立即用水洗净，如长期不用，应将磨口和瓶塞擦干，用纸片将其隔开。此外，容量瓶不能在电炉、烘箱中加热烘烤，如确需快速干燥可将洗净的容量瓶用乙醇溶剂润洗后晾干。

5. 移液管和吸量管的使用

移液管［图 2-2(a)］和吸量管［图 2-2(b)］都是用来准确移取一定体积溶液的量器。移液管也称大肚移液管，常见的规格有 5mL、10mL、25mL、50mL、100mL 等。吸量管带有分刻度，又称刻度吸管，用以吸取不同体积的液体，一般只用于量取小体积的溶液，其准确度比移液管稍差。吸量管的规格有 1mL、2mL、5mL、10mL 等，应用吸量管移取液体时应尽量避免使用尖端处的刻度。

（1）洗涤

若管内壁较为清洁，可直接用自来水冲洗后再用蒸馏水清洗 2～3 次。若管内壁有油污，可用铬酸洗液清洗。其操作方法为：用洗耳球吸入少量洗液后将移液管（或吸量管）水平放置并缓慢转动，使铬酸洗液完全浸润内壁后将洗液放回原瓶，然后用自来水反复冲洗，最后再用蒸馏水清洗 2～3 次。

（2）润洗

将移液管的外壁用滤纸擦拭干净后插入待取溶液的液面下 1～2cm 处，右手的拇指与中指拿住移液管刻度线以上部分，左手拿洗耳球，排出洗耳球内空气，将洗耳球尖端插入移液管上端，并封紧管口，逐步松开洗耳球，以吸取溶液［图 2-3(a)］。吸入少量待取液后将移液管（或吸量管）水平放置并缓慢转动，使待取液完全润湿内壁，润洗后将待取液从管两端出口分别放出后，弃去；如此润洗 2～3 次。

（3）移液

将润洗好的移液管插入待取溶液的液面下 1～2cm 处，用洗耳球吸取溶液直至管内液面上升至标线以上时，立即用右手食指堵住管口，将移液管提出液面，左手改拿盛装待测溶液的容器，使容器倾斜 45°，将右手中的移液管垂直放置使其管尖紧贴容器内壁［图 2-3(b)］，微微松动食指使管内液面缓慢下降，直到凹液面与刻度线相切。此时，用右手食指堵住管口。

（4）放液

将接受容器倾斜45°，小心地把移液管垂直移入接受溶液的容器，使移液管的下端与容器内壁上方接触［图2-3（b）］。松开食指，让溶液自由流下，当溶液流尽后，再停15s，并将移液管向左右转动一下，取出移液管。

注意：除标有"吹"字样的移液管外，不要把残留在管尖的液体吹出，因为在校准移液管容积时，没有算上这部分液体。

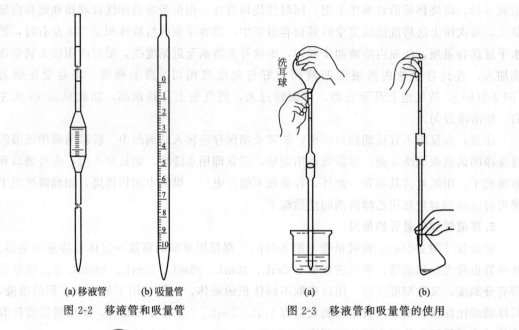

(a) 移液管　(b) 吸量管

图 2-2　移液管和吸量管

图 2-3　移液管和吸量管的使用

6. 滴定管的使用

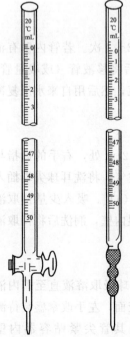

(a)酸式滴定管　(b)碱式滴定管

图 2-4　滴定管

滴定管是滴定分析时用来准确测量管内液体准确体积的量器。它的主要部分管身用细长而且内径均匀的玻璃管制成，上面刻有均匀的分度线，下端的流液口为一尖嘴，中间通过玻璃旋塞、聚四氟乙烯塞或乳胶管连接以控制滴定速度。常量分析用的滴定管规格有 20mL、25mL、50mL，最小刻度为 0.1mL，读数可估读到 0.01mL。滴定管一般分为三种：第一种是酸式滴定管［以下简称酸管，如图 2-4（a）所示］，下端有玻璃旋塞，可盛放酸液及氧化剂，不宜盛放碱液。第二种是碱式滴定管［以下简称碱管，如图 2-4（b）所示］，下端连接一小段胶管，胶管内放有一个玻璃珠，以控制溶液的流出，胶管下端连有尖嘴玻璃管，这种滴定管可盛放碱液，而不能盛放酸或氧化剂等腐蚀橡胶的溶液。第三种是通用型滴定管，它与酸管结构基本相同，区别就是带有聚四氟乙烯旋塞。

（1）检漏

酸管检漏：先关闭旋塞，在酸管中装入自来水至最高刻度，垂直静置一段时间，用滤纸检验旋塞两侧及尖嘴部分，如果滤纸有被水润湿的现象，说明酸管漏水，需要进行涂油操作。涂油方法如下：涂油前先将玻璃旋塞取出，用干净的滤纸擦干旋塞及旋塞腔体，在活塞两侧均匀涂敷一薄层凡士林 [图 2-5(a)]，再将旋塞直接插回腔体内，并将旋塞沿着顺时针方向转动至凡士林分布均匀呈透明状 [图 2-5(b)]。然后用皮筋将旋塞固定在酸管上以防其滑出。

注意：在紧靠活塞孔两旁不要涂凡士林，以防凡士林堵住活塞上的小孔导致旋塞堵塞。

碱管检漏：在碱管中装入自来水至一定刻度，垂直静置一段时间，用滤纸检验尖嘴部分，如果滤纸有被水润湿的现象，说明碱管漏水，如有漏水应更换胶管或玻璃珠后再重新检验。

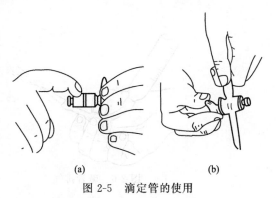

(a)   (b)

图 2-5 滴定管的使用

（2）洗涤

若管内壁较为清洁，可直接用自来水冲洗后再用蒸馏水清洗 2～3 次。若管内壁有油污，可用铬酸洗液清洗。其操作方法为：在管内倒入或吸入少量洗液，水平放置管身并缓慢转动滴定管，使洗液完全润湿内壁，再将洗液放回原瓶。然后用自来水冲洗，再用蒸馏水清洗 2～3 次。

注意：用铬酸洗液洗涤碱管时需要将胶管取下单独洗涤管身，尖嘴部分可浸泡在洗液中进行洗涤。

（3）润洗

在管内倒入少量待装溶液，水平放置管身并缓慢转动滴定管，完全润湿内壁，润洗后将待装液从管两端出口分别放出后，弃去；如此润洗 2～3 次。

（4）装液

将待装溶液加入滴定管中至零刻度以上，开启酸管的旋塞或挤压碱管的玻璃珠，把滴定管下端的气泡排出，然后把管内液面的位置调节到零刻度。排气的方法如下：如果是酸管，可使溶液急速下流驱去气泡；如为碱管，则可将胶管向上弯曲，并在稍高于玻璃珠所在处用两手指挤压，使溶液从尖嘴口喷出使气泡除尽（图 2-6）。

注意：往滴定管中装液时，最好从试剂瓶直接倒入滴定管；如果需要用烧杯转移，烧杯应用待装液洗润洗 2～3 次。

（5）读数

常用滴定管的容量一般为 20mL 或 25mL，每一大格为 1mL，每一小格为 0.1mL，读数可至小数点后两位。读数时，必须待滴定管内液面完全稳定后，方可读数，一般滴定管应保持垂直，视线应与管内液体凹面的最低处保持水平，偏低或偏高都会带来误差（图 2-7）。

（6）滴定

滴定开始前，先把悬挂在滴定管尖端的液滴除去，滴定时滴定管要伸入锥形瓶 1cm 左右，用左手控制酸管的旋塞 [图 2-8(a)] 或碱管的玻璃珠 [图 2-8(b)]，右手持锥形瓶上端，并不断旋摇，使溶液均匀混合。摇动时不能碰撞滴定管，锥瓶上端不能偏离中心轴即滴定管尖端,只能使锥瓶底部摇动,一般按顺时针方向摇动。将到滴定终点时,滴定速度要慢,最后一滴一滴地滴入,防止过量,并且用洗瓶挤少量水淋洗瓶壁,以免有残留的液滴未起反应。

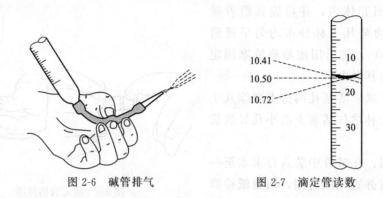

图 2-6 碱管排气　　图 2-7 滴定管读数

注意:如果滴定在烧杯中进行,则右手持玻璃棒边滴定边搅拌,玻璃棒应高出烧杯 2~3cm [图 2-8(c)]。

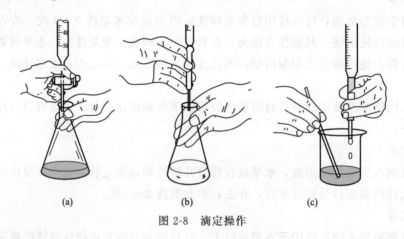

(a)　　　(b)　　　(c)

图 2-8 滴定操作

7. 干燥器的使用

干燥器是保持试剂干燥的容器,由厚质玻璃制成 [图 2-9(a)]。其上部是一个磨口的盖子,磨口上涂有一层薄而均匀的凡士林,中部有一个有孔洞的活动瓷板,瓷板下放有干燥剂,瓷板上放置装有需干燥存放的试剂的容器。

准备干燥器时要用干的抹布将内壁和瓷板擦抹干净,一般不用水洗,以免不能很快干燥。放入干燥剂时不要放得太满,装至干燥器下室的 1/2 就够了,太多容易沾污瓷板上的容器。

开启干燥器时,左手按住下部,右手按住盖子上的圆顶,沿水平方向向左前方推开盖子 [图 2-9(b)]。盖子取下后将磨口向上放置在桌面上安全的地方,用左手放入或取出物体,并及时盖好干燥器盖。加盖时,也应当拿住盖子圆顶,沿水平方向推移盖好。搬动干燥器时,应用两手的大拇指同时将盖子按住,以防盖子滑落而打碎 [图 2-9(c)]。

注:当坩埚或称量瓶等放入干燥器时,应放在瓷板圆孔内。但若称量瓶比圆孔小,则应放在瓷板上。温度很高的物体必须冷却至室温方可放入干燥器内。

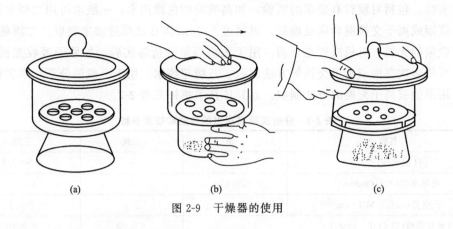

图 2-9 干燥器的使用

● 第三节 化学试剂的规格与使用

世界各国对化学试剂的分类和分级的标准不尽一致。国际纯粹与应用化学联合会 (IUPAC) 将化学标准物质分为五级, 具体为: A 级, 原子量标准; B 级, 和 A 级最接近的基准物质; C 级, 含量为 (100±0.02)% 的标准试剂; D 级, 含量为 (100±0.05)% 的标准试剂; E 级, 一般试剂。

我国化学试剂产品有国家标准 (GB)、行业标准 (如化工行业标准 HG) 及企业标准 (QB) 三级。一般习惯将相当于 IUPAC 的 C 级、D 级的试剂称为标准试剂。

实验室常用的化学试剂一般可分为五个等级, 具体规格和适用范围见表 2-1。在一般的分析实验中用得最多的是分析纯和化学纯试剂, 优级纯试剂用于精密分析实验。

表 2-1 化学试剂等级对照表

级别	中文名称	英文名称	英文符号	适用范围	标签颜色
一级	优级纯 (保证试剂)	guarantee reagent	GR	精密分析工作和 科学研究工作	绿色
二级	分析纯 (分析试剂)	analytical reagent	AR	多数分析工作和 科学研究工作	红色
三级	化学纯	chemical pure	CP	一般分析工作	蓝色
四级	实验试剂	laboratorial reagent	LR	一般化学实验 辅助试剂	棕色或其他色
生化试剂	生化试剂、 生物染色剂	biological reagent	BR 或 CR	生物化学及医用 化学实验	咖啡色或其他色

● 第四节 实验用水的规格与使用

一、规格与要求

分析化学实验室用的纯水, 一般有蒸馏水、二次蒸馏水、去离子水、无二氧化碳蒸馏水、无氨蒸馏水等。根据中华人民共和国国家标准《分析实验室用水规格和试验方法》(GB/T 6682—2008), 分析化学实验室用水分为三个级别: 一级超纯水, 用于有严格要求的分析实验，包括对颗粒有要求的实验，如高效液相色谱用水；一级水可用二级水经过石英设备蒸馏或离子交换混合床处理后，再通过 $0.2\mu m$ 微孔滤膜过滤来制取。二级超纯水，可含有微量的无机、有机或胶态杂质，用于无机痕量分析等实验，如原子吸收光谱用水；二级水可用多次蒸馏或离子交换等方法制取。三级超纯水，用于一般的分析化学实验；三级水可用蒸馏或离子交换的方法制取。其具体技术指标见表 2-2。

表 2-2 分析实验室用水的级别和技术参数

名称	一级	二级	三级
pH 值范围(25℃)	—	—	5.0～7.5
电导率(25℃)/(mS/m)	≤0.01	≤0.10	≤0.50
比电阻(25℃)/MΩ·cm	≥10	≥1	≥0.2
可氧化物质(以 O 计)/(mg/L)	—	<0.08	<0.40
吸光度(254nm,1cm 光程)	≤0.001	≤0.01	—
蒸发残渣(105℃±2℃)含量/(mg/L)	—	≤1.0	≤2.0
可溶性硅(以 SiO_2 计)含量/(mg/L)	<0.01	<0.02	—

二、纯水的制备方法

1. 蒸馏水

采用蒸馏的方法将自来水蒸馏并冷凝即可得到蒸馏水。由于杂质离子一般不挥发，所以蒸馏水中所含杂质比自来水少得多，比较纯净，可达到三级超纯水的指标，但还有少量金属离子、二氧化碳等杂质。

2. 重蒸水

采用石英亚沸蒸馏器，将一次蒸馏水进行重蒸馏，并在准备重蒸馏的蒸馏水中加入适当的试剂以抑制某些杂质的挥发，如加入甘露醇能抑制硼的挥发，加入碱性高锰酸钾可破坏有机物并防止二氧化碳蒸出。二次蒸馏水一般可达到二级超纯水指标。

3. 去离子水

去离子水是使自来水或普通蒸馏水通过离子树脂交换柱后所得的超纯水。制备时，一般将水依次通过阳离子树脂交换柱、阴离子树脂交换柱、阴阳离子树脂混合交换柱。这样得到的水纯度比蒸馏水纯度高，质量可达到二级或一级超纯水指标，但对非电解质及胶体物质无效，同时会有微量的有机物从树脂中溶出，因此，根据需要可将去离子水进行重蒸馏以得到高纯水。

4. 特殊用水

（1）无氨水

每升蒸馏水中加 25mL 5% 的氢氧化钠溶液后，再煮沸 1h；也可将每升蒸馏水中加 2mL 浓硫酸，再重蒸馏，即得无氨蒸馏水。

（2）无二氧化碳蒸馏水

煮沸蒸馏水，直至煮去原体积的 1/4 左右，隔离空气，冷却即得。此水应储存于连接碱石灰吸收管的瓶中，其 pH 值应为 7。

（3）无氯蒸馏水

将蒸馏水在硬质玻璃蒸馏器中先煮沸，再进行蒸馏，收集中间馏出部分，即得无氯蒸馏水。

三、纯水的保存

实验室使用的纯水，为保持纯净，水瓶要随时加塞，专用虹吸管内、外均应保持干净。蒸馏水瓶附近不要存放浓 $NH_3 \cdot H_2O$、HCl 等易挥发试剂，以防污染。通常，普通蒸馏水保存在玻璃容器中，去离子水保存在聚乙烯塑料容器中。用于痕量分析的高纯水，如二次亚沸石英蒸馏水，则需要保存在石英或聚乙烯塑料容器中。

◉ 第五节　滤纸的规格与使用

一、滤纸的规格

滤纸是一种具有良好过滤性能的纸，纸质疏松，对液体有强烈的吸收性能。分析实验室常用滤纸作为过滤介质，使溶液与固体分离。目前我国生产的滤纸主要有定性分析滤纸、定量分析滤纸两类。目前国内生产的上述两种滤纸均分为快速、中速、慢速三类，在滤纸盒上分别用白带（快速）、蓝带（中速）、红带（慢速）为标志分类。根据国家标准 GB/T 1914—2017 规定，定性滤纸的外形有圆形和方形两种，方形滤纸的常见尺寸为 600mm×600mm、300mm×300mm，常见的圆形滤纸直径为 55mm、70mm、90mm、110mm、125mm、150mm、180mm、230mm、270mm。定量滤纸为圆形滤纸，其直径与圆形定性滤纸规格相同。

二、滤纸的使用

定性滤纸一般用于定性化学分析和相应的过滤分离等不需要计算数值的定性试验；定量滤纸一般用于精密计算数值的过滤，如测定残渣、不溶物等。定量滤纸又称为"无灰"滤纸，一般在灼烧后，滤纸的灰分不超过其质量的万分之一。一般说来，无定形沉淀，如 $Fe(OH)_3$ 等的过滤可选用较为疏松的快速滤纸，以免过滤速度太慢；细晶沉淀，如 $BaSO_4$ 等应选用紧密的慢速滤纸，以防沉淀漏失；中等大小的晶形沉淀，如 SiO_2 等，可选用中速滤纸。滤纸一般选用圆形，大小应根据沉淀物的多少进行选择。

◉ 第六节　实验数据的记录和处理

一、实验数据的记录

①　实验数据应按要求记在实验记录本上，学生要有专门的实验记录本，绝不允许将数据记在单页纸上、小纸片上，或随意记在其他地方。

②　实验过程中的各种测量数据及有关现象，应及时、准确且清楚地记录下来，记录实验数据时要有严谨的科学态度，要实事求是，切忌夹杂主观因素，绝不能随意拼凑和伪造数据。

③　实验过程中涉及的各种特殊仪器的型号和标准溶液浓度等，也应及时、准确地记

录下来。记录实验数据时,应注意其有效数字的位数。用分析天平称量时,要求记录至 0.0001g;滴定管及移液管的读数,应记录至 0.01mL。

④ 实验中的每一个数据都是测量结果,所以重复测量时,即使数据完全相同,也应记录下来。在实验过程中,如果发现数据算错、测错或读错而需要改动时,可将数据用一横线划去,并在其上方写上正确的数字。

二、实验数据的处理

1. 列表

做完实验后,应该将获得的大量数据,尽可能整齐、有规律地列表表达出来,以便处理运算。列表时应注意以下几点。

① 每一个表都应有简明完备的名称。

② 在表的每一行或每一列的第一栏,要详细地写出名称、单位等;在每一行中数字排列要整齐,位数和小数点要对齐,有效数字的位数要合理。

③ 原始数据可与处理的结果写在一张表上,在表下注明处理方法和选用的公式。

2. 数据的取舍

为了衡量分析结果的精密度,一般对单次测定的一组结果 X_1、X_2、$\cdots$、X_n 计算出算术平均值后,应再用单次测定偏差、平均偏差、相对平均偏差、单次测定结果的相对偏差等表示结果的精密度。如果测定次数较多,可用标准偏差和相对标准偏差等表示结果的精密度。某一数值偏差较大时可以舍弃。

三、实验报告的格式与要求

1. 实验报告的格式

① 实验题目。

② 实验目的,要求尽可能简洁、清楚。

③ 实验原理,简要地用文字和化学反应说明,如标定和滴定反应的方程式或基准物和指示剂的选择,试剂浓度和分析结果的计算公式等。

④ 实验仪器及试剂,要求尽可能简洁、清楚。

⑤ 实验步骤,只写主要操作步骤,不要照抄实验指导,要简明扼要。

⑥ 实验结果,应用文字、表格、图形将数据表示出来,根据实验要求计算出分析结果、实验误差大小。

⑦ 讨论,如结果未达预期结果,甚至出现反常现象,应分析考虑其可能原因。

⑧ 思考题。

2. 实验报告的要求

书写实验报告要使用专用的实验报告纸,字体要端正,文字要简练,数据要齐全,图表要规范,计算要正确,分析要充分、具体、定量。要按时上交实验报告,过时无故不交者无分。如发现抄袭报告或修改原始数据现象,应严肃处理。

第二章 分析化学实验

◎ 实验 2-1 电子天平称量练习

一、实验目的与要求

① 了解电子天平的构造及试样称量方法。

② 掌握电子天平使用方法，熟悉天平使用规则。

③ 练习并掌握差减称量法。

二、实验原理

天平是分析化学实验中最重要的仪器之一。常用的天平种类主要分为杠杆天平（机械式天平）和电子天平两大类。杠杆天平又可分为等臂双盘天平和不等臂双刀单盘天平，双盘天平还可分为摆动天平、阻尼天平和电光天平。应用现代电子控制技术进行称量的天平称为电子天平，各种电子天平的控制方式和电路结构不尽相同，但其称量的依据都是电磁力平衡原理。电子天平是当今实验室最常用的称量仪器，以下就以赛多利斯 BSA 电子天平为例介绍电子天平的原理和使用。

1. 电子天平的基本原理

电子天平是机电结合式结构，其结构如图 2-10 所示。电子天平的重要特点是在测量物体的质量时不用测量砝码的重力，而是采用电磁力与被测物体的重力相平衡的原理来测量。称量盘通过支架连杆与线圈相连，线圈置于磁场中。称量盘及被测物体的重力通过连杆支架作用于线圈上，方向向下；线圈内有电流通过，产生一个向下作用的电磁力，与称量盘重力方向相反，大小相等。位移传感器处于预定的中心位置，当称量盘上的物体质量发生变化时，位移传感器检出位移信号，经调节器和放大器改变线圈的电流直至线圈回到中心位置为止，通过数字显示出物体的质量。

2. 称量方法

在分析化学实验中，称取试样经常用到的方法有直接称量法、固定质量称量法和差减称量法。在分析化学实验中用到的基准物质和待测物质一般都采用差减称量法称样。

（1）直接称量法

将待测物放在天平上直接称量其质量的称量方法称为直接称量法，该方法一般适用于器皿的称量。例如，称量小烧杯的质量，容量器皿校正中称量某容量瓶的质量，质量分析实验中称量某坩埚的质量等。

（2）固定质量称量法

固定质量称量法又称增量法，一般适用于称量某一固定质量的试剂（如基准物质）或试样。这种称量操作的速度很慢，适于称量不易吸潮、在空气中能稳定存在的粉末状或小颗粒（最小颗粒应小于0.1mg，以便容易调节其质量）样品。

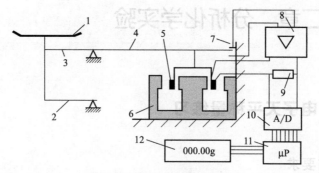

图2-10　电子天平结构示意

1—称量盘；2—下部杠杆；3—上部杠杆；4—传力杠杆；5—线圈；6—永磁体；7—位置传感器；
8—伺服放大器；9—精密电阻；10—模数转换器；11—微处理器；12—显示器

（3）差减称量法

差减称量法又称减量法，一般适用于称量一定质量范围的样品或试剂，当待测样品易吸水、氧化或易与CO_2等反应时可选择此法。由于称取试样的质量由两次称量之差求得，此法常用来连续称取几个试样。

3. 电子天平的称量程序

目前常见的电子天平大多为上皿式，下面就以赛多利斯BSA（图2-11）为例介绍电子天平的使用方法。

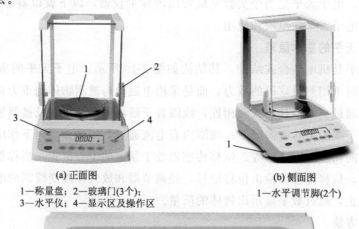

(a) 正面图
1—称量盘；2—玻璃门(3个)；
3—水平仪；4—显示区及操作区

(b) 侧面图
1—水平调节脚(2个)

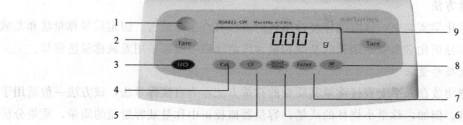

(c) 显示区及操作区

1—水平仪；2—去皮/清零键(2个)；3—开关键；4—启动校正/调整程序键；5—删除键；6—选择应用程序/
打开操作菜单键；7—启动应用程序键；8—数据输出键；9—数据显示区域

图2-11　赛多利斯BSA型电子天平结构示意

（1）天平的检查与调整

取下天平罩，放于天平后。检查天平盘内是否干净，必要的话用毛刷予以清扫。检查天平是否水平，若不水平，调节底座螺钉，使水平仪的气泡位于中心位置。天平安装后，第一次使用或长期未使用或环境发生明显变化时需要重新进行校准操作。

（2）开机

关好天平门，轻按开关键，天平先显示型号，稍后显示为"0.0000g"（根据天平的量程显示的有效数字位数会不同），即可开始使用。

（3）直接称量

在显示为"0.0000g"时，打开天平侧门，将被测物小心置于称量盘上，关闭天平门，待数字不再变动后即得被测物的质量。打开天平门，取出被测物，关闭天平门。

（4）去皮称量

将容器置于称量盘上，关闭天平门，待天平稳定后按 TAR 键清零，天平显示当前质量为"0.0000g"，取出容器，将待测样品加入容器中，再将容器放回称量盘，关闭天平门，待数字不再变动后即得被测物的质量。

（5）差减称量

从干燥器中用纸带夹住称量瓶后（或戴手套）取出称量瓶，先称量装有试样的称量瓶的总质量，然后取出称量瓶在接收容器的上方倾斜瓶身，用瓶盖轻击瓶口使试样缓缓落入接收器中（图 2-12）。当估计试样接近所需质量时，继续用瓶盖轻击瓶口，同时将瓶身缓缓竖直，使沾于瓶口的试样落回称量瓶中，盖好瓶盖。将称量瓶放回称量盘，再进行称量，两次称量显示的质量减少量即为试样质量。

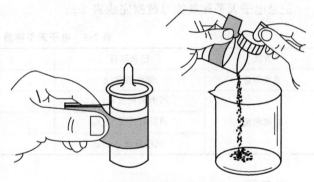

图 2-12 差减称量法

（6）关机

称量结束后，按开关键将天平关闭，若不再继续使用应把电源插头拔下，罩好天平罩，并认真填写仪器使用记录。

三、实验仪器与试剂

① 仪器：电子天平、烧杯（50mL）、称量瓶、干燥器、称量纸等。
② 试剂：碳酸钠（AR）等。

四、实验步骤

1. 直接称量

取三个干燥、洁净的小烧杯，分别称量其质量，精确到 0.1mg，记录数据。

2. 去皮称量

① 准确称取一份 0.0050g Na_2CO_3 试样于称量纸上，使其质量保持在（0.0050±

0.0002)g。

② 准确称取一份 0.0050g Na_2CO_3 试样于烧杯中，使其质量保持在（0.0050±0.0002)g。

3. 差减称量

称取 Na_2CO_3 试样三份，每份的质量为 0.2～0.4g，精确到 0.1mg，记录数据。

五、实验注意事项

① 称量物体的质量不得超过天平的载荷。

② 待测样品不能直接放在天平的称量盘中称量。

③ 称量容器时，注意容器外壁要干净，否则会污染称量盘。

④ 开关天平门动作要轻，读数时要关好天平门。

⑤ 称量结束后，应及时关闭天平。

⑥ 在天平的使用记录本上记下称量操作的时间和天平状态，并签名，整理好台面之后方可离开。

六、数据记录与结果处理

记录电子天平称量练习数据完成表 2-3。

表 2-3 电子天平称量

方法	记录项目	1	2	3
直接称量	烧杯质量/g			
差减称量	倾倒前质量 w_1/g			
	倾倒后质量 w_2/g			
	试样质量 Δw/g			

七、思考题

① 直接称量法、固定质量称量法和差减称量法分别用于怎样的物品或试剂的称量？

② 为什么要将天平门关闭后才可以读数？

◎ 实验 2-2 滴定分析基本操作练习

一、实验目的与要求

① 掌握滴定分析实验玻璃仪器的洗涤、使用方法和注意事项。

② 了解溶液的配制及滴定分析的基本操作。

二、实验原理

滴定分析法也称容量分析法。滴定分析法可分为酸碱滴定法、络合滴定法、沉淀滴定法和氧化还原滴定法。在进行滴定分析时，一般先将试样制备成溶液，用已知准确浓度的溶液（即标准溶液，也称为滴定剂）通过滴定管滴加到待测组分的溶液中，直到所加标准溶液与待测组分按化学计量关系定量反应完全为止，根据标准溶液的浓度和所消耗的体积，计算出待测组分的含量。其中标准溶液与待测组分恰好完全反应的这一点，称为化学计量点，指示剂变色点称为滴定终点。由化学计量点和滴定终点不一致而引起的误差称为滴定误差。

滴定分析实验常用的仪器包括：分析天平、容量瓶、移液管、锥形瓶、滴定管等。分析天平的使用见实验 2-1，其他玻璃仪器的使用方法及原理见本篇第一章内容。

三、实验仪器与试剂

① 仪器：移液管（10mL）、吸量管（5mL）、容量瓶（100mL）、酸式滴定管（25mL）、碱式滴定管（25mL）、锥形瓶（250mL）、量筒（10mL）、烧杯（50mL）、玻璃棒、洗耳球、滴定管架等。

② 试剂：蒸馏水、$K_2Cr_2O_7$(CP)、合成洗涤剂等。

四、实验步骤

1. 洗涤

① 锥形瓶、烧杯、量筒先用自来水冲洗，再用试管刷蘸取合成洗涤剂直接刷洗内、外表面，然后再用自来水冲洗干净，最后用蒸馏水润洗三次。

② 移液管、吸量管、滴定管先用铬酸洗液清洗，再用自来水冲洗，最后用蒸馏水润洗三次。

2. 移液管和吸量管的使用

用自来水练习移液管、吸量管溶液的准确移取、放液操作，直到熟练为止。

3. 滴定管的使用

用自来水练习酸式滴定管和碱式滴定管检漏、排气泡、调零、滴定、读数以及滴定管的一滴操作、半滴操作，直到熟练为止。

4. 容量瓶的使用

用自来水练习容量瓶的检漏、玻璃棒引流、混匀、定容操作，直到熟练为止。

5. 溶液的配制

① 铬酸洗液的配制：参考本篇第一章第二节"一、常用的洗涤剂"内容。

② 0.1mol/L NaOH 溶液的配制：快速称取约 2g 固体 NaOH 于烧杯中，加 500mL 蒸馏水稀释，转入聚乙烯试剂瓶中，摇匀，贴好标签备用。

③ 0.1mol/L HCl 溶液的配制：在通风橱内用量筒量取浓 HCl 4.5mL，稀释至 500mL，转入 500mL 细口瓶中，摇匀，贴好标签备用。

五、实验注意事项

① 实验前应预习本篇第一章第二节"玻璃仪器的洗涤、干燥与使用"部分内容。

② 铬酸洗液在使用时要切实注意不能溅到身上，以防烧破衣服和损伤皮肤。

六、思考题

① 玻璃仪器洗净的标志是什么？

② 酸式滴定管使用前应注意哪些问题？

③ 滴定管尖端有气泡时会对滴定产生什么影响？

◎ 实验 2-3　酸碱溶液的比较滴定

一、实验目的与要求

① 进一步熟练滴定分析基本操作。

② 初步掌握酸碱滴定的原理及方法。

③ 初步掌握酸碱滴定时指示剂的选择及滴定终点的判断。

二、实验原理

在酸碱滴定中，常用的酸碱溶液是 HCl 和 NaOH，由于它们都不是基准试剂，因此必须采用间接法配制，即先配成近似浓度，然后再用基准物质进行标定。也可用另一已知准确浓度的标准溶液滴定该溶液，再根据它们的体积比计算该溶液的浓度。

酸碱中和反应的实质是：

$$H^+ + OH^- \longrightarrow H_2O$$

当反应达到化学计量点时，用去的酸与碱的量符合化学反应式所表示的化学计量关系，对于以 NaOH 溶液滴定 HCl 溶液，这种关系是：

$$c_{HCl}V_{HCl} = c_{NaOH}V_{NaOH} \quad \text{或} \quad \frac{c_{HCl}}{c_{NaOH}} = \frac{V_{HCl}}{V_{NaOH}}$$

根据公式可以看出，NaOH 溶液和 HCl 溶液经过比较滴定，达到化学计量点时通过所需体积比即可确定它们的浓度比。如果其中一溶液的浓度确定，则另一溶液的浓度即可求出。

酸碱指示剂都有一定的变色范围，NaOH 滴定 HCl 时其突跃范围是 pH＝4～10，应选用在此范围内变色的指示剂。

三、实验仪器与试剂

① 仪器：酸式滴定管（25mL）、碱式滴定管（25mL）、锥形瓶（250mL）、烧杯（500mL）、量筒（10mL，100mL）、玻璃棒、细口瓶（250mL）、聚乙烯试剂瓶（250mL）、电子天平等。

② 试剂：浓盐酸（AR）、氢氧化钠（AR）、酚酞（0.2%）、溴甲酚绿-二甲基黄（0.2%）、蒸馏水等。

四、实验步骤

1. 溶液的配制

① 用干净的量筒量取一定量的浓 HCl，用蒸馏水稀释至 200mL，转入细口瓶中，配制成约 0.2mol/L 的溶液，摇匀，贴好标签备用。

② 用固定质量称量法称取一定量的固体 NaOH，用蒸馏水溶解并稀释至 200mL，配

制成约 0.2mol/L 的溶液，转入聚乙烯试剂瓶中，摇匀，贴好标签备用。

2. 酸碱溶液的比较滴定

（1）仪器准备

取酸、碱滴定管各一支清洗干净，用配制好的 HCl 润洗酸式滴定管三次后将酸管装满，再用配制好的 NaOH 溶液润洗碱式滴定管三次后将碱管装满，排除管内气泡后，将滴定管内的液面调节至"0.00"刻度。

（2）HCl 滴定 NaOH

在碱式滴定管下方放置一个干净的锥形瓶，从碱式滴定管中放出 20.00mL NaOH 溶液于锥形瓶中，加入 1～2 滴溴甲酚绿-二甲基黄指示剂，用酸式滴定管中的 HCl 溶液滴定至由绿色变为黄色为止，准确读取相应的 HCl 的体积。补充酸式滴定管中的 HCl 溶液，重新调节液面高度至"0.00"刻度，重复上述操作，平行测定三次，分别记录相应的体积，计算 HCl 和 NaOH 的体积比。

（3）NaOH 滴定 HCl

在酸式滴定管下方放置一个干净的锥形瓶，从酸式滴定管中放出 20.00mL HCl 溶液于锥形瓶中，加入 1～2 滴酚酞指示剂，用碱式滴定管中的 NaOH 溶液滴定至浅粉色为止，准确读取相应 NaOH 的体积，平行测定三次，计算 NaOH 和 HCl 的体积比。

五、实验注意事项

① 新配制的溶液应立即贴好标签，养成良好的实验习惯。

② 平行滴定时，应每次都将初刻度调整到"0.00"刻度，这样可减少滴定管刻度的系统误差。

六、数据记录与结果处理

1. 配制 HCl 和 NaOH 溶液

列出配制 HCl 和 NaOH 溶液的算式并给出计算结果。

2. 数据记录与计算

（1）HCl 滴定 NaOH

记录实验数据完成表 2-4。

表 2-4 HCl 滴定 NaOH

实验编号	1	2	3
V_{HCl}/mL			
V_{HCl}/V_{NaOH}			
$\overline{V_{HCl}/V_{NaOH}}$			
d_i			
$\overline{d_r}$			

（2）NaOH 滴定 HCl

记录实验数据完成表 2-5。

表 2-5　NaOH 滴定 HCl

实验编号	1	2	3
V_{NaOH}/mL			
V_{NaOH}/V_{HCl}			
$\overline{V_{NaOH}/V_{HCl}}$			
d_i			
$\overline{d_r}$			

3. 分析比较滴定结果

七、思考题

① 滴定管在使用时应记录几位有效数字？

② 在滴定分析中所使用的滴定管、移液管为什么要用待装液润洗？锥形瓶和烧杯是否也需要润洗？为什么？

③ HCl 和 NaOH 标准溶液能否用直接配制法配制？为什么？

④ 配制 HCl 和 NaOH 溶液时所用的蒸馏水是否需要准确量取？为什么？

⑤ 在滴定完成后，为什么要将滴定管中的液体重新调节到"0.00"刻度再进行下次滴定？

⑥ 在比较滴定中，以酚酞和溴甲酚绿-二甲基黄作指示剂，所得的体积是否一致？为什么？

◎ 实验 2-4　盐酸标准溶液的配制与标定

一、实验目的与要求

① 掌握差减称量法准确称取基准物的方法。

② 掌握滴定操作并学会正确判断滴定终点的方法。

③ 掌握配制和标定盐酸标准溶液的方法。

二、实验原理

由于浓盐酸容易挥发，不能用它们来直接配制具有准确浓度的标准溶液，因此，配制 HCl 标准溶液时只能先配制成近似浓度的溶液，然后用基准物质标定它们的准确浓度，或者用另一已知准确浓度的标准溶液滴定该溶液，再根据它们的体积比计算该溶液的准确浓度。常用于标定 HCl 溶液的基准物质是无水碳酸钠和硼砂，本实验采用无水碳酸钠作基准物质进行标定，其反应式如下：

$$Na_2CO_3 + 2HCl \longrightarrow 2NaCl + H_2O + CO_2 \uparrow$$

滴定至反应完全时，化学计量点的 pH 值为 3.9，可选用溴甲酚绿-二甲基黄混合指示剂，变色点 pH 值为 4.2，其终点颜色为从绿色突然变为黄色。

三、实验仪器与试剂

① 仪器：酸式滴定管（25mL）、量筒（10mL，50mL）、锥形瓶（250mL）、细口瓶（500mL）、称量瓶、电子天平等。

② 试剂：浓盐酸（AR）、碳酸钠（AR）、溴甲酚绿-二甲基黄混合指示剂（0.2%）、蒸馏水等。

四、实验步骤

1. HCl 溶液的配制

用量筒量取 8.4mL 浓盐酸，加蒸馏水稀释至 1000mL，转入细口瓶中，盖好磨口塞，摇匀后贴好标签备用。

2. HCl 溶液的标定

用差减称量法准确称量 270～300℃ 干燥至恒重的基准无水 Na_2CO_3，每份 0.10～0.15g。分别置于干净的锥形瓶中，各加入约 30mL 蒸馏水，使其完全溶解。同时在锥形瓶中加入 1～2 滴溴甲酚绿-二甲基黄混合指示剂，用待标定的 HCl 溶液滴定至黄色，即为终点。记录滴定消耗的 HCl 体积，计算 HCl 溶液的准确浓度。

五、实验注意事项

① 干燥至恒重的无水 Na_2CO_3 有吸湿性，因此在标定中精密称取基准无水 Na_2CO_3 时，应迅速将称量瓶加盖密闭。

② 基准物 Na_2CO_3 经分析天平准确称量，物质的量已确定，所以加蒸馏水溶解时，蒸馏水的体积不需精确，用量筒量取即可。

六、数据记录与结果处理

1. 数据记录与计算

记录实验数据完成表 2-6。

表 2-6　盐酸标准溶液的配制与标定

实验编号	1	2	3
$\Delta w(Na_2CO_3 质量)/g$			
V_{HCl}/mL			
$c_{HCl}/(mol/L)$			
$\bar{c}_{HCl}/(mol/L)$			
d_i			
$\bar{d}_r$			

2. 数据处理

计算公式：
$$c_{HCl} = \frac{2m_{Na_2CO_3} \times 1000}{V_{HCl} M_{Na_2CO_3}}$$

式中，c_{HCl} 为标定盐酸标准溶液的浓度，mol/L；V_{HCl} 为滴定时消耗盐酸的体积，mL；$m_{Na_2CO_3}$ 为碳酸钠试样的质量，g；$M_{Na_2CO_3}$ 为碳酸钠的摩尔质量，g/mol，$M_{Na_2CO_3} = 105.99g/mol$。

七、思考题

① 称入碳酸钠的锥形瓶内壁是否必须干燥？为什么？

② 溶解碳酸钠时，所加水的体积是否需要准确？是用量筒量取还是用移液管移取？

③ 如果基准物未烘干，对标定结果有无影响？

④ 本实验能不能采用甲基橙作指示剂？说明原因。

○ 实验 2-5 氢氧化钠标准溶液的配制与标定

一、实验目的与要求

① 掌握氢氧化钠标准溶液的配制和标定方法。

② 掌握用基准物质标定氢氧化钠溶液的原理。

③ 熟悉滴定操作并掌握标定氢氧化钠的方法。

二、实验原理

NaOH 具有很强的吸湿性和吸收空气中的 CO_2 的性质，因此市售 NaOH 中常含有 Na_2CO_3，所以 NaOH 不能直接用来配制标准溶液。由于 Na_2CO_3 的存在对指示剂的使用影响较大，所以标定前应设法除去。除去 Na_2CO_3 常用方法是：先将 NaOH 配成饱和溶液，由于 Na_2CO_3 在饱和 NaOH 溶液中几乎不溶解，将会慢慢沉淀出来，待 Na_2CO_3 沉淀后可吸取一定量的上清液，稀释至所需浓度即可。

标定 NaOH 溶液的基准物质很多，常用的有草酸（$H_2C_2O_4 \cdot 2H_2O$）、苯甲酸（C_6H_5COOH）和邻苯二甲酸氢钾（$C_6H_4COOHCOOK$，$KHC_8H_4O_4$）等，其中最常用的是邻苯二甲酸氢钾，其反应式如下：

$$C_6H_4COOHCOOK + NaOH \longrightarrow C_6H_4COONaCOOK + H_2O$$

当达到化学计量点时由于 $C_6H_4COONaCOOK$ 的水解，溶液呈弱碱性，可选酚酞作为指示剂。

三、实验仪器与试剂

① 仪器：碱式滴定管（25mL）、量筒（50mL）、吸量管（10mL）、容量瓶（250mL）、锥形瓶（250mL）、烧杯（100mL）、聚乙烯试剂瓶（125mL，1000mL）、称量瓶、电子天平等。

② 试剂：邻苯二甲酸氢钾（AR）、氢氧化钠（AR）、酚酞（0.2%）、蒸馏水等。

四、实验步骤

1. NaOH 标准溶液的配制

用小烧杯在天平上称取 60g 固体 NaOH，加约 50mL 蒸馏水，振摇使之溶解成饱和溶液，冷却后转入 125mL 聚乙烯试剂瓶中，放置数日，澄清后备用。用吸量管吸取上述上清液 5.6mL 用蒸馏水稀释至 1000mL，转入聚乙烯试剂瓶中，摇匀后贴上标签备用。

2. NaOH 标准溶液的标定

用差减称量法准确称取 105～110℃烘干至恒重的邻苯二甲酸氢钾三份。每份 0.20～0.25g，置于 250mL 锥形瓶中，加约 30mL 蒸馏水，温热使之溶解，冷却后，加入酚酞指示剂 1～2 滴，用待标定的 NaOH 溶液滴定，直到溶液呈浅粉色，30s 内不褪色，即为终点，记录消耗 NaOH 的体积，并计算 NaOH 溶液的准确浓度。

五、实验注意事项

① 配制 NaOH 标准溶液的蒸馏水应经煮沸并冷却后，除去其中溶解的 CO_2 再使用。

② 固体 NaOH 应放在表面皿上或小烧杯中称量，不能在称量纸上称量，因为氢氧化钠极易吸潮，容易黏附在称量纸上导致质量损失，并且称量时称量速度应尽量快。

③ 如果使用碱式滴定管，在滴定前，应检查碱式滴定管的橡胶管内和滴定管尖处是否有气泡，如有气泡应排除。否则影响其读数，会给滴定引入误差。

六、数据记录与结果处理

1. 数据记录与计算

记录实验数据完成表 2-7。

表 2-7　氢氧化钠标准溶液的配制与标定

实验编号	1	2	3
$\Delta w(C_6H_4COOHCOOK$ 质量$)/g$			
V_{NaOH}/mL			
$c_{NaOH}/(mol/L)$			
$\overline{c}_{NaOH}/(mol/L)$			
d_i			
$\overline{d_r}$			

2. 数据处理

计算公式：

$$c_{NaOH} = \frac{m_s \times 1000}{V_{NaOH} M_{KHC_8H_4O_4}}$$

式中，c_{NaOH} 为标定氢氧化钠标准溶液的浓度，mol/L；V_{NaOH} 为滴定时消耗氢氧化钠的体积，mL；$M_{KHC_8H_4O_4}$ 为邻苯二甲酸氢钾摩尔质量，g/mol，$M_{KHC_8H_4O_4} = 204.23g/mol$；$m_s$ 为邻苯二甲酸氢钾试样的质量，g。

七、思考题

① 能否采用已知准确浓度的 HCl 标准溶液标定 NaOH 浓度？应选用哪种指示剂？为什么？

② 盛放邻苯二甲酸氢钾的锥形瓶用蒸馏水洗净后，瓶中残留的水是否要烘干除去？

③ 用邻苯二甲酸氢钾标定 NaOH 溶液为什么用酚酞为指示剂而不用甲基橙为指

示剂?

④ 除用邻苯二甲酸氢钾为基准物质标定 NaOH 溶液浓度外，还可用何种方法标定?

实验 2-6 工业纯碱总碱度的测定

一、实验目的与要求

① 了解总碱度测定的原理和方法。

② 掌握用强酸滴定二元碱终点的判断和指示剂的选择。

③ 了解总碱度的表示方法。

二、实验原理

工业纯碱也称为苏打，它的主要成分为 Na_2CO_3，通常会含有 $NaCl$、Na_2SO_4、$NaHCO_3$、$NaOH$ 等杂质。为了检验工业纯碱的质量，常采用酸碱滴定法用强酸滴定其总碱度。滴定时，除主要成分 Na_2CO_3 被强酸中和外，其中含有的少量 $NaHCO_3$ 也同样被中和。因为 CO_3^{2-} 的 $K_{b1}=1.8\times10^{-4}$，$K_{b2}=2.4\times10^{-8}$，$cK_b>10^{-8}$，因此 HCO_3^- 也可被 HCl 标准溶液准确滴定。当达到化学计量点时，溶液 pH 值约为 3.9，可选择溴甲酚绿-二甲基黄作指示剂，其反应方程式为：

$$Na_2CO_3+2HCl \longrightarrow 2NaCl+H_2O+CO_2\uparrow$$

工业纯碱的总碱度通常以 Na_2CO_3 或 Na_2O 的质量分数来表示。

三、实验仪器与试剂

① 仪器：酸式滴定管（25mL）、量筒（50mL）、移液管（10mL）、锥形瓶（250mL）、容量瓶（100mL）、玻璃棒、洗耳球、称量瓶、电子天平等。

② 试剂：盐酸标准溶液（采用实验 2-4 的方法标定）、工业纯碱（固体）、溴甲酚绿-二甲基黄指示剂（0.2%）、蒸馏水等。

四、实验步骤

1. 工业纯碱溶液的配制

采用差减称量法准确称取 1.6~2.0g 工业纯碱固体试样于小烧杯中，用适量蒸馏水溶解，转移至 100mL 容量瓶中，用蒸馏水稀释至刻度，定容。

2. 工业纯碱的测定

用移液管准确移取工业纯碱溶液 10.00mL 于 250mL 锥形瓶中，加约 20mL 蒸馏水稀释，加 1~2 滴溴甲酚绿-二甲基黄指示剂，用 HCl 标准溶液滴定至黄色，即为终点。记录滴定所消耗的 HCl 溶液的体积，平行滴定三次。计算试样的总碱度。

五、实验注意事项

① 工业纯碱试样如果不能完全溶解，可以适当加热溶液使其溶解，然后再将溶液冷却至室温后进行定容。

② Na_2CO_3 被中和为 $NaHCO_3$ 时，其 pH 值约为 8，当全部被中和后 pH 值约为 4。由于 Na_2CO_3 为二元碱，达到第一化学计量点时，其滴定突跃范围较小，终点并不敏锐，因而采用第二化学计量点，其终点便于观察。

③ 接近终点时，要剧烈摇锥形瓶，使 CO_2 溢出。

六、数据记录与结果处理

1. 数据记录与计算

记录实验数据完成表 2-8。

表 2-8 工业纯碱总碱度的测定

实验编号	1	2	3
Δw（工业纯碱质量）/g			
$c_{\text{工业纯碱}}$/(mol/L)			
V_{HCl}/mL			
$\overline{V}_{\text{HCl}}$/mL			
c_{HCl}/(mol/L)			
$w_{Na_2CO_3}$/%			
$\overline{w}_{Na_2CO_3}$/%			
d_i			
$\overline{d}_r$			

2. 数据处理

总碱度的计算公式：

$$w_{Na_2CO_3} = \frac{1}{2} \times \frac{c_{\text{HCl}} V_{\text{HCl}} M_{Na_2CO_3}}{m_s \times 1000} \times \frac{10}{100} \times 100\%$$

式中，$w_{Na_2CO_3}$ 为总碱度；c_{HCl} 为标定盐酸标准溶液的浓度，mol/L；V_{HCl} 为滴定时消耗盐酸的体积，mL；$M_{Na_2CO_3}$ 为碳酸钠的摩尔质量，g/mol，$M_{Na_2CO_3} = 105.99$g/mol；m_s 为工业纯碱试样的质量，g。

七、思考题

① 工业纯碱的主要成分是什么？其中可能含有哪些主要杂质？为什么说用 HCl 溶液滴定工业纯碱测定的是总碱度？

② 若以 Na_2O 来表示总碱度，其结果的计算公式应该怎么表达？

③ 本实验如果还需要计算杂质中 NaOH 的含量，那实验该怎么设计？

○ 实验 2-7　铵盐中氮含量的测定

一、实验目的与要求

① 掌握甲醛法测定铵盐中氮含量的原理和方法。

② 掌握铵盐中氮含量的测定。

二、实验原理

常见的铵盐如硫酸铵、氯化铵、硝酸铵等大多是强酸弱碱盐，NH_4^+ 的 $K_a = 5.6 \times 10^{-10}$，$cK_a < 10^{-8}$，因此无法用强碱直接滴定，但可用甲醛法间接标定。其原理为：NH_4^+ 与 HCHO 可迅速反应生成等物质的量的 H^+ 和 $(CH_2)_6N_4H^+$（$K_a = 7.6 \times 10^{-6}$），其反应方程式为：

$$4NH_4^+ + 6HCHO \longrightarrow (CH_2)_6N_4H^+ + 3H^+ + 6H_2O$$

生成的 $(CH_2)_6N_4H^+$ 和 H^+ 都可用 NaOH 溶液准确滴定。当达到化学计量点时，滴定产物为 $(CH_2)_6N_4$，其溶液为弱碱性，因此可选择酚酞作指示剂。

三、实验仪器与试剂

① 仪器：碱式滴定管（25mL）、锥形瓶（250mL）、量筒（10mL，50mL）、容量瓶（100mL）、移液管（10mL）、玻璃棒、洗耳球、称量瓶、电子天平等。

② 试剂：NaOH 标准溶液（采用实验 2-5 的方法标定）、硫酸铵（AR）、酚酞指示剂（0.2%）、甲醛（40%）、蒸馏水等。

四、实验步骤

1. 甲醛溶液的配制与标定

用移液管量取 20mL 40%甲醛的上清液于干净的烧杯中，用蒸馏水 1∶1 稀释，再加入 1~2 滴酚酞指示剂，用 NaOH 标准溶液滴定至浅粉色。

2. $(NH_4)_2SO_4$ 的配制

用差减称量法准确称取 0.6~0.8g 的 $(NH_4)_2SO_4$ 固体于干净的小烧杯中，加适量的蒸馏水溶解后，转移至 100mL 容量瓶中，定容，摇匀。

3. 氮含量的测定

用移液管准确移取 10.00mL $(NH_4)_2SO_4$ 溶液于 250mL 锥形瓶中，加入约 20mL 蒸馏水，再加 5.0mL 甲醛溶液，充分摇动后静置 1min，然后加入 1~2 滴酚酞指示剂，最后用 NaOH 标准溶液滴定至浅粉色，30s 不退色即为终点。记录滴定消耗的 NaOH 体积。平行测定三次，计算铵盐中的氮含量。

五、实验注意事项

① 甲醛中常含有的微量甲酸是由甲醛受空气氧化所致，应除去，否则产生正误差。

② 市售的甲醛溶液的浓度为 40%。甲醛溶液中含有微量甲酸，必须预先以酚酞为指示剂，用 NaOH 溶液中和后方可使用。

③ NH_4^+ 与甲醛的反应在室温下进行较慢，加入甲醛后必须放置 1min，再滴定。

六、数据记录与结果处理

1. 数据记录与计算

记录实验数据完成表 2-9。

表 2-9 铵盐中氮含量的测定

实验编号	1	2	3
Δw(硫酸铵质量)/g			
V_{NaOH}/mL			
w_{N}			
$\overline{w}_{\mathrm{N}}$			
d_i			
$\overline{d}_{\mathrm{r}}$			

2. 数据处理

硫酸铵中的氮含量的计算公式：

$$w_{\mathrm{N}}=\frac{c_{\mathrm{NaOH}}V_{\mathrm{NaOH}}M_{\mathrm{N}}}{m_{\mathrm{s}}\times1000}\times\frac{100}{10}\times100\%$$

式中，w_{N} 为氮含量；c_{NaOH} 为标定氢氧化钠标准溶液的浓度，mol/L；V_{NaOH} 为滴定时消耗氢氧化钠的体积，mL；M_{N} 为氮的摩尔质量，g/mol，$M_{\mathrm{N}}=14.01$g/mol；m_{s} 为硫酸铵试样的质量，g。

七、思考题

① 铵盐中氮的测定为何不采用 NaOH 直接滴定法？

② 为什么中和甲醛试剂中的甲酸以酚酞作指示剂？能够用甲基红作为指示剂吗？

③ NH_4HCO_3 中氮含量的测定能否用甲醛法？为什么？

○ 实验 2-8 EDTA 标准溶液的配制与标定

一、实验目的与要求

① 掌握 EDTA 溶液的配制方法。

② 掌握用 $CaCO_3$ 为基准物质标定 EDTA 标准溶液的原理和方法。

③ 掌握钙指示剂的使用条件及滴定终点的判断。

二、实验原理

EDTA 是乙二胺四乙酸二钠盐，通常含有两个结晶水，可以简写为 $Na_2H_2Y\cdot2H_2O$。EDTA 放置在空气中会吸附约 0.3% 的水分，称为湿存水，因此 EDTA 不能直接配成标准溶液，需要先配成近似浓度后再用基准物质进行标定。

EDTA 能与大多数金属离子形成 1:1 的稳定配合物，因此可以用含有这些金属离子的物质作为基准物，在一定酸度下，选择适当的指示剂来标定 EDTA 的准确浓度。标定 EDTA 溶液的基准物常用的有 Zn、Cu、Pb、$CaCO_3$、$MgSO_4\cdot7H_2O$、$ZnSO_4\cdot7H_2O$ 等。通常选用与被测组分组成相同的物质作为基准物质，这样可以保证滴定条件一致，减小误差。

如用 $CaCO_3$ 作基准物，通常选择钙指示剂确定终点。在 $pH \geqslant 12$ 时，钙指示剂呈纯蓝色，当与 Ca^{2+} 络合后形成较稳定的络离子呈酒红色。所以在钙标准溶液中加入钙指示剂时，溶液呈酒红色。当用 EDTA 溶液滴定时，EDTA 与 Ca^{2+} 形成更稳定的 CaY^{2-} 配离子，所以在滴定终点附近与钙指示剂络合的 EDTA 不断转化为 CaY^{2-}，而使钙指示剂游离出来而变为蓝色，其反应原理如下：

滴定前：$Ca^{2+} + In(指示剂，纯蓝色) \longrightarrow CaIn(酒红色)$

终点前：$Ca^{2+} + Y^{4-} \longrightarrow CaY^{2-}$

终点时：$CaIn(酒红色) + Y^{4-} \longrightarrow CaY^{2-} + In(纯蓝色)$

所以，终点时溶液从酒红色变为纯蓝色。

三、实验仪器与试剂

① 仪器：酸式滴定管（25mL）、容量瓶（100mL）、移液管（10mL）、锥形瓶（250mL）、量筒（10mL，50mL）、烧杯（50mL，100mL）、聚乙烯试剂瓶（500mL）、玻璃棒、洗耳球、称量瓶、电子天平等。

② 试剂：$CaCO_3$（AR）、EDTA（AR）、NaOH 溶液（10%）、镁溶液（0.02mol/L）、钙指示剂（固体）、HCl 溶液（6mol/L）、蒸馏水等。

四、实验步骤

1. EDTA 标准溶液的配制

称取 3.8g EDTA 于干净的小烧杯中，加入少量蒸馏水，加热溶解后，稀释至 500mL，储于聚乙烯瓶中，摇匀，贴标签备用。

2. 标准 Ca^{2+} 溶液的配制

用差减称量法准确称取 120℃烘干至恒重的 $CaCO_3$ 0.3～0.4g 于干净的小烧杯中，盖上表面皿，从杯嘴边逐滴加入 6mol/L HCl 溶液至 $CaCO_3$ 完全溶解，用蒸馏水把溅到表面皿上的液体淋洗入烧杯中，将溶液转移至 100mL 容量瓶中，定容，摇匀。

3. EDTA 的标定

用移液管准确移取 10.00mL 标准 Ca^{2+} 溶液，置于 250mL 锥形瓶中，加入约 20mL 蒸馏水、2.0mL 镁溶液、5.0mL 10% NaOH 溶液及 10mg 钙指示剂，摇匀后，用 EDTA 溶液滴定至由酒红色变为纯蓝色，即为终点，平行滴定三次；记录所耗 EDTA 的体积，计算 EDTA 的准确浓度。

五、实验注意事项

① 新配制的 EDTA 如浑浊应过滤后再保存和使用。

② 溶解 $CaCO_3$ 时 HCl 不能加入过多，因为钙指示剂适用的 pH 值范围为 12～13，之后需要加碱调节。

③ 在标定 EDTA 时加入了微量 Mg^{2+}，其目的是使终点比 Ca^{2+} 单独存在时变色更敏锐。当 Ca^{2+}、Mg^{2+} 共存时，终点由酒红色到纯蓝色，当 Ca^{2+} 单独存在时则由酒红色到紫蓝色。所以测定单独存在的 Ca^{2+} 时，常常加入少量 Mg^{2+}。

④ 为计算简便，通常 EDTA 溶液的浓度都用摩尔浓度表示，常用的浓度是 0.01～

0.05mol/L。

⑤ 终点颜色应为酒红色到中间色紫色，再从紫色变为蓝色。

六、数据记录与结果处理

1. 数据记录与计算

记录实验数据完成表 2-10。

表 2-10　EDTA 标准溶液的配制与标定

实验编号	1	2	3
$\Delta w(CaCO_3$ 质量$)/g$			
V_{EDTA}/mL			
$c_{EDTA}/(mol/L)$			
$\overline{c}_{EDTA}/(mol/L)$			
d_i			
$\overline{d}_r$			

2. 数据处理

计算公式为：

$$c_{EDTA} = \frac{m_{CaCO_3} \times 1000}{V_{EDTA} M_{CaCO_3}} \times \frac{10}{100}$$

式中，c_{EDTA} 为标定 EDTA 标准溶液的浓度，mol/L；V_{EDTA} 为滴定时消耗 EDTA 的体积，mL；m_{CaCO_3} 为碳酸钙试样的质量，g；M_{CaCO_3} 为碳酸钙的摩尔质量，g/mol，$M_{CaCO_3} = 100.09g/mol$。

七、思考题

① 以 $CaCO_3$ 为基准物标定 EDTA 溶液时，加入镁溶液的目的是什么？

② 以 $CaCO_3$ 为基准物，以钙指示剂标定 EDTA 溶液时，应控制溶液的酸度为多少？为什么？怎么控制？

③ 若蒸馏水中含有 Ca^{2+}、Mg^{2+}，滴定时对结果有什么影响？

④ 络合滴定法和酸碱滴定法相比有哪些不同？

◉ 实验 2-9　自来水硬度的测定

一、实验目的与要求

① 了解水的硬度的测定意义和常用的硬度表示方法。

② 掌握 EDTA 测定水的硬度的原理和方法。

③ 理解酸度条件、干扰离子对络合滴定的影响。

④ 掌握铬黑 T 指示剂的使用条件及滴定终点的判断。

二、实验原理

水的硬度是水质质量检测的一个重要指标，水的硬度主要是指水中含可溶性的钙盐和镁盐。硬度有暂时硬度和永久硬度之分。在水中以碳酸氢盐形式存在的钙、镁盐，加热能被分解，析出沉淀而除去，这类盐所形成的硬度称为暂时硬度。其反应式为：

$$Ca(HCO_3)_2 \longrightarrow CaCO_3 \downarrow + H_2O + CO_2 \uparrow$$

$$2Mg(HCO_3)_2 \longrightarrow Mg_2(OH)_2CO_3 \downarrow + 3CO_2 \uparrow + H_2O$$

而钙、镁的硫酸盐、氯化物、硝酸盐，在加热时不沉淀，称为永久硬度。硬度对用水关系很大，经常要进行硬度分析，为水的处理提供依据。

各国水的硬度的表示方法各有不同。目前我国采用两种表示方法：一种是以 CaO 的 mmol/L 计，表示 1L 水中所含 CaO 的毫摩尔数；另一种以度数计，1°表示 1L 水中含 10mg CaO。若分别测定 Ca 和 Mg 的含量则分别称为钙、镁的硬度。

在测定水的总硬度时，可采用络合滴定法。用 EDTA 测定水的硬度时，通常在两个等份溶液中分别测定 Ca^{2+} 含量以及 Ca^{2+} 和 Mg^{2+} 的总量，Mg^{2+} 含量则从两者消耗 EDTA 的差值来计算。

用 EDTA 滴定 Ca^{2+}、Mg^{2+} 总量时，一般是在 pH=10 的氨性缓冲溶液中进行，以铬黑 T（EBT）为指示剂，Ca^{2+}、Mg^{2+} 和 EBT 生成紫红色络合物，当用 EDTA 溶液滴定至化学计量点时，EBT 游离出来，溶液呈现纯蓝色为终点，从 EDTA 的用量可以计算 Ca^{2+}、Mg^{2+} 的总量。

在 pH≥12 时，用 EDTA 滴定 Ca^{2+} 含量时，此时 Mg^{2+} 因生成氢氧化物沉淀而被掩蔽，然后加入钙指示剂，它与 Ca^{2+} 络合呈酒红色。滴定时，EDTA 先与游离 Ca^{2+} 络合，然后夺取已和指示剂络合的 Ca^{2+}，使溶液的红色变成纯蓝色为终点，从 EDTA 用量可计算 Ca^{2+} 的含量。

三、实验仪器与试剂

① 仪器：酸式滴定管（25mL）、锥形瓶（250mL）、移液管（10mL）、量筒（10mL，50mL）、洗耳球等。

② 试剂：EDTA 标准溶液（采用实验 2-8 的方法标定）、待测自来水样，NaOH（10%）、氨缓冲溶液（pH=10）、铬黑 T 指示剂（固体）、钙指示剂（固体）等。

四、实验步骤

1. 总硬度的测定

用移液管准确吸取待测自来水样 10.00mL 于 250mL 锥形瓶中，加入约 20mL 蒸馏水，用量筒加入 5.0mL 氨缓冲溶液，再加 10mg 铬黑 T 指示剂，用 EDTA 标准溶液滴定至由紫红色变为纯蓝色，即为终点。记录当前消耗 EDTA 的体积为 $V_{EDTA,2}$，平行测定三次，计算水样的总硬度。

2. 钙硬度的测定

用移液管准确吸取待测自来水样 10.00mL 于 250mL 锥形瓶中，加入约 20mL 蒸馏水，用量筒加 2.0mL 10% NaOH，再加入 10mg 钙指示剂，用 EDTA 标准溶液滴定至由酒红色变为纯蓝色，即为终点。记录当前消耗 EDTA 的体积为 $V_{EDTA,1}$，平行测定三次，计算 Ca^{2+} 的含量。

3. 镁硬度的测定

由总硬度减去钙硬度即得镁硬度。

五、实验注意事项

① 当溶液 pH≥12 时，Mg^{2+} 生成难溶的 $Mg(OH)_2$ 沉淀，从而不干扰 Ca^{2+} 的单独测定。

② 钙指示剂适用的 pH 值范围为 12～13，铬黑 T 指示剂适用的 pH 值在 10 左右。

③ 若水样中含有少量 Fe^{3+}、Cu^{2+}、Co^{2+}、Ni^{2+}、Hg^{2+} 等离子，会与指示剂形成非常稳定的有色化合物，使滴定终点时指示剂不变色，造成指示剂封闭现象。此时可在滴定前加三乙醇胺掩蔽 Fe^{3+}，加氰化物掩蔽 Cu^{2+}、Co^{2+}、Ni^{2+}、Hg^{2+}。

④ 测定总硬度时，因稳定性 MgIn＞CaIn，因此铬黑 T 先与少量的 Mg^{2+} 络合为 MgIn，此时溶液呈紫红色。而加入 EDTA 后，因稳定性 $CaY^{2-}＞MgY^{2-}＞MgIn$，EDTA 首先与游离的 Ca^{2+} 和 Mg^{2+} 络合，接近终点时再夺取 MgIn 中的 Mg^{2+}，从而使铬黑 T 游离而变为纯蓝色达到终点，因此终点的颜色为纯蓝色。

六、数据记录与结果处理

1. 数据记录与计算

（1）钙硬度的测定

记录实验数据完成表 2-11。

表 2-11 钙硬度的测定

实验编号	1	2	3
$V_{EDTA,1}$/mL			
$\overline{V}_{EDTA,1}$/mL			
Ca^{2+} 含量/(mg/L)			
钙硬度/(°)			

（2）总硬度的测定

记录实验数据完成表 2-12。

表 2-12 总硬度的测定

实验编号	1	2	3
$V_{EDTA,2}$/mL			
$\overline{V}_{EDTA,2}$/mL			
Ca^{2+}、Mg^{2+} 总含量/(mg/L)			
Mg^{2+} 含量/(mg/L)			
镁硬度/(°)			
水硬度/(°)			

2. 数据处理

计算公式：

① 水硬度 $=\dfrac{c_{EDTA}V_{EDTA,2}M_{CaO}\times1000}{10.00}\times\dfrac{1}{10}$ （°）

② Ca^{2+} 含量 $=\dfrac{c_{EDTA}V_{EDTA,1}M_{Ca}\times1000}{10.00}$ （mg/L）

③ Mg^{2+} 含量 $=\dfrac{c_{EDTA}(V_{EDTA,2}-V_{EDTA,1})M_{Mg}\times1000}{10.00}$ （mg/L）

式中，c_{EDTA} 为 EDTA 标准溶液的浓度，mol/L；V_{EDTA} 为滴定时消耗 EDTA 的体积，mL；M_{CaO} 为 CaO 摩尔质量，g/mol，$M_{CaO}=56.08$g/mol；M_{Ca} 为钙的摩尔质量，g/mol，$M_{Ca}=40.08$g/mol；M_{Mg} 为镁的摩尔质量，g/mol，$M_{Mg}=24.30$g/mol。

七、思考题

① 什么叫水的总硬度？怎样计算水的总硬度？

② 为什么滴定 Ca^{2+}、Mg^{2+} 总量时要控制 pH=10，而滴定 Ca^{2+} 含量时要控制 pH=12～13？若 pH＞13 时测 Ca^{2+} 对结果有何影响？

③ 如果只有铬黑 T 指示剂，能否测定 Ca^{2+} 的含量？如何测定？请设计操作步骤。

④ 测定的水样中若含有少量 Fe^{3+}、Cu^{2+}，对终点会有什么影响？如何消除其影响？

◎ 实验 2-10 铋、铅含量的连续测定

一、实验目的与要求

① 了解通过酸度控制提高 EDTA 滴定选择性的原理和方法。

② 掌握用 EDTA 连续滴定铋和铅的原理和方法。

③ 掌握二甲酚橙指示剂的使用及滴定终点的判断。

二、实验原理

混合离子的络合滴定常用酸度控制法进行分别滴定。Bi^{3+}、Pb^{2+} 均能与 EDTA 形成稳定的 1:1 络合物，$\lg K_{稳}$ 分别为 27.94 和 18.04。由于两者的 $\Delta\lg K>6$，故可利用酸效应控制不同的酸度，在同一份试样溶液中分别进行滴定。

在 Bi^{3+}、Pb^{2+} 混合溶液中，先用 HNO_3 调节溶液的 pH=1，以二甲酚橙为指示剂，Bi^{3+} 与指示剂形成紫红色络合物，Pb^{2+} 在此条件下不会与二甲酚橙形成有色络合物，用 EDTA 标液滴定 Bi^{3+}，当溶液由紫红色变为亮黄色时，即为滴定 Bi^{3+} 的终点，其反应式为：

$$Bi^{3+}+H_2Y^{2-}\longrightarrow BiY^-+2H^+$$

在滴定 Bi^{3+} 后的溶液中，加入六亚甲基四胺溶液，调节溶液 pH=5～6，此时 Pb^{2+} 与二甲酚橙指示剂再次形成紫红色络合物，然后用 EDTA 标液继续滴定，当溶液由紫红色转变为亮黄色时，即为滴定 Pb^{2+} 的终点，其反应式为：

$$Pb^{2+} + H_2Y^{2-} \longrightarrow PbY^{2-} + 2H^+$$

三、实验仪器与试剂

① 仪器：酸式滴定管（25mL）、锥形瓶（250mL）、移液管（10mL）、量筒（10mL，50mL），烧杯（50mL，100mL）、细口瓶（1000mL）、洗耳球、电子天平等。

② 试剂：浓 HNO_3（AR）、EDTA 标准溶液（采用实验 2-8 的方法标定）、二甲酚橙指示剂（0.2%）、六亚甲基四胺溶液（20%）、HCl 溶液（6mol/L）、硝酸铋（AR）、硝酸铅（AR）、蒸馏水等。

四、实验步骤

1. Bi^{3+}、Pb^{2+} 混合液的配制

取一个干净的小烧杯，加入约 30mL 浓 HNO_3，分别称取 4.0g $Bi(NO_3)_3$ 和 2.7g $Pb(NO_3)_2$ 于同一小烧杯中，在通风橱中微热溶解后，用蒸馏水稀释至 1L，摇匀，转移至细口瓶中，贴好标签备用。

2. Bi^{3+} 含量的测定

用移液管准确移取 10.00mL Bi^{3+}、Pb^{2+} 的混合液于 250mL 锥形瓶中，加入 1~2 滴二甲酚橙指示剂，用 EDTA 标准溶液滴定，当溶液由紫红色变为黄色时即为 Bi^{3+} 的终点，记录当前消耗 EDTA 的体积 $V_{EDTA,1}$，平行测定三次。根据消耗的 EDTA 体积，计算混合液中 Bi^{3+} 的含量。

3. Pb^{2+} 含量的测定

在滴定 Bi^{3+} 后的溶液中，滴加六亚甲基四胺溶液，至呈现稳定的紫红色后，再加入 5.0mL 六亚甲基四胺溶液。用 EDTA 标准溶液滴定，当溶液由紫红色变为黄色时即为终点，记录当前消耗 EDTA 的体积 $V_{EDTA,2}$，平行测定三次。根据消耗的 EDTA 体积，计算混合液中 Pb^{2+} 的含量。

五、实验注意事项

① 经实验步骤 1 配制的溶液中含有 0.5mol/L 的 HNO_3，可保证滴定 Bi^{3+} 的含量时 pH 值符合滴定要求。

② 滴定前可用精密 pH 试纸检验 Bi^{3+}、Pb^{2+} 混合液当前的 pH 值，如果酸度不符合要求，可用 0.1mol/L 的 HNO_3 调节溶液的 pH 值。

③ 本实验第一个终点不易读准。由紫红色变为橙红色时先预读体积，然后滴加半滴变为黄色（非亮黄色）为 $V_{EDTA,1}$。

④ 二甲酚橙属于三苯甲烷类指示剂，易溶于水，它有 7 级酸式解离，它在溶液中的颜色随酸度而改变。二甲酚橙与 Bi^{3+} 和 Pb^{2+} 的络合物均呈紫红色，它们的稳定性与 Bi^{3+}、Pb^{2+} 和 EDTA 所成络合物的相比要弱一些。

⑤ 测定 Bi^{3+} 时若酸度过低，Bi^{3+} 将水解，产生白色浑浊，会使终点过早出现，而且产生回红现象，此时放置片刻，继续滴定至透明的黄色，即为终点。滴定速度要慢，并且需要充分摇动锥形瓶。

六、数据记录与结果处理

1. 数据记录与计算

（1）Bi^{3+} 含量的测定

记录实验数据完成表 2-13。

表 2-13　Bi^{3+} 含量的测定

实验编号	1	2	3
$V_{ETDA,1}/mL$			
$\overline{V}_{ETDA,1}/mL$			
$\overline{c}_{Bi^{3+}}/(g/L)$			
d_i			
$\overline{d}_r$			

（2）Pb^{2+} 含量的测定

记录实验数据完成表 2-14。

表 2-14　Pb^{2+} 含量的测定

实验编号	1	2	3
$V_{ETDA,2}/mL$			
$\overline{V}_{ETDA,2}/mL$			
$\overline{c}_{Pb^{2+}}/(g/L)$			
d_i			
$\overline{d}_r$			

2. 数据处理

计算公式：

$$Bi^{3+}\,含量=\frac{c_{EDTA}V_{EDTA,1}M_{Bi}}{10.00}(g/L)$$

$$Pb^{2+}\,含量=\frac{c_{EDTA}V_{EDTA,2}M_{Pb}}{10.00}(g/L)$$

式中，c_{EDTA} 为 EDTA 标准溶液的浓度，mol/L；V_{EDTA} 为滴定时消耗 EDTA 的体积，mL；M_{Bi} 为铋的摩尔质量，g/mol，$M_{Bi}=208.98g/mol$；M_{Pb} 为铅的摩尔质量，g/mol，$M_{Pb}=207.20g/mol$。

七、思考题

① 滴定 Bi^{3+} 和 Pb^{2+} 时溶液酸度各要控制在什么范围？如何控制？为什么？

② 为什么要用六亚甲基四胺调节 pH 值到 5～6？可不可以选择不用 $NH_3 \cdot H_2O$？为什么？

③ 本实验中，能否先在 pH=5～6 的溶液中测定 Bi^{3+} 和 Pb^{2+} 的合量，然后再调整 pH=1 测定 Bi^{3+} 含量？为什么？

④ 如果试液中含有 Fe^{3+}，滴定前该如何处理？

实验 2-11 高锰酸钾标准溶液的配制与标定

一、实验目的与要求

① 掌握 $KMnO_4$ 标准溶液的配制和保存条件。

② 掌握用 $Na_2C_2O_4$ 作基准物标定 $KMnO_4$ 溶液浓度的原理、方法和条件。

③ 掌握高锰酸钾法的滴定条件及滴定终点的判断。

二、实验原理

纯净的 $KMnO_4$ 溶液是非常稳定的，但是市售 $KMnO_4$ 试剂中常含有 MnO_2、硫酸盐、氯化物等少量杂质。蒸馏水中常含有微量的还原性物质，它们能与 MnO_4^- 反应而析出 $MnO(OH)_2$ 沉淀，而 MnO_2、$MnO(OH)_2$ 又可促使 $KMnO_4$ 分解，故 $KMnO_4$ 标准溶液不能用直接法配制，需用间接法配制，再用基准物质进行标定，确定其准确浓度。标定 $KMnO_4$ 溶液的基准物质有 As_2O_3、$H_2C_2O_4 \cdot 2H_2O$、$Na_2C_2O_4$、$FeSO_4 \cdot 7H_2O$ 和纯铁丝等。其中最常用的是 $Na_2C_2O_4$，它不含结晶水，不宜吸湿，易于提纯，性质稳定。在酸性介质中 $KMnO_4$ 与 $Na_2C_2O_4$ 发生下列反应：

$$2MnO_4^- + 5C_2O_4^{2-} + 16H^+ \longrightarrow 2Mn^{2+} + 10CO_2 \uparrow + 8H_2O$$

该反应开始时反应速度较慢，待 Mn^{2+} 生成后，由于 Mn^{2+} 的催化作用，加快了反应速度，以高锰酸钾自身作指示剂，当滴定到溶液呈现微红色时即为终点。

三、实验仪器与试剂

① 仪器：棕色酸式滴定管（25mL）、锥形瓶（250mL）、量筒（10mL，50mL，250mL）、烧杯（500mL）、棕色细口瓶（500mL）、水浴锅、玻璃砂芯漏斗、洗耳球、称量瓶、电子天平等。

② 试剂：无水草酸钠（AR）、高锰酸钾（AR）、H_2SO_4（3mol/L）、蒸馏水等。

四、实验步骤

1. $KMnO_4$ 溶液的配制

称取 1.0g $KMnO_4$ 于干净的烧杯中，加入约 300mL 蒸馏水使其溶解，盖上表面皿后，加热至微沸，保持微沸约 1h，冷却后用玻璃砂芯漏斗过滤去除沉淀，过滤后的溶液存于棕色细口瓶中，贴好标签，置于暗处，避光保存。

2. $KMnO_4$ 溶液的标定

采用差减称量法准确称取 0.10～0.15g 干燥后的 $Na_2C_2O_4$ 三份，分别置于 250mL 锥形瓶中，加入约 30mL 蒸馏水使之溶解，再加入 10.0mL 3mol/L H_2SO_4，在水浴锅中加热至 75～85℃，趁热用 $KMnO_4$ 滴定，开始滴定速度要慢，待溶液中产生 Mn^{2+} 后，滴定速度可加快，滴至微红色且在 30s 内不褪即为滴定终点，记下 $KMnO_4$ 消耗的体积，平行测定三份，计算 $KMnO_4$ 的浓度。

五、实验注意事项

① 蒸馏水中常含有少量的还原性物质，使 $KMnO_4$ 还原为细粉状的 $MnO_2 \cdot nH_2O$ 能加速 $KMnO_4$ 的分解，故配制 $KMnO_4$ 溶液时需要煮沸一段时间，冷却后滤去 $MnO_2 \cdot nH_2O$ 沉淀。如不加热，要将溶液在暗处放置一周再过滤，过滤需用玻璃砂芯漏斗，不可用滤膜。

② 在室温下，$KMnO_4$ 与 $C_2O_4^{2-}$ 之间反应速度缓慢，需将溶液加热至 $75\sim85℃$，并趁热滴定，但室温不能太高，否则会引起 $H_2C_2O_4$ 分解：$H_2C_2O_4 \longrightarrow CO_2\uparrow + CO\uparrow + H_2O$。

③ 该反应需在酸性介质中进行，开始时溶液酸度保持在 H_2SO_4 $0.5\sim1mol/L$，滴定完成时，H_2SO_4 为 $0.2\sim0.5mol/L$。若滴定时酸度过高，会促使 $H_2C_2O_4$ 分解；反之若酸度不够，容易生成 $MnO_2 \cdot H_2O$ 沉淀。通常避免使用 HCl 或 HNO_3 来控制溶液酸度，因为 Cl^- 具有还原性，可与 MnO_4^- 作用，而 HNO_3 具有强氧化性，会氧化 $C_2O_4^{2-}$。

④ $KMnO_4$ 溶液为紫红色，凹液面不易观察，读数时应以液面的边缘为准。

⑤ 滴定时速度不宜过快，若滴定速度快，部分 $KMnO_4$ 在热溶液中会按下式分解：

$$4KMnO_4 + 2H_2SO_4 \longrightarrow 4MnO_2 + 2K_2SO_4 + 2H_2O + 3O_2$$

⑥ 该反应属于自催化反应，产物 Mn^{2+} 起催化剂的作用。滴定开始时应逐滴加入，当第 1 滴 $KMnO_4$ 颜色褪后方可再加第 2 滴。否则加入的 $KMnO_4$ 溶液来不及与 $C_2O_4^{2-}$ 反应，就在热的酸性溶液中按下式分解从而导致结果偏低。

$$4MnO_4^- + 12H^+ \longrightarrow 4Mn^{2+} + 5O_2 + 6H_2O$$

⑦ 该反应滴定终点不太稳定，这是由于空气中含有还原性物质及尘埃等杂质，能使 $KMnO_4$ 慢慢分解，而使粉红色消失，所以经 30s 不褪色就可认为已到达终点。

六、数据记录与结果处理

1. 数据记录与计算

记录实验数据完成表 2-15。

表 2-15 高锰酸钾标准溶液的配制与标定

实验编号	1	2	3
$\Delta w(Na_2C_2O_4 \text{ 质量})/g$			
V_{KMnO_4}/mL			
$\overline{V}_{KMnO_4}/mL$			
$\overline{c}_{KMnO_4}/(mol/L)$			
d_i			
$\overline{d}_r$			

2. 数据处理

计算公式为：

$$c_{KMnO_4} = \frac{2}{5} \times \frac{m_{Na_2C_2O_4}}{M_{Na_2C_2O_4} V_{KMnO_4}} \times 1000$$

式中，c_{KMnO_4} 为标定高锰酸钾标准溶液的浓度，mol/L；V_{KMnO_4} 为滴定时消耗高锰酸钾的体积，mL；$m_{Na_2C_2O_4}$ 为无水草酸钠试样的质量，g；$M_{Na_2C_2O_4}$ 为无水草酸钠的摩尔质量，g/mol，$M_{Na_2C_2O_4}=134g/mol$。

七、思考题

① $KMnO_4$ 标准溶液配制时，要加热微沸 1h 或放置 1 周左右再过滤，为什么？

② 过滤 $KMnO_4$ 溶液为什么要用玻璃砂芯漏斗而不能用滤纸或滤膜？

③ 用 $Na_2C_2O_4$ 标定 $KMnO_4$ 溶液浓度时，为什么使用 H_2SO_4？将 H_2SO_4 以 HCl 或 HNO_3 代替可以吗？

④ 用 $Na_2C_2O_4$ 标定 $KMnO_4$ 溶液浓度时，酸度过高或过低有什么影响？为什么要加热至 75～85℃后才能滴定？溶液温度过高或过低有什么影响？

⑤ 装 $KMnO_4$ 溶液的烧杯放置较久之后，其壁上常有棕色沉淀，该沉淀是什么？该沉淀不容易洗净，应该怎样洗涤？

◯ 实验 2-12　硫代硫酸钠标准溶液的配制与标定

一、实验目的与要求

① 掌握碘量法的滴定原理。

② 掌握 $Na_2S_2O_3$ 标准溶液的配制和保存方法。

③ 掌握标定 $Na_2S_2O_3$ 溶液浓度的原理、方法和条件。

④ 掌握碘量瓶的使用方法和注意事项。

二、实验原理

碘量法中经常使用的有 $Na_2S_2O_3$ 和 I_2 两种标准溶液。固体 $Na_2S_2O_3\cdot5H_2O$ 容易风化和潮解，并含有少量 S、Na_2SO_3、Na_2SO_4、Na_2CO_3、NaCl 等杂质，不能用直接法来配制标准溶液，需用间接法配制，再用基准物质进行标定，确定其准确浓度。$Na_2S_2O_3$ 溶液也不稳定，在细菌、CO_2 和空气中 O_2 的作用下，容易分解，因此在配制时需要加入少量的 Na_2CO_3。通常标定 $Na_2S_2O_3$ 溶液，所用的有 $KBrO_3$、KIO_3、$K_2Cr_2O_7$ 等。下面以 KIO_3 为例介绍标定 $Na_2S_2O_3$ 的反应原理。

以 KIO_3 为基准物质标定 $Na_2S_2O_3$ 时需先加入过量的 KI，KIO_3 可以定量地生成 I_2，而游离 I_2 能够用 $Na_2S_2O_3$ 溶液准确滴定，此方法为间接碘量法的经典实例。其具体反应方程式为：

$$IO_3^-+5I^-+6H^+\longrightarrow3I_2\downarrow+3H_2O$$
$$I_2+2S_2O_3^{2-}\longrightarrow2I^-+S_4O_6^{2-}$$

根据滴定时消耗的 $Na_2S_2O_3$ 溶液的体积和 KIO_3 的质量，即可计算 $Na_2S_2O_3$ 溶液的准确浓度。

三、实验仪器与试剂

① 仪器：棕色碱式滴定管（25mL）、碘量瓶（250mL）、容量瓶（100mL）、移液管

（10mL）、烧杯（100mL，1000mL）、量筒（10mL，50mL，500mL）、洗耳球、棕色细口瓶（500mL）、玻璃棒、电子天平等。

② 试剂：碘酸钾（AR）、$Na_2S_2O_3 \cdot 5H_2O$（AR）、碘化钾（AR）、碳酸钠（AR）、HCl溶液（2mol/L）、淀粉指示剂（5%）等。

四、实验步骤

1. $Na_2S_2O_3$ 标准溶液的配制

称取 12.4g $Na_2S_2O_3 \cdot 5H_2O$ 于 500mL 烧杯中，加入约 100mL 新煮沸并冷却的蒸馏水，待 $Na_2S_2O_3$ 完全溶解后，加入 0.2g Na_2CO_3，然后用新煮沸并冷却的蒸馏水将上述溶液稀释至 500mL，转移至棕色细口瓶中，放置在暗处 1 周。

2. KIO_3 标准溶液的配制

用差减称量法准确称取 0.5～0.6g KIO_3，置于小烧杯中，加入适量蒸馏水使之完全溶解后转移至 100mL 的容量瓶中，定容。

3. $Na_2S_2O_3$ 标准溶液的标定

用移液管准确移取 10.00mL KIO_3 标准溶液，置于 250mL 碘量瓶中，加入约 0.5g 固体 KI，再加入 5.0mL 2mol/L HCl，充分混合溶解后，立即盖好塞子，在暗处放置 5min。取出碘量瓶后加入 30mL 蒸馏水，用 $Na_2S_2O_3$ 溶液快速滴定，滴定到淡黄色时加入约 1mL 淀粉指示剂。继续滴定到蓝色消失，并在 30s 之内不再出现蓝色为止，记录消耗 $Na_2S_2O_3$ 溶液的体积，平行测定三次，计算 $Na_2S_2O_3$ 溶液的浓度。

五、实验注意事项

① 反应 $IO_3^- + 5I^- + 6H^+ \longrightarrow 3I_2 \downarrow + 3H_2O$ 需在酸性介质中进行，溶液酸度宜控制在 0.2～0.4mol/L，溶液的酸度越大，反应速度越快，但酸度太大时，I^- 容易被空气中的 O_2 氧化。

② 滴定前溶液要用蒸馏水稀释，其目的是降低溶液酸度，因为反应 $I_2 + 2S_2O_3^{2-} \longrightarrow 2I^- + S_4O_6^{2-}$ 需在弱酸或中性溶液条件下进行；此外溶液稀释后可以减少 I_2 挥发，防止 I^- 被氧化。

③ 滴定速度要适当，同时还要避免剧烈摇晃，以防 I_2 挥发。

④ 本实验要在近终点时（浅黄色）再加入淀粉指示剂，若指示剂加入过早，则大量的 I_2 与淀粉生成蓝色的络合物，这一部分 I_2 不容易与 $Na_2S_2O_3$ 反应，使滴定产生误差。

六、数据记录与结果处理

1. 数据记录与计算

记录实验数据完成表 2-16。

表 2-16 硫代硫酸钠标准溶液的配制与标定

实验编号	1	2	3
$\Delta w(KIO_3$ 质量$)$/g			
c_{KIO_3}/(mol/L)			

实验编号	1	2	3
$V_{Na_2S_2O_4}/mL$			
$c_{Na_2S_2O_4}/(mol/L)$			
$\bar{c}_{Na_2S_2O_4}/(mol/L)$			
d_i			
$\overline{d}_r$			

2. 数据处理

计算公式为：

$$c_{Na_2S_2O_3}=\frac{6m_{KIO_3}\times1000}{M_{KIO_3}V_{Na_2S_2O_3}}\times\frac{10}{100}$$

式中，$c_{Na_2S_2O_3}$ 为标定硫代硫酸钠标准溶液的浓度，mol/L；$V_{Na_2S_2O_3}$ 为滴定时消耗硫代硫酸钠的体积，mL；M_{KIO_3} 为碘酸钾的摩尔质量，g/mol，$M_{KIO_3}=214.00g/mol$；m_{KIO_3} 为碘酸钾的质量，g。

七、思考题

① 为什么 $Na_2S_2O_3$ 溶液要预先配制？为什么配制时要用新煮沸并冷却的蒸馏水？为什么不能直接用于配制标准溶液？

② 标定 $Na_2S_2O_3$ 溶液时加入的 KI 要很精确吗？为什么？为何要加入 KI？

③ 用 $Na_2S_2O_3$ 溶液滴定 I_2 溶液和用 I_2 溶液滴定 $Na_2S_2O_3$ 溶液时都是用淀粉指示剂，为什么要在不同时候加入？终点颜色变化有何不同？

④ 用 KIO_3 作基准物质标定 $Na_2S_2O_3$ 溶液时，为什么要加入过量的 KI 和 HCl 溶液？为什么要放置一定时间后才能加水稀释？为什么在滴定前还要加水稀释？

● 实验 2-13　海盐中氯含量的测定

一、实验目的与要求

① 了解银量法的原理和方法。

② 掌握莫尔法测定氯离子含量的原理和方法。

③ 掌握铬酸钾指示剂的使用条件和终点的判断。

二、实验原理

可溶性氯化物中氯含量的测定可采用银量法。银量法按指示剂的不同可分为以铬酸钾为指示剂的莫尔（Mohr）法、以铁铵矾为指示剂的佛尔哈德（Volhard）法和吸附指示剂的法扬司（Fajans）法。虽然莫尔法干扰较多，但是它的操作最为简单，因此测定氯离子的含量时常采用莫尔法。其原理是以 K_2CrO_4 作指示剂，在中性或弱碱性条件下，用标准 $AgNO_3$ 溶液滴定溶液中的 Cl^-，反应式为：

$$Ag^+ + Cl^- \longrightarrow AgCl \downarrow (白色)$$

$$2Ag^+ + CrO_4^{2-} \longrightarrow Ag_2CrO_4 \downarrow (砖红色)$$

因为 $AgCl$ 的溶解度小于 Ag_2CrO_4 的溶解度，所以当 $AgCl$ 定量沉淀后即生成砖红色的 Ag_2CrO_4 沉淀，表示到达滴定终点。

滴定必须在中性或弱碱性溶液中进行，最适宜的 pH 值范围为 6.5～10.5（如有 NH_4^+ 存在，pH 值应保持在 6.5～7.2）。酸度过高，不产生 Ag_2CrO_4 沉淀；酸度过低，则形成 Ag_2O 沉淀。指示剂的用量对终点的准确判断有影响，一般用量以 5×10^{-3} mol/L 为宜。

三、实验仪器与试剂

① 仪器：棕色酸式滴定管（25mL）、容量瓶（100mL）、锥形瓶（250mL）、移液管（10mL）、烧杯（50mL）、量筒（10mL，50mL）、洗耳球、玻璃棒、称量瓶、电子天平等。

② 试剂：NaCl(GR)、海盐（CP）、$AgNO_3$ 标准溶液（约 0.1mol/L）、K_2CrO_4 指示剂（5%）、蒸馏水等。

四、实验步骤

1. 海盐的配制

称取 0.6g 海盐固体于干净的小烧杯中，加入一定量的蒸馏水溶解，转移至 100mL 容量瓶中，定容，摇匀。

2. $AgNO_3$ 标准溶液的标定

用差减称量法准确称取 0.10～0.15g NaCl 固体三份于 250mL 锥形瓶中，加入约 30mL 蒸馏水溶解，摇匀。再加入 1.0mL 5% K_2CrO_4 溶液，在充分摇动下，用 $AgNO_3$ 溶液滴定至溶液变为砖红色即为终点。记录消耗 $AgNO_3$ 溶液的体积，平行测定三次，计算 $AgNO_3$ 标准溶液的准确浓度。

3. 海盐中氯含量的测定

用移液管准确移取 10.00mL 海盐溶液三份，分别置于 250mL 锥形瓶中，加入 1.0mL 5% K_2CrO_4 指示剂，在充分摇动下，用 $AgNO_3$ 标准溶液滴定至溶液中沉淀由白色变为砖红色，即为终点。记录消耗 $AgNO_3$ 溶液的体积，平行测定三次，计算海盐样品中氯的含量。

五、实验注意事项

① 5% K_2CrO_4 溶液的配制：称取 5g K_2CrO_4 固体，溶于 100mL 蒸馏水中。

② NaCl 基准试剂使用前需在 500～600℃烘干 2h 后置于干燥器中备用。

③ 滴定时应保证溶液的 pH 值在 6.5～7.2。如果 pH>10.0，则 Ag^+ 会生成 Ag_2O 沉淀；若 pH<6.5，则 K_2CrO_4 大部分转变成 $K_2Cr_2O_7$，使终点滞后。

④ 当 NH_4^+ 的浓度大于 0.1mol/L 时，Ag^+ 生成 $Ag(NH_3)_2^+$，不能再用莫尔法准确滴定 Cl^-。

⑤ 如果用莫尔法测定天然水中氯离子的含量，可将 0.1mol/L $AgNO_3$ 标准溶液稀释 10 倍后再取水样 50mL 进行测定。

⑥ 配制 $AgNO_3$ 标准溶液时所用的蒸馏水应是无氯蒸馏水，否则配成的 $AgNO_3$ 溶液会出现白色混浊，不能使用。

⑦ $AgNO_3$ 需保存在棕色瓶中，勿使 $AgNO_3$ 与皮肤接触。

⑧ 实验结束后，盛装 $AgNO_3$ 的滴定管先用蒸馏水冲洗 $2\sim3$ 次，含银废液应回收至指定装置。

六、数据记录与结果处理

1. 数据记录与计算

（1）$AgNO_3$ 标准溶液浓度的标定

记录实验数据完成表 2-17。

表 2-17　$AgNO_3$ 标准溶液浓度的测定

实验编号	1	2	3
Δw(NaCl 质量)/g			
V_{AgNO_3}/mL			
c_{AgNO_3}/(mol/L)			
$\overline{c}_{AgNO_3}$/(mol/L)			
d_i			
$\overline{d}_r$			

（2）海盐中氯含量的测定

记录实验数据完成表 2-18。

表 2-18　海盐中氯含量的测定

实验编号	1	2	3
V_{AgNO_3}/mL			
c_{Cl^-}/(mol/L)			
$\overline{c}_{Cl^-}$/(mol/L)			
d_i			
$\overline{d}_r$			

2. 数据处理

计算公式为：

$$c_{AgNO_3} = \frac{m_{NaCl} \times 1000}{V_{AgNO_3} M_{NaCl}}$$

$$c_{Cl^-} = c_{AgNO_3} \frac{V_{AgNO_3}}{10}$$

式中，c_{AgNO_3} 为标定硝酸银标准溶液的浓度，mol/L；V_{AgNO_3} 为滴定时消耗硝酸银的体积，mL；M_{NaCl} 为氯化钠的摩尔质量，g/mol；$M_{NaCl} = 58.44$g/mol；m_{NaCl} 为氯化钠试样的质量，g；c_{Cl} 为氯含量，mol/L。

七、思考题

① K_2CrO_4 指示剂的浓度和用量对滴定结果有何影响？

② 在滴定过程中，如果不充分摇动，对测定结果有何影响？

③ 能否用莫尔法以 NaCl 标准溶液直接滴定 Ag^+？为什么？

④ 在滴定近终点前，滴入 $AgNO_3$ 溶液的部位即出现砖红色沉淀，经摇动砖红色沉淀消失。试说明产生这种现象的原因，并写出其反应式。

○ 实验 2-14 硫氰酸铵标准溶液的配制与标定

一、实验目的与要求

① 掌握佛尔哈德法的原理和方法。

② 掌握 NH_4SCN 标准溶液的配制方法。

③ 掌握标定 NH_4SCN 溶液浓度的原理和方法。

二、实验原理

NH_4SCN 一般含有硫酸盐、氯化物等杂质，且易潮解，不能直接配制成标准溶液，需用间接法配制，再用基准物质进行标定，确定其准确浓度。通常采用佛尔哈德 (Volhard) 直接滴定法或返滴定法来标定。直接滴定法以铁铵矾作指示剂，用配制成近似浓度的 NH_4SCN 溶液滴定一定体积的 $AgNO_3$ 标准溶液，达到终点时沉淀的颜色由白色变成红色，其反应式为：

$$Ag^+ + SCN^- \longrightarrow AgSCN \downarrow （白色）$$
$$Fe^{3+} + SCN^- \longrightarrow FeSCN^{2+} （红色）$$

滴定时，为防止 Fe^{3+} 水解，需要控制溶液的酸度保持在 $0.1 \sim 1mol/L$。返滴定法用 NaCl 作基准试剂，先准确称取一定量的优级纯 NaCl，溶于水，加入一定体积的过量的 $AgNO_3$ 标准溶液，以铁铵矾作指示剂，用 NH_4SCN 溶液回滴过量的 $AgNO_3$，根据消耗 NH_4SCN 溶液的量可计算与 NaCl 作用后剩余的 Ag^+ 的量，根据加入 $AgNO_3$ 的总量即可计算 NH_4SCN 的准确浓度，其反应式为：

$$Cl^- + Ag^+（过量）\longrightarrow AgCl \downarrow （白色）+ Ag^+（剩余）$$
$$Ag^+（剩余）+ SCN^- \longrightarrow AgSCN \downarrow （白色）$$
$$Fe^{3+} + SCN^- \longrightarrow FeSCN^{2+} （红色）$$

三、实验仪器与试剂

① 仪器：棕色酸式滴定管（25mL）、容量瓶（100mL）、锥形瓶（250mL）、移液管（10mL）、烧杯（50mL，500mL）、量筒（10mL，50mL，500mL）、细口瓶（500mL）、洗耳球、玻璃棒、称量瓶、电子天平等。

② 试剂：NaCl(GR)、NH_4SCN(CP)、HNO_3 溶液（1mol/L，5mol/L）、$AgNO_3$ 溶液（0.1mol/L）、铁铵矾溶液（40%）、K_2CrO_4 溶液（5%）等。

四、实验步骤

1. NH_4SCN 溶液的配制

称取 3.8g NH_4SCN 固体，溶于 500mL 蒸馏水中，摇匀，转移至细口瓶中贴好标签，备用。

2. AgNO₃ 标准溶液的标定

用差减称量法精确称取 0.55～0.60g NaCl 固体于小烧杯中，用一定量蒸馏水溶解，转移至 100mL 容量瓶中，定容，摇匀。用移液管准确移取 NaCl 溶液 10mL，置于 250mL 锥形瓶中，加入约 20mL 蒸馏水，加入 1.0 mL 5% K_2CrO_4 溶液，在充分摇动下，用 $AgNO_3$ 溶液滴定至溶液中沉淀由白色变为砖红色，即为终点，平行测定三次。记录消耗 $AgNO_3$ 溶液的体积，计算 $AgNO_3$ 溶液的准确浓度。

3. NH₄SCN 标准溶液的测定

用移液管准确移取 10.00mL $AgNO_3$ 标准溶液，置于 250mL 锥形瓶中，加入约 20mL 蒸馏水，再加入 4.0mL 5mol/L HNO_3 溶液、1.0mL 铁铵矾溶液，在充分摇动下，用 NH_4SCN 溶液滴定，直至溶液出现微红色，摇动后也不褪去，即为终点，平行测定三次。根据 $AgNO_3$ 标准溶液的浓度和体积及滴定用去的 NH_4SCN 溶液的体积，计算 NH_4SCN 溶液的准确浓度。

五、实验注意事项

① 40%铁铵矾溶液的配制：称取 40g $NH_4Fe(SO_4)_2 \cdot 12H_2O$，用适量的蒸馏水溶解，用 1mol/L HNO_3 稀释至 100mL。

② $AgNO_3$ 溶液的配制：称取 8.5g $AgNO_3$，溶于 500mL 蒸馏水中，摇匀后，储存于带玻璃塞的棕色试剂瓶中。

③ NaCl 基准试剂使用前需在 500～600℃烘干 2h 后置于干燥器中备用。

④ K_2CrO_4 的用量会影响滴定终点的判断，因此使用时必须定量。

⑤ 常用的蒸馏水会含有微量的 Cl^-，所以在使用前应先用 $AgNO_3$ 溶液检查，证明不含 Cl^- 的蒸馏水才能用来配制 $AgNO_3$ 溶液。

⑥ 滴定反应要在 HNO_3 介质中进行，以防止指示剂中 Fe^{3+} 发生水解而析出沉淀。

⑦ $AgNO_3$ 需保存在棕色瓶中，勿使 $AgNO_3$ 与皮肤接触。

⑧ 实验结束后，盛装 $AgNO_3$ 的滴定管先用蒸馏水冲洗 2～3 次，含银废液应回收至指定装置。

六、数据记录与结果处理

1. 数据记录与计算

（1）$AgNO_3$ 标准溶液的标定

记录实验数据完成表 2-19。

表 2-19　AgNO₃ 标准溶液的测定

实验编号	1	2	3
Δw(NaCl 质量)/g			
V_{AgNO_3}/mL			
c_{AgNO_3}/(mol/L)			
$\bar{c}_{AgNO_3}$/(mol/L)			

实验编号	1	2	3
d_i			
$\overline{d_r}$			

（2）NH_4SCN 标准溶液的测定

记录实验数据完成表 2-20。

表 2-20 NH_4SCN 标准溶液的测定

实验编号	1	2	3
V_{NH_4SCN}/mL			
$\overline{V}_{NH_4SCN}$/mL			
c_{NH_4SCN}/(mol/L)			
$\overline{c}_{NH_4SCN}$/(mol/L)			
d_i			
$\overline{d_r}$			

2. 数据处理

计算公式为：

$$c_{AgNO_3} = \frac{m_{NaCl} \times 1000}{V_{AgNO_3} M_{NaCl}} \times \frac{10}{100}$$

$$c_{NH_4SCN} = c_{AgNO_3} \frac{10}{V_{NH_4SCN}}$$

式中，c_{AgNO_3} 为标定硝酸银标准溶液的浓度，mol/L；V_{AgNO_3} 为滴定时消耗硝酸银的体积，mL；c_{NH_4SCN} 为硫氰酸铵的浓度，mol/L；M_{NaCl} 为氯化钠的摩尔质量，g/mol；M_{NaCl} =58.44g/mol；m_{NaCl} 为氯化钠试样的质量，g；V_{NH_4SCN} 为硫氰酸铵的体积，mL。

七、思考题

① 佛尔哈德法和莫尔法滴定条件有什么不同？

② 为什么本实验要在强酸条件下进行？如果酸度超出要求范围，如何进行调节？

③ 滴定完毕后，$AgNO_3$ 溶液用过的滴定管和移液管清洗时能否按一般洗涤仪器程序，先用自来水洗再用蒸馏水冲洗？为什么？

◎ 实验 2-15 可溶性钡盐中钡含量的测定

一、实验目的与要求

① 了解晶体沉淀的沉淀条件和沉淀方法。

② 掌握质量法测定氯化钡中钡含量的原理和方法。

③ 掌握晶体沉淀的制备、过滤、洗涤、灼烧、恒重等基本操作方法。

二、实验原理

可溶性钡盐中 Ba^{2+} 易与某些酸根作用，如 CO_3^{2-}、$C_2O_4^{2-}$、SO_4^{2-} 等生成一系列难溶性化合物，其中 $BaSO_4$ 的组成与化学式相符合，摩尔质量较大，性质较稳定，并且 $BaSO_4$ 的溶解度最小，$K_{sp}=0.87\times10^{-10}$，满足质量分析法对沉淀的基本要求，所以测定 Ba^{2+} 时常用 SO_4^{2-} 将 Ba^{2+} 沉淀为 $BaSO_4$，再将沉淀经陈化、过滤、洗涤和灼烧至恒重后以 $BaSO_4$ 的形式称重，从而求得 Ba^{2+} 的含量。

为获取颗粒较大和纯净的 $BaSO_4$ 晶体沉淀，通常将 Ba^{2+} 用稀 HCl 酸化，加热近沸，以降低溶液的相对过饱和度，同时防止其他弱酸盐沉淀生成。并在不断搅拌下缓慢地加入热的稀 H_2SO_4 溶液，至沉淀完全。由于此方法的准确度较高，在分析工作中也常用质量法的测定结果作为标准，校对其他分析方法的准确度。

三、实验仪器与试剂

① 仪器：马弗炉、电陶炉、瓷坩埚、坩埚钳、漏斗、定量滤纸（慢速或中速）、玻璃棒、烧杯（50mL，250mL，500mL）、表面皿、称量瓶、电子天平等。

② 试剂：$BaCl_2$（AR）、HCl 溶液（2mol/L）、H_2SO_4 溶液（0.01mol/L，1mol/L）、HNO_3 溶液（2mol/L）、$AgNO_3$ 溶液（0.1mol/L）、蒸馏水等。

四、实验步骤

1. 钡盐溶液的配制

采用差减称量法准确称取 $BaCl_2$ 0.4～0.5g 三份，分别置于 250mL 烧杯中，加入蒸馏水 100mL，搅拌至溶解后，加入 3.0mL 2mol/L HCl 溶液，盖上表面皿后将溶液加热至近沸。

2. $BaSO_4$ 沉淀的制备

不断搅拌下，向钡盐溶液中缓慢滴加 1.0mL 1mol/L H_2SO_4 溶液，再加入约 30mL 蒸馏水，加热至沸，使沉淀作用完全，静置，待沉淀沉降后，在上层清液中加入 1～2 滴 1mol/L H_2SO_4 溶液，仔细观察若无浑浊产生，表示已经沉淀完全，否则应再加 1～2mL 1mol/L H_2SO_4 溶液，直至沉淀完全。盖上表面皿，将溶液微沸 10min，在约 90℃保温陈化 1h。

3. 沉淀的过滤与洗涤

沉淀的过滤采用倾泻过滤法（图 2-13），用中速或慢速定量滤纸两张，按漏斗角度大小折叠好放在漏斗中（图 2-14），用蒸馏水润湿，使其与漏斗很好地贴合。将漏斗放在漏斗架上，小心地将烧杯中的上清液沿玻璃棒倾入漏斗中，杯中沉淀用 200mL 0.01mol/L H_2SO_4 溶液，分数次洗涤直至滤液中不含 Cl^- 为止。将沉淀定量地转移至漏斗中，再用热蒸馏水洗涤漏斗中的沉淀 2～3 次。

4. 沉淀的灼烧和恒重

将盛有沉淀的滤纸折成滤纸包，放入已在（800±20)℃的马弗炉中灼烧至恒重的瓷坩埚内，在电炉上烘干、炭化后，放入（800±20)℃马弗炉中灼烧直至恒重。根据所得 $BaSO_4$ 和 $BaCl_2$ 的质量，计算 Ba^{2+} 的含量。

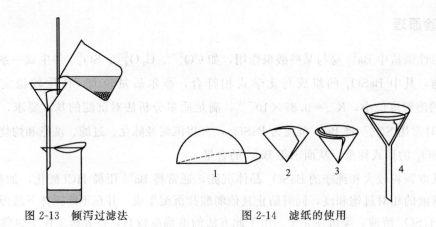

图 2-13 倾泻过滤法　　　　　　　　图 2-14 滤纸的使用

五、实验注意事项

① 注意溶解样品时所用的玻璃棒直至过滤、洗涤完毕才能取出。

② 盛放滤液的容器要洁净，$BaSO_4$ 沉淀透滤时，可重新过滤。

③ 沉淀在灼烧时，若空气不足，则 $BaSO_4$ 易被滤纸的碳还原为 BaS，使结果偏低，此时可将沉淀用浓 H_2SO_4 润湿，仔细升温灼烧，使其重新转变为 $BaSO_4$。

④ 沉淀在第一次灼烧 1h 后取出，稍冷后，置于干燥器内冷却至室温，精确称量其质量，再灼烧 10~15min，冷却，准确称量其质量，两次称量结果之差的绝对值小于 0.4mg 即可认为恒重。

⑤ 高温灼烧不应超过 900℃，也不应延长时间，在 1000℃ 以上灼烧时，部分沉淀可能分解为 BaO，使实验结果偏低。

⑥ 洗涤至滤液中不含 Cl^- 的方法：用小试管收集 1~2mL 滤液，加入 1 滴 2mol/L HNO_3 溶液，再加入 2 滴 0.1mol/L $AgNO_3$，若无白色沉淀生成，表示滤液中已不含 Cl^-。

六、数据记录与结果处理

1. 数据记录与计算

记录实验数据完成表 2-21。

表 2-21 可溶性钡盐中钡含量的测定

实验编号	1	2	3
Δw($BaCl_2$ 质量)/g			
第一次($BaSO_4$＋瓷坩埚)质量/g			
第二次($BaSO_4$＋瓷坩埚)质量/g			
$BaSO_4$ 质量/g			
w_{Ba}			
$\overline{w}_{Ba}$			
d_i			
$\overline{d}_r$			

2. 数据处理

计算公式为：

$$w_{Ba} = \frac{m_{BaSO_4} \dfrac{M_{Ba}}{M_{BaSO_4}}}{m_s} \times 100\%$$

式中，w_{Ba} 为钡含量；m_{BaSO_4} 为硫酸钡的质量，g；M_{Ba} 为钡的摩尔质量，g/mol，$M_{Ba} = 137.33$g/mol；M_{BaSO_4} 为硫酸钡的摩尔质量，g/mol；$M_{BaSO_4} = 233.39$g/mol；m_s 为钡盐试样的质量，g。

七、思考题

① 如何更好地获取 $BaSO_4$ 晶型沉淀？操作时的要点有哪些？

② $BaSO_4$ 沉淀完毕后，为什么要进行陈化？

③ 洗涤至滤液中不含 Cl^- 的目的和检查方法如何？

④ 为什么要在控制一定酸度的 HCl 介质中进行沉淀？

⑤ 什么叫灼烧至恒重？

○ 实验 2-16　邻二氮菲分光光度法测定铁含量

一、实验目的与要求

① 了解邻二氮菲分光光度法测定铁的原理和方法。

② 了解分光光度计的构造和工作原理。

③ 掌握分光光度法中吸收曲线、标准曲线的绘制方法。

④ 掌握比色皿的使用和分光光度法测定试样的方法。

二、实验原理

分光光度法是通过测量溶液中物质对光的吸收程度而测量物质含量的方法。主要应用于测定试样中微量组分的含量，其特点如下。

① 灵敏度高，测定的下限可达 $10^{-5} \sim 10^{-6}$mol/L。

② 准确度高，一般分光光度法的相对误差为 2%～5%，精密仪器可减小至 1%～2%，完全能满足微量组分的测定要求。

③ 应用广泛，几乎所有的无机离子和许多有机化合物都可以直接或间接地用分光光度法进行测定。

④ 操作简便、快速。分光光度法使用的仪器是分光光度计。分光光度计的型号很多，性能差别很大，价格也很悬殊。下面以一种普及型分光光度计为代表，介绍仪器的构造和使用方法。

1. 分光光度计简介

以 722 型分光光度计为例，分光光度计由光源、单色器、吸收池和检测系统等部件组成。光源为钨卤素灯，波长为 330～800nm，由电子稳压器供电。单色器的色散元件为光栅，可获得波长范围狭窄、接近于一定波长的单色光。吸收池也称比色皿池，用于盛放吸收试液，能透过所需光谱范围内的光线，常用无色透明、能耐腐蚀的玻璃比色皿。检测系统由光电管和检流计组成，当光电管受光产生光电流后，使之经过一组高值电阻产生电压降，此电压降经放大器放大后，用微安计显示其数值，从而间接地测量光电流的大小，通过测量光电流的变化，即测得溶液的吸光度或透光率。分光光度计能在可见光谱区域内对样品物质作定性和定量分析，其灵敏度、准确性和选择性都较高。722E 型分光光度计结构如图 2-15 所示。

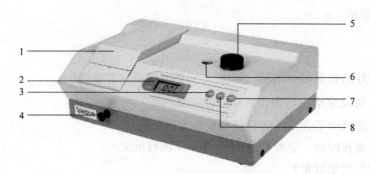

图 2-15 722E 型分光光度计结构

1—样品室；2—数字显示器吸光度调零旋钮；3—测定模式按钮；4—比色皿架拉动杆；
5—波长调节手轮；6—波长刻度窗；7—"100％T"（"0A"）按钮；8—"0％T" 按钮

2. 分光光度计的使用

① 分光光度计应安放在坚固、平稳的工作台上，室内保持干燥，无强光射入。

② 分光光度计未接电源前，要检查各个调节旋钮的起始位置是否正确再接通电源开关，调节测定模式为 "T"，选择测定的波长，仪器预热 20min。

③ 在比色皿中装入参比溶液，打开样品室盖，比色皿放入比色皿架中的第一格内，并对准光路，把试样室盖子轻轻盖上，调节 "100％T" 按钮，使数字显示为 "100.0"。轻轻拉动比色皿架拉动杆一下，使比色皿架遮住光路，调节 "0％T" 按钮，使数字显示为 "0.00"。

④ 参比溶液保持不变，待测溶液装入另一只比色皿中，放入其余的比色皿架中，推入光路中，调节测定模式为 "A"，此时数字显示值即为该待测溶液的吸光度。

⑤ 重复上述测定操作 1～2 次，读取相应的吸光度值，求其 A 的平均值，作为测定的数据。实验完毕，拔下插头，使仪器复原，盖好仪器罩，认真填写仪器使用记录。

3. 比色皿的使用

① 清洗比色皿时一般用蒸馏水冲洗。如比色皿被有机物沾污，可用盐酸：乙醇为 1：2 的混合液浸泡片刻，再用水冲洗。不能用碱液或强氧化性洗涤液清洗，也不能用毛刷刷洗，以免损伤比色皿。

② 拿比色皿时，用手捏住比色皿的毛面，切勿触及透光面，以免透光面被沾污或磨损。

③ 比色皿中液面的高度不超过比色皿高度的 3/4 为宜。

④ 倒溶液前需要先用该溶液润洗比色皿内壁 2～3 次。在测定一系列溶液的吸光度时，通常都是按从稀到浓的顺序进行，以减小误差。

⑤ 比色皿外壁的液体先用滤纸吸干再用擦镜纸轻轻擦拭，以保护透光面。

⑥ 测定同一批试样时，所用的比色皿相互之间要进行校准。

4. 测定原理

根据朗伯-比耳定律 $A = \varepsilon b c$，当入射光波长 λ 及光程 b 一定时，在一定的浓度范围内，有色物质的吸光度 A 与该物质的浓度 c 成正比。只要绘出以吸光度 A 为纵坐标、浓度 c 为横坐标的标准曲线，测出试液的吸光度，就可以由标准曲线查得对应的浓度值，即未知样的含量。同时，还可应用相关的回归分析软件，将数据输入计算机，得到相应的分析结果。

微量 Fe 的测定最常用和最灵敏的方法是邻二氮菲（又称邻菲罗啉）分光光度法。Fe^{2+} 可以与显色剂邻二氮菲结合生成橘红色络合物 $[Fe(C_{12}H_8N_2)_3]^{2+}$，该络合物 $\lg K_{稳} = 21.3$，摩尔吸收系数 $\varepsilon_{510} = 1.1 \times 10^4 \, L/(mol \cdot cm)$。而 Fe^{3+} 能与邻二氮菲生成淡蓝色的络合物，$\lg K_{稳} = 14.1$。所以在加入显色剂之前，应用盐酸羟胺将 Fe^{3+} 还原为 Fe^{2+}，其反应式如下：

$$2Fe^{3+} + 2NH_2OH \cdot HCl \longrightarrow 2Fe^{2+} + N_2 \uparrow + 2H_2O + 4H^+ + 2Cl^-$$

Fe^{2+} 与邻二氮菲在 pH＝2～9 范围内都能显色，但为了尽量减少其他离子的影响，通常在微酸性溶液中显色。测定时若酸度较高，反应进行较慢；酸度太低，则 Fe^{2+} 易水解。一般可采用缓冲溶液控制溶液 pH≈5.0，使显色反应进行完全。为判断待测溶液中铁元素含量，需首先绘制标准曲线，根据标准曲线中不同浓度 Fe^{2+} 的吸光度数据，计算待测样品中 Fe^{2+} 的浓度。

此法准确度高，重现性好，配合物十分稳定，选择性很高，相当于含 Fe 量 40 倍的 Sn^{2+}、Al^{3+}、Ca^{2+}、Mg^{2+}、Zn^{2+}、SiO_3^{2-}，20 倍的 Cr^{3+}、Mn^{2+}、$V(V)$、PO_4^{3-}，5 倍的 Co^{2+}、Cu^{2+} 等均不干扰测定。

三、实验仪器与试剂

① 仪器：722E 型分光光度计、容量瓶（50mL，100mL，250mL）、吸量管（1mL，2mL，5mL，10mL）、移液管（10mL）、比色皿（2cm）、滤纸、擦镜纸、洗耳球、玻璃棒等。

② 试剂：$NH_4Fe(SO_4)_2 \cdot 12H_2O$（AR）、HCl 溶液（6mol/L）、盐酸羟胺溶液（100g/L）、邻二氮菲溶液（1.5g/L）、NaAc(1mol/L)、蒸馏水等。

四、实验步骤

1. 铁标准溶液的配制

用固定质量称量法精确称取 0.2159g 固体 $NH_4Fe(SO_4)_2 \cdot 12H_2O$，加入少量的蒸馏水及 20mL 6mol/L 的 HCl 溶液，使其完全溶解，转移至 250mL 容量瓶中，定容，摇匀，得到 100mg/L 铁标准溶液。用移液管准确移取 10.00mL 100mg/L 铁标准溶液置于 100mL 容量瓶中定容，配制成 10mg/L 铁标准溶液，贴好标签备用。

2. 测量条件的选择

(1) 测量波长的选择

用移液管准确吸取 10.00 mL 10mg/L 铁标准溶液，置于 50mL 容量瓶中，用吸量管加入 1.0mL 盐酸羟胺溶液，摇匀，2min 后加 2.0mL 邻二氮菲溶液和 5.0mL NaAc 溶液，以蒸馏水稀释至刻度，摇匀，显色。以试剂空白为参比溶液，用 2cm 比色皿，在 440～560nm 每隔 10nm 测定一次吸光度。

（2）显色剂用量的选择

在 7 只 50mL 容量瓶中，分别用吸量管各加入 1mL 铁标准溶液、1mL 盐酸羟胺，摇匀，再用吸量管分别加入 0.10mL、0.30mL、0.50mL、0.80mL、1.00mL、2.00mL、4.00mL 邻二氮菲溶液和 5.0mL NaAc 溶液，以蒸馏水稀释至刻度，摇匀，放置 10min 后立即用 2cm 比色皿，以试剂空白为参比溶液，在选择的波长下测定各溶液的吸光度。

（3）显色时间的选择

在 1 只 50mL 容量瓶中，用吸量管加入 1mL 铁标准溶液、1mL 盐酸羟胺，摇匀。再加入 2.0mL 邻二氮菲溶液和 5.0mL NaAc 溶液，以蒸馏水稀释至刻度，摇匀，放置 10min 后，立刻用 2cm 比色皿，以试剂空白为参比溶液，在选定的波长下测量吸光度。然后依次测量放置 1min、2min、5min、10min、15min、20min、30min 后的吸光度。

3. 铁含量的测定

（1）标准曲线的测定

在 7 只 50mL 容量瓶中，分别用吸量管加入 0.00mL、2.00mL、4.00mL、6.00mL、8.00mL、10.00mL 铁标准溶液，用吸量管加入 1.0mL 盐酸羟胺溶液，摇匀，2min 后，加 2.0mL 邻二氮菲溶液和 5.0mL NaAc 溶液，以蒸馏水稀释至刻度，摇匀，显色，放置 10min 后，在所选择的波长下，用 2cm 比色皿，以试剂空白为参比溶液，测定各溶液的吸光度。

（2）试样中铁含量的测定

准确吸取 10.00mL 待测铁样，其他步骤同上，平行三次测定其吸光度，根据标准曲线和待测铁样的吸光度计算试样中铁的含量（以 mg/L 表示）。

五、实验注意事项

① Fe^{2+} 与邻二氮菲进行显色反应时不能颠倒各种试剂的加入顺序。

② 邻二氮菲溶液是显色剂。铁标准溶液和铁试样中均加有酸，加入 NaAc 溶液后，会形成缓冲溶液，保持溶液的 pH≈5。

③ 测吸光度时，每换一次波长，都要重新调节 "0%T" 和 "100%T"。

六、数据记录与结果处理

1. 数据记录与计算

（1）测量波长的选择

记录实验数据完成表 2-22。

表 2-22　测量波长的选择

波长/nm	440	450	460	470	480	490	500	510	520	530	540	550	560
吸光度 A													

（2）显色剂用量的选择

记录实验数据完成表 2-23。

表 2-23　显色剂用量的选择

邻二氮菲体积 V/mL	0.10	0.30	0.50	0.80	1.00	2.00	4.00
吸光度 A							

（3）显色时间的选择

记录实验数据完成表 2-24。

表 2-24　显色时间的选择

t/min	1	2	5	10	15	20	30
吸光度 A							

（4）标准曲线的测定

记录实验数据完成表 2-25。

表 2-25　标准曲线的测定

试液编号	溶液的量/mL	Fe 的浓度/(mg/L)	吸光度 A
1	0.00		
2	2.00		
3	4.00		
4	6.00		
5	8.00		
6	10.00		

（5）试样中铁含量的测定

记录实验数据完成表 2-26。

表 2-26　试样中铁含量的测定

实验编号	1	2	3
吸光度 A			
$c_{待测Fe}$/(mg/L)			
$\bar{c}_{待测Fe}$/(mg/L)			
d_i			
$\bar{d}_r$			

2. 数据处理

① 以表 2-22 中波长为横坐标、吸光度为纵坐标，绘制吸收曲线，从而选择测量 Fe 的适宜波长，一般选择最大吸收波长 λ_{max} 为测量波长。

② 以表 2-23 中邻二氮菲溶液体积 V 为横坐标、吸光度 A 为纵坐标，绘制 A-V 关系的显色剂用量影响曲线，得出测量 Fe 时显色剂的最适宜用量。

③ 以表 2-24 中显色时间 t 为横坐标、吸光度 A 为纵坐标，绘制 A-t 关系的显色时间影响曲线，得出测量铁时最适宜的显色时间。

④ 以表 2-25 中铁标准溶液质量浓度为横坐标、吸光度 A 为纵坐标，绘制标准曲线，并在图中标记回归方程和相关系数。

⑤ 根据标准曲线和待测铁样的吸光度，用作图法或者回归方程法计算待测试样中 Fe 的含量。

七、思考题

① 用邻二氮菲测定铁时为什么在测定前需要加入盐酸羟胺？

② 参比溶液的作用是什么？在本实验中可否用蒸馏水作参比？

③ 如果试液测得的吸光度不在标准曲线范围之内怎么办？

④ 实验中哪些试剂需要准确配制和准确加入？哪些不需要准确配制但要准确加入？

○ 实验 2-17　胃舒平药片中铝和镁含量的测定

一、实验目的与要求

① 了解实际样品中组分含量测定的前处理方法。

② 掌握返滴定法的原理与操作。

③ 掌握胃舒平药片中铝和镁含量的测定方法。

二、实验原理

胃舒平是一种中和胃酸的胃药，主要用于胃酸过多及胃和十二指肠溃疡，它的主要成分为氢氧化铝、三硅酸镁及少量颠茄流浸膏。在加工胃舒平的过程中，为了使其成型，会加入大量的糊精等赋形剂。

胃舒平中 Al 和 Mg 的含量可用 EDTA 络合滴定法测定。由于 Al^{3+} 与 EDTA 的络合反应速度慢，对二甲酚橙等指示剂有封闭作用，且在酸度不高时会发生水解，因此可采用 EDTA 通过返滴定法进行测定。先将胃舒平药片用酸溶解，分离除去不溶于水的物质。然后取试液加入过量的 EDTA，调节 pH=4 左右，煮沸数分钟，使 Al^{3+} 与 EDTA 充分络合，再用返滴定法测定 Al^{3+}。其反应式为：

$$Al^{3+} + 2H_2Y^{2-}(过量) \longrightarrow AlY^- + 2H^+ + H_2Y^{2-}(剩余)$$

$$H_2Y^{2-}(剩余) + Zn^{2+} \longrightarrow ZnY^{2-} + 2H^+$$

胃舒平中的 Mg，可用 EDTA 直接滴定。调节溶液 pH=8~9，先将 Al^{3+} 沉淀分离，在 pH=10 的条件下，以铬黑 T 为指示剂，用 EDTA 滴定滤液中的 Mg^{2+}。其反应式为：

$$Mg^{2+} + H_2Y^{2-} \longrightarrow MgY^{2-} + 2H^+$$

$$Mg\text{-}EBT(酒红色) + H_2Y^{2-} \Longrightarrow MgY^{2-} + 2H^+ + EBT^{2-}(蓝色)$$

三、实验仪器与试剂

① 仪器：棕色酸式滴定管（25mL）、容量瓶（100mL）、锥形瓶（250mL）、吸量管（5mL）、移液管（10mL）、量筒（10mL，100mL）、烧杯（50mL，200mL）、研钵、洗耳球、玻璃棒、漏斗、定性滤纸（中速）、恒温水浴锅、电陶炉、电子天平等。

② 试剂：胃舒平药片、EDTA（0.02mol/L）、Zn^{2+} 标准溶液（0.02mol/L）、六亚甲基四胺溶液（20%）、氨水（1:1）、盐酸（6mol/L）、三乙醇胺溶液（1:2）、NH_4Cl（AR）、氨缓冲溶液（pH=10）、二甲酚橙（0.2%）、甲基红（0.2%乙醇溶液）、铬黑 T 指示剂（固体）、蒸馏水等。

四、实验步骤

1. 样品处理

称取胃舒平药片 10 片，用研钵研细后，精确称取药粉 2g 左右，加入约 20mL 6mol/L HCl 溶液，用蒸馏水稀释至 100mL，煮沸。冷却后过滤，并以水洗涤沉淀。收集滤液及洗涤液于 100mL 容量瓶中，定容，摇匀，贴标签备用。

2. Al^{3+} 的测定

用移液管准确吸取 5.00mL 试样溶液，加入约 20mL 蒸馏水，用移液管准确加入 10.00mL 0.02mol/L EDTA 溶液、二甲酚橙指示剂 2 滴，用 1:1 氨水溶液调节至出现紫红色，再滴加 6mol/L HCl 2 滴，将溶液煮沸 3min，冷却后加入 10.0mL 20%六亚甲基四胺溶液，再补加二甲酚橙指示剂 2 滴，用 Zn^{2+} 标准溶液滴定至溶液由黄色变为红色，即为终点。记录加入 Zn^{2+} 溶液的体积，平行测定三次。根据 EDTA 加入量与 Zn^{2+} 标准溶液的体积，计算胃舒平中 Al^{3+} 的含量 [以 $Al(OH)_3$ 表示]。

3. Mg^{2+} 的测定

用移液管准确吸取 10.00mL 试样溶液，滴加 1:1 氨水至刚出现沉淀，再加入 6mol/L HCl 溶液至沉淀恰好溶解。加入 2g NH_4Cl 固体，滴加 20%六亚甲基四胺溶液至出现沉淀后，再加入 15.0mL 20%六亚甲基四胺溶液。将溶液在 80℃水浴下加热 15min，冷却后过滤，以少量蒸馏水洗涤沉淀数次。收集滤液与洗涤液于 250mL 锥形瓶中，加入 10.0mL 三乙醇胺、10.0mL 氨缓冲液，再加入 10mg 左右铬黑 T 指示剂。用 EDTA 溶液滴定至试液由酒红色变为纯蓝色，即为终点，记录加入 EDTA 溶液的体积，平行测定三次。计算胃舒平中 Mg^{2+} 的含量（以 MgO 表示）。

五、实验注意事项

① Zn^{2+} 标准溶液的配制：精确称量 15g 左右 $ZnSO_4$ 固体，加入 10mL 稀 HCl 使其完全溶解，用蒸馏水定容至 1000mL。

② $NH_3 \cdot H_2O$-NH_4Cl 缓冲液（pH=10）的配制：5.4g NH_4Cl 溶于水中，加浓氨水 6.3mL，稀释至 100mL。

③ 胃舒平药片试样中铝、镁含量可能不均匀，为使测定结果具有代表性，本实验取较多样品，研细后再取部分进行分析。

④ 用六亚甲基四胺溶液调节溶液的 pH 值分离 $Al(OH)_3$，结果比用氨水好，可以减少 $Al(OH)_3$ 吸附 Zn^{2+} 导致滴定结果不准确。

六、数据记录与结果处理

（1）Al^{3+} 的测定

记录实验数据完成表 2-27。

表 2-27 Al^{3+} 的测定

实验编号	1	2	3
$V_{Zn^{2+}}/mL$			
$\overline{V}_{Zn^{2+}}/mL$			
$w_{Al(OH)_3}/\%$			
$\overline{w}_{Al(OH)_3}/\%$			
d_i			
$\overline{d}_r$			

(2) Mg^{2+} 的测定

记录实验数据完成表 2-28。

表 2-28 Mg^{2+} 的测定

实验编号	1	2	3
V_{EDTA}/mL			
$\overline{V}_{EDTA}/mL$			
$w_{MgO}/\%$			
$\overline{w}_{MgO}/\%$			
d_i			
$\overline{d}_r$			

七、思考题

① 实验在测定 Al^{3+} 含量时为什么不采用直接滴定法而采用返滴定法？

② 在测定 Al^{3+} 含量时为什么要将溶液煮沸？

③ 能否采用 F$^-$ 掩蔽 Al^{3+}，而直接测定 Mg^{2+}？

④ 在测定 Mg^{2+} 时加入三乙醇胺的作用是什么？

◉ 实验 2-18　设计性实验

一、实验目的与要求

为了培养学生灵活运用所学理论及实验知识、独立分析和解决实际问题的能力，在做完一部分基本实验之后，安排若干个设计性实验，由学生针对指定的或自选的实验题目，根据本课程的理论及实验知识，查阅有关文献，独自设计实验方案并进行实验。实验结束后，由教师组织学生进行交流、讨论。拟定实验方案的过程中学生应考虑以下几方面。

① 根据测定的目的和要求选定适宜的分析方法。

② 根据测试样品的组成和大致含量，选定所用的试剂，并确定适宜的浓度和用量。一般可使用实验室已有的标准溶液、试剂及指示剂，如需其他试剂应事先向教师提出申请。

③ 要考虑实验中干扰因素的排除。

④ 在能满足实验准确度要求的情况下，要尽量节约使用试剂及样品。

综合考虑以上几个方面后，要求学生写出实验设计方案，其中主要包括下列内容。

① 分析方法及实验原理。

② 所需仪器设备的种类、型号、数量。

③ 所需试剂的规格、浓度、用量及配制方法。

④ 具体实验步骤。

⑤ 数据记录及数据处理的表格和计算公式。

⑥ 实验注意事项。

⑦ 参考资料。

实验结束后，要求学生提交实验报告，其中除实验设计方案中的内容外，还应写明下列内容。

① 实验原始数据。

② 实验数据处理及计算结果。

③ 如果实际做法与设计方案不一致，应重新写明操作步骤。

④ 对实验结果及问题的讨论。

⑤ 对实验设计方案的评价。

实验报告以小论文形式完成。

二、设计实验备选题目

1. HCl 和 H₃BO₃ 混合酸中各组分含量的测定

提示：①H_3BO_3 不能用强碱溶液直接滴定，但它可与某些多羟基化合物如乙二醇、丙三醇等反应，生成络合酸，从而使酸性变强；②根据甲基橙和酚酞两种指示剂所示终点时消耗的 NaOH 标准溶液的体积，计算混合酸中各组分的含量。

2. NaOH - Na₂CO₃ 混合碱中各组分含量的测定

提示：根据甲基橙和酚酞两种指示剂所示终点时消耗的盐酸标准溶液的体积，计算混合碱中各组分的含量。

3. 牡蛎壳中钙含量的测定

提示：贝壳中的主要成分是碳酸钙，钙含量可采用络合（EDTA）滴定法进行测定。

4. 过氧化氢含量的测定

提示：在强酸性条件下，$KMnO_4$ 与 H_2O_2 会发生氧化还原反应，$KMnO_4$ 自身作指示剂，根据其消耗的体积计算过氧化氢的含量。

5. 黄连素片中盐酸小檗碱含量的测定

提示：①黄连素片的主要成分是盐酸小檗碱，在酸性条件下能与重铬酸钾定量地发生氧化还原反应。可采用间接碘量法以淀粉为指示剂测定盐酸小檗碱的含量；②可采用紫外分光光度法测定，在 350nm 波长处测定吸光度，以吸光度对盐酸小檗碱浓度进行回归计算。

附录1

附录 1-1　相对原子质量表

各元素的相对原子质量见附表 1-1

附表 1-1　相对原子质量表

符号	名称	相对原子质量	符号	名称	相对原子质量	符号	名称	相对原子质量	符号	名称	相对原子质量
Ac	锕	[227]	Er	铒	167.26	Mn	锰	54.93805	Ru	钌	101.07
Ag	银	107.8682	Es	锿	[254]	Mo	钼	95.94	S	硫	32.066
Al	铝	26.98154	Eu	铕	151.965	N	氮	14.00674	Sb	锑	121.760
Am	镅	[243]	F	氟	18.9984032	Na	钠	22.989768	Sc	钪	44.955910
Ar	氩	39.948	Fe	铁	55.845	Nb	铌	92.90638	Se	硒	78.96
As	砷	74.92159	Fm	镄	[257]	Nd	钕	144.24	Si	硅	28.0855
At	砹	[210]	Fr	钫	[223]	Ne	氖	20.1797	Sm	钐	150.36
Au	金	196.96654	Ga	镓	69.723	Ni	镍	58.6934	Sn	锡	118.710
B	硼	10.811	Gd	钆	157.25	No	锘	[254]	Sr	锶	87.62
Ba	钡	137.327	Ge	锗	72.61	Np	镎	237.0482	Ta	钽	180.9479
Be	铍	9.012182	H	氢	1.00794	O	氧	15.9994	Tb	铽	158.92534
Bi	铋	208.98037	He	氦	4.002602	Os	锇	190.23	Tc	锝	98.9062
Bk	锫	[247]	Hf	铪	178.49	P	磷	30.973762	Te	碲	127.60
Br	溴	79.904	Hg	汞	200.59	Pa	镤	231.03588	Th	钍	232.0381
C	碳	12.011	Ho	钬	164.93032	Pb	铅	207.2	Ti	钛	47.867
Ca	钙	40.078	I	碘	126.90447	Pd	钯	106.42	Tl	铊	204.3833
Cd	镉	112.411	In	铟	114.818	Pm	钷	[145]	Tm	铥	168.93421
Ce	铈	140.115	Ir	铱	192.217	Po	钋	[−210]	U	铀	238.0289
Cf	锎	[251]	K	钾	39.0983	Pr	镨	140.90765	V	钒	50.9415
Cl	氯	35.4527	Kr	氪	83.80	Pt	铂	195.08	W	钨	183.84
Cm	锔	[247]	La	镧	138.9055	Pu	钚	[244]	Xe	氙	131.29
Co	钴	58.93320	Li	锂	6.941	Ra	镭	226.0254	Y	钇	88.90585
Cr	铬	51.9961	Lr	铹	[257]	Rb	铷	85.4678	Yb	镱	173.04
Cs	铯	132.90543	Lu	镥	174.967	Re	铼	186.207	Zn	锌	65.39
Cu	铜	63.546	Md	钔	[256]	Rh	铑	102.90550	Zr	锆	91.224
Dy	镝	162.50	Mg	镁	24.3050	Rn	氡	[222]			

注：带括号表明原子质量采用该元素最稳定同位素的质量；无括号表明原子质量采用该元素所有同位素质量的加权平均值。

附录 1-2　常用指示剂及配制方法

酸碱滴定常用指示剂及其配制见附表 1-2，沉淀滴定常用指示剂及其配制见附表 1-3，常用金属指示剂及其配制见附表 1-4，常用氧化还原指示剂及其配制见附表 1-5。

附表 1-2　酸碱滴定常用指示剂及其配制

指示剂名称	变色 pH 值范围	颜色变化	溶液配制方法
甲基紫 (第一变色范围)	0.13～0.5	黄→绿	0.1%或 0.05%水溶液
甲基紫 (第二变色范围)	1.0～1.5	绿→蓝	0.1%水溶液
甲基紫 (第三变色范围)	2.0～3.0	蓝→紫	0.1%水溶液
百里酚蓝 (麝香草酚蓝) (第一变色范围)	1.2～2.8	红→黄	0.1g 指示剂溶于 100mL 20%乙醇中
百里酚蓝 (麝香草酚蓝) (第二变色范围)	8.0～9.0	黄→蓝	0.1g 指示剂溶于 100mL 20%乙醇中
甲基红	4.4～6.2	红→黄	0.1g 或 0.2g 指示剂溶于 100mL 60%乙醇中
甲基橙	3.1～4.4	红→橙黄	0.1%水溶液
溴甲酚绿	3.8～5.4	黄→蓝	0.1g 指示剂溶于 100mL 20%乙醇中
溴百里酚蓝	6.0～7.6	黄→蓝	0.05g 指示剂溶于 100mL 20%乙醇中
酚酞	8.2～10.0	无色→紫红	0.1g 指示剂溶于 100mL 60%乙醇中
甲基红-溴甲酚绿	5.1	酒红→绿	3 份 0.1%溴甲酚绿乙醇溶液 2 份 0.2%甲基红乙醇溶液
中性红-亚甲基蓝	7.0	紫蓝→绿	0.1%中性红、亚甲基蓝乙醇溶液各 1 份
甲酚红-百里酚蓝	8.3	黄→紫	1 份 0.1%甲酚红水溶液 3 份 0.1%百里酚蓝水溶液

附表 1-3　沉淀滴定常用指示剂及其配制

指示剂名称	被测离子和滴定条件	终点颜色变化	溶液配制方法
铬酸钾	Cl^-、Br^-，中性或弱碱性	黄色→砖红色	5%水溶液
铁铵矾 (硫酸铁铵)	Br^-、I^-、SCN^-，酸性	无色→红色	8%水溶液
荧光黄	Cl^-、I^-、SCN^-、Br^-，中性	黄绿→玫瑰红，黄绿→橙	0.1%乙醇溶液
曙红	Br^-、I^-、SCN^-，pH＝1～2	橙→深红	0.1%乙醇溶液 (或 0.5%钠盐水溶液)

附表 1-4　常用金属指示剂及其配制

指示剂名称	适用 pH 值范围	直接滴定的离子	终点颜色变化	配制方法
铬黑 T(EBT)	8～11	Mg^{2+}、Zn^{2+}、Cd^{2+}、Pb^{2+} 等	酒红→蓝	0.1g 铬黑 T 和 10g 氯化钠，研磨混匀
二甲酚橙(XO)	<6.3	Bi^{3+}、Zn^{2+}、Cd^{2+}、Pb^{2+}、Hg^{2+} 及稀土等	紫红→亮黄	0.2%水溶液
钙指示剂	12～12.5	Ca^{2+}	酒红→蓝	0.05g 钙指示剂和 10g 氯化钠，研磨混匀
吡啶偶氮 萘酚(PAN)	1.9～12.2	Bi^{3+}、Cu^{2+}、Ni^{2+}、Th^{4+} 等	紫红→黄	0.1%乙醇溶液

附表 1-5　常用氧化还原指示剂及其配制

指示剂名称	$E^{\ominus\prime}/V$ $[H^+]=1mol/L$	颜色变化		溶液配制方法
		氧化态	还原态	
中性红	0.24	红	无色	0.05%的60%乙醇溶液
亚甲基蓝	0.36	蓝	无色	0.05%水溶液
变胺蓝	0.59(pH=2)	无色	蓝色	0.05%水溶液
二苯胺	0.76	紫	无色	1%浓 H_2SO_4 溶液
二苯胺磺酸钠	0.85	紫红	无色	0.05%水溶液
N-邻苯氨基苯甲酸	1.08	紫红	无色	0.1g 指示剂加 20mL 15% 的 Na_2CO_3 溶液,用水稀释至 100mL
邻二氮菲-Fe(Ⅱ)	1.06	浅蓝	红	1.485g 邻二氮菲加 0.965g $FeSO_4$,溶于 100mL 水中(0.025mol/L 水溶液)
5-硝基邻二氮菲-Fe(Ⅱ)	1.25	浅蓝	紫红	1.608g 5-硝基邻二氮菲加 0.695g $FeSO_4$,溶于 100mL 水中(0.025mol/L 水溶液)

附录 1-3　常用缓冲溶液的配制

常用缓冲溶液的配制见附表 1-6。

附表 1-6　常用缓冲溶液的配制

序号	缓冲溶液组成	配制方法	pH 值
1	氯化钾-盐酸	13.0mL 0.2mol/L HCl 与 25.0mL 0.2mol/L KCl 混合均匀后,加水稀释至 100mL	1.7
2	氨基乙酸-盐酸	在 500mL 水中溶解氨基乙酸 150g,加 480mL 浓盐酸,再加水稀释至 1L	2.3
3	一氯乙酸-氢氧化钠	在 200mL 水中溶解 2g 一氯乙酸后,加 40g NaOH,溶解完全后再加水稀释至 1L	2.8
4	邻苯二甲酸氢钾-盐酸	把 25.0mL 0.2mol/L 的邻苯二甲酸氢钾溶液与 6.0mL 0.1mol/L HCl 混合均匀,加水稀释至 100mL	3.6
5	邻苯二甲酸氢钾-氢氧化钠	把 25.0mL 0.2mol/L 的 邻苯二甲酸氢钾溶液 与 17.5mL 0.1mol/L NaOH 混合均匀,加水稀释至 100mL	4.8
6	六亚甲基四胺-盐酸	在 200mL 水中溶解六亚甲基四胺 40g,加浓 HCl 10mL,再加水稀释至 1L	5.4
7	磷酸二氢钾-氢氧化钠	把 25.0mL 0.2mol/L 的磷酸二氢钾与 23.6mL 0.1mol/L NaOH 混合均匀,加水稀释至 100mL	6.8
8	硼酸-氯化钾-氢氧化钠	把 25.0mL 0.2mol/L 的硼酸-氯化钾与 4.0mL 0.1mol/L NaOH 混合均匀,加水稀释至 100mL	8.0
9	氯化铵-氨水	把 0.1mol/L 氯化铵与 0.1mol/L 氨水以 2:1 比例混合均匀	9.1
10	硼酸-氯化钾-氢氧化钠	把 25.0mL 0.2mol/L 的硼酸-氯化钾 与 43.9mL 0.1mol/L NaOH 混合均匀,加水稀释至 100mL	10.0
11	氨基乙酸-氯化钠-氢氧化钠	把 49.0mL 0.1mol/L 氨基乙酸-氯化钠 与 51.0mL 0.1mol/L NaOH 混合均匀	11.6
12	磷酸氢二钠-氢氧化钠	把 50.0mL 0.05mol/L Na_2HPO_4 与 26.9mL 0.1mol/L NaOH 混合均匀,加水稀释至 100mL	12.0
13	氯化钾-氢氧化钠	把 25.0mL 0.2mol/L KCl 与 66.0mL 0.2mol/L NaOH 混合均匀,加水稀释至 100mL	13.0

附录 1-4 常用酸碱溶液的相对密度、质量分数与物质的量浓度对应表

常用酸碱溶液的相对密度、质量分数与物质的量浓度见附表 1-7。

附表 1-7 常用酸碱溶液的相对密度、质量分数与物质的量浓度

相对密度(15℃)	$NH_3 \cdot H_2O$		NaOH		KOH	
	$w/\%$	$c/(mol/L)$	$w/\%$	$c/(mol/L)$	$w/\%$	$c/(mol/L)$
0.88	35.0	18.0				
0.90	28.3	15				
0.91	25.0	13.4				
0.92	21.8	11.8				
0.94	15.6	8.6				
0.96	9.9	5.6				
0.98	4.8	2.8				
1.05			4.5	1.25	5.5	1.0
1.10			9.0	2.5	10.9	2.1
1.15			13.5	3.9	16.1	3.3
1.20			18.0	5.4	21.2	4.5
1.25			22.5	7.0	26.1	5.8
1.30			27.0	8.8	30.9	7.2
1.35			31.8	10.7	35.5	8.5
1.02	4.13	1.15	3.70	0.6	3.1	0.3
1.04	8.16	2.3	7.26	1.2	6.1	0.6
1.05	10.2	2.9	9.0	1.5	7.4	0.8
1.06	12.2	3.5	10.7	1.8	8.8	0.9
1.08	16.2	4.8	13.9	2.4	11.6	1.3
1.10	20.0	6.0	17.1	3.0	14.4	1.6
1.12	23.8	7.3	20.2	3.6	17.0	2.0
1.14	27.7	8.7	23.3	4.2	19.9	2.3
1.15	29.6	9.3	24.8	4.5	20.9	2.5
1.19	37.2	12.2	30.9	5.8	26.0	3.2
1.20			32.3	6.2	27.3	3.4
1.25			39.8	7.9	33.4	4.3
1.30			47.5	9.8	39.2	5.2
1.35			55.8	12.0	44.8	6.2
1.40			65.3	14.5	50.1	7.2
1.42			69.8	15.7	52.2	7.6
1.45					55.0	8.2
1.50					59.8	9.2
1.55					64.3	10.2
1.60					68.7	11.2
1.65					73.0	12.3
1.70					77.2	13.4
1.84					95.6	18.0

参考文献

[1] 雷衍之.化学实验 [M].北京：中国农业出版社，2004.

[2] 武汉大学.分析化学实验（上册）[M].第 5 版.北京：高等教育出版社，2011.

[3] 南京大学.无机及分析化学实验 [M].第 4 版.北京：高等教育出版社，2006.

[4] 刘约权，等.实验化学 [M].北京：高等教育出版社，2000.

[5] 成都科学技术大学分析化学教研室，等.分析化学实验 [M].第 2 版.北京：高等教育出版社，1989.

[6] 宋光泉，等.通用化学实验技术 [M].广州：广东高等教育出版社，1998.

[7] 潘秀荣.分析化学准确度的保证和评价 [M].北京：计量出版社，1985.

[8] 刘珍，等.化验员读本——化学分析 [M].第 3 版.北京：化学工业出版社，1998.

[9] 荻滨英，等.新编化验员手册 [M].长春：吉林科学技术出版社，1994.

[10] 武汉大学.分析化学实验 [M].第 4 版.北京：高等教育出版社，2001.

[11] 陈华序，等.分析化学简明教程 [M].北京：冶金工业出版社，1989.

[12] 李发美，等.分析化学实验指导 [M].北京：人民工业出版社，2004.

[13] 四川大学，等.分析化学实验 [M].第 3 版.北京：高等教育出版社，2003.

[14] 邓玲灵.现代分析化学实验 [M].长沙：中南大学出版社，2002.

第三篇
有机化学实验

第一章　有机化学实验基础知识

第一节　有机化学实验课程的要求

有机化学实验是有机化学课程的重要组成部分，随着新的实验技术不断出现，这门实验课程正在向用量少、效率高、绿色化的方向发展。通过有机化学实验课程的学习可使学生进一步理解有机化学中的一些基本概念和基本原理；掌握有机化学实验的基本操作方法和技能，学会正确选择有机化合物的合成方法，提取、分离及提纯、鉴定的方法；增强学生独立分析和解决实验中遇到问题的思维和动手能力；培养学生实事求是、严谨的科学态度，良好的科学素养以及良好的实验室工作习惯；培养学生具备独立进行有机化学实验工作的初步能力，为后续的课程、科学研究以及今后参加实际工作打下坚实的基础。有机化学实验是化学及化学相关专业应用型人才培养必要的组成部分。

一、学生实验守则

为了保证有机化学实验的正常进行，培养学生良好的实验习惯，在进行有机化学实验时学生必须遵守下列实验室规则。

① 上实验课前，学生必须认真了解实验室安全规则。

② 上实验课前，学生必须按授课教师要求预习实验并撰写实验预习报告。

③ 进入实验室后，学生应保持安静，按排定座位就座，未得授课教师允许不得任意动用实验用品。

④ 实验开始前，学生要认真清点并检查仪器，明确仪器规范操作方法及注意事项。若发现仪器有缺失或破损应及时报告并进行补充或更换。

⑤ 实验中，学生使用药品时，应明确其性质及使用方法，根据实验要求规范使用，禁止使用不明确药品或随意混合药品，仪器、药品等用完后，应放回原指定位置。

⑥ 实验中，学生应保持安静、认真操作、仔细观察、积极思考、如实记录，不得擅自离开岗位。

⑦ 实验完毕后，学生必须整理、清洁实验台面，将实验废液、废物按要求放入指定收集器皿，实验记录经教师签名认可后方可离开实验室。

⑧ 实验完毕后，指定的值日生要打扫实验室卫生，检查水、电、气等是否关闭，经指导教师同意后方可离开实验室。

⑨ 如果发生意外事故，学生应保持沉着、镇定，若不能妥善处理应及时报告指导教师。

二、实验报告要求及格式

1. 预习报告

预习是有机化学实验正确并安全进行的前提和保证。学生必须通过预习了解实验过程中的注意事项，明确实验目的和原理，熟悉实验方法和步骤。预习报告应该是学生在充分理解教材的基础上撰写的适用于指导自己实验的工具，而不是简单的对教材内容的重复。预习报告格式大体应包含以下几方面的内容。

（1）实验目的

明确实验要达到什么学习目的，掌握哪些实验方法和技能，培养什么能力等。

（2）实验原理

明确实验的依据和思路，充分将理论和实践联系起来。

（3）实验试剂

明确实验所使用化学试剂的相对分子质量、熔沸点、溶解性、规格及用量、毒性及防护要点和急救措施等。

（4）实验步骤

学生根据自己对实验的理解，用自己的语言写出适用于指导自己实验进行的具体过程。

（5）实验注意事项

对在实验中可能出现的问题明确其预防措施及解决方法。

2. 实验报告

实验完成后，学生应及时提交实验报告。撰写实验报告是科学实验工作不可缺少的重要环节。撰写实验报告可以培养学生实事求是的科学态度和作风，帮助他们树立学术意识，锻炼语言表达能力，有利于他们将来总结研究资料、撰写论文等。实验报告格式应包括以下几项内容：

① 实验目的；

② 实验原理；

③ 实验试剂；

④ 实验仪器装置图；

⑤ 实验步骤及现象；

⑥ 实验结果；

⑦ 思考题。

● 第二节　实验室安全知识

一、实验室安全规则

有机化学实验经常使用易燃、易爆及有毒的试剂，所用仪器大多为玻璃仪器，实验过程也往往涉及温度和压力的变化，因此常会引发意外事故。安全实验是有机化学实验的基本要求。在进行有机化学实验前，学生必须了解实验室安全规则，了解实验的安全隐患及事故预防及处理办法，具体要求如下。

① 实验室内严禁吸烟、饮食、打闹。

② 水、电、气使用完毕后应立即关闭。

③ 具有强腐蚀性的溶液应避免溅落在衣物及皮肤上，更应防止溅入眼睛里。

④ 能产生有刺激性或有毒气体的实验都应在通风橱内进行。

⑤ 实验进行时应该经常注意仪器有无漏气、破裂，反应进行是否正常等情况。具有易挥发和易燃物质的实验都应在远离火源的地方进行。

⑥ 嗅闻气体时，应用手轻拂气体，把少量气体扇向自己再闻。

⑦ 有毒试剂不能随便倒入下水道，应统一回收处理。

⑧ 禁止任意混合各种试剂药品，以免发生意外事故。

⑨ 实验室所有药品、仪器不得带出室外。

⑩ 要熟悉安全用具如灭火器、冲淋器及急救箱的放置地点和使用方法。

二、一般事故的预防及处理

1. 防火

有机化学实验中使用的有机试剂大多是易燃的。因此，着火是有机实验中常见的事故。防火的基本原则是使火源与易燃试剂尽可能离得远些。不要用热源直接加热装有易燃试剂的容器，而应根据液体沸点高低使用石棉网、油浴、水浴或电热套进行加热。易燃试剂不可随意丢弃，实验后应专门回收。在反应中添加或转移易燃有机试剂时，应暂时熄火或远离火源。切勿用敞口容器存放、加热或清除有机溶剂。实验中途离开实验室时一定要关闭热源。

着火时应立即采用隔绝空气的方法灭火，切记不能采用泼水的方法灭火；若火情较为严重，应使用灭火器直接向火源喷射进行灭火，及时疏散人群并通报火警。

2. 防爆

易燃有机溶剂在室温时即具有较大的蒸气压。空气中混杂易燃有机溶剂的蒸气达到某一极限时，遇有明火即发生燃烧爆炸。而且，有机溶剂蒸气都较空气的密度大，会沿着桌面或地面飘移至较远处，或沉积在低洼处。因此，使用易燃、易爆气体时要保持室内空气畅通，严禁明火，并应防止一切火星的发生，如由于敲击、静电摩擦或电器开关等所产生的火花。

常压操作时，应使装置通大气，切勿造成密闭体系。减压蒸馏时，要用圆底烧瓶或吸滤瓶作接收器，不可用锥形瓶，否则可能会发生炸裂。

有些有机化合物遇氧化剂时会发生猛烈爆炸或燃烧，操作时应特别小心。存放药品时应将强氧化剂和有机药品分开存放。

3. 防中毒

当使用有毒药品时，应规范操作，安全保管，不许乱放，做到用多少取多少，取用时必须戴橡胶手套，操作后立即洗手。实验中所用的剧毒物质应有专人负责发收，并向使用者提出必须遵守的操作规程。实验后的有毒残渣，必须做妥善而有效的处理，不可随意丢弃。

在反应过程中可能生成有毒或有腐蚀性气体的实验，应在通风橱内进行，或采用气体吸收装置。使用后的器皿应及时清洗。在使用通风橱时，当实验开始后不要把头伸入橱内。实验中若发现有头晕、头痛等中毒症状，应立即转移到空气新鲜的地方休息，严重者应送医院。

4. 防触电

使用电器时，应防止人体与电器导电部分直接接触，不能用湿手或湿物接触电插头。实验完后先切断电源，再将电源的插头拔下。

当发生触电事故时，首要任务是切断电源。最靠近伤者的人应在不直接接触触电者的情况下立即用绝缘材料将电源从触电者身上挑开，心跳呼吸骤停者应立即有效通气与给予吸氧，并及时拨打 120 急救电话。

◯ 第三节 有机化学实验常用的仪器

有机化学实验中常用的仪器主要有玻璃仪器、瓷质仪器、光电学仪器及辅助工具等，如表 3-1 所列。

表 3-1 有机化学实验中常用仪器

	烧杯	锥形瓶	量筒（杯）	烧瓶
普通非磨口玻璃仪器				
	吸滤瓶	普通漏斗	分液漏斗	表面皿
	蒸馏烧瓶	蒸馏头	尾接管	冷凝管
标准磨口玻璃仪器				

续表

标准磨口玻璃仪器	滴液漏斗	分馏柱	接头	套管
	分水器	导气管	弯管	干燥管
瓷质仪器	蒸发皿	布氏漏斗	瓷研钵	瓷坩埚
辅助工具	铁架台	十字夹	铁夹	铁圈
	升降台	止水夹	热过滤漏斗	搅拌桨
光电学仪器	电子天平	电热套	烘箱	恒温水浴锅
	电动搅拌器	阿贝折射仪	旋光仪	显微熔点测定仪

续表

	真空泵	旋转蒸发仪	气流烘干器	pH 计
光电学仪器	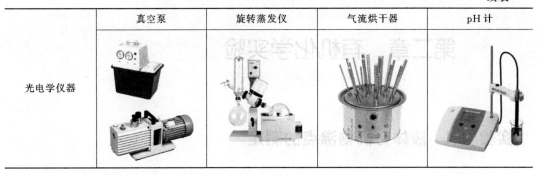			

一、玻璃仪器

玻璃仪器一般可分为普通非磨口玻璃仪器和标准磨口玻璃仪器。实验室常用的普通非磨口玻璃仪器有锥形瓶、毛细管、试管、烧杯、表面皿、量筒（杯）、吸滤瓶、普通漏斗、分液漏斗、干燥管等。

标准磨口玻璃仪器是具有标准内磨口和外磨口的玻璃仪器。标准磨口是根据国际通用技术标准制造的，由于尺寸的标准化、系列化，磨砂密合，凡属于同类型规格的接口均可任意互换。各部件能组装成各种配套仪器。当不同类型规格的部件无法直接组装时，要使用变径接头使之连接起来。使用标准接口玻璃仪器既可免去配塞子的麻烦，又能避免反应物或产物被塞子沾污的危险，对有毒实验或挥发性液体的实验较为安全。标准磨口仪器的每个部件在其口、塞的上或下显著部位均具烤印标志标明规格。有的标准接口玻璃仪器有两个数字，如 10/30，10 表示磨口大端的直径为 10mm，30 表示磨口的高度为 30mm。学生使用的常量仪器一般是 19 号的磨口仪器，半微量实验中采用的是 14 号的磨口仪器。常用标准磨口玻璃仪器规格见表 3-2。

表 3-2　常用标准磨口玻璃仪器规格

编号	10	12	14	16	19	24	29	34	40
大端直径/mm	10	12.5	14.5	16	18.8	24	29.2	34.5	40

二、瓷质仪器

瓷质仪器可直接加热，耐高温，但不能骤冷。有机化学实验常用的瓷质仪器主要有蒸发皿、布氏漏斗、瓷坩埚、瓷研钵等。

三、光电学仪器

随着科学技术的进步，当今实验室光电学仪器逐渐成为了主流，在化学实验室中得到了普遍的应用。有机化学实验常用的电学仪器主要有电子天平、电热套、恒温水浴锅、旋转蒸发仪、电动搅拌器、真空泵、烘箱、气流烘干器等；光学仪器有阿贝折射仪、旋光仪、分光光度计、pH 计等。

第二章 有机化学实验

实验 3-1 液体有机物沸点的测定

一、实验目的与要求

① 了解沸点测定的意义。

② 掌握有机物沸点测定的原理及方法。

二、实验原理

沸点是有机物重要的物理性质之一，也是常用的一种定性鉴别液体有机物纯度的方法。当液态物质受热时，其蒸气压随温度的升高而增大。当蒸气压达到与外界压力相等时，液体沸腾，此时的温度称为该液体在此压力下的沸点。

用于测定沸点的方法有常量法和微量法两种。常量法一般可采用蒸馏法来测定液体的沸点。因为纯液态有机物在蒸馏时沸程很短，一般不超过 0.5～1℃，因此可以通过蒸馏过程中读取温度计恒定时的温度来确定有机物的沸点。

当样品量不多时可采用微量法测定沸点。微量法即毛细管法：将一支毛细管一端封口，另一端开口向下插入盛有待测液体的沸点管中。在最初受热时，毛细管内的空气受热膨胀逸出毛细管外，形成小气泡。继续加热，若液体受热温度超出其沸点，此时毛细管内的蒸气压大于外界施于液面总压力，则有一连串气泡逸出。此时停止加热，毛细管内的蒸气压会降低、气泡减少。当气泡不再冒出，而液体将要压进毛细管内的瞬间，毛细管内待测液体的蒸气压与外界压力正好相等，所测的温度即为该液体的沸点。

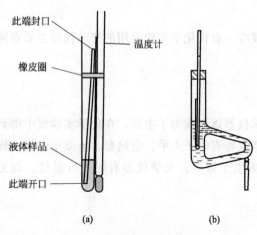

图 3-1 微量沸点测定装置

三、实验装置、仪器与试剂

1. 微量沸点测定装置

将一根内径 3～4mm、长 7～8cm、一端封闭的玻璃管作为沸点管的外管，在此管中放入一根内径约 1mm、长 7～8cm、一端封闭的毛细管，其开口端向下，将微量沸点管贴于温度计水银球旁，用小橡皮圈套好，如图 3-1(a) 所示。放入提勒管中，如图 3-1(b) 所示。

2. 仪器与试剂

① 仪器：提勒管、温度计（0～100℃）、

酒精灯、毛细管（0.1cm×8cm）、小试管（约0.4cm×8cm）、缺口单孔软木塞、橡皮圈等。

②试剂：乙醇、待测物等。

四、实验步骤

1. 加料并安装仪器

取液体样品5～6滴于沸点管的外管中，将一端封闭的毛细管开口端向下浸入样品溶液中，并将微量沸点管贴于温度计水银球旁。在提勒管中加入水，使其液面略高于提勒管支管，用橡皮圈将沸点管和温度计系在一起，用软木塞固定在提勒管上。

2. 加热

如图3-1(b)所示，用酒精灯慢慢加热提勒管支管的一端，当沸点管出现一连串小气泡时立刻停止加热。

3. 记录

仔细观察气泡变化，在最后一个气泡出现而刚欲缩回到内管的瞬间，此时的温度就是该液体的沸点。

4. 重复实验

当温度计读数降低15℃左右时，更换毛细管，重复上述实验，每种样品做3次平行实验。

五、实验注意事项

①固定沸点管的橡皮圈应套得高些，以免受热膨胀，将其溶胀而松落。

②提勒管中的液体加热速率不宜过快，否则沸点管内的液体会迅速挥发，从而导致来不及测定。

③各次平行测量实验之间的降温必须足够，否则所测结果误差较大。

六、数据记录与结果处理

①记录数据完成表3-3。

表3-3　液体有机物沸点的测定

试剂	实验数据		
	实验次数	测定值/℃	平均值/℃
乙醇	1		
	2		
	3		
待测物	1		
	2		
	3		

②查阅资料，初步判断待测物的种类。

七、思考题

①什么是沸点？测定沸点的方法有哪些？

② 测定沸点的意义是什么？有固定沸点的物质是否一定是纯物质？

③ 为什么在最后一个气泡出现而刚欲缩回到内管的瞬间，此时的温度就是该液体的沸点？

◯ 实验 3-2　固体有机物熔点的测定

一、实验目的与要求

① 了解熔点测定的意义。

② 掌握熔点测定的原理和方法。

二、实验原理

熔点是有机物重要的物理性质之一，也是常用的一种定性鉴别固体有机物纯度的方法。在常压下，加热固体化合物达到固、液两相平衡时，固体化合物会从固态转变为液态，此时的温度即为该物质的熔点。在一定的压力下，纯固体有机化合物一般都有固定的熔点。

纯物质在固液两态之间的变化是非常敏锐的，从开始熔化到完全熔化，熔程一般不超过 $0.5\sim1℃$。如果该物质含有杂质，则其熔点会下降，且熔程较长。所以测定熔点对于定性鉴别固体化合物的种类和纯度具有很大的价值。熔点的测定原理可从物质的蒸气压与温度的曲线来理解。如图 3-2 所示，图 3-2(a) 为某纯物质固相的蒸气压随温度升高而增大的曲线，图 3-2(b) 为该物质液相的蒸气压曲线，图 3-2(c) 中两线交点 M 为固、液两相平衡共存时的蒸气压，对应的温度 T_m 即为该物质的熔点。当温度高于 T_m 时，固相的蒸气压高于液相的蒸气压，固相会全部转变成液相；若温度低于 T_m，液相就转变成固相；只有在 T_m 时，固、液两相的蒸气压相同，固、液两相共存，这就是纯物质有固定熔点的原因。

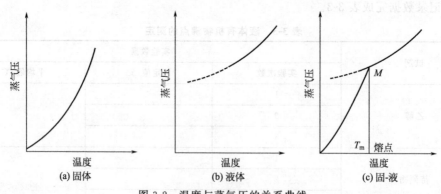

图 3-2　温度与蒸气压的关系曲线

测定熔点的常用方法一般有两种：一是毛细管法，用毛细管法测定熔点，仪器简单，操作方便，但不能观察到样品在受热过程中的细微变化；二是应用熔点测定仪测定熔点，实验室常用的熔点测定仪主要有显微熔点测定仪和全自动熔点仪。这些仪器的特点是操作方便、读数准确、试剂用量少。显微熔点测定仪可通过显微镜清晰地观察到样品在受热过程中的细微变化，如晶型的转变，结晶的失水、分散等现象。

三、实验装置、仪器与试剂

1. 毛细管法测定熔点装置

毛细管法测定熔点装置主要由熔点管、提勒管组成，如图3-3所示。熔点管是内径1mm左右、长7～8cm、一端封闭的毛细管。将熔点管紧贴在温度计下端，用橡皮圈将熔点管和温度计固定，使熔点管中的样品部分位于水银球侧面中部，并置于提勒管中。

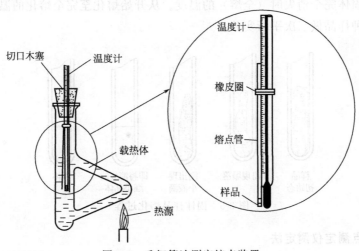

图 3-3 毛细管法测定熔点装置

2. 显微法熔点测定装置

显微熔点测定仪一般主要由调压测温仪、显微镜、熔点热台、传感器、散热器等组成，如图3-4所示即为X4型显微熔点测定仪。

3. 仪器与试剂

① 仪器：提勒管、玻璃棒、玻璃管、毛细管、酒精灯、温度计（0～150℃）、橡皮圈、缺口单孔软木塞、表面皿、X4型显微熔点测定仪、载玻片等。

② 试剂：苯甲酸、未知样等。

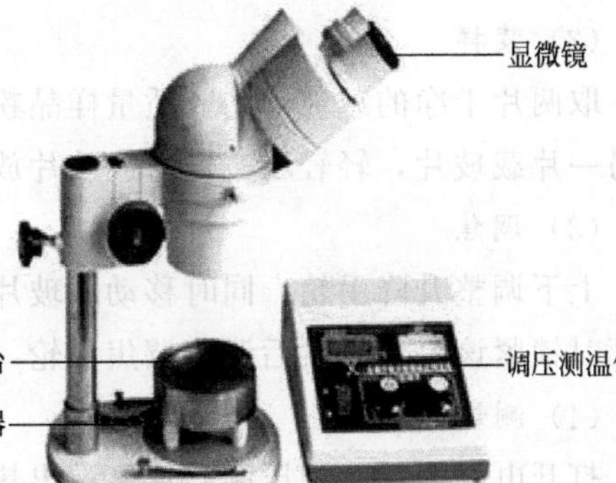

四、实验步骤

1. 毛细管法

（1）加料并安装仪器

图 3-4 X4型显微熔点测定仪

取少量干燥样品，置于洁净干燥的表面皿上，用玻璃棒碾成粉末，聚成小堆。将熔点管开口端插入样品堆中数次，装入少量样品。取一支长玻璃管直立于桌面上，将熔点管开口端朝上，投入长玻璃管中使其沿管壁自由下落，如此反复多次，使固体样品装填得均匀结实，样品高度以2～3mm为宜。再用橡皮圈将熔点管固定在温度计上，使熔点管紧贴温度计，并使样品中部与温度计水银球中部处于同一水平位置。在提勒管中加入浓硫酸，使其液面高度略高于提勒管支管口，将毛细管和温度计一起用缺口软木塞插入提勒管中，插入的深度以水银球恰在两侧管的中部为准。

（2）加热

将提勒管固定在铁架台上，在支管处的一端加热，加热时火焰须与提勒管的倾斜部分接触。刚开始时可进行快速升温，每分钟可升温 4～5℃，当距离熔点 10～15℃时，降低加热速率，使每分钟温度上升 1～2℃，接近熔点时每分钟升温约 0.5℃。

（3）记录

注意熔点管中样品的变化，如图 3-5 所示记录当毛细管中样品开始塌落并有液滴产生时（始熔）和固体完全消失时（全熔）的温度。从开始熔化至完全熔化的温度范围即为样品的熔程。每种样品做三次平行实验。

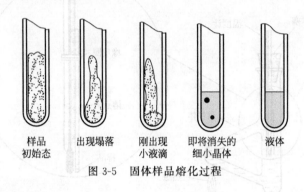

样品　　出现塌落　　刚出现　　即将消失的　　液体
初始态　　　　　　小液滴　　细小晶体

图 3-5　固体样品熔化过程

2. 显微熔点测定仪测定法

（1）仪器安装

先将热台放置在显微镜底座上，并使放入载玻片的端口位于右侧，以便于取放载玻片及药品。再将热台的电源线接入调压测温仪后侧的输出端，并将传感器插入热台孔，其另一端与调压测温仪后侧的插座相连，接通调压测温仪的电源。

（2）装样

取两片干净的载玻片，取适量样品粉末放在一片载玻片上并使样品分布薄而均匀，盖上另一片载玻片，轻轻压实，将载玻片放置在热台中心。

（3）调焦

上下调整升降手轮，同时移动载玻片，直到从目镜中能看到熔点热台中央的待测样品轮廓时锁紧该手轮；然后调节调焦手轮，直至能清晰地看到待测样品的图像为止。

（4）测熔点

打开电源开关，调压测温仪显示出热台即时的温度值。先将两个调温手钮顺时针调节至较大位置，使热台快速升温，当温度距待测固体熔点温度 30～40℃时，将调温手钮逆时针调节至适当位置，使升温速度减慢，每分钟升温 2～3℃。在距被测物熔点值约 10℃时，调整调温手钮控制升温速度约每分钟 1℃。通过显微镜观察被测样品的熔化过程，记录初熔和全熔时的温度值。每种样品平行测定三次。

五、实验注意事项

① 固定熔点管的橡皮圈应套得高些，以免受热时发生膨胀而松落。

② 熔点测定时固体样品必须经过充分干燥，否则测定的结果会偏低且熔程很宽。

③ 固体样品必须充分研磨，以免熔点测定过程中由于颗粒大小不均匀使样品间传热速率不平衡，导致测定结果不准确，使熔程变宽。

④ 提勒管中的浴液可根据待测物的种类选择，一般可采用浓硫酸、磷酸、石蜡、甘油和有机硅油等。如果待测物熔点温度在 140℃ 以下，最好选择石蜡或甘油；超过 140℃ 时，可选择有机硅油、浓硫酸或磷酸。

⑤ 使用显微熔点测定仪完成熔点测定后，不能立即用手触摸加热台，以免烫伤，应使用镊子夹出载玻片，待加热台冷却后方可拆卸仪器。用过的载玻片用乙醚擦拭干净，以备下次使用。

六、数据记录与结果处理

① 记录数据完成表 3-4。

表 3-4　固体有机物熔点的测定

试剂	实验数据		
	实验次数	毛细管法测定值/℃	显微法测定值/℃
苯甲酸	1		
	2		
	3		
	平均值		
未知物	1		
	2		
	3		
	平均值		

② 查阅资料，初步判断未知物的种类。

七、思考题

① 什么是熔点？什么是熔程？

② 测定熔点的意义是什么？

③ 除了本实验所述的熔点测定方法外，还有哪些方法可测定有机物的熔点？

● 实验 3-3　乙醇的蒸馏提纯

一、实验目的与要求

① 了解蒸馏的意义和原理。

② 掌握蒸馏装置的构造及操作方法。

二、实验原理

蒸馏是将液体加热至沸腾，使之变为蒸气，再将蒸气冷凝为液体的过程。在大气压下进行的蒸馏即为常压蒸馏。蒸馏液体混合物时，蒸气中的高沸点组分易被冷凝回流到蒸馏瓶中，而低沸点组分较难冷凝，因此先蒸出的主要是低沸点组分，这时温度变化不大，当蒸馏瓶中的低沸点组分含量很低时，温度才迅速上升，随后蒸出的是高沸点组分，不挥发物质则留在容器中。

蒸馏可用于挥发性物质与不易挥发性物质的初步分离，还可将沸点不同的液体有机物进行分离。沸点相差越大，蒸馏分离效果越好。一般液体混合物各组分的沸点至少相差30℃才能达到有效分离或提纯的目的。蒸馏还常用作沸点测定的常量方法，因为在一定压力下纯液体的沸点为一常数，由此可定性检验化合物的纯度。若沸点不恒定，则说明液体不纯。但是沸点一定的物质不一定就是纯物质，因为某些有机物与其他组分形成的二元或三元恒沸混合物也有确定的沸点。95％的乙醇即为恒沸混合物，其沸点为78.17℃，该温度称为共沸点。恒沸混合物在共沸点时，混合物的蒸气相组成与液相的组成完全相同，因此不能用蒸馏的方法来分离提纯恒沸混合物。所以蒸馏法得不到无水乙醇，只能得到95％的乙醇，即乙醇-水的恒沸混合物。

蒸馏过程中，在达到收集物沸点之前常有沸点较低的液体先蒸出，这部分馏液称为前馏分或馏头。当温度计的读数稳定时，部分液体开始馏出时的第一滴和最后一滴的温度差即是该馏分的沸程。馏分的沸程越窄，则馏分的纯度越高。

三、实验装置、仪器与试剂

1. 蒸馏装置

（1）常压蒸馏的装置

如图 3-6 所示，常压蒸馏装置主要由蒸馏烧瓶、温度计、蒸馏头、直形冷凝管、尾接管和接收器等部分组成。

① 蒸馏烧瓶：常用的蒸馏烧瓶主要是圆底烧瓶，长颈圆底烧瓶适宜蒸馏沸点在120℃以下的物质，短颈圆底烧瓶适宜蒸馏沸点高于120℃的物质。烧瓶大小的选择应由待蒸馏液体的体积来决定。通常液体的体积应占烧瓶容量的 $1/3 \sim 2/3$。液体装入过多，加热沸腾时，液体可能冲出带来危险并使蒸馏液不纯。若液体过少，充满大容器内空间的物质需要量就多，这些蒸气不易馏出则收集量减少。

② 温度计：蒸馏时应使温度计水银球的上缘与蒸馏头支管口的下缘在同一水平线上，如图 3-6 所示。这样可使水银球完全被蒸气包围，处于气液共存的状态，才能正确测定蒸馏时的温度。

③ 直形冷凝管：冷凝管是一种利用热交换原理使气体冷凝为液体的玻璃仪器，通常由里、外两条玻璃管组成，其中里层较小的玻璃管贯穿较大的外层玻璃管。常用的冷凝管有直形冷凝管、空气冷凝管、球形冷凝管、蛇形冷凝管四种类型，如图 3-7 所示。直形冷凝管适用于液体沸点低于140℃的物质，通常在外管通入冷水用来冷凝内管的蒸气；空气冷凝管适用于液体沸点高于140℃的物质；球形冷凝管内管为若干个玻璃球连接起来，用于有机物制备的回流，适用于各种沸点的液体；蛇形冷凝管内管呈蛇形，当物质沸点较低时，可使用蛇形冷凝管进行回流冷凝。

④ 接收器：常选用锥形瓶与尾接管相连来收集冷凝后的馏出液。

（2）装置的安装和拆卸

装置需要根据热源的高度进行安装，一般按照自下而上、自左至右的顺序进行。蒸馏烧瓶及冷凝管均需用铁夹固定，铁夹应夹在蒸馏烧瓶的瓶颈处、冷凝管的中央部分，夹住后仪器应可在夹中轻微转动，以防止因热胀冷缩引起玻璃碎裂。装置安好后要牢固，同时要做到从正面或侧面观察，各仪器的轴线成一直线。仪器拆卸的顺序与安装的顺序恰好相反，应先拆接收器，再拆冷凝管，最后拆下圆底烧瓶。

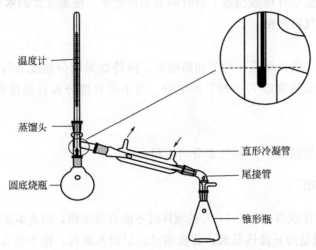

图 3-6 常压蒸馏装置

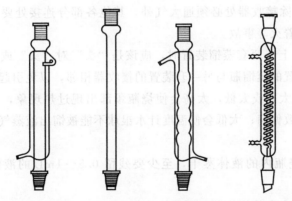

(a) 直形冷凝管 (b) 空气冷凝管 (c) 球形冷凝管 (d) 蛇形冷凝管

图 3-7 常用冷凝管类型

2. 仪器与试剂

① 仪器：蒸馏烧瓶（50mL）、锥形瓶（50mL）、蒸馏头、尾接管、直形冷凝管、温度计（0~100℃）、温度计套管、量筒、乳胶管、热源、升降架、量筒（10mL，50mL）、烧杯（250mL）等。

② 试剂：乙醇（50％）、沸石等。

四、实验步骤

1. 加料

准确量取 20mL 50％的乙醇于 50mL 蒸馏烧瓶中，同时加入 2~3 粒沸石。

2. 安装仪器

按照图 3-6 所示，安装常压蒸馏装置。采用水浴加热，使圆底烧瓶中液面略低于水浴液面。检查蒸馏装置的气密性，检查尾接管是否通大气。检查调整完毕后，接通冷凝水。

3. 蒸馏

打开热源，当温度计读数快速上升时调节加热速率，使温度计的水银球上始终附有冷凝的液滴，以保持气液平衡。

4. 收集馏分

当尾接管有馏出液出现后，调节加热速率，保持收集馏分速度为每秒 1～2 滴。准备一个干燥洁净的锥形瓶收集 77～79℃ 的馏分。当不再有馏分而且温度突然下降时立即停止加热。

5. 记录

记录沸程和收集到的 77～79℃ 馏分的体积。

五、实验注意事项

① 蒸馏易燃液体或沸点低于100℃的液体时不能直接加热，因此本实验需用水浴加热。

② 沸石的作用是防止液体暴沸，若蒸馏时忘记加入沸石，绝不能在液体近沸时补加，否则会因剧烈暴沸而使液体喷出或发生火灾事故，应使液体冷却一会儿再补加。若中途停止蒸馏，再次蒸馏时必须添加新的沸石。

③ 常压蒸馏装置除接收器处必须通大气外，其他各部分连接处要严密不漏气，避免产品损失或挥发引起着火等事故。

④ 在同一实验台上装两套蒸馏装置时，应该是"头"对"头"或"尾"对"尾"地安装，绝不能一套装置的蒸馏瓶与另一套装置的接收器相邻，以免引起火灾。

⑤ 热源温度不宜太高或太低，太高会使烧瓶颈部出现过热现象，使蒸气直接受到热源的热量，温度计读数偏高；太低会使温度计水银球不能被馏出液蒸气充分浸润，温度计读数偏低或不稳定。

⑥ 不能将蒸馏烧瓶内的液体蒸干，至少要残留 0.5～1mL 的液体，否则容易发生事故。

⑦ 蒸馏完成后，应先关闭热源，再关闭冷凝水。

六、数据记录与结果处理

记录实验现象；计算 77～79℃ 馏分的收率。

七、思考题

① 蒸馏时温度计应放在什么位置？为什么？

② 为什么本实验要用水浴加热？蒸馏乙醇时能否直接用火加热？

③ 是否所有具有固定沸点的物质都是纯物质？为什么？

④ 在蒸馏装置里，为什么要求冷却水从冷凝管下口进入而从上口流出？

⑤ 在蒸馏过程中，为什么要控制蒸馏速度为每秒 1～2 滴？

⑥ 蒸馏速度过快时对实验结果有何影响？

● 实验 3-4 乙醇的分馏提纯

一、实验目的与要求

① 了解分馏的意义和原理。
② 明确蒸馏与分馏的关系。
③ 掌握分馏的装置及操作方法。

二、实验原理

蒸馏和分馏都是提纯液体有机物的方法。蒸馏要求液体混合物沸点相差至少 30℃，对于沸点相近的组分不能取得较好的分离效果，此时需采用分馏的方法。分馏是利用分馏柱将多次汽化、冷凝过程在一次操作中完成的分离提纯方法，一次分馏可达到多次蒸馏的效果。分馏过程中，混合液受热沸腾，蒸气在分馏柱中不断上升，与冷凝下来的液体相遇，两者进行热交换，蒸气中高沸点组分被冷凝，低沸点组分继续呈蒸气上升，而冷凝液中低沸点组分受热汽化，高沸点组分仍呈液态继续下降，冷凝液中高沸点组分不断增加。如此经过多次热交换就达到多次蒸馏的效果，结果低沸点组分被蒸馏出来，高沸点组分则留在烧瓶中。通过分馏可以有效地分离纯化沸点相近的液体混合物，比蒸馏省时、简单，减少了浪费，并大大提高了分离效率。

工业酒精中主要成分是乙醇，但含有少量水、甲醇、醛类、有机酸等杂质。这些化合物的沸点相差不太大，用普通蒸馏的方法难以有效地提纯乙醇，因此可用分馏的方法对乙醇进行分离提纯。

三、实验装置、仪器与试剂

1. 分馏装置

分馏装置如图 3-8 所示，与蒸馏装置基本相同，不同之处就是在蒸馏烧瓶与蒸馏头之间增加了一根分馏柱。分馏柱是一根长而垂直、柱身有一定形状的空管，目的就是增大气液两相的接触面积，提高分离效率。分馏柱的种类有很多，实验室常用的分馏柱有球形分馏柱 [图 3-9(a)]、刺形分馏柱 [或称韦氏（Vigreux）分馏柱，图 3-9(b)]、赫姆帕（Hempel）分馏柱 [图 3-9(c)]。球形分馏柱分离效率较差；刺形柱管内有许多齿形的刺，适用于分离少量且沸点差距较大的液体；赫姆帕分馏柱在管中会填充诸如玻璃、陶瓷、金属丝等填料，适合于分离一些沸点差距较小的化合物。实验室中分离提取少量的液体混合物时，常选用刺形分馏柱，它的优点是沾附在柱内的液体少，但缺点是分离效率比填料柱低。分馏柱的效率主要取决于柱高、回流比、填充物和保温性能。分馏柱越高，分离效率越高，但过高会影响速度。在单位时间内，由柱顶冷凝返回柱中液体的量与蒸出物的量之比称为回流比，回流比小，意味着从烧瓶中蒸发的蒸气大部分由柱顶流出被冷凝收集，显然分离效率不高，若要提高分流效率，回流比就应控制得大一些。若分馏柱的保温性能差，热量散失快，就会降低热交换的效果，使分离不够完全。为了提高分馏柱的分馏效率，常常在分馏柱内装入具有大表面积的填料，在分馏柱管中填充物之间需保持一定的空隙，以免气流流动受阻，影响分离效果。

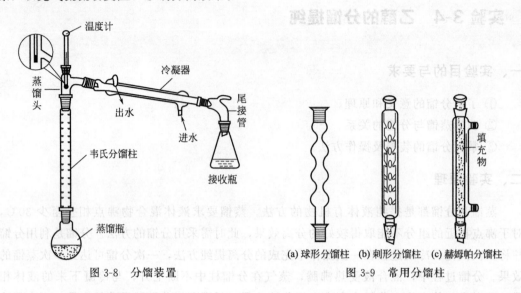

图 3-8　分馏装置　　　　图 3-9　常用分馏柱

（a）球形分馏柱　（b）刺形分馏柱　（c）赫姆帕分馏柱

2. 仪器与试剂

① 仪器：圆底烧瓶（50mL）、蒸馏头、韦氏分馏柱、直形冷凝管、尾接管、锥形瓶（50mL）、温度计、量筒（5mL，10mL，50mL）、乳胶管、热源、烧杯（250mL）等。

② 试剂：工业酒精、沸石等。

四、实验步骤

1. 加料

准确量取 30mL 工业酒精于 50mL 圆底烧瓶中，同时加入 2～3 粒沸石。

2. 安装仪器

按图 3-8 所示，安装分馏装置。采用水浴加热，使圆底烧瓶中的液面略低于水浴液面。检查分馏装置的气密性，检查尾接管是否通大气。检查调整完毕后接通冷凝水。

3. 分馏

打开热源，开始时加热速率可以较快，当温度计读数快速上升时调节加热速率，使水银球上始终附有冷凝的液滴，以保持气液平衡。当有馏分出现后，调节加热速率，使馏出液以每滴 2～3s 的速度馏出。

4. 收集馏分

分别用干燥洁净的锥形瓶接收 74℃ 以下、74～79℃ 和 79℃ 以上的馏分。当不再有馏分出现而且温度突然下降时，立即停止加热，分馏完毕。

5. 记录

记录各部分馏分的体积。

五、实验注意事项

① 参照蒸馏的实验注意事项。

② 分馏时加热一定要缓慢进行，控制好馏出速度（1 滴/2～3s），这样才可以得到比

较好的分馏效果。

③ 控制好回流比，使上升的气流和下降的液体充分进行热交换，使易挥发组分尽量上升，难挥发组分尽量下降，分馏效果更好。

④ 需用石棉带等保温材料包裹分馏柱，降低柱内、外温差，维持柱内一定的温度梯度，防止液泛发生，尽量减少分馏柱的热量散失和波动。

六、数据记录与结果处理

记录实验现象；计算各馏分的收率。

七、思考题

① 分馏与蒸馏的区别有哪些？分馏柱的作用是什么？

② 若分馏时加热速率过快会使分离效果显著下降，这是为什么？

③ 哪些因素影响分馏效率？为什么装有填充物的分馏柱比没装填充物的分馏柱分馏效果好？

● 实验 3-5　烟碱的水蒸气蒸馏提取

一、实验目的与要求

① 了解回流和水蒸气蒸馏的意义及适用范围。

② 了解天然产物中生物碱的提取方法及生物碱的性质。

③ 掌握水蒸气蒸馏的原理及操作方法。

二、实验原理

1. 回流

将液体加热汽化使之变为蒸气，同时将蒸气冷凝再液化，并使冷凝的液体流回到原来的容器中再受热汽化，这样循环往复的汽化-液化过程称为回流。回流提取法是常用的天然产物提取方法之一。应用有机溶剂进行加热提取操作时，一般需采用回流装置，该方法提取效率较高且能够节省溶剂。

2. 水蒸气蒸馏

水蒸气蒸馏是将水蒸气通入不溶或难溶于水但有一定挥发性的混合物中，使之加热至沸，使待提纯的有机物随水蒸气一起蒸馏出来的过程。根据道尔顿分压定律，在不溶或难溶于水的有机物（p_I）中通入水蒸气（p_W）时，整个体系的总蒸气压（p）等于各组分的蒸气压之和，即 $p = p_W + p_I$。当 p 与外界气压相等时，体系沸腾，此时的温度即为混合物的沸点，该沸点低于其中任何一组分的沸点。因此常压下应用水蒸气蒸馏，就能在低于 $100\,℃$ 的温度下将高沸点或不稳定的有机物从混合物中与水一起蒸馏出来。在馏出物中，随水蒸气一起蒸馏出的有机物同水的质量之比，等于两者的分压分别和两者的相对分子质量的乘积之比。

水蒸气蒸馏法的适用范围主要有：①混合物中含有大量树脂状或不挥发性杂质；②除去不挥发性的有机杂质；③从不挥发的固体物质中分离出被吸附的液体；④能够随水蒸气蒸馏出来而不会被破坏且难溶或不溶于水的成分的提取。使用水蒸气蒸馏法分离提纯的物质必须具备 3 个条件：①不溶或难溶于水；②与水长时间共沸不发生化学反应；③在 100℃左右具有一定的蒸气压（一般不低于 1.3×10^3 Pa），而且与其他物质在 100℃左右具有明显的蒸气压差。

图 3-10　烟碱的分子式

尼古丁（熔点 247℃），俗名烟碱，是一种存在于茄科植物中的含氮生物碱，也是烟草的重要成分，在烟叶中的含量为 1%～3%，其分子式如图 3-10 所示，化学名为 1-甲基-2-（3-吡啶基）吡咯烷。烟碱可与盐酸反应生成烟碱盐酸盐而溶于水，加入强碱后即可游离出来。烟碱符合水蒸气蒸馏的三个条件，因此可采用水蒸气蒸馏法提取。

三、实验装置、仪器与试剂

（一）实验装置

1. 回流装置

回流装置主要由热源、圆底烧瓶和回流冷凝管组成。当回流温度低于 140℃时，通常选用球形冷凝管，如图 3-11（a）所示；如果反应物怕受潮，应在冷凝管上端安装干燥管，如图 3-11（b）所示；如果反应过程中有有害气体产生，就要安装气体吸收装置，如图 3-11（c）所示。

2. 水蒸气蒸馏装置

（1）常量水蒸气蒸馏装置

常量水蒸气蒸馏装置如图 3-12 所示，主要由水蒸气发生器、安全管、T 形管、水蒸气导入管、长颈圆底烧瓶、直形冷凝管、尾接管和锥形瓶组成。其中安全管用来调节水蒸气发生器中的内压，通过其水位高低，可判断水蒸气蒸馏系统是否畅通。T 形管用来除去水蒸气中冷凝下来的水，并且在操作中出现意外情况时，可使水蒸气发生器与大气相通。水蒸气导管的末端

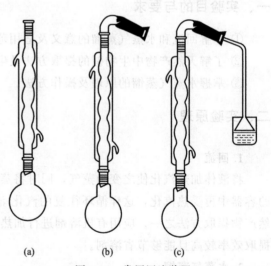

(a)　　　(b)　　　(c)

图 3-11　常用回流装置

垂直伸到长颈烧瓶的瓶底附近，以使水蒸气和被蒸馏物质充分接触并起搅动和加热的作用。长颈圆底烧瓶与桌面约成 45°角，瓶内液体不宜超过其容积的 1/2。倾斜目的是避免飞溅起的液体被蒸气带进冷凝管中。馏出液导管的直径比水蒸气导管粗些，以减小蒸气流通阻力。其插入长颈圆底烧瓶中的部分应尽量短些，以防蒸气冷却，而插入直形冷凝管中的部分可稍长，起部分冷凝的作用。

（2）微量水蒸气蒸馏装置

微量水蒸气蒸馏装置如图 3-13 所示，主要由水蒸气发生器、蒸馏试管、T 形管、直

形冷凝管、尾接管和锥形瓶组成。其中水蒸气发生器是两颈圆底烧瓶，盛水量约占容积的1/3。两颈圆底烧瓶其中一颈连接水蒸气导管，另一颈中插入蒸馏试管。T形管的一端通过水蒸气导管与圆底烧瓶相连，以便水蒸气传导；另一端连接止水夹，用来调节蒸馏装置的内压，最长的一端插入蒸馏试管的近底部，以使水蒸气和被蒸馏物质充分接触并起搅动和加热的作用。

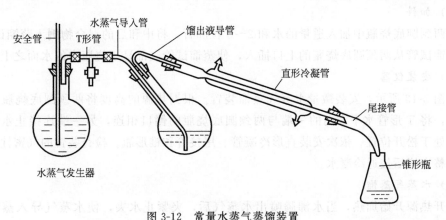

图 3-12　常量水蒸气蒸馏装置

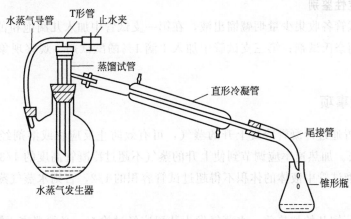

图 3-13　微量水蒸气蒸馏装置

（二）仪器与试剂

① 仪器：两颈圆底烧瓶（250mL）、蒸馏试管、T形管、直形冷凝管、尾接管、蒸馏头、圆底烧瓶（50mL）、锥形瓶（50mL）、止水夹、球形冷凝管、热源、乳胶管、升降架、烧杯（250mL）、研钵、玻璃棒、小试管等。

② 试剂：烟叶（或烟丝）、HCl（10%）、NaOH、沸石、红色石蕊试纸、奈氏试剂、饱和苦味酸、酚酞（1%）等。

四、实验步骤

1. 烟碱的提取

（1）回流

取研细的烟叶 0.5g 放入圆底烧瓶中，加 15mL 10% HCl，按图 3-11(c) 所示，安装回流提取装置,加热回流半小时。

(2) 中和

将回流后的混合物冷却后滤入烧杯中,加入 NaOH 充分搅拌,用红色石蕊试纸检验至试纸变蓝,此时中和完全。

2. 烟碱的水蒸气蒸馏

(1) 加料

在两颈圆底烧瓶中加入适量的水和 2~3 粒沸石。将中和后的混合物倒入蒸馏试管中,再将蒸馏试管从两颈圆底烧瓶的上口插入,使蒸馏试管底部悬于烧瓶中的水面之上。

(2) 安装仪器

按图 3-13 所示,安装微量水蒸气蒸馏装置。根据热源的高度将两颈圆底烧瓶用铁夹固定好,将 T 形管水平方向的一端与两颈圆底烧瓶的侧口相连,另一端连接止水夹,使止水夹处于松开位置。依次安装直形冷凝管、尾接管和锥形瓶。检查装置的气密性,装置检查调整完毕后接通冷凝水。

(3) 水蒸气蒸馏

打开热源开始加热,当水沸腾喷出水蒸气后,夹紧止水夹,使水蒸气导入蒸馏试管中,开始水蒸气蒸馏。蒸馏完成后,应先松开止水夹,再关闭热源,以免产生倒吸现象。

3. 烟碱的定性鉴别

取三支小试管各收集少量烟碱馏出液,在第一支试管中加入几滴饱和苦味酸;第二支试管中加入几滴奈氏试剂;第三支试管中加入 1 滴 1% 酚酞试剂。观察现象,分析定性鉴别的结果。

五、实验注意事项

① 回流装置通过冷凝管冷凝上升的蒸气,可有效防止反应物或溶剂经长时间加热而造成的蒸发损失。加热速率应调节到使上升的蒸气不超过冷凝管高度的 1/3~1/2。

② 加入蒸馏试管中液体的体积不得超过试管容积的 1/2,否则水蒸气蒸馏时溶液导致液体溢出。

③ 水蒸气蒸馏开始加热前,水蒸气发生装置应经过检查,必须严密不漏气。

④ 蒸馏过程中,需通过数次快速松开止水夹以调节蒸馏试管内的压力,避免液体喷出;或者在蒸馏试管支管与直形冷凝管间加一个蒸馏头和一个锥形瓶来接收喷出的少量液体,就能很好地避免馏出液被污染。

⑤ 操作中发生液体喷出或其他意外情况,或者蒸馏完毕,都应先松开止水夹。

⑥ 大多数生物碱能和某些酸类、重金属盐类以及一些较大分子量的复盐反应,生成单盐、复盐或络盐沉淀。这些能与生物碱产生沉淀的试剂称为生物碱沉淀试剂。

六、数据记录与结果处理

记录实验现象、馏出液的物理性质;根据定性鉴别现象分析实验结果。

七、思考题

① 水蒸气蒸馏与普通蒸馏的区别有哪些?

② 具备哪些条件的有机物才可用水蒸气蒸馏法进行分离提纯？

③ 为什么提取烟碱时，先用盐酸提取，再用氢氧化钠中和至呈明显碱性？

④ 蒸气导入管的末端为何要插入试管近底部？若堵塞会怎样？如何处理？

⑤ 回流装置有何优点？为什么回流装置中用球形冷凝管而不是直形冷凝管？

⑥ 如何定性鉴别生物碱类化合物？

⑦ 如果没有两颈圆底烧瓶，利用普通蒸馏烧瓶能组成少量水蒸气蒸馏装置吗？试绘画装置图。

⊙ 实验 3-6 茶叶中咖啡因的提取

一、实验目的与要求

① 了解咖啡因的性质及从茶叶中提取咖啡因的原理和方法。

② 掌握索氏提取器的作用和使用方法。

③ 掌握升华法提纯的原理和方法。

二、实验原理

1. 液固萃取

液固萃取也称固液萃取，是指采用适当的方法用萃取剂将所需要的物质从固体中分离出来的过程。最简单的液固萃取方法是浸出法，即把固体混合物粉碎、研细，放入容器中。用适当的萃取剂浸泡，用力振荡，通过过滤或倾析的方法将萃取液和残留的固体分开。若被提取物对萃取剂的溶解性特别好，可采用渗漉法；若被提取物的溶解度小，则应采用索氏提取法进行提取。索氏提取法需使用索氏提取器（也称脂肪提取器）进行提取，利用回流和虹吸的原理，使固体有机物连续多次被纯溶剂萃取，萃取效率高，且节省溶剂。

2. 升华

升华是利用某些固体物质受热后，不经过熔融状态即变成蒸气，蒸气遇冷，又直接变成固体来实现分离、提纯固体有机物的。用升华法提纯固态混合物必须具备 2 个条件：①被提纯的固体具有较高的蒸气压；②被提纯的固体与混合物中的其他组分的蒸气压有显著的差异。如易升华的物质中含有不挥发性杂质时，常采用升华法精制。升华很适用于微量易升华物质的提纯，也特别适用于纯化易潮解及与溶剂易起离解作用的物质。升华过程无须溶剂，比结晶法快，制得的产品纯度高，但损失较大，若同时存在蒸气压相似的物质，还缺乏选择性。

茶叶中含有多种生物碱，其中咖啡因占 $1\% \sim 5\%$。咖啡因也称咖啡碱、茶素，其分子结构为：

咖啡因

1, 3, 7-三甲基-2, 6-二氧嘌呤咖啡因呈弱碱性，可溶于氯仿、丙酮、乙醇和热水中。现在制药工业多用合成的方法来制取咖啡因，它具有刺激心脏、兴奋大脑神经和利尿等作用，因此可作为中枢神经兴奋药。它也是复方阿司匹林等药物的组分之一。本实验用索氏提取器从茶叶中提取咖啡因，既省时又节省溶剂。咖啡因在120℃时升华显著，到178℃时迅速升华，因此利用升华的方法可进一步提纯咖啡因。

三、实验装置、仪器与试剂

1. 索氏提取装置

索氏提取装置主要由蒸馏烧瓶、提取管、冷凝管等组成，见图3-14。蒸馏烧瓶中的溶剂沸腾时，其蒸气通过侧管上升，被冷凝管冷凝成液体，滴入提取管中，浸润其中的固体物质，当提取管内溶剂液面的高度超过虹吸管的最高处时即发生虹吸，液相虹吸回到烧瓶中。通过反复的回流和虹吸，从而将所需组分富集在烧瓶中。

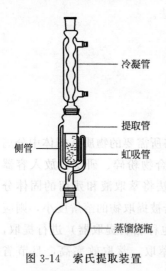

图 3-14　索氏提取装置

2. 升华装置

实验室常用升华装置如图3-15(a) 所示。在蒸发皿中放置待升华的固体样品，上面覆盖一张扎有许多小孔（孔刺朝上）的滤纸，将一个直径小于蒸发皿的玻璃漏斗倒扣在蒸发皿上，漏斗的颈部塞些棉花，减少蒸气逸出。

待升华物质的量较大时，可采用图3-15(b) 所示的升华装置分批进行升华。在烧杯中盛放待升华的固体样品，其上放置一个通冷凝水的圆底烧瓶，使蒸气在烧瓶底部凝结成晶体并附着在烧瓶底部。

升华少量物质时，可采用图3-15(c) 所示的减压升华装置。装置主要由吸滤管、指形水冷凝管等组成。将待升华物质放在吸滤管内，再在吸滤管口用橡胶塞紧密固定一个指形水冷凝管，接通冷凝水后，将吸滤管置于水浴中加热，用泵抽气减压使物质升华。

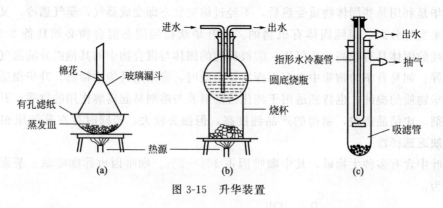

图 3-15　升华装置

3. 仪器与试剂

① 仪器：索氏提取器（150mL）、滤纸筒、烧杯（250mL）、量筒（100mL）、蒸发皿（50mL）、玻璃漏斗、研钵、玻璃棒、脱脂棉、滤纸（定性、快速）、电子天平等。

② 试剂：茶叶、乙醇（95%）、生石灰（氧化钙）、沸石等。

四、实验步骤

1. 提取

（1）加料并安装仪器

称取茶叶末 8g 装入滤纸筒，在圆底烧瓶中加入 50mL 95% 乙醇，再加入 2 粒沸石，按照图 3-14 安装索氏提取装置。

（2）回流

水浴加热，连续回流萃取 30min 后，当冷凝液刚刚虹吸下去时立即停止加热。降温后，取出滤纸筒，采用常压蒸馏装置浓缩提取液至 5mL 左右。

2. 干燥

把浓缩提取液倒入蒸发皿中，烧瓶用少量乙醇洗涤，洗涤液也倒入蒸发皿中，加入 4g 生石灰，在水蒸气浴上不断搅拌蒸干。再将蒸发皿移至热源上加热片刻，使水分全部去除。

3. 升华

（1）加料并安装仪器

按照图 3-15(a) 安装升华装置，将待升华物质在蒸发皿中铺均匀，将一张刺有许多小孔的滤纸罩在蒸发皿上，再将颈口塞有脱脂棉花的玻璃漏斗罩在滤纸上方。

（2）升华

用小火加热升华，温度控制在 200℃ 以下。当滤纸上出现大量白色针状晶体时停止加热，将其自然冷却至不太烫手时揭开漏斗和滤纸，观看咖啡因的颜色和形状，仔细地把滤纸上及漏斗内壁的咖啡因用小刀刮下，称重。

五、实验注意事项

① 滤纸筒中装茶叶的高度不能超过虹吸管，滤纸筒上部放一薄层棉花，可防止回流乙醇时茶叶漏出，堵塞虹吸管。

② 浓缩萃取液时不可蒸得太干，应剩余 5～10mL，以防转移损失。否则会因残液很黏，粘到瓶壁上而难于转移，从而造成样品损失。

③ 加入生石灰要搅拌均匀，生石灰的作用除吸水外，还可中和除去部分酸性杂质，如鞣酸等。

④ 粗咖啡因中如留有少量水分，升华开始时会产生一些烟雾，污染器皿，也影响收率。因此在水蒸气浴蒸干后要在热源上直接加热一会儿，保证水分蒸干。

⑤ 升华过程中要控制好温度。如温度太高会使滤纸炭化变黑，并把一些有色物质烘出来，产品不纯。若温度太低，升华速度较慢。第二次升华时火也不能太大，否则部分炭化会大量冒烟，导致产物损失。

六、数据记录与结果处理

记录实验现象；计算咖啡因的收率。

七、思考题

① 索式提取器的工作原理是什么？

② 利用升华法提纯固体有机物必须具备的条件是什么？

③ 本实验中使用生石灰的作用有哪些？

④ 除可用乙醇萃取咖啡因外还可采用哪些溶剂萃取？

⑤ 索氏提取器由哪几部分组成？它的萃取原理是什么？有哪些优点？

⑥ 滤纸筒中装茶叶的高度为什么不能超过虹吸管？

⑦ 升华过程中为什么必须严格控制温度？

○ 实验 3-7　乙醇的减压蒸馏

一、实验目的与要求

① 了解减压蒸馏的意义和原理。

② 掌握减压蒸馏装置的构造和操作方法。

③ 熟悉旋转蒸发仪的原理及操作方法。

二、实验原理

液体的沸点是指它的饱和蒸气压等于外界压力时的温度，因此液体的沸点随外界压力的变化而变化。因此，利用外界压力与液体沸点的关系，将液体置于借助于减压泵降低系统内压力的装置中，就可以使液体沸点降低，这种可以在低压、低温条件下进行的操作称为减压蒸馏。减压蒸馏是分离提纯有机物的常用方法之一，其优点在于可以在较低温度下蒸馏出产品，可以避免产品在高温下分解；不需要高温加热装置，节省能源和成本降低。减压蒸馏一般适用于在常用蒸馏温度时会分解、氧化、聚合或沸点高于 200℃ 的液体有机物。

在减压蒸馏时，液体的沸点可根据经验曲线进行估算。如图 3-16 所示，在已知一化合物的正常沸点和蒸馏系统的压力时，连接线 B 上的正常沸点和线 C 上的相应的系统压力的直线与左边的线 A 相交，交点即是系统压力下此液体有机物的沸腾温度。

三、实验装置、仪器与试剂

1. 减压蒸馏装置

减压蒸馏装置一般由蒸馏、抽气、安全系统和测压四部分组成，如图 3-17 所示。蒸馏部分由蒸馏瓶、克氏蒸馏头、毛细管、温度计及冷凝管、接收器等组成。克氏蒸馏头可减少由于液体暴沸而溅入冷凝管的可能性；而毛细管的作用，则是作为汽化中心，使蒸馏平稳，避免液体过热而产生暴沸冲出现象。毛细管口距瓶底 1～2mm，为了控制毛细管的进气量，可在毛细玻璃管上口套一段软橡胶管，橡胶管中插入一段细铁丝，并用螺旋夹夹住。抽气部分用减压泵，最常见的减压泵有水泵和油泵两种，水泵可达到 101.3～1.3kPa 的真空度，油泵可达到 1.3～0.1kPa 的真空度。安全系统主要是安全瓶。测压部分采用压力计测压。

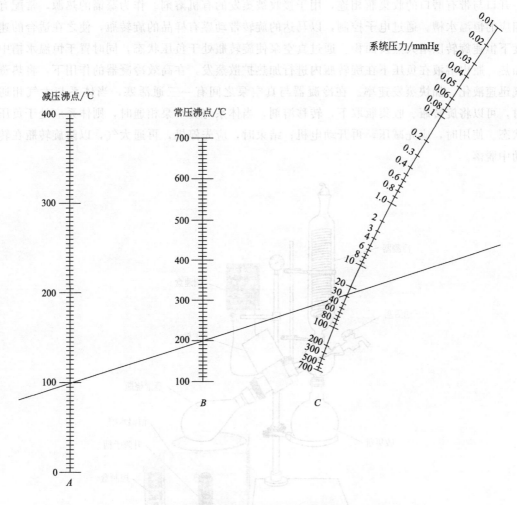

图 3-16　液体在常压、减压下的沸点近似关系经验曲线

（注：1mmHg＝133.322Pa）

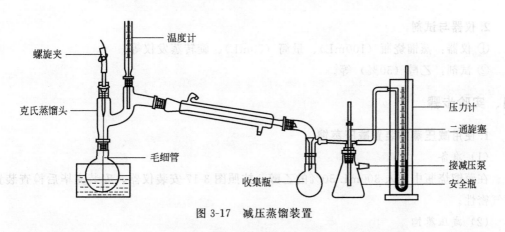

图 3-17　减压蒸馏装置

当需要在减压条件下连续蒸馏大量易挥发性溶剂时常使用旋转蒸发仪。如图 3-18 所示，旋转蒸发仪一般由主机、旋转瓶（蒸馏烧瓶）、冷凝器、恒温水槽、收集瓶组成。旋

转瓶是一个带有标准磨口的梨形或圆底烧瓶，通过高效的冷凝器与真空泵相连，冷凝器另一开口与带有磨口的收集瓶相连，用于接收被蒸发的有机溶剂。作为蒸馏的热源，常配有相应的恒温水槽。通过电子控制，以马达的旋转带动盛有样品的旋转瓶，使之在适合的速度下恒速旋转以增大蒸发面积。通过真空泵使旋转瓶处于负压状态，同时置于恒温水槽中加热，瓶内溶液在负压下在旋转瓶内进行加热扩散蒸发，在高效冷凝器的作用下，将热蒸气迅速液化，加快蒸发速率。在冷凝器与真空泵之间有一三通活塞，当体系与大气相通时，可以将旋转瓶、收集瓶取下，转移溶剂，当体系与真空泵相通时，则体系应处于负压状态。使用时，应先减压，再开动电机；结束时，应先停机，再通大气，以防旋转瓶在转动中脱落。

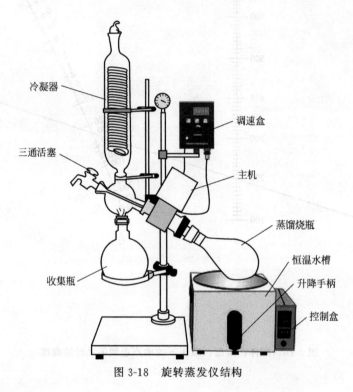

图 3-18　旋转蒸发仪结构

2. 仪器与试剂

① 仪器：蒸馏烧瓶（100mL）、量筒（50mL）、旋转蒸发仪等。

② 试剂：乙醇（50%）等。

四、实验步骤

1. 使用减压蒸馏装置减压蒸馏

（1）准备

在蒸馏烧瓶中加入 300mL 50% 的乙醇，按照图 3-17 安装仪器，安装完毕后检查装置的气密性。

（2）减压蒸馏

旋紧毛细管上的螺旋夹，打开安全瓶上的两通旋塞，然后开启真空泵，开始抽气，从压力计上观察系统内压力的大小，调节旋塞，使系统达到所需压力。调节毛细管上的螺旋夹，使液体中有连续平稳的小气泡产生。当压力稳定后，通入冷凝水，水浴加热，缓慢升温，当烧瓶中液体沸腾时，调节热源控制蒸馏速度维持在每秒 1 滴。

（3）蒸馏完毕

先停止加热，慢慢旋开毛细管螺旋夹和安全瓶上的活塞，平衡内、外压力，然后关闭真空泵，关闭冷凝水，拆卸仪器。

（4）记录

量取蒸馏烧瓶和收集瓶中两部分溶液的体积。

2. 使用旋转蒸发仪减压蒸馏

（1）准备

在恒温水槽中注入适量的纯水，将真空胶管与真空泵相连，冷凝水胶管与水龙头相连，将各磨口处均匀涂抹一层真空脂。在蒸馏烧瓶中加入 50mL 50％的乙醇，装好蒸馏烧瓶和收集瓶，用夹子固定好，调节升降手柄使蒸馏烧瓶下半部分浸入水中。

（2）减压蒸馏

接通冷凝水，接通旋转蒸发仪的电源，调节三通活塞处于与大气相通的位置，打开真空泵，此时真空度为零。关闭活塞，系统压力降低，压力此时应达到较高的真空度。打开调速开关，使蒸馏烧瓶以适宜的转速开始旋转。打开调温开关，根据当前真空度和液体的沸点设置水浴温度，恒温水槽开始自动温控加热，仪器开始减压蒸馏。

（3）蒸馏完毕

先关闭调速开关及调温开关，调节升降手柄使主机上升，然后关闭真空泵，并打开三通活塞使之与大气相通，关闭冷凝水，取下蒸馏烧瓶。

（4）记录

量取蒸馏烧瓶和收集瓶中两部分溶液的体积。

五、实验注意事项

① 加入蒸馏烧瓶中的液体量不能超过蒸馏烧瓶的 1/2。

② 当被蒸馏物中含有低沸点的物质时，应先进行普通蒸馏，然后进行减压蒸馏。

③ 检查减压蒸馏装置的气密性时，首先关闭安全瓶上的旋塞、拧紧蒸馏头上毛细管的螺旋夹，用真空泵抽气，观察能否达到要求的真空度，如果真空保持情况良好，说明系统密封性好。然后慢慢旋开安全瓶上的活塞，放入空气，直到内、外压力相等。

④ 旋转蒸发仪的恒温水槽应先注水后通电，不能无水干烧。

⑤ 旋转蒸发仪开机前应先将调速旋钮左旋到最小，开机后再将调速旋钮慢慢往右旋，调整至稳定的转速。一般体积较大的蒸馏烧瓶用中、低速，黏度大的溶液用较低转速。

⑥ 玻璃零件接装前应检查是否有裂缝、碎裂、损坏的现象，使用时应轻拿轻放，实验前、后均应清洗干净。

⑦ 旋转蒸发仪使用完毕后应将恒温水浴中的水排出。

六、数据记录与结果处理

记录实验现象；计算各部分的收率。

七、思考题

① 什么叫减压蒸馏？什么情况下可使用减压蒸馏？

② 减压蒸馏操作中，应先抽真空后加热还是先加热后抽真空？

③ 减压蒸馏结束，应如何停止减压蒸馏？

④ 减压蒸馏的实验装置有哪些？

⑤ 使用旋转蒸发仪时需注意哪些问题？

● 实验 3-8 液体有机物折射率的测定

一、实验目的与要求

① 了解有机物折射率测定的意义和原理。

② 掌握阿贝折射仪的基本构造和使用方法。

二、实验原理

光与物质相互作用可以产生各种光学现象，如光的折射、反射、散射、透射、吸收、旋光以及物质受激辐射等，通过分析研究这些光学现象，可以提供原子、分子及晶体结构等方面的大量信息。所以，在物质的成分分析、结构测定及光化学反应等方面，都离不开光学测量。折射率是指真空中电磁波传播的速度与非吸收介质中特定频率的电磁波传播速度之比，用符号 n 来表示，它是有机化合物重要的物理常数之一。许多纯物质都具有一定的折射率，如果其中含有杂质则折射率将发生变化，出现偏差，杂质越多，偏差越大。因此通过折射率的测定，可以鉴定未知物，也可测定物质的浓度。

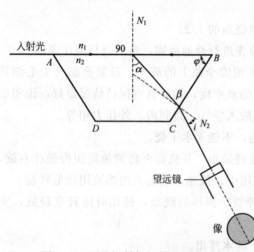

图 3-19 阿贝折射仪折射率测定原理

测定物质折射率常用的仪器为阿贝折射仪。阿贝折射仪主要由两个折射率为 1.75 的玻璃直角棱镜所构成，分别为进光棱镜和折射棱镜，两者之间有 $0.1 \sim 0.15$ mm 厚的空隙，用于装待测液体，并使液体展开成一薄层。当光线射入光棱镜时，由其磨砂面产生漫反射光穿过液层进入下方的折射棱镜。因此到达折射棱镜上表面上任意一点的光线具有各种不同的入射角。如图 3-19 所示，当入射角是 90°时，在折射棱镜中的折射角就是临界角 α。该光线再经一次折射后，进入观测系统的出射角记为 i。根据折射定律，当入射光以小于 90°的不同角度入射时，所有的出射角都将大于 i。于是观测系统的视场被分为明、暗两部分，两者之间的分界线即为临界角所对应的位置。设待测液体的折射率为 n_1，折射棱镜 $ABCD$ 的折射率为 n_2，且有 $n_1 < n_2$，

则 $n_1\sin90°=n_2\sin\alpha$，$n_2\sin\beta=\sin i$。根据平面几何学可知，$\varphi=\alpha+\beta$，将已知的棱镜的折射角 φ、折射率 n_2 及测得的 $\sin i$ 代入，即可求出待测液体的折射率 n_1。将此结果制成标尺即可在测量时直接读出测得的折射率数值。

在实际测量折射率时，使用的入射光不是单色光，而是使用由多种单色光组成的普通白光，因不同波长的光的折射率不同而产生色散，在目镜中看到一条彩色的光带，而没有清晰的明暗分界线，为此，在阿贝折射仪中安置了一套消色散棱镜。通过调节消色散棱镜，使折射棱镜出来的色散光线消失，明暗分界线清晰，如图 3-20 所示，此时测得的液体的折射率相当于用单色光钠光 D 线（589.0nm）所测得的折射率 n_D。

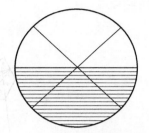

图 3-20　临界角时目镜视场示意

三、实验装置、仪器与试剂

1. 阿贝折射仪

阿贝折射仪的构造如图 3-21 所示，其光学系统组成如图 3-22 所示。

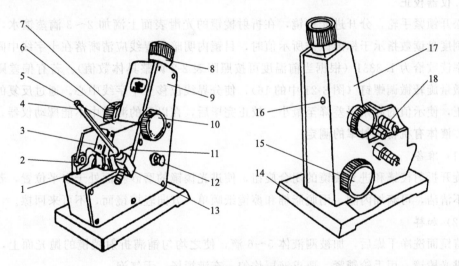

图 3-21　阿贝折射仪外形

1—反射镜；2—转轴；3—遮光板；4—温度计；5—进光棱镜座；6—色散调节手轮；7—色散值刻度圈；
8—目镜；9—盖板；10—锁紧手轮；11—折射棱镜座；12—照明刻度盘聚光镜；13—温度计座；
14—底座；15—折射率刻度调节手轮；16—微调螺钉；17—壳体；18—恒温器接头

2. 仪器与试剂

① 仪器：阿贝折射仪、脱脂棉、擦镜纸、温度计、螺丝刀等。
② 试剂：丙酮、异丙醇、乙酸乙酯、蒸馏水、溴代萘、葡萄糖溶液等。

四、实验步骤

1. 准备

将阿贝折射仪安放在光亮处，但应避免阳光的直接照射，以免液体试样受热迅速蒸发，记录温度计所示温度。

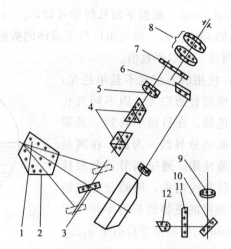

图 3-22 阿贝折射仪光学系统示意

1—进光棱镜；2—折射棱镜；3—摆动反光镜；4—消色散棱镜组；5—望远物镜组；6—平行棱镜；
7—分划板；8—目镜；9—读数物镜；10—反光镜；11—刻度板；12—聚光镜

2. 仪器校正

松开锁紧手轮，分开进光棱镜，在折射棱镜的光滑表面上滴加 2～3 滴蒸馏水，当目镜中刻度盘读数指示于标准试样所示值时，目镜内明暗分界线应清晰落在十字线中间，使折射率读数恰为 1.3331（根据当前温度可按照附表 2-2 调整具体数值）。若有偏差则用螺丝刀微量旋转微调螺钉（图 3-21 中的 16），使分界线位移至十字线中心。通过反复的观察和校正，使示值的起始误差降至最小。校正完毕后，在以后的测量中不能挪动仪器。

3. 液体有机物折射率的测定

（1）准备

旋开折射棱镜和进光棱镜的闭合旋钮，使进光棱镜的磨砂斜面处于水平位置，若棱镜表面不清洁，可滴加丙酮，用脱脂棉和擦镜纸顺单一方向轻擦镜面，不可来回擦。

（2）加样

待镜面洗净干燥后，加被测液体 5～6 滴，使之均匀铺满折射棱镜的抛光面上，迅速合上进光棱镜，用手轮锁紧，要求液层均匀、充满视场，无气泡。

（3）调光

打开遮光板，合上反射镜。调节目镜的视度，使目镜中的十字线清晰明亮。旋转刻度调节手轮（图 3-21 中的 15），使目镜视场中出现明、暗分界线。再旋转色散调节手轮（图 3-21 中的 6）使分界线不带任何色彩，微调刻度调节手轮（图 3-21 中的 15）使明、暗分界线位于十字线的中心（图 3-20）。再调节聚光镜（图 3-21 中的 12），使目镜视场下方显示被测液体的折射率。

（4）读数

在目镜中读出样品的折射率。每个样品测量三次，每次相差不应超过 0.0002，然后取平均值，并记录当前温度值。

4. 葡萄糖溶液浓度的测定

按实验步骤 3 分别测定 5 组已知浓度及 1 组未知浓度的葡萄糖溶液的折射率 n。以葡

萄糖溶液的浓度 c 为横坐标、n 为纵坐标，作出葡萄糖溶液的 n-c 关系曲线，并计算未知浓度葡萄糖溶液的浓度。

五、实验注意事项

① 使用时要注意保护棱镜，清洗时不能用滤纸等。加试样时滴管口不能触及镜面。酸、碱等腐蚀性液体不得使用阿贝折射仪进行测定。

② 要注意保持阿贝折射仪的清洁，保护刻度盘。每次实验完毕，要在镜面上加几滴丙酮，并用擦镜纸擦干。最后用两层擦镜纸夹在两棱镜镜面之间，以免镜面损坏。

③ 读数时，有时在目镜中观察不到清晰的明暗分界线，而是畸形的，这是由于棱镜间未充满液体；若出现弧形光环，则可能是由于光线未经过棱镜而直接照射到聚光透镜上。

④ 若待测试样折射率不在 $1.3\sim1.7$ 内，则阿贝折射仪不能测定，也看不到明暗分界线。

⑤ 若无恒温槽，所得数据要加以修正，通常温度每升高 $1℃$，液体有机物的折射率会降低 $(3.5\sim5.5)\times10^{-4}$。一般采用 4.0×10^{-4} 为其温度变化系数。在不同温度下测得的折射率 (n_D^t)，一般换算为 $20℃$ 时的数值。换算公式为：

$$n_D^{20}=n_D^t-4.0\times10^{-4}(t-20)$$

式中，t 为测量时的温度。

六、数据记录与结果处理

① 测定液体有机物的折射率完成表 3-5。

表 3-5 液体有机物的折射率 　　　　　实验温度：$t=$____℃

样品 次数	n_1	n_2	n_3	$\bar{n}$
丙酮				
乙酸乙酯				
异丙醇				

② 葡萄糖溶液的折射率及浓度完成表 3-6，作 n-c 曲线。

表 3-6 葡萄糖溶液的折射率及浓度

样品 次数	n_1	n_2	n_3	$\bar{n}$	c
1					
2					
3					
4					
5					
待测样					

七、思考题

① 能否用阿贝折射仪来测折射率大于折光棱镜折射率的液体？为什么？

② 温度怎样影响折射率？怎样将测定温度下得到的折射率换算成20℃的折射率？

③ 在测量蒸馏水的折射率与温度实验曲线时，若水分蒸发完了则会出现什么现象？为什么？

◎ 实验 3-9 旋光法测定葡萄糖浓度

一、实验目的与要求

① 了解旋光度测定的意义和原理。

② 掌握旋光仪的基本构造和使用方法。

③ 掌握比旋光度的计算方法。

二、实验原理

平面偏振光通过某些物质的溶液后其振动平面会偏转一定的角度 α，这种现象称为旋光现象，α 称为该物质的旋光度。使偏振光振动平面向右旋转称为右旋，用"＋"表示；反之向左旋转称为左旋，用"－"表示。通常具有旋光性物质的旋光度和旋光方向用比旋光度 $[\alpha]_D^{20}$ 来表示。比旋光度是旋光物质特有的物理常数之一，也是常用的一种定性鉴别旋光性物质纯度和含量的参数。其计算公式为：

$$[\alpha]_D^{20} = \frac{\alpha}{\rho l}$$

式中，α 为旋光度，(°)；ρ 为浓度，g/mL；l 为液管长度，dm。

物质的旋光度可通过旋光仪进行测定。市售的旋光仪主要有两种类型：一种是直接目测的；另一种是自动显示数值的。旋光仪的主要部件是两块尼柯尔棱镜。当一束单色光照射到尼柯尔棱镜时会被分解为平面偏振光，用于产生平面偏振光的尼柯尔棱镜称为起偏镜。如果让起偏镜产生的偏振光照射到另一个与起偏镜透射面平行的尼柯尔棱镜上，这束平面偏振光也能通过此棱镜；如果另一个棱镜的透射面与起偏镜的透射面互相垂直，则由起偏镜产生的偏振光完全不能通过该棱镜。如果另一个棱镜的透射面与起偏镜的透射面之间的夹角在 0°～90°，则起偏镜产生的偏振光会部分通过该棱镜，此第二个棱镜称为检偏镜。通过调节检偏镜，能使透过的光线强度在最强和零之间变化。如果在起偏镜与检偏镜之间放有旋光性物质，则由于物质的旋光作用，来自起偏镜的光的偏振面改变了某一角度，只有检偏镜也旋转同样的角度，才能补偿旋光线改变的角度，使透过的光的强度与原来相同。如图 3-23 所示，调节检偏镜进行配光，使最大量的光线通过时在标尺盘上可指示出此时的旋光度和方向。

三、实验装置、仪器与试剂

1. 旋光仪

旋光仪的类型很多，下面以 WXG-4 直接目测型圆盘旋光仪为例介绍仪器的构造

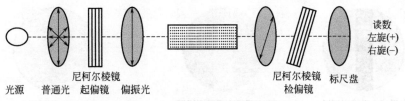

读数
左旋(+)
右旋(-)

光源　普通光　起偏镜　偏振光　　　　　　　尼柯尔棱镜　标尺盘
　　　　尼柯尔棱镜　　　　　　　　　　　　检偏镜

图 3-23　旋光度测定原理示意

（图 3-24）。仪器的光线系统倾斜 20°安装在底座上，光源采用 20W 的波长为 589.44nm 的钠光灯。光线从光源依次投射到聚光镜、滤色镜、起偏镜后，成为平面偏振光。旋光物质溶液放入镜筒后会使偏振光偏转一个角度，通过检偏镜进行分析，从目镜观察时，能看到视场中出现三分视界，如图 3-25 所示。转动度盘手轮，寻找视场照度相一致的视野［图 3-25(c)］，此时分别读出度盘和游标的数值。度盘分 360 格，每格 1°，游标分 20 格，等于刻度盘 19 格，用游标直接读数到 0.05°，如图 3-26 所示。

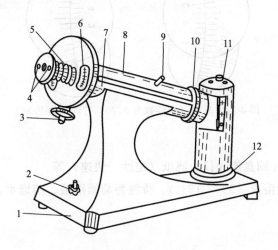

(a) WXG-4 圆盘旋光仪外形构造

1—底座；2—电源开关；3—度盘转动手轮；4—读数放大镜；5—调焦手轮；
6—度盘及游标；7—镜筒；8—镜筒盖；9—镜盖手柄；
10—镜盖连接；11—灯罩；12—灯座

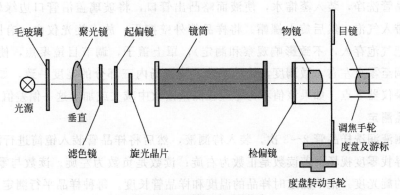

毛玻璃　聚光镜　起偏镜　　镜筒　　　　　　物镜　　　目镜

光源

垂直

滤色镜　旋光晶片　　　　　　检偏镜　调焦手轮

度盘及游标

度盘转动手轮

(b) WXG-4 圆盘旋光仪系统构造

图 3-24　WXG-4 圆盘旋光仪外形构造和系统构造

(a) 大于或小于零度视场

(b) 大于或小于零度视场

(c) 零度视场

度盘在零位时，放入充满有旋光性液体的试管后，视场变化情况

转动检偏镜后，找到视场照度相一致时的情况(即未放入液体前的视场)

图 3-25 三分视界

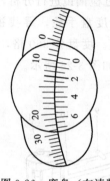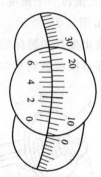

图 3-26 度盘（左读数为 9.20，右读数为 9.30）

2. 仪器与试剂

① 仪器：WXG-4 圆盘旋光仪、滤纸（定性、快速）等。

② 试剂：葡萄糖溶液（5%，15%）、待测葡萄糖溶液、蒸馏水、乙酸乙酯等。

四、实验步骤

1. 准备

打开圆盘旋光仪电源开关，预热 5～10min，使钠光灯发光正常。

2. 零点校正

将样品管洗净，装入蒸馏水，使液面略凸出管口，将玻璃盖沿管口边缘轻轻平推盖好，不能带入气泡，然后旋上螺帽。将样品管外壁擦干，放入旋光仪内（有圆泡一端朝上，以便把气泡存入，不致影响观察和测定），罩上盖子，调节目镜聚焦，使视野清晰，将刻度盘调至零点左右，微调度盘转动手轮，使视场内三部分的亮度一致，如图 3-25(c) 所示，记录仪器零点。如果该值不为零应在测量读数中减去或加上这一偏差值。

3. 样品测定

用待测液润洗样品管 2～3 次，装入待测液，然后将样品管装入镜筒进行测定。旋动刻度盘，寻找零度视场。若读数是正数为右旋；读数是负数为左旋。读数与零点值之差，即为样品的旋光度。记下测定时样品的温度和样品管长度。每种样品平行测定三次，计算平均值。测定完后倒出样品管中的溶液，用蒸馏水把管洗净，擦干放好。

4. 计算比旋光度

将测得的旋光度换算为比旋光度，计算未知葡萄糖溶液的浓度。

五、实验注意事项

① 旋光仪在使用时，需通电预热几分钟。钠光灯使用时间不宜过长，连续使用时间不宜超过 4h。如果使用时间较长，中间应关熄 10～15min，待钠光灯冷却后再继续使用。

② 旋光仪是比较精密的光学仪器，使用时，仪器金属部分切勿沾污酸、碱，防止腐蚀。

③ 光学镜片部分不能与硬物接触，以免损坏镜片。所有镜片均不能用手直接擦拭，应用脱脂棉或擦镜纸擦拭。

④ 样品管放入镜筒时注意不要将手印留在两端的玻璃尾板上，样品管的螺帽不宜过紧，以免产生应力，影响读数。

⑤ 实验完成后样品管内的液体要及时倒出，用蒸馏水洗涤干净，必要时可使用乙酸乙酯溶液清洗样品管。

⑥ 由于葡萄糖溶液具有变旋现象，所以待测葡萄糖溶液应该提前 24h 配好，以消除变旋现象，否则测定过程中会出现读数不稳定的现象。

⑦ 温度变化对旋光度具有一定的影响，温度每升高 1℃，大多数光活性物质的旋光度会降低 0.3% 左右。

六、数据记录与结果处理

记录实验数据完成表 3-7。

表 3-7　旋光法测定葡萄糖浓度

项目 \ 次数	1	2	3	平均值
零点				
$\alpha_{5\%葡萄糖}$				
$[\alpha]^{20}_{D(5\%葡萄糖)}$				
$\alpha_{15\%葡萄糖}$				
$[\alpha]^{20}_{D(15\%葡萄糖)}$				
$\alpha_{未知样}$				
$[\alpha]^{20}_{D(未知样)}$				

七、思考题

① 测定物质旋光度的意义是什么？

② 为什么测定样品前先要校正旋光仪的零点？

③ 旋光度和比旋光度有何区别？

④ 当样品读数为 +38° 时此读数还可以表示 218°、398°、−142° 等角度，如何确定样品的旋光度值具体是多少？

◎ 实验 3-10 乙酰苯胺的重结晶提纯

一、实验目的与要求

① 了解重结晶的意义和原理。

② 掌握重结晶提纯固体有机物的方法。

③ 掌握热过滤和抽滤的装置及操作方法。

二、实验原理

固体有机物在溶剂中的溶解度大小与温度有关。一般温度升高，溶解度会增大。若将固体溶解在热的溶剂中达到饱和，冷却时由于溶解度降低，溶液则形成过饱和溶液从而析出晶体。利用不同温度下溶剂对被提纯物质及杂质的溶解度不同，可以使被提纯物质从过饱和溶液中析出，而让大部分或全部杂质仍保留在母液中，从而达到提纯目的的方法即为重结晶。

重结晶只适宜杂质含量在 5% 以下的固体有机物的提纯。若溶液中含有有色杂质，通常可用适量的活性炭先进行脱色处理。在进行重结晶提纯时，选择合适的溶剂是操作中最为关键的一步，通常可通过查阅手册中的溶解度及相似相溶原理来选择合适的溶剂。理想溶剂必须具备下列条件：①不与被提纯物质发生化学反应；②在较高温度时能大量溶解被提纯物质，而在低温时，只能溶解很少量的该种物质；③对杂质的溶解度非常大或非常小；④易分离除去；⑤能得到较好的结晶；⑥无毒或毒性很小。

在重结晶的过程中会涉及过滤操作。过滤可分为常压过滤（普通过滤、热过滤）和减压过滤。常压过滤是靠重力作用进行的，速度较慢。通常除去不溶性杂质或活性炭会采用热过滤的方法。减压过滤也叫抽滤，该方法过滤速度快，固液分离较为完全，晶体易干燥。但减压过滤往往会导致低沸点溶剂蒸发，使结晶过早析出，因此应在冷却完全、析出晶体后再进行减压过滤操作。

乙酰苯胺在不同温度下在水中的溶解度有显著差异，如表 3-8 所列，因此可采用重结晶的方法进行分离提纯。

表 3-8   不同温度下乙酰苯胺的溶解度

$T/℃$	20	50	80	100
$s/(g/mol)$	0.46	0.84	3.45	5.5

三、实验装置、仪器与试剂

（一）过滤装置

1. 热过滤装置

如图 3-27 所示，主要包括热水漏斗、酒精灯、玻璃漏斗和小烧杯等。热水漏斗就是一个带侧管的夹层漏斗，可由金属制成，夹层内装有热水，可在支管处进行加热保温。玻璃漏斗中需放入一张经特殊折叠的菊花形滤纸，滤纸的折叠方法如图 3-28 所示。

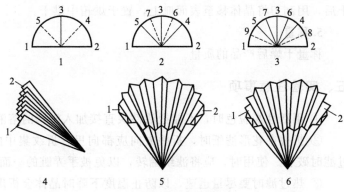

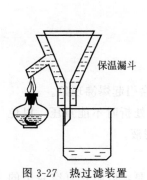

图 3-27 热过滤装置

图 3-28 滤纸的折叠方法

2. 抽滤装置

抽滤装置主要由布氏漏斗、吸滤瓶、真空泵等组成，如图 3-29 所示。布氏漏斗为瓷质容器，底部有许多小孔。布氏漏斗中用的滤纸应剪成比漏斗内径略小的圆形，抽滤前要先用少量溶剂把滤纸润湿，再打开真空泵将滤纸吸紧使润湿的滤纸能紧贴于漏斗底部，避免抽滤时固体从滤纸边沿抽进吸滤瓶

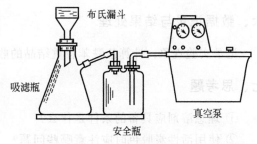

图 3-29 抽滤装置

中。吸滤瓶是带侧管的厚壁锥形瓶，用以接收滤液，其侧管应与安全瓶相连，安全瓶再与真空泵相连。

（二）仪器与试剂

① 仪器：热水漏斗、玻璃漏斗、布氏漏斗（80mm）、酒精灯、吸滤瓶（500mL）、烧杯（250mL）、量筒（50mL）、搅拌棒、真空泵、烘箱、刮刀、滤纸、电子天平等。

② 试剂：乙酰苯胺（粗制）、活性炭、蒸馏水等。

四、实验步骤

1. 固体溶解

称取 1.0g 粗制乙酰苯胺于烧杯中，加入 30mL 蒸馏水，加热至沸，并用玻璃棒不断搅动，使固体完全溶解，这时若有尚未完全溶解的固体，可继续加入少量热水，至完全溶解。移去热源，稍冷后加入适量活性炭（用量为粗产品质量的 1%～3%），稍加搅拌后盖上表面皿，继续加热沸腾 5～10min。

2. 热过滤

在玻璃漏斗中放入预先叠好的菊花形滤纸，用少量热水润湿，并将玻璃漏斗装入热水漏斗中。将上述热溶液滤入折叠滤纸中，在整个过滤过程中应保持溶液的温度。待所有的溶液过滤完毕后，用少量热水洗涤烧杯壁和滤纸。

3. 重结晶

用表面皿将盛滤液的烧杯盖好，用冷水充分冷却使乙酰苯胺结晶完全。

4. 抽滤及干燥

结晶完全后，抽滤，用少量冷水洗涤布氏漏斗中的晶体 1～2 次，最后将晶体尽量抽

干后，用刮刀将晶体移至表面皿上，置于烘箱中烘干。

5. 称重

称量干燥后产品的质量。

五、实验注意事项

① 用活性炭脱色时，不能把活性炭直接加入沸腾的溶液中，会引起爆沸现象。

② 折叠菊花形滤纸时，折叠方向应都向里，折纹集中的圆心处折时不能重压，以免过滤时破裂。使用时，应将滤纸翻转，以免被手弄脏的一面接触滤液。

③ 热过滤时要尽量迅速，以防止温度下降时晶体会析出。

④ 抽滤完成时应先将与真空泵相连的胶管拔下，再关闭真空泵，以防止真空泵中的溶液倒吸入抽滤瓶中。

六、数据记录与结果处理

记录实验现象；计算乙酰苯胺重结晶的收率。

七、思考题

① 理想溶剂应具备的条件是什么？

② 使用活性炭脱色时应注意哪些问题？

③ 抽滤时应注意什么？

④ 用水重结晶乙酰苯胺时，往往会出现油珠，这些油珠是什么？该如何处理？

○ 实验 3-11　染料的薄层色谱分离

一、实验目的与要求

① 了解色谱及薄层色谱的意义和原理。

② 掌握薄层色谱装置的构造及操作方法。

二、实验原理

1. 色谱法

色谱法也称为层析法，是分离、纯化和鉴定有机化合物的重要方法之一。色谱法分离效果好，适用于少量或微量物质的分离，在化学、化工和生物医药等领域已得到普遍应用。色谱法的基本原理是利用混合物各组分在某一物质（固定相）中吸附性或溶解性或亲和性能的差异，使混合物的溶液（流动相）流经该物质时，经过反复的吸附或分配等作用，将各组分分离。色谱法可分成很多种类，按两相状态可分为气相色谱和液相色谱；按固定相的几何形式可分为柱色谱、纸色谱和薄层色谱；按分离原理可分为吸附色谱、分配色谱、离子交换色谱、排阻色谱、亲和色谱等。

2. 薄层色谱

薄层色谱法是一种微量、快速、简易、灵敏的色谱法，也是应用非常广泛的色谱方法之一。这种色谱方法通常将固定相涂布在金属或玻璃薄板上形成薄层，用毛细管将样品点于薄板一端，之后将点样端浸入流动相中，依靠毛细作用令流动相流经样品，将样品中各组分分离。

薄层色谱常用的是吸附薄层色谱和分配薄层色谱。吸附薄层色谱利用待分离样品对固定相（吸附剂）和流动相（展开剂）相对亲和力的不同，当溶液通过毛细作用沿着薄层展开时，各组分不断地交替进行吸附-解吸的过程，并以不同的速度移动，最后分离开来。分配薄层色谱是利用待分离样品对固定相和流动相的分配系数不同从而得以分离。薄层色谱常用的吸附剂有硅胶、氧化铝、纤维素、聚酰胺等。吸附剂的活性与其含水量有关，通常需要加热使薄层失去水分进行活化。分配薄层色谱的薄层板不需要活化，只需室温放置过夜去掉少量水分即可。

通常用比移值 R_f（图 3-30）表示薄层色谱中样品移动和流动相移动的关系。R_f 与被分离物质的性质、固定相和流动相的性质、温度及薄层板的厚度、活化程度等因素有关。当各种实验条件都固定时，一种纯物质的 R_f 是一个定值，因而可作为定性分析的依据，良好的分离，R_f 值应在 $0.15\sim0.75$。一般在鉴定时，在同一块薄层板上用标准样品做对照。R_f 的计算公式为：

$$R_f = \frac{\text{被分离物质的最高浓度中心至原点中心的距离 } a}{\text{流动相前沿至原点中心的距离 } b}$$

薄层色谱的展开方式主要有上行法 [图 3-31(a)] 和下行法 [图 3-31(b)]。下行展开多适用于 R_f 小的化合物。若样品经一次展开后效果不理想，可采用单向多次展开和双向展开。单向多次展开就是在同样的条件下，每次展开取出干燥后，再进行下一次展开，直至获得较好的分离效果。双向展开是使用方形薄层板，样品点在角上，先向一个方向展开，取出干燥后，将其转动 90°，再换另一种展开剂展开，这样可以有效分离成分复杂的混合物。

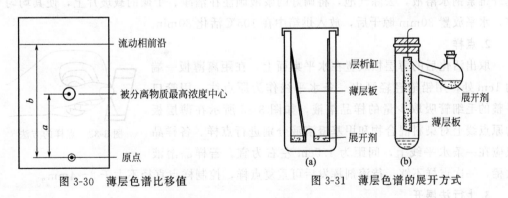

图 3-30 薄层色谱比移值　　　　　　　　　　图 3-31 薄层色谱的展开方式

染料混合物的分离可采用吸附薄层色谱法，由于不同染料分子结构不同，对吸附剂和展开剂的相对亲和力就不同，在展开的过程中就会因迁移速率的差异从而停留在不同位置，染料本身有颜色，展开后不需要显色即可直接观察到各组分斑点的位置。

三、实验装置、仪器与试剂

1. 薄层色谱装置

薄层色谱装置主要由薄层板、层析缸及毛细管组成。薄层色谱分离效果与薄层板的质量、活性、点样量、展开等影响因素有关。制备薄层板的方法有两种，其中一种是平铺法，即将干净的玻璃板在涂布器中间摆好，上、下两边各夹一块比前者厚 0.25～1mm 的玻璃板，以固定涂布器与玻璃板间的距离，将调成糊状的吸附剂倒入涂布器槽中，将涂布器自左向右推动，即可将糊状吸附剂均匀涂在玻璃板上。薄层涂布器如图 3-32 所示。另一种是倾注法，即将糊状的吸附剂倒在玻璃板上，用手轻轻振摇以涂覆均匀。制备薄层板时，应使薄层尽量牢固、厚度均匀。若薄层厚度不均，展开时溶剂前沿不齐，色谱结果难以重复。涂好的薄层板需水平放置于空气中晾干，再置于烘箱中加热活化。硅胶板一般在烘箱中渐渐升温，在 110℃左右活化 30min。而氧化铝板活化温度在 150℃以上，时间也长，需几个小时。毛细管内径小于 1mm，插入样品溶液中可通过毛细作用吸取样品溶液。薄层的展开需要在密闭的、被展开剂蒸气饱和了的层析缸中进行，层析缸多为带盖玻璃缸。

图 3-32　薄层涂布器

2. 仪器与试剂

① 仪器：载玻片、量筒（10mL）、层析缸（20cm×100cm）、烧杯（50mL）、毛细管（0.5mm×100mm）、玻璃棒、烘箱、电子天平等。

② 试剂：染料混合物（含 0.01%的甲基橙、亚甲基蓝、孔雀石绿的乙醇溶液）、甲基橙溶液（0.01%）、硅胶 G、羧甲基纤维素钠、展开剂（丁酮:冰醋酸:异丙醇＝2:2:1）等。

四、实验步骤

1. 制备薄层板

采用倾注法，称取 3g 硅胶 G 于洁净的烧杯中，边慢慢搅拌边加入约 8mL 的 1%羧甲基纤维素钠水溶液，去除气泡，将调好的浆液倾注在洁净、干燥的载玻片上，使其均匀平整，水平放置 30min 晾干后，放入烘箱中在 105℃活化 30min。

2. 点样

取出活化后的薄层板放置在水平桌面上，在距离薄板一端约 1cm 处，用铅笔轻轻画出一条水平线作为原点线。用管口平整的毛细管吸取少量的样品溶液，如图 3-33 所示在薄层板的原点线上对染料混合物和甲基橙溶液分别进行点样。各样品点应在一条水平线上，间距为 1.5cm 左右为宜。若样品溶液太稀，一次点样不够，待溶剂挥发后可重复点样，控制样点直径不大于 2～4mm。

图 3-33　点样的方法

3. 上行法展开

将完成点样后的薄层板点样一端朝下放入层析缸中，此时需注意薄层板浸入展开剂的深度不能高于 1cm，立刻盖上层析缸盖子，此时展开剂会沿着薄层板缓慢上升。当展开剂前沿上升到距薄板顶端约 0.5cm 时，取出薄层板，立即用铅笔标记溶剂前沿的位置。

4. 记录

测量各个样品溶剂前沿至原点的距离和色谱斑点的中心至原点的距离。

五、实验注意事项

① 载玻片必须洁净，一般可采用肥皂→自来水→蒸馏水清洗→干燥的顺序进行清洁，必要时可用乙醇擦洗。

② 配制好的浆液中应没有团块，没有气泡，并且硅胶 G 易凝结，应该现用现配。

③ 薄层板活化后，不应从热烘箱中立即取出，以免吸潮，应让其在烘箱中慢慢冷却至室温再取出，或放入干燥器备用。

④ 用铅笔画原点线和用毛细管点样时只需轻轻接触一下薄层板，不能使硅胶层产生划痕。

⑤ 点样量不能多，否则会因斑点太大而出现拖尾现象，点样量过少则斑点不清楚难以观察，点样量一般为 $5\sim15\mu g$，点样体积为 $1\sim10\mu L$。

⑥ 点样用的毛细管必须专用，不可弄混，否则会污染样品。

⑦ 取出薄层板后应立即在溶剂前沿做记号，否则待其干燥后无法确定溶剂前沿的位置。

⑧ 若为无色物质的色谱，可采取显色的方法确定其斑点位置。在晾干后，喷洒显色剂或放入显色缸内用显色剂蒸气显色，也可采用荧光猝灭法检测。对于荧光性物质，可在紫外灯下观察到其呈现的荧光。

六、数据记录与结果处理

① 记录实验现象。

② 计算三种染料的 R_f。

③ 分析三种染料的分离效果。

七、思考题

① 色谱法的原理是什么？色谱法有哪些类型？

② 为什么可用 R_f 值来定性鉴定化合物？R_f 值的计算方法是什么？

③ 若点样原点高度低于展开剂的高度，对薄层色谱分析结果有何影响？

④ 如果薄层色谱法中样品斑点过大对分离效果会产生什么影响？

○ 实验 3-12 植物色素的柱色谱分离

一、实验目的与要求

① 了解柱色谱的意义和原理。

② 掌握柱色谱装置的构造和操作方法。

③ 掌握液-液萃取的原理和操作方法。

二、实验原理

1. 柱色谱

柱色谱法是分离、提纯复杂有机物的重要方法之一，将固定相装填在玻璃或金属柱内，使样品随流动相从柱的一端移动至另一端而达到分离，如图 3-34 所示。与薄层色谱法相似，柱色谱常用的是吸附柱色谱和分配柱色谱。吸附柱色谱是将吸附剂装在色谱柱内作固定相，将待分离的混合物溶液加到柱子上部吸附剂表面，选择适当的洗脱剂作流动相，使其以一定的速度通过色谱柱进行洗脱，利用吸附剂对混合物中各组分的吸附能力不同，而在柱上将其分离。分配柱色谱是利用混合物中各组分在固定相和流动相中分配能力不同，而在柱上将其分离。

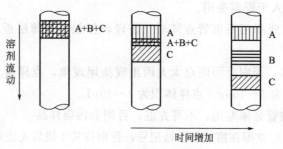

图 3-34　柱色谱分离原理

（1）吸附剂的选择

常用的吸附剂有氧化铝、硅胶、氧化镁、活性炭等。选择吸附剂的首要条件是吸附剂与溶剂、被吸附物质及洗脱剂均无化学反应。吸附剂一般要经过活性处理。吸附剂的活性与含水量有关，含水量越低，活性越高。吸附剂颗粒大小要均匀。颗粒小，表面积大，吸附能力强，但颗粒太小，洗脱太慢；太粗，洗脱快，而分离效果不好，使用时应根据实际需要来选定。以氧化铝为例，氧化铝的颗粒度以通过 100～150 目筛孔为宜。柱色谱用的氧化铝可分为酸性、中性和碱性三种。酸性氧化铝 pH 值为 4～4.5，用于分离羧酸、氨基酸等酸性物质；中性氧化铝 pH=7.5，用于分离中性物质，应用最广；碱性氧化铝 pH 值为 9～10，用于分离生物碱、胺和其他碱性化合物等。

（2）流动相的选择

柱色谱使用的流动相又称洗脱剂，在柱色谱中洗脱剂的选择至关重要。一般直接用溶剂作洗脱剂，若达不到分离效果可选用其他洗脱剂。为了将样品中的各组分分离并依次洗脱下来，作为洗脱剂的溶剂的极性应是逐渐递增的。为了逐渐提高溶剂的洗脱能力和分离效果，也可使用极性不同的混合溶剂作洗脱剂。

（3）溶剂的选择

通常根据被分离各组分的溶解性、极性和吸附剂活性等来选择溶剂。溶剂是否合适直接影响到色谱的分离效果。溶剂应较纯，且不与吸附剂、洗脱剂反应。极性应比样品小一些，否则样品难以被吸附剂吸附。对样品的溶解度适中，溶解度过大会影响吸附，过小会增加溶液的体积，使色谱分散。必要时还可用极性较大和极性较小溶剂所组成的混合溶剂。

2. 液-液萃取

液-液萃取是利用物质在两种不互溶（或微溶）溶剂中溶解度或分配比的不同来达到分离、提纯目的的操作，是液体混合物常用的分离提纯方法之一。要使某种有机物从溶剂 A 中抽提到溶剂 B 中，溶剂 B 需对该有机物具有极好的溶解性，而与溶剂 A 互不相溶，且不与被萃取体系中的物质发生化学反应。在一定温度下，该有机物在溶剂 B 与溶剂 A 中的浓度比为一常数 K，这个常数叫分配系数，这种关系叫作分配定律。其关系式为：$K=c_B/c_A$。分配系数与被萃取物和溶剂的性质及温度有关，而与被萃取物在溶剂中的量无关。分配系数越大，萃取的效率越高。根据分配定律，当用一定量的溶剂进行萃取时，分多次萃取的效率比一次萃取效率高，一般以萃取 3～5 次为宜，多次萃取时每次所用萃取剂的体积约为原溶剂体积的 1/3。

液-液萃取的效率还与萃取剂有关，选择合适的萃取剂在萃取操作中至关重要。萃取剂应对被提纯的物质溶解度较高，与原溶剂有一定的密度差异且互不相溶（或微溶）。同时萃取剂应不与被提纯物质发生化学反应且纯度高、沸点低、毒性小、易于蒸馏回收。此外，还要考虑价格便宜、操作方便、不易着火等因素。常使用的溶剂有乙醚、苯、四氯化碳、石油醚、氯仿、正丁醇、二氯甲烷、乙酸乙酯等。

植物中含有叶绿素（绿色）、叶黄素（黄色）、胡萝卜素（橙色）等天然色素，各种色素与极性吸附剂的作用强弱不同，当色素混合液随着流动相流经固定相时，在固定相上不断地进行吸附-解吸-再吸附-再解吸的过程，与固定相作用较弱的组分在柱内流动速度快，而与固定相作用较强的组分流动慢，因此可通过柱色谱将其分离，并可直接在柱上观察到它们的色带。

三、实验装置、仪器与试剂

1. 液-液萃取装置

液-液萃取最常使用的仪器为分液漏斗。常用的分液漏斗有球形［图 3-35(a)］、筒形［图 3-35(b)］和梨形［图 3-35(c)］三种。它们既可用于萃取，也可用于分离两种互不相溶的液体，或用水、酸、碱洗涤某种产品。梨形分液漏斗更常用于萃取。一般分液漏斗的体积比被萃取液体积大 1～2 倍。

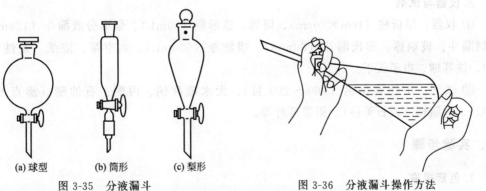

(a) 球型　　　(b) 筒形　　　(c) 梨形
图 3-35　分液漏斗　　　　　　　　图 3-36　分液漏斗操作方法

使用分液漏斗时需先取下旋塞，擦干，薄薄地涂上一层凡士林，塞好旋塞后旋转数圈，使其分布均匀，然后用皮筋将旋塞固定，关闭旋塞，确保其不漏液体。将待萃取液和萃取剂从分液漏斗上口倒入漏斗中，将塞子塞紧。用右手握住漏斗上口颈部，并用食指根部压紧塞子，同时用左手的拇指和食指握住旋塞，如图 3-36 所示。前后小心振摇漏斗，使两层液体充分接触。在振荡过程中，每隔几秒需将漏斗旋塞部分向上倾斜，缓慢打开旋塞排气，平衡内、外压力，如此重复数次，直至内压很小为止。将漏斗放在铁架环上，静置。完全分层后，打开漏斗上面的盖子，缓缓打开旋塞，下层液体由旋塞流出，而上层液体则由上口倒出。

2. 柱色谱装置

柱色谱装置主要由色谱柱（层析柱）、滴液漏斗和接收瓶组成，如图 3-37 所示。选择一根合适的层析柱，洗净干燥后垂直固定在铁架台上，层析柱下端放置一个用来接收洗脱液的锥形瓶。装柱有湿法和干法两种方法。湿法装柱是将吸附剂用极性最低的洗脱剂调成糊状，在柱内先加入约为柱高 3/4 体积的溶剂，再将调好的糊状物边敲打柱身边慢慢加入柱内，装填过程中同时打开下方的旋塞，控制溶剂保持一定的流出速度，使填装均匀紧密，而且液面始终高于吸附剂表面。干法装柱是将干吸附剂倒入干的柱内，轻敲柱身，使吸附剂装填均匀紧密，再加入少量溶剂即可。也可先加入约为柱高 3/4 体积的溶剂，再倒入干的吸附剂。无论采用哪种方法装柱，都不能使吸附剂松紧不均，更不能有裂缝、断层或气泡，否则影响渗滤速度，谱带也不齐整。一般湿法较干法装柱紧密均匀。

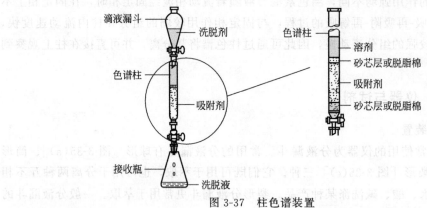

图 3-37　柱色谱装置

3. 仪器与试剂

① 仪器：层析柱（1cm×20cm）、研钵、锥形瓶（50mL）、梨形分液漏斗（125mL）、玻璃漏斗、玻璃棒、布氏漏斗（80mm）、吸滤瓶（500mL）、真空泵、滤纸（定性、快速）、洗耳球、电子天平。

② 试剂：中性氧化铝（160～200 目）、无水硫酸钠、丙酮、石油醚（沸点 60～90℃）、脱脂棉（或石英砂）、裙带菜叶等。

四、实验步骤

1. 色素提取

称取 4～5g 干净的裙带菜叶，用剪刀剪碎后置于研钵中，加入 10～15mL 丙酮研磨 5min 后抽滤，弃去滤渣。

2. 色素纯化

将滤液转移至分液漏斗中，用 10mL 石油醚萃取后，弃去水层。用 20mL 蒸馏水洗涤两次，弃去水层，将色素溶液转移至干燥的锥形瓶中，加 2g 无水硫酸钠干燥。

3. 装柱

取一支干燥、洁净的层析柱，自柱顶塞入一小团脱脂棉（或一层石英砂），用玻璃棒推至柱底，然后将层析柱垂直固定在铁架台上，下面放置锥形瓶接收流出液。关闭柱上的旋塞，向柱内加入 20mL 石油醚。称取 8g 中性氧化铝，通过一个干燥的粗柄短颈漏斗，连续而缓慢地加入柱中，同时打开活塞，使石油醚缓慢流出，并用洗耳球轻敲柱身，使氧化铝装填得均匀而紧密。最后用玻璃棒使氧化铝表面平整，再加少许石英砂或脱脂棉。以上操作过程中要保证柱中石油醚液面始终高于氧化铝的表面，切记不能使柱顶氧化铝变干。

4. 加样

打开旋塞，使石油醚流出，当柱内石油醚剩余约 1mL 时，关闭旋塞，将 2mL 已处理好的色素混合液用滴管加入柱内，打开旋塞，使洗脱液流出，层析即开始进行。

5. 洗脱

在滴液漏斗中加入 10mL 1∶9 丙酮-石油醚洗脱液，把滴液漏斗安装在色谱柱上口，打开色谱柱旋塞，当液面降至柱顶时，打开分液漏斗的旋塞，使洗脱剂缓慢滴入柱中。当黄色谱带降至柱中部时，改用 3∶7 丙酮-石油醚进行洗脱，最后用 1∶1 丙酮-石油醚洗脱。观察各谱带的出现，并用锥形瓶分别收集各谱带的洗脱液。

五、实验注意事项

① 丙酮易挥发，用其捣烂裙带菜叶时可采用少量多次的方法。

② 在液-液萃取过程中加入石油醚时，为防止形成乳状液，可同时加入少量饱和氯化钠溶液。若混合物发生乳化难以分层，可采取如下措施：较长时间静置；若因两种溶剂部分互溶产生乳化，可加入一定量的电解质（如氯化钠），利用盐析作用破坏乳化；若因溶液碱性而产生乳化，可加上几滴稀酸破坏乳化。此外，用乙醇或用过滤的方法也可破坏乳化。

③ 除了加石英砂外，也可加玻璃毛或比柱子内径略小的滤纸压在吸附剂上面，防止柱子上方加入液体时破坏氧化铝表面的平整。

④ 装填吸附剂时要轻轻敲打柱身，以除去吸附剂内部的气泡和断层，否则会造成沟流现象，影响分离效果。柱子装好后必须保证吸附剂的顶面呈水平面，否则洗脱时会产生倾斜的谱带。

⑤ 洗脱剂应连续平稳地加入，不能中断使柱顶变干，因为湿润的柱子变干后会形成裂缝或断层，从而洗脱时产生不规则的谱带。

六、数据记录与结果处理

记录实验现象；分析色素的分离效果。

七、思考题

① 液-液萃取操作的理论根据是什么？

② 影响萃取效率的因素主要有哪些？如何选择合适的萃取剂？

③ 用分液漏斗进行萃取时，为何要充分振荡混合液？使用分液漏斗时应注意哪些问题？

④ 色谱柱的底部和上部装入石英砂的目的是什么？

⑤ 为什么极性大的组分需用极性较大的溶剂洗脱？

⑥ 在进行柱层析时如果吸附剂中有气泡或断层会产生什么结果？为什么？

◎ 实验 3-13 环己烯的制备

一、实验目的与要求

① 掌握由醇脱水制备烯烃的原理和方法。

② 熟悉蒸馏、分馏和液-液萃取的装置及操作方法。

二、实验原理

烯烃是重要的有机化工原料。工业上主要通过石油裂解的方法制备烯烃，有时也利用醇在氧化铝等催化剂存在下，进行高温催化脱水来制取，实验室里则主要用浓硫酸、磷酸等无机酸作催化剂使醇脱水或卤代烃在醇钠作用下卤化脱氢来制备烯烃。在酸的催化下，利用环己醇脱水来制备环己烯。在浓酸催化下环己醇脱水制备环己烯的反应方程式为：

主反应
$$\text{环己醇—OH} \underset{}{\overset{酸}{\rightleftharpoons}} \text{环己烯} + H_2O$$

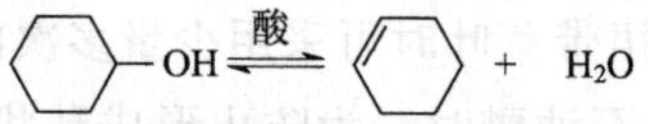

副反应
$$\text{环己醇—OH} \underset{}{\overset{酸}{\rightleftharpoons}} \text{二环己醚} + H_2O$$

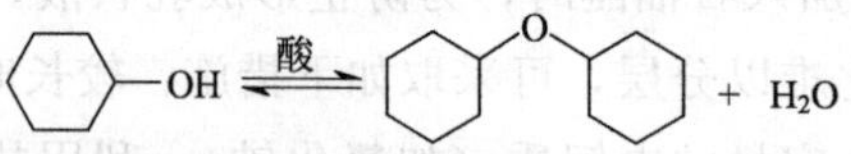

由于高浓度的酸会导致醇分子间的脱水、炭化，故常伴有副产物的生成。环己醇脱水制备环己烯的反应为可逆反应，为了提高此反应的产率，可将反应生成的环己烯和水形成的二元恒沸混合物蒸出。但是原料环己醇也能和水形成二元恒沸混合物，如表 3-9 所列。为了使产物以共沸物的形式蒸出反应体系，而又不引入环己醇杂质，可采用分馏装置进行分离。

表 3-9 环己醇、环己烯、水的恒沸混合物的组成和沸点

沸点/℃	组成/%		
	环己醇	环己烯	水
70.8	—	90	10
97.8	20	—	80

三、实验装置、仪器与试剂

1. 合成装置

如图 3-38 所示，实验室制备环己烯的装置主要由圆底烧瓶、韦氏分馏柱、温度计、直形冷凝管、尾接管、接收瓶组成。

2. 仪器与试剂

① 仪器：圆底烧瓶（50mL）、韦氏分馏柱、直形冷凝管、蒸馏头、温度计（0～100℃）、尾接管、锥形瓶（50mL）、量筒（10mL）、热源、分液漏斗（1250mL）、烧杯（250mL）、电子天平等。

② 试剂：环己醇、磷酸（85％）、氯化钠、碳酸钠（5％）、无水氯化钙、冰块等。

四、实验步骤

1. 加料

在圆底烧瓶中，加入 10mL 0.096mol/L 环己醇及 5mL 85％磷酸，充分摇荡使两种液体混合均匀，同时加入几粒沸石。

2. 安装仪器

按图 3-38 安装仪器，并将接收瓶置于冰水浴中。

3. 环己烯制备

打开热源，以小火加热至沸腾，控制分馏柱顶部温度不超过 73℃，当无液体蒸出时加大

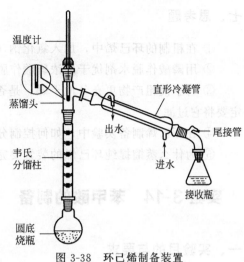

图 3-38 环己烯制备装置

热源功率，控制馏出温度不超过 85℃。当烧瓶中只剩下很少量的残渣并出现白雾时立即停止加热。

4. 提纯

① 在锥形瓶中的馏分中加入氯化钠制成饱和氯化钠溶液，然后再加入 4mL 5％碳酸钠溶液。

② 把液体倒入分液漏斗中，振荡后静置分层，将油层转移到干燥的锥形瓶中，加入 2g 无水氯化钙干燥。

③ 待液体完全澄清透明后，将液体滤入干燥的圆底烧瓶中进行蒸馏（参照实验 3-3），收集 80～85℃的馏分，称重。

五、实验注意事项

① 环己醇（熔点 25.2℃）在常温下是黏稠状液体，因而用量筒量取时应注意转移中的损失，必要时可采用称量法取样。

② 环己醇与磷酸应充分混合，否则在加热过程中可能会出现局部碳化现象。

③ 在加热时温度不可过高，蒸馏速度不宜过快。以减少环己醇蒸出，从而导致产率下降。

④ 用饱和氯化钠水溶液洗涤的目的是洗去有机层中的水溶性杂质，减少有机物在水中的溶解度。

⑤ 液-液萃取时水层应尽量完全分离，否则将增加无水氯化钙的用量，使产物更多地被干燥剂吸附而导致损失。

⑥ 在蒸馏已干燥的产物时，蒸馏所用仪器都应充分干燥，否则会因为形成共沸物导致产率下降。

六、数据记录与结果处理

记录实验现象；计算环己烯的产率。

七、思考题

① 在粗制的环己烯中，加入氯化钠（固体）使水层饱和的目的的何在？

② 用磷酸作脱水剂优于用浓硫酸作脱水剂，其原因是什么？

③ 为了使粗产物更充分地干燥，是否可以过多地加入无水氯化钙？为什么蒸馏前一定要将它过滤？

④ 在环己烯制备实验中，如何控制分馏柱顶的温度？

⑤ 为什么蒸馏提纯环己烯的装置要完全干燥？

⊙ 实验 3-14　苯甲酸的制备

一、实验目的与要求

① 掌握甲苯氧化制备苯甲酸的原理和方法。

② 熟练掌握回流、重结晶、抽滤及熔点测定的操作。

二、实验原理

苯甲酸也称安息香酸，是一种具有安息香气味的针状或鳞片状晶体，由于其含有—COOH，因此有酸性。苯甲酸微溶于水，易溶于乙醇、乙醚等有机溶剂。

苯甲酸是一种重要的化工原料，世界年产量可达数十万吨。它广泛应用于医药、食品、染料化工等领域，可制备抗菌剂、驱虫剂、防腐剂、增塑剂、媒染剂等。

苯甲酸的合成方法有很多种，如甲苯氧化法、苯甲醛氧化法、二氧化碳羧化等。甲苯氧化法一般是以高锰酸钾为氧化剂在液相中将甲苯氧化为苯甲酸的方法，甲苯氧化法合成路线短、操作简单、产率较高，其反应式如下：

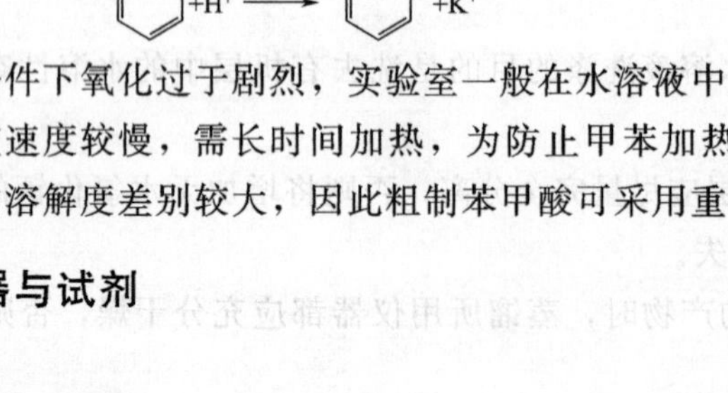

$$\underset{}{CH_3} + 2KMnO_4 \longrightarrow \underset{}{COOK} + KOH + 2MnO_2 + H_2O$$

$$\underset{}{COOK} + H^+ \longrightarrow \underset{}{COOH} + K^+$$

由于甲苯在酸性条件下氧化过于剧烈，实验室一般在水溶液中进行反应，再酸化即得到苯甲酸。由于此反应速度较慢，需长时间加热，为防止甲苯加热时散失，需回流加热。苯甲酸在冷、热水中的溶解度差别较大，因此粗制苯甲酸可采用重结晶的方法进行精制。

三、实验装置、仪器与试剂

1. 合成装置

甲苯与高锰酸钾的氧化反应采用回流装置进行，如图 3-39 所示。

2. 仪器与试剂

① 仪器：圆底烧瓶（50mL）、球形冷凝管、量筒（25mL）、吸量管（1mL）、烧杯

（50mL）、热源、布氏漏斗（80mm）、吸滤瓶
（250mL）、真空泵、表面皿、洗耳球、X4 型显微
熔点测定仪等。

② 试剂：甲苯、高锰酸钾、浓盐酸、亚硫酸
氢钠、刚果红试纸、沸石、活性炭等。

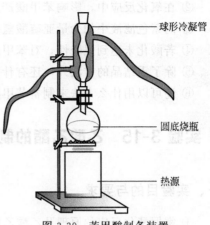

图 3-39 苯甲酸制备装置

四、实验步骤

1.制备

准确量取 0.5mL（4.56mmol）甲苯于圆底烧
瓶中，同时加入 20mL 水和 2 粒沸石，称取 1.5g
高锰酸钾固体加入圆底烧瓶，按照图 3-39 所示，
安装回流装置。打开热源将液体加热至微沸，加
热回流约 1.5h。

2.抽滤

将反应混合物趁热抽滤，并用少量热水洗涤滤渣 MnO_2。合并滤液和洗涤液转移至小
烧杯中，放入冷水浴中充分冷却。若滤液呈紫色，可加入少量亚硫酸氢钠进行脱色处理。

3.酸化

将滤液充分冷却后加入浓盐酸直至刚果红试纸变蓝，此时苯甲酸晶体完全析出。将析
出的苯甲酸抽滤，用少量冷水洗涤晶体后抽干，放在沸水浴上干燥。

4.重结晶

参照实验 3-10 用热水对上述所得粗苯甲酸进行重结晶，必要时可加少量活性炭脱色。

5.测熔点

参照实验 3-2 中的显微熔点测定法测定精制的苯甲酸的熔点。纯苯甲酸为无色针状晶
体，熔点为 122.4℃。

五、实验注意事项

① 回流时温度不能过高，否则甲苯处于气态，影响反应速度及收率；若溶液沸腾
过于剧烈会导致甲苯挥发，不仅使反应物损失同时少量的甲苯蒸气对人体及环境均有
危害。

② 因反应物中高锰酸钾过量所以滤液会呈紫色，可加入少量亚硫酸氢钠使紫色褪去
后再抽滤，其原理是：

$$4KMnO_4 + 4NaHSO_3 \longrightarrow 4MnO_2 \downarrow + 2Na_2SO_4 + 2K_2SO_4 + 2H_2O + O_2$$

③ 苯甲酸在 100g 水中的溶解度为：4℃时 0.18g；18℃时 0.27g；75℃时 2.2g。

六、数据记录与结果处理

记录实验现象；计算苯甲酸的收率；测定苯甲酸的熔点。

七、思考题

① 本实验为何采用回流加热法？

② 在氧化反应中，影响苯甲酸产量的主要因素是哪些？

③ 向紫色滤液中加少量亚硫酸氢钠的作用是什么？

④ 若酸化未达到强酸性，对苯甲酸的收率有何影响？

⑤ 除了重结晶的方法外，还有什么方法可以精制苯甲酸？

⑥ 还可以用什么方法来制备苯甲酸？说明反应原理。

◯ 实验 3-15 乙酸乙酯的制备

一、实验目的与要求

① 掌握酯化反应的原理及乙酸乙酯的制备方法。

② 熟练掌握液-液萃取、蒸馏的装置和操作方法。

二、实验原理

乙酸乙酯是一种优良的有机溶剂，也是一种香料，在化工生产和食品加工行业有非常重要的用途。实验室制备乙酸乙酯通常采用酯化反应。在酸的催化作用下，羧酸和醇会发生反应生成酯，这种类型的反应叫作酯化反应。酯化反应为可逆反应，为了提高产率，一般采用过量的反应试剂，根据反应物的价格，使酸过量或使醇过量。也可通过形成低沸点恒沸混合物不断从反应体系中移出酯和水，从而降低产物的浓度。乙酸乙酯的制备方法很多，如：可由乙酸或其衍生物与乙醇反应制取，也可由乙酸钠与卤乙烷反应来合成等。其中最常用的方法是在浓硫酸催化下由乙酸和乙醇直接酯化制备。其反应为：

主反应 $CH_3COOH + CH_3CH_2OH \underset{110\sim120℃}{\overset{H_2SO_4}{\rightleftharpoons}} CH_3COOCH_2CH_3 + H_2O$

副反应 $2CH_3CH_2OH \xrightarrow[140℃]{H_2SO_4} CH_3CH_2OCH_2CH_3 + H_2O$

$$CH_3CH_2OH \xrightarrow[170℃]{H_2SO_4} CH_2{=}CH_2 + H_2O$$

在酯化反应时，乙酸乙酯与水、醇能形成二元或三元恒沸混合物，如表 3-10 所列，其沸点比乙醇、乙酸和乙酸乙酯的沸点都低，因此乙酸乙酯很容易被蒸出。同时蒸出的馏分中还会含有乙酸和乙醇的杂质，因为乙酸乙酯难溶于水，可采用液-液萃取法洗涤乙酸乙酯，其原理及操作参照实验 3-12。用饱和碳酸钠溶液萃取以除去乙酸，用饱和食盐水除去酯中残余的碳酸钠，用饱和氯化钙溶液除去乙醇。若反应中有副产物乙醚（34.6℃）生成，由于其与乙酸乙酯的沸点差异较大，因此可通过蒸馏的方法分离。

表 3-10 乙酸乙酯、水、醇的二元或三元恒沸混合物的组成和沸点

沸点/℃	组成/%		
	乙酸乙酯	乙醇	水
70.2	82.6	8.4	9.0
70.4	91.9	—	8.1
71.8	69.0	31.0	—

三、实验装置、仪器与试剂

1. 酯化反应装置

如图 3-40 所示，酯化反应装置主要由三颈圆底烧瓶、恒压滴液漏斗、温度计、分馏柱、直形冷凝管、尾接管、锥形瓶组成。

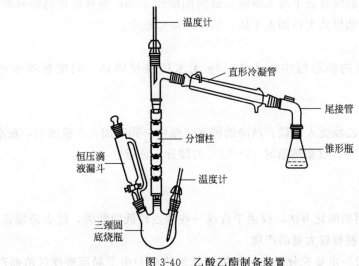

图 3-40 乙酸乙酯制备装置

2. 仪器与试剂

① 仪器：三口烧瓶（100mL）、恒压滴液漏斗（60mL）、锥形瓶（50mL）、直形冷凝管、韦氏分馏柱、温度计（0~100℃，0~150℃）、分液漏斗（125mL）、烧杯（100mL）、圆底烧瓶（50mL）、尾接管、乳胶管、热源、吸量管（15mL）、电子天平等。

② 试剂：乙醇（95%）、浓硫酸、冰醋酸、饱和碳酸钠溶液、饱和氯化钠溶液、饱和氯化钙溶液、无水硫酸镁、沸石、pH 试纸等。

四、实验步骤

1. 制备

（1）加料

量取 12mL 95%乙醇加入三颈瓶中，在冰水浴中边振摇边缓慢加入 12mL 浓硫酸，充分混合均匀后，加入 2~3 粒沸石。量取 12mL 95%乙醇及 12mL 冰醋酸分别加入滴液漏斗中，充分振摇使其混合均匀。

（2）安装

按照图 3-40 安装酯化反应装置，将温度计的水银球浸入液面与瓶底之间。三颈瓶旁口装一具塞蒸馏头与直形冷凝管连接、尾接管和锥形瓶相连接。

（3）酯化

打开热源缓慢加热，使反应液温度升到 110℃左右时，由滴液漏斗开始慢慢滴入乙醇和冰醋酸的混合液。控制滴入速度和馏出速度大致相等，不要太快，并维持反应液温度在 110~120℃，滴加完毕后继续加热至不再有馏分为止。

2. 纯化

(1) 液-液萃取

向馏分中慢慢分批加入饱和碳酸钠溶液，边加边振摇锥形瓶，直至无 CO_2 气体逸出，用 pH 试纸检验酯层，当上层溶液呈中性或碱性后可不用再加饱和碳酸钠溶液。将混合液移入分液漏斗中，边振摇边放气 2~3 次后静置。弃去下层水溶液后，酯层再用 10mL 饱和氯化钠溶液萃取，继续弃去下层水溶液。最后酯层用 10mL 饱和氯化钙溶液萃取 2 次，弃去下层水溶液，将酯层从上口倒入干燥、洁净的锥形瓶中。

(2) 干燥

向装有乙酸乙酯的锥形瓶中加入 2~3g 无水硫酸镁固体，间歇振摇锥形瓶，干燥 15min。

(3) 蒸馏

将干燥后的乙酸乙酯滤入干燥、洁净的圆底烧瓶中，同时加入 2 粒沸石，在水浴上进行蒸馏（参照实验 3-3），收集蒸馏时 73~78℃的馏分，称重。

五、实验注意事项

① 本实验所采用的酯化方法，仅适于合成一些沸点较低的酯类，优点是能连续进行，用较小容积的反应瓶制得较大量的产物。

② 加入浓硫酸时一定要充分混匀，否则开始加热后会由于局部酸度过浓而产生炭化现象。酯化反应时温度不宜过高，否则会增加副产物乙醚的含量。滴加速度太快，会使乙酸和乙醇来不及反应就被蒸出，也会使反应温度迅速降低。

③ 在馏出液中除了酯和水外，还含有未反应的少量乙醇和乙酸，还有副产物乙醚。

④ 饱和碳酸钠萃取主要除去馏出液中的乙酸杂质；饱和氯化钠溶液主要用于洗涤粗产品中的少量碳酸钠，还可洗除一部分水。此外，由于饱和食盐水的盐析作用，可大大降低乙酸乙酯在洗涤时的损失；氯化钙饱和溶液洗涤时，氯化钙与乙醇形成络合物而溶于饱和氯化钙溶液中，由此除去粗产品中所含的乙醇。

⑤ 碳酸钠必须洗净，否则用饱和氯化钙溶液洗去醇时，碳酸根和钙离子会产生絮状的碳酸钙沉淀，造成分离困难。

⑥ 干燥剂的用量不能过多，否则会吸附乙酸乙酯使其收率降低。

⑦ 蒸馏前需将圆底烧瓶充分干燥，若其中含水会与乙酸乙酯形成低沸点的恒沸混合物，导致前馏分过多而产率偏低。

六、数据记录与结果处理

记录实验现象；计算蒸馏前、后乙酸乙酯的产率。

七、思考题

① 如何提高酯化反应的产率？

② 酯化反应中浓硫酸的作用是什么？

③ 用分液漏斗从水溶液中萃取有机物时如何判断哪一层是有机层？

④ 为什么使用饱和氯化钙溶液萃取酯层？

⑤ 干燥乙酸乙酯时能否使用无水氯化钙作干燥剂？为什么？

⑥ 粗制的乙酸乙酯中主要有哪些杂质？如何除去？

⑦ 如果乙酸乙酯中的杂质没有完全去除或干燥不够，会有什么影响？

实验 3-16　乙酰水杨酸的制备

一、实验目的与要求

① 了解利用酰化反应制备乙酰水杨酸的原理和方法。

② 熟练掌握重结晶、减压过滤、洗涤、干燥、熔点测定等基本实验操作。

二、实验原理

乙酰水杨酸即阿司匹林，是常用的退热止痛剂，近年来，由于其具有抑制血小板凝聚的作用，治疗范围又进一步扩大到预防血栓形成，治疗心血管疾病。阿司匹林的化学名为2-乙酰氧基苯甲酸。乙酰水杨酸可通过水杨酸与乙酸酐反应制得，反应式为：

主反应

$$\underset{\text{OH}}{\overset{\text{COOH}}{\bigcirc}} + (CH_3CO)_2O \xrightarrow{H_2SO_4} \underset{\text{OCOCH}_3}{\overset{\text{COOH}}{\bigcirc}} + CH_3COOH$$

副反应

$$\underset{\text{OH}}{\overset{\text{COOH}}{\bigcirc}} + HO\underset{}{\overset{\text{COOH}}{\bigcirc}} \rightleftharpoons \bigcirc + H_2O$$

$$\bigcirc + CH_3C-O-CCH_3 \rightleftharpoons \bigcirc + CH_3COOH$$

因水杨酸分子中的羧基和羟基之间易形成分子内氢键，这种螯形结构阻碍酚羟基的酰化反应，加浓硫酸可以破坏氢键的形成。为了加快反应速度，使平衡向右移动，常加过量的乙酸酐。过量的乙酸酐可在反应后加水分解成乙酸过滤除去。乙酰水杨酸为白色针状晶体，难溶于水，易溶于乙醇，当乙酰水杨酸的乙醇溶液加水稀释时，即析出晶体，因此可用乙醇-水洗脱进行重结晶精制。

三、实验装置、仪器与试剂

1. 乙酰化反应装置

如图 3-41 所示，乙酰化反应装置主要由热源、锥形瓶、水浴烧杯、温度计组成。

2. 仪器与试剂

① 仪器：锥形瓶（50mL）、量筒（10mL）、烧杯（250mL）、温度计（0～100℃）、恒温水浴锅、热过滤装置、抽滤装置、表面皿、小试管、电子天平、X4 显微熔点测定仪等。

图 3-41　乙酰水杨酸制备装置

② 试剂：乙酸酐、水杨酸、乙醇（95%）、FeCl₃（1%）、浓硫酸、活性炭、冰块、滤纸（定性、中速）等。

四、实验步骤

1. 制备

称取 2.0g 干燥的水杨酸固体，放入干燥的 50mL 锥形瓶中，加入 5mL 乙酸酐及 5 滴浓硫酸，小心振摇锥形瓶使水杨酸完全溶解。保持水浴温度在 80~85℃，加热 20min，并不时地振摇锥形瓶。取出锥形瓶，稍微冷却后，在不断搅拌下倒入 30mL 冷水中，在冰水浴中冷却静置，使乙酰水杨酸完全析出。待乙酰水杨酸完全析出后进行抽滤。抽滤过程中，用少量冷水洗涤两次，洗去晶体表面的乙酸和浓硫酸，抽干，即得乙酰水杨酸粗品。

2. 重结晶

将粗制的乙酰水杨酸放入 50mL 锥形瓶中，加 5mL 95% 乙醇，放在 60℃ 水浴上微热片刻，溶解后加少量活性炭，用玻璃棒搅拌均匀，用热过滤装置过滤除去不溶物。将滤液倒入 50mL 锥形瓶中，再加入 10mL 蒸馏水，用玻璃棒搅拌溶液，放入冰水浴冷却静置，直至晶体完全析出，抽滤，再用少量蒸馏水洗涤晶体一次，抽干，即得精制的乙酰水杨酸。放在表面皿上干燥，称重。

3. 纯度检验

（1）FeCl₃ 检验

取少量精制乙酰水杨酸放入小试管中，加 1% FeCl₃ 溶液 2~3 滴，观察有无颜色变化。如果显紫色，说明产品中残留未反应的水杨酸，其原理为：

（2）测熔点

参照实验 3-2 中的显微熔点测定法测定精制乙酰水杨酸的熔点。乙酰水杨酸为白色针状或片状晶体，熔点为 134~136℃。

五、实验注意事项

① 水杨酸要预先干燥；乙酸酐应当是新蒸的，收集 139~140℃ 的馏分。

② 反应温度应控制在 80~85℃，若反应温度低反应不充分，温度高则副产物多。

③ 重结晶时不宜加热过久，不宜用高沸点溶剂，因为乙酰水杨酸在这样的条件下易分解。

④ 若无晶体出现，可在冰水浴中用玻璃棒摩擦器皿壁，或在溶液中加入一粒晶种。

⑤ 由于产品微溶于水，所以冷水洗涤时，要尽量减少冷水的用量，否则会导致产品损失。

⑥ 若乙酰水杨酸中含有水杨酸，可用乙醚-石油醚混合溶剂精制。因为乙酰水杨酸和水杨酸都溶于乙醚，但水杨酸溶于石油醚而乙酰水杨酸不溶于石油醚。

⑦ 乙酰水杨酸受热易分解，分解温度在 128~135℃，而其熔点在 134~136℃，因此其熔点较难测准。

六、数据记录与结果处理

① 记录实验现象。

② 计算乙酰水杨酸的产率。

③ 测定乙酰水杨酸的熔点。

④ 根据 $FeCl_3$ 检验的结果分析产品的纯度及其原因。

七、思考题

① 制备乙酰水杨酸时为什么不能在回流下长时间反应？

② 制备完成后加水的目的是什么？

③ 第一步结晶的粗产品中可能含有哪些杂质？

④ 水杨酸酰化反应中加浓硫酸的目的是什么？

⑤ 重结晶时为什么要在粗制乙酰水杨酸完全溶解后才加活性炭？能否将活性炭加入到沸腾的溶液中？活性炭加多或加少了对结果有何影响？

⑥ 重结晶用的溶剂应具备哪些条件？为什么溶剂不能加得太多或太少？

⑦ 冷却过程中结晶困难时有什么办法可以让其快速结晶？

⑧ 为什么用三氯化铁可以检验是否存在水杨酸？

⑨ 在浓硫酸存在下水杨酸与乙醇作用会得到什么产物？写出反应方程式。

◎ 实验 3-17　壳聚糖的制备

一、实验目的与要求

① 掌握甲壳素和壳聚糖的制备原理和方法。

② 掌握壳聚糖脱乙酰度测定的原理及方法。

二、实验原理

甲壳素是节肢动物如虾、蟹等外壳的主要成分之一。甲壳素是一种天然的中性黏多糖，为白色固体，难溶于水，也难溶于酸和碱及乙醇等有机溶剂。一般把脱乙酰度大于 60% 的甲壳素称为壳聚糖。壳聚糖可用作食品的增稠剂和稳定剂；制作成可被分解吸收的医用手术线；还可制成透析膜、超滤膜和脱盐的反渗透膜；用它处理含金属的废水，既可净化污水又可回收金属；与纤维素等的交联复合体可作为分子筛或用作药物的载体，具有缓释、特效的优点。壳聚糖是一种天然高分子螯合物，它的用途十分广泛。采用不同的制备方法可以获得不同脱乙酰度的壳聚糖。最简单、最常用的是经浓碱处理，进行化学修饰去掉乙酰基可以得到壳聚糖，其反应方程式如下：

甲壳素　　　　　　　　　　　　　　　　壳聚糖

　　壳聚糖脱乙酰基的程度，实际上可以通过测定壳聚糖中自由氨基的量来得到。壳聚糖中自由氨基含量越高，那么脱乙酰程度就越高。壳聚糖中脱乙酰度的大小直接影响它在稀酸中的溶解能力、黏度、离子交换能力和絮凝能力等，因此壳聚糖的脱乙酰度是产品质量的重要标准。脱乙酰度的测定方法很多，如酸碱滴定法、苦味酸法、水杨醛法等。酸碱滴定法的原理是基于壳聚糖的游离氨基呈碱性，可与酸定量地发生质子化反应，形成壳聚糖的胶体溶液，溶液中游离的 H^+ 可以用碱进行滴定。这样从用于溶解壳聚糖的酸量与滴定用去的碱量之差，即可推算出与壳聚糖游离氨基结合酸的量，从而计算出壳聚糖中游离氨基的含量。

三、实验装置、仪器与试剂

1. 制备装置

　　壳聚糖的制备装置如图 3-42 所示，主要由三口烧瓶、温度计、电动搅拌器、球形冷凝管组成。

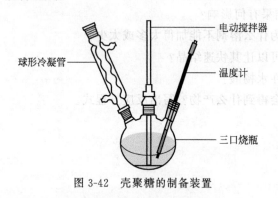

球形冷凝管 —

— 电动搅拌器

— 温度计

— 三口烧瓶

图 3-42　壳聚糖的制备装置

2. 仪器与试剂

　　① 仪器：烘箱、电动搅拌器、热源、三口烧瓶（100mL）、温度计（0～150℃）、球形冷凝管、移液管（10mL）、酸式滴定管、锥形瓶（250mL）、量筒（10mL）、电子天平等。

　　② 试剂：甲壳素、氢氧化钠（40%）、盐酸标准溶液（约 0.1mol/L，采用实验 2-4 的方法标定）、氢氧化钠标准溶液（约 0.1mol/L，采用实验 2-5 的方法标定）、甲基橙-苯胺蓝指示剂（1g/L 甲基橙∶1g/L 苯胺蓝=1∶2）等。

四、实验步骤

1. 制备

　　称取 2.5g 甲壳素于三口烧瓶中，加入 50mL 40% 的浓氢氧化钠溶液，保持加热温度 110～120℃，在搅拌下反应 2h，过滤后用蒸馏水洗至中性，放置于烘箱中烘干，称重。

2. 脱乙酰度的测定

　　称取在 105℃ 下烘干至恒重的壳聚糖 0.15g 于 250mL 锥形瓶中，再准确移取 10mL 0.1mol/L 盐酸标准溶液加入锥形瓶中，搅拌直至壳聚糖完全溶解，再加入 10mL 蒸馏水。滴加 3～4 滴甲基橙-苯胺蓝指示剂，用 0.1mol/L 氢氧化钠标准溶液滴定至溶液变为浅蓝绿色，记录消耗氢氧化钠标准溶液的体积，平行测定 3 次，计算平均值，根据下列公式换算壳聚糖的脱乙酰度：

$$w_{NH_2} = \frac{(c_1V_1 - c_2V_2) \times 0.016}{G} \times 100\%$$

$$脱乙酰度(D.D.) = \frac{w_{NH_2}}{9.94\%} \times 100\%$$

式中，c_1 为 HCl 标准溶液的浓度，mol/L；c_2 为 NaOH 标准溶液的浓度，mol/L；V_1 为加入 HCl 标准溶液的体积，mL；V_2 为消耗 NaOH 标准溶液的体积，mL；G 为壳聚糖的质量，g；0.016 为与 1×10^{-3} mol HCl 相当的氨基量，g。

五、实验注意事项

① 制备壳聚糖时，必须控制反应温度在 110～120℃，如果温度过低会导致反应速率下降，壳聚糖产率偏低。

② 测定壳聚糖脱乙酰度时，必须将壳聚糖搅拌至完全溶解，壳聚糖的溶解速度较慢，约需 1h，可用电动搅拌器和加热的方法加快溶解速度，加热温度不能超过 30℃，否则会导致壳聚糖降解。

③ 电动搅拌器使用后必须将搅拌桨上残留的样品用少量蒸馏水清洗回原瓶中，防止由于壳聚糖黏度太大粘到搅拌桨上而引起样品损失或产生滴定误差。

④ 壳聚糖样品必须是中性的，否则会影响测定结果。如果样品不是中性的，应用蒸馏水洗涤至中性。

⑤ 若滴定前壳聚糖没有经过充分干燥，换算脱乙酰度时，计算公式需要校正为：

$$w_{\text{NH}_2} = \frac{(c_1 V_1 - c_2 V_2) \times 0.016}{G(100 - W)} \times 100\%$$

式中，W 为样品的水分。

六、数据记录与结果处理

记录实验现象；计算壳聚糖的产率及其脱乙酰度。

七、思考题

① 甲壳素和壳聚糖在化学结构上有何异同点？

② 壳聚糖有哪些用途？

③ 如果在制备壳聚糖时反应温度过低，会有什么结果？

④ 什么是脱乙酰度？为什么本实验要测定脱乙酰度？它有哪些测定方法？

⑤ 在滴定分析时，如果壳聚糖溶解后黏度较大，是什么原因？若此时滴定会产生什么结果？

○ 实验 3-18　未知有机化合物的鉴别

一、实验目的与要求

① 巩固部分有机化合物的化学性质及鉴别方法。

② 初步掌握利用特征官能团的性质设计鉴别实验的方法。

③ 掌握有机化合物鉴别的基本操作技能。

④ 培养独立解决实际问题的能力。

二、实验步骤

① 抽选未知物，提交鉴别实验设计方案。

② 取样（固体样品限每份取样 2g，液体样品限每份取样 10mL）。

③ 根据设计方案完成实验。

④ 根据鉴别实验的具体结果写出实验报告。

三、实验设计方案要求

根据提供的仪器与试剂，查阅所需鉴别化合物的典型化学性质和相应的特征实验现象，自行设计实验鉴别方案。要求鉴别方案合理、可操作性强、现象明显、可区分度好，具体要求如下。

① 标明所需试剂的种类、浓度、配制方法及用量。

② 画出鉴别流程图。

③ 说明相应的鉴别现象、结果及所依据的实验原理（可以化学反应式来说明）。

四、实验仪器与试剂

① 仪器：X4 型显微熔点测定仪、阿贝折射仪、电子天平、热源、烧杯、具塞称量瓶、具塞刻度试管、胶头滴管、标签纸。

② 试剂：pH 试纸、蒸馏水、浓硫酸、NaOH、HCl、HNO_3、$FeCl_3$、$AgNO_3$、$NaHCO_3$、C_2H_5OH、CCl_4、$CuSO_4$、$KMnO_4$、Fehling 试剂、Lucas 试剂、溴水、碘溶液、2,4-二硝基苯肼。

五、备选未知有机化合物

A 组：乙醚、乙醇、乙醛、乙酸、乙胺、丙酮、乙酸乙酯。

B 组：苯酚、水杨酸、葡萄糖、蔗糖、尿素、对苯醌。

C 组：氯仿、环己烷、苯甲醛、正丁醇、甘油、苯。

附录2

附录 2-1　常见有机物的物理常数

常见有机物的物理常数见附表 2-1。

附表 2-1　常见有机物的物理常数

化学名	分子式	分子量	熔点/℃	沸点/℃	密度/(kg/m³)	折射率
甲醛	HCHO	30.03	−15	96	1.09	1.3765
甲酸	HCOOH	46.03	8.2～8.4	100～101	1.22	1.3704
甲醇	CH_3OH	32.04	−98	64	0.79	
乙腈	CH_3CN	41.05	−46	81～82	0.786	1.344
乙醛	CH_3CHO	44.05	−125	21	0.785	1.332
乙醚	$C_2H_5OC_2H_5$	74.12	−116	34.6	0.706	1.353
乙醇	C_2H_5OH	46.07	−114	78	0.79	1.36
乙酸	CH_3COOH	60.05	16～16.5	117～118	1.049	
丙三醇	$C_3H_8O_3$	92.09	20	290	1.261	1.474
丙酮	CH_3COCH_3	58.08	−94	56	0.791	1.359
异丙醇	$(CH_3)_2CHOH$	60.1	−89.5	82.4	0.785	1.377
四氢呋喃	C_4H_8O	72.11	−108	65～67	0.889	1.407
DMF	C_3H_7NO	73.09	−61	153～154	0.94	
叔丁醇	$(CH_3)_3COH$	74.12	25～25.5	83	0.78	1.386～1.388
正丁醇	C_4H_9OH	74.12	−90	117.7	0.81	1.399
吡啶	C_5H_5N	79.1	−42	115	0.978	
正己烷	C_6H_{14}	86.18	−95	69	0.659	1.375
1,4-二氧六环	$C_4H_8O_2$	88.11	11.8	100～102	1.034	1.422
乙酸乙酯	$CH_3COOCH_2CH_3$	88.11	−84	76.5～77.5	0.902	1.372
异戊醇	$(CH_3)_2CHCH_2CH_2OH$	88.15	−117	130	0.809	1.406
草酸	HOOCCOOH	90.04	190			
甲苯	$C_6H_5CH_3$	92.14	−93	110.6	0.865	1.496
苯胺	$C_6H_5NH_2$	93.13	−6	184	1.022	1.586
顺丁烯二酸酐	$C_4H_2O_3$	98.06	54～56	200	1.48	
乙酸酐	$C_4H_6O_3$	102.1	−73.1	139.8	1.08	1.3904
异丙醚	$C_6H_{14}O$	102.18	−85	68～69	0.725	1.368
苯甲醛	C_6H_5CHO	106.12	−26	178～179	1.044	1.545

续表

化学名	分子式	分子量	熔点/℃	沸点/℃	密度/(kg/m³)	折射率
对二甲苯	$CH_3C_6H_4CH_3$	106.17	12～13	138	0.866	1.495
间二甲苯	$CH_3C_6H_4CH_3$	106.17	−48	138～139	0.868	1.497
邻甲苯胺	$CH_3C_6H_4NH_2$	107.16	−23	199～200	1.004	1.572
间甲苯胺	$CH_3C_6H_4NH_2$	107.16	−30	203～204	0.999	1.568
对甲苯胺	$CH_3C_6H_4NH_2$	107.16	41～46	200	0.973	
苯甲醇	$C_6H_5CH_2OH$	108.14	−15	205	1.045	1.54
对氨基苯酚	$HOC_6H_4NH_2$	109.13	188～190	284		
N,N-二甲基苯胺	$C_6H_5N(CH_3)_2$	121.18	1.5～2.5	193～194	0.956	1.558
苯甲酸	C_6H_5COOH	122.12	121～123	249	1.08	
邻苯三酚	$C_6H_6O_3$	126.11	133～134	309		
萘	$C_{10}H_8$	128.17	80～82	217.7		
对硝基甲苯	$CH_3C_6H_4NO_2$	137.14	52～54	238	1.392	
邻硝基甲苯	$CH_3C_6H_4NO_2$	137.14	−7	225	1.163	1.546
乙酰水杨酸	$CH_3COOC_6H_5COOH$	180.17	135(急速加热)			
乙酰苯胺	$CH_3CONHC_6H_5$	135.17	114.3(115～116)	304	1.2190(15℃)	

附录 2-2 蒸馏水在不同温度下的折射率

蒸馏水在不同温度下的折射率见附表 2-2。

附表 2-2 蒸馏水在不同温度下的折射率

温度/℃	折射率(n_D)	温度/℃	折射率(n_D)
10	1.33369	26	1.33240
11	1.33364	27	1.33229
12	1.33358	28	1.33217
13	1.33352	29	1.33206
14	1.33346	30	1.33194
15	1.33339	31	1.33182
16	1.33331	32	1.33170
17	1.33324	33	1.33157
18	1.33316	34	1.33144
19	1.33307	35	1.33131
20	1.33299	36	1.33117
21	1.33290	37	1.33104
22	1.33280	38	1.33090
23	1.33271	39	1.33075
24	1.33261	40	1.33061
25	1.33250		

附录 2-3　水在各种温度下的饱和蒸气压

水在各种温度下的饱和蒸气压见附表 2-3。

附表 2-3　水在各种温度下的饱和蒸气压

温度 /℃	蒸气压 /mmHg	温度 /℃	蒸气压 /mmHg	温度 /℃	蒸气压 /mmHg	温度 /℃	蒸气压 /mmHg	温度 /℃	蒸气压 /mmHg	温度 /℃	蒸气压 /mmHg
−20	0.772	1	4.93	22	19.83	43	64.8	64	179.3	85	433.6
−19	0.85	2	5.29	23	21.07	44	68.26	65	187.5	86	450.9
−18	0.935	3	5.69	24	22.38	45	71.88	66	196.1	87	468.7
−17	1.027	4	6.1	25	23.76	46	75.65	67	205	88	487.1
−16	1.128	5	6.54	26	25.21	47	79.6	68	214.2	89	506.1
−15	1.238	6	7.01	27	26.74	48	83.71	69	223.7	90	525.8
−14	1.357	7	7.51	28	28.35	49	88.02	70	233.7	91	546.1
−13	1.486	8	8.05	29	30.04	50	92.51	71	243.9	92	567
−12	1.627	9	8.61	30	31.82	51	79.2	72	254.6	93	588.6
−11	1.78	10	9.21	31	33.7	52	102.1	73	265.7	94	610.9
−10	1.946	11	9.84	32	35.66	53	107.2	74	277.2	95	633.9
−9	2.215	12	10.52	33	37.73	54	112.5	75	289.1	96	657.6
−8	2.321	13	11.23	34	39.9	55	118	76	301.4	97	682.1
−7	2.532	14	11.99	35	42.18	56	123.8	77	314.1	98	707.3
−6	2.761	15	12.79	36	44.56	57	129.8	78	327.3	99	733.2
−5	3.008	16	13.63	37	47.07	58	136.1	79	341	100	760
−4	3.276	17	14.53	38	49.65	59	142.6	80	355.1		
−3	3.566	18	15.48	39	52.44	60	149.4	81	369.7		
−2	3.879	19	16.48	40	55.32	61	156.4	82	384.9		
−1	4.216	20	17.54	41	58.34	62	163.8	83	400.6		
0	4.579	21	18.65	42	61.5	63	171.4	84	416.8		

注：1mmHg＝133.322Pa。

附录 2-4　常用有机试剂的配制

1.2,4-二硝基苯肼试剂

1）取 3g 2,4-二硝基苯肼溶于 15mL 浓硫酸中。将此酸性溶液慢慢加入 70mL 95％乙醇中，再加蒸馏水稀释到 90mL，搅动混合均匀即成橙红色溶液（若有沉淀应过滤）。

2）将 1.2g 2,4-二硝基苯肼溶于 50mL 30％高氯酸中。配好后储于棕色瓶中，不易变质。

①法配制的试剂 2,4-二硝基苯肼浓度较大，反应时沉淀多便于观察。②法配制的试剂，由于高氯酸盐在水中溶解度很大，因此便于检验水溶液中的醛且较稳定，长期储存不

易变质。

2. 饱和亚硫酸氢钠溶液

先配制 40％亚硫酸氢钠水溶液。然后在每 100mL 40％亚硫酸氢钠水溶液中，加不含醛的无水乙醇 25mL，溶液呈透明清亮状。如有少量亚硫酸氢钠结晶析出，必须滤去或倾斜上层清液。

由于亚硫酸氢钠久置后易失去二氧化硫而变质，所以上述溶液也可按下法配制：将研细的碳酸钠晶体（$Na_2CO_3 \cdot 10H_2O$）与水混合，水的用量使粉末上只覆盖一薄层水为宜。然后在混合物中通入二氧化硫气体，至碳酸钠近乎完全溶解，或将二氧化硫通入 1 份碳酸钠与 3 份水的混合物中，至碳酸钠全部溶解为止。配制好后密封放置，但不可放置太久，最好是用时新配。

3. Schiff 试剂

配制方法有以下 3 种。

① 将 0.2g 对品红盐酸盐溶于 100mL 新制的冷却饱和二氧化硫溶液中，放置数小时，直至溶液无色或呈淡黄色，再用蒸馏水稀释至 200mL，存在于玻璃瓶中，塞紧瓶口，以免二氧化硫逸散。

② 溶解 0.5g 对品红盐酸盐于 100mL 热水中，冷却后通入二氧化硫达饱和，至粉红色消失，加入 0.5g 活性炭，振荡过滤，再用蒸馏水稀释至 500mL。

③ 溶解 0.2g 对品红盐酸盐于 100mL 热水中，冷却后，加入 2g 亚硫酸钠和 2mL 浓盐酸，最后用蒸馏水稀释至 200mL。

品红溶液原是粉红色，被二氧化硫饱和后变成无色的 Schiff 试剂。醛类与 Schiff 试剂作用后，反应液呈紫红色。

酮类通常不与 Schiff 试剂作用，但是某些酮类（如丙酮等）能与二氧化硫作用，故当它与 Schiff 试剂接触后能使试剂脱去亚硫酸，此时反应液就出现品红的粉红色。

Schiff 试剂应密封储存于暗冷处，倘若受热见光或露置于空气中过久，试剂中的二氧化硫易损失，结果又显桃红色，遇此情况，应再通入二氧化硫，使颜色消失后使用。但应指出，试剂中过量的二氧化硫越少，反应就越灵敏。

4. Fehling 试剂

Fehling 试剂由 Fehling A 和 Fehling B 组成，使用时将两者等体积混合，其配法分别如下。

Fehling A：将 3.5g 含有五结晶水的硫酸铜溶于 100mL 水中即得淡蓝色的 Fehling A 试剂。

Fehling B：将 17g 五结晶水的酒石酸钾钠溶于 20mL 热水中，然后加入含有 5g 氢氧化钠的水溶液 20mL，稀释至 100mL 即得无色清亮的 Fehling B 试剂。

由于氢氧化铜是沉淀，不易与样品作用，因此，酒石酸钾钠存在时氢氧化铜沉淀溶解，形成深蓝色的溶液。

5. Benedict 试剂

在 400mL 烧杯中溶解 20g 柠檬酸钠和 11.5g 无水碳酸钠于 100mL 热水中。在不断搅拌下把含 2g 硫酸铜结晶的 20mL 水溶液慢慢地加到柠檬酸钠和碳酸钠溶液中。此混合液应十分清澈，否则需过滤。Benedic 试剂在放置时不易变质，也不必像 Fenling 试剂那样分成 A、B 液，分别保存，所以比 Fenling 试剂使用方便。

6. Tollen 试剂

加 20mL 5％硝酸银溶液于一干净试管内，加入 1 滴 10％氢氧化钠溶液，然后滴加 2％氨水，振摇，直至沉淀刚好溶解。

配制 Tollen 试剂时应防止加入过量的氨水，否则，将生成雷酸银（Ag—O＝N≡C）。受热后将引起爆炸，试剂本身还将失去灵敏性。

Tollen 试剂久置后将析出黑色的氮化银（Ag_3N）沉淀，它受震动时分解，发生猛烈爆炸，有时潮湿的氮化银也能引起爆炸。因此 Tollen 试剂必须现用现配。

7. Lucas 试剂

将 34g 无水氯化锌在蒸发皿中强热熔融，稍冷后放在干燥器中冷至室温，取出捣碎，溶于 23mL 浓盐酸中（相对密度为 1.187）。配制时必须加以搅动，并把容器放在冰水浴中冷却，以防氯化氢逸出。约得 35mL 溶液，放冷后，存于玻璃瓶中，塞紧。此试剂一般是临用时配制。

8. 碘溶液

① 将 20g 碘化钾溶于 100mL 蒸馏水中，然后加入 10g 研细的碘粉，搅动使其全溶呈深红色溶液。

② 将 1g 碘化钾溶于 100mL 蒸馏水中，然后加入 0.5g 碘，加热溶解即得红色清亮溶液。

③ 将 2.6g 碘溶于 50mL 95％乙醇中，另把 3g 氯化汞溶于 50mL 95％乙醇中，两者混合，滤除澄清。

9. 奈氏试剂

把 5％碘化钾水溶液慢慢地加到 2％氯化汞（或硝酸汞）水溶液中，加到初生的红色沉淀刚刚又完全溶解为止。

10. 饱和溴水

溶解 15g 溴化钾于 100mL 水中，加入 10g 溴，振荡即成。

11. 氯化亚铜氨溶液

取 1g 氯化亚铜加 1～2mL 浓氨水和 10mL 水，用力摇动后，静置片刻，倾出溶液，并投入一块铜片（或一根铜丝），储存备用。

反应式为：$$Cu_2Cl_2 + 2NH_4OH \longrightarrow 2Cu(NH_3)Cl + 2H_2O$$

亚铜盐很容易被空气中的氧氧化成二价铜，此时试剂呈蓝色将掩盖乙炔亚铜的红色。为了便于观察现象，可在温热的试剂中滴加 20％盐酸羟胺（$HO—NH_2 \cdot HCl$）溶液至蓝色褪去后，再通乙炔，羟胺是一种强还原剂，可将 Cu^{2+} 还原成 Cu^+。

$$4Cu^{2+} + 2NH_2OH \longrightarrow 4Cu^+ + N_2O + H_2O + 4H^+$$

12. 次溴酸钠水溶液

在 2 滴溴中滴加 5％氢氧化钠溶液，直到溴全溶且溶液红色褪去呈淡蓝色为止。

13. α-萘酚试剂

取 10g α-萘酚溶于 95％的乙醇内，再用 95％的乙醇稀释至 100mL，储于棕色瓶中。用前再配制。

14. 苯肼试剂

① 将 5mL 苯肼溶于 50mL 10％乙酸溶液中，加 0.5g 活性炭。搅拌后过滤，把滤液保存于棕色试剂瓶中，苯肼试剂放置时间过久会失效。苯肼有毒！使用时切勿与皮肤接触。如不慎触及，应用 5％乙酸溶液冲洗，再用肥皂洗涤。

② 称取 2g 苯肼盐酸盐和 3g 乙酸钠混合均匀，于研钵上研磨成粉末即得盐酸苯肼-乙酸钠混合物，取 0.5g 盐酸苯肼-乙酸钠混合物与糖液作用。苯肼在空气中不稳定，因此，通常用较稳定的苯肼盐酸盐。因为，成脎反应必须在弱酸性溶液中进行，使用时必须加入适量的乙酸钠，以缓冲盐酸的酸度，所用乙酸钠不能过多。

③ 将 0.5g 10％盐酸苯肼溶液和 0.5mL 15％乙酸钠溶液于 2mL 的糖液中。

15. 0.1％茚三酮乙醇溶液

将 0.1g 茚三酮溶于 124.9mL 95％乙醇中，用时新配。

16. 水合肼

$H_2NNH_3 \cdot H_2O$ 沸点 118.5℃。水合肼易溶于水和乙醇，不溶于乙醚，有吸湿性。

85％水合肼的制备：取 100g 30％水合肼和 200g 二甲苯的混合物，用分馏柱进行蒸馏。在 99℃时蒸出二甲苯和水的共沸物，在 118～119℃蒸出 85％的水合肼。

浓度的测定：以酚酞为指示剂，用酸滴定到生成单盐。

注意：水合肼腐蚀皮肤，肼是血浆毒素，引起抽筋，并且损害心脏。

急救：受腐蚀的皮肤用烯乙酸洗，服用葡萄糖可解除肼的毒害作用。

17. 异丙醇铝

$[(CH_3)_2CH—O]_3Al$，沸点 130～140℃，熔点 118℃。

制备：在配有高效回流冷凝管和氯化钙管的 1L 烧瓶里，放置 1mol 铝丝或铝片、300mL 无水异丙醇以及 0.5g 氯化汞，加热回流。当开始沸腾时，经过冷凝管加入 2mL 四氯化碳，继续加热混合物，直到突然开始放出氢气。移去热源，混合物有时还需冷却。当激烈的反应沉寂以后，继续煮沸到铝完全溶解（6～12h）。除去溶剂，残余物用空气冷凝管进行真空蒸馏。产品一般要过 1～2d 以后才固化。收率为 90％～95％。

18. 钠汞齐

含钠为 1.2％的钠汞齐在温室下是半固体，在 50℃是液体；更高浓度的钠汞齐在室温下是固体，并能研成粉末。

2％钠汞齐的制备：在通风橱内把 600g 汞放在海斯坩埚中，加热到 30～40℃，利用长而尖的玻璃导棒将 13g 切成小方块的钠加到汞的表面以下。此时即发生反应而出现火焰，为了防止飞溅，反应容器用石棉板予以覆盖。钠汞齐凝固以后，在氮气存在下加以粉碎，隔绝空气储藏。

注意：在使用钠的操作过程中必须佩戴保护眼罩。含有金属钠的反应混合物不能在水浴上加热。

19. 氢化锂铝

对还原反应来说，合适的溶剂是二乙醚、四氢呋喃和 N-烷基吗啉。若氢化锂铝不能完全溶解，就用其悬浮液。所用溶剂不可以含有过氧化物水。

还原完毕以后，如果投料量很小，少许过量的氢化锂铝可用水小心地进行分解；如果投料量很大，最好加入乙酸乙酯直到氢化锂铝消耗完毕，然后用数量恰好满足需要的水使使氢氧化铝沉淀。

注意：氢化锂铝与水反应得很激烈，并能自燃。在用氢化锂铝进行反应时，只能使用防潮马达进行搅拌，氢气必须引至室外。

钠汞齐不能用手触及，也不能与水接触。

参考文献

[1] 雷衍之.化学实验 [M].北京：中国农业出版社，2004.

[2] 李英俊，等.半微量有机化学实验 [M].第 2 版.北京：化学工业出版社，2009.

[3] 周建峰.有机化学实验 [M].上海：华东理工大学出版社，2002.

[4] 焦家俊.有机化学实验 [M].第 2 版.上海：上海交通大学出版社，2000.

[5] 北京大学化学学院有机化学研究所.有机化学实验 [M].第 2 版.北京：北京大学出版社，2002.

[6] 陈长水.微型有机化学实验 [M].北京：化学工业出版社，1998.

[7] 赵建庄.有机化学实验 [M].北京：高等教育出版社，2003.

[8] 刘约权.实验化学 [M].北京：高等教育出版社，2000.

[9] 兰州大学，复旦大学.有机化学实验 [M].北京：高等教育出版社，1986.

[10] 邵作范.有机化学实验 [M].大连：大连海运学院出版社，1994.

第四篇
物理化学实验

第一章　化学热力学

◎ 实验 4-1　恒温槽的调节与温度控制

一、实验目的与要求

① 了解恒温槽的构造和工作原理。
② 学会水浴恒温槽的正确装配、调节及灵敏度曲线的测试。
③ 掌握贝克曼（Beckmann）温度计的调节及正确使用方法。

二、实验原理

物质的许多性质，如蒸气压、黏度、电导率、折射率、吸附量、表面张力、电动势、化学反应速率系数等都与温度有关，因此许多相关实验必须在恒温下进行。恒温控制通常采取两种方法：一是利用物质相变温度的恒定性来实现，即相变点恒温介质浴；二是利用恒温槽控温来实现，即恒温槽法。前者简便实用，但可选择的温度有限，后者是实验室常用的恒温方法。

恒温槽依靠恒温控制仪来自动调节其热平衡。当浴槽对外散热而使槽内液体介质（依恒温范围而定）温度低于设定温度时，恒温控制仪启动槽内的加热器工作，当温度高于设定温度时，加热器停止加热，这样周而复始，从而维持恒温。恒温槽装置一般如图 4-1 所示。

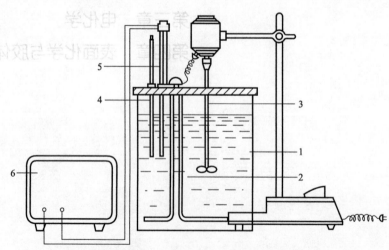

图 4-1　恒温槽装置（实验化学，刘约权和李贵深，2005）

1—浴槽；2—加热器；3—搅拌器；4—温度计；5—温度传感器；6—恒温控制仪

恒温槽一般由浴槽、加热器、搅拌器、温度计、温度传感器、恒温控制仪等部分组成。现分别简述如下。

1. 浴槽

通常采用玻璃材质以利于观察，其容量和形状视需要而定。使用温度较高或较低时，应对浴槽加以保温。浴槽内液体一般采用去离子水，50℃以上的恒温水浴常在水面上加一层石蜡油；温度超过100℃时可采用液体石蜡、甘油、豆油或硅油等。

2. 加热器

常用的是电加热器。加热器功率大小的选择应视浴槽容积和需要温度的高低而定。为了提高恒温的效率和精度，可采用两套加热器联用。开始时，用功率较大的加热器加热，当温度达恒定时，改用功率较小的加热器。若所需温度低于室温，需增加冷却装置，选择适当的冷冻剂。

3. 搅拌器

一般采用电动搅拌器，其功率视浴槽容积而定，用变速器来调节搅拌速度，使槽内液体介质各处温度一致。

4. 温度计

常用1/10℃温度计作为观察温度用。所用温度计在使用前必须加以校正。温度计的安装位置应尽量靠近被测系统。

5. 温度传感器

它是恒温槽的感觉中枢，是决定恒温槽精度的关键所在。温度传感器的种类很多，如接触温度计、热敏电阻等。目前普遍使用的是水银接触温度计，如图4-2所示。

接触温度计与普通温度计类似，但它是可以导电的特殊温度计，其上、下两段均有刻度，上段由标铁指示温度。标铁上连接一根钨丝（或铂丝），钨丝下端在下段所指的温度与标铁在上段所指的温度相同。通过顶端调节帽内的一块磁铁的旋转来调节标铁和钨丝的位置。当旋转调节帽时，磁铁带动内部螺纹杆转动，使标铁和钨丝上下移动。下端水银槽和上端螺纹杆引出的两根导线与继电器相连。当浴槽温度低于标铁上端面所指示的温度时，水银柱与钨丝触针不接触，两导线断开，加热器加热；当浴槽温度上升并达到标铁上端面所指示的温度时，水银柱与钨丝接触，两导线导通，加热器停止加热。水银接触温度计的控温精度通常为±0.1℃，甚至可达±0.05℃。由于水银接触温度计的温度标尺刻度不够准确，需用1/10℃温度计来准确测量恒温槽的温度。

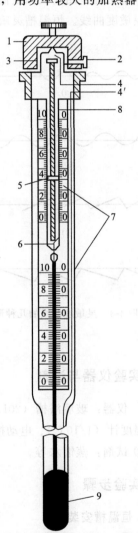

图4-2 水银接触温度计
（实验化学，刘约权和李贵深，2005）

1—调节帽；2—调节帽固定螺钉；3—磁铁；
4—螺钉杆引出线；4′—水银槽引出线；
5—标铁；6—触针；7—刻度板；
8—螺纹杆；9—水银槽

6. 恒温控制仪

恒温控制仪通常由继电器和控制电路组成，其作用是对加热器实施控制。当浴槽温度低于设定值时，接触温度计断开，加热器加热。当温度升至设定值时，接触温度计接通，加热器停止加热。如此反复进行，从而达到控温目的。由于感温、继电器和加热器的动作需要一定的时间，传热、传质有一定速度，造成温度的升降存在滞后的现象，因此恒温槽控制的温度有一个波动范围。

恒温槽温度的波动范围越小，各处的温度越均匀，恒温槽的灵敏度越高。恒温槽灵敏度的测定通常是在一定温度下，观察温度随时间波动的情况，采用灵敏的贝克曼温度计或数字式精密温差测量仪测定温度差。以温度为纵坐标、时间为横坐标，绘制温度-时间曲线即灵敏度曲线。恒温槽灵敏度 t_E 与最高温度 t_1、最低温度 t_2 的关系式为：

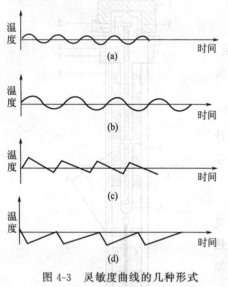

$$t_E = \pm \frac{t_1 - t_2}{2}$$

良好的恒温槽的灵敏度曲线如图 4-3(a) 所示；图 4-3(b) 表示加热器功率适中，但灵敏度较差，需更换更灵敏的恒温控制仪；图 4-3(c) 表示加热器功率过大，需换用较小功率的加热器；图 4-3(d) 表示加热器功率过小或浴槽散热太快，需换用功率较大的加热器或改善浴槽的保温。

灵敏度与温度传感器、继电器、搅拌器效率、加热器功率及组装技术等因素均有关系。为了提高灵敏度，在设计安装恒温槽时应注意：恒温槽的热容要大，保温液体的热容越大越好，加热器、温度传感器的热容越小越好；温度传感器与加热器间的距离要近些，搅拌器效率要高；用作调节温度的加热器功率要小。

图 4-3 灵敏度曲线的几种形式

三、实验仪器与试剂

① 仪器：玻璃浴槽（20L）、水银接触温度计、贝克曼温度计或数字式精密温差测量仪、温度计（1/10℃）、电动搅拌器、加热器、控温仪、计时器等。

② 试剂：蒸馏水等。

四、实验步骤

1. 恒温槽安装

按图 4-1 所示，将搅拌器、加热器、控温仪、1/10℃温度计、水银接触温度计等安装连接好（按水流先经过加热器后经过控温仪的原则安装），检查连接无误后将蒸馏水注入浴槽至约 3/4 容积处。

2. 温度调节

先旋开水银接触温度计顶端调节帽固定螺钉，再转动调节帽使标铁上端面所指示温度低于设定值 25℃ 或 30℃（一般高于室温 5~10℃）1~2℃。接通电源，打开搅拌器，由慢至快调至适宜搅拌速度。打开加热器，开始可将加热电压调高些，待槽温接近设定值时，适当降低电压，继续加热至设定值，调节控温仪使钨丝与水银面处于刚好接通的状态，通过控温仪指示灯的灵敏转换可判断，并固定调节帽。升温过程中注意观察 1/10℃ 温度计的读数和控温仪指示灯。若温度未达到设定值，需再次调节。

3. 恒温槽灵敏度的测定

当恒温槽温度恒定于 25℃ 或 30℃ 后，选好点位，将调好的贝克曼温度计（水银柱在刻度 2.5 左右）垂直放入或将温差测量仪探头插入，利用计时器每隔 2min 记录一次贝克曼温度计的读数，测定 30min。温度变化范围要求在 ±0.15℃。改变测温位置，按同样方法测定灵敏度（灵敏度曲线有 5～6 峰值即可）。

五、实验注意事项

① 在调温过程中不能以水银接触温度计的刻度为依据，必须以 1/10℃ 温度计为准。

② 必须细微调节温度，一定不要让温度超过设定值，否则恒温槽降温很慢。

六、数据记录与结果处理

① 将实验数据记录列表。

② 以时间为横坐标、温度为纵坐标，绘制灵敏度曲线。

③ 计算恒温槽的灵敏度。

七、思考题

① 恒温槽由哪几部分组成？各部分的作用是什么？

② 影响恒温槽灵敏度的主要因素有哪些？

③ 采取哪些措施可以提高恒温槽的灵敏度？

八、参考资料：贝克曼温度计

1. 构造和特点

贝克曼温度计是精密测量温度差值的温度计。与可测量温度的普通水银温度计不同之处在于其水银球中的水银量不是固定不变的，而是可以调节的，因此其水银柱的刻度不能表示温度的"绝对值"，而只能表示在一定范围内的温度差值。在燃烧热测定、中和热测定、沸点升高或凝固点降低法测摩尔质量等实验中，只需精确测量微小温差而不必测量温度的绝对值时，常采用贝克曼温度计。

贝克曼温度计的构造如图 4-4 所示。其下端的水银球与上部的水银储槽由均匀的毛细管连通。水银储槽是用来调节水银球内的水银量的。刻度尺上的量程一般只有 5℃，每摄氏度分为 100 等份，用放大镜可估读到

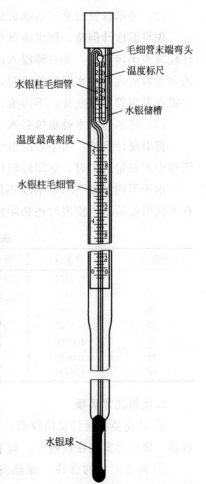

毛细管末端弯头
温度标尺
水银柱毛细管
水银储槽
温度最高刻度
水银柱毛细管
水银球

图 4-4 贝克曼温度计（实验化学，刘约权和李贵深，2005）

0.002℃。用它可测量－20～155℃范围内5℃以下的体系温差。还有更灵敏的贝克曼温度计，量程只有1℃或2℃，最小刻度为0.002℃，可估读到0.0004℃。当水银储槽中的水银与水银球中的水银完全相连时，水银储槽背后的温度标尺只表示温度粗值。贝克曼温度计使用前需调节，使水银球中的水银量等于实验温度范围所需要的量，所测温度越高，球内的水银量越少。

贝克曼温度计的刻度有两种标法：一种是最小读数在刻度尺的上端，最大读数在下端，用来测量温度下降值，称为下降式贝克曼温度计；另一种恰好相反，用来测量温度升高值，称为上升式贝克曼温度计。精密测量时两者不可混用。

2.使用方法

（1）贝克曼温度计的调节

根据实验需要确定起始水银柱在刻度尺上的位置。若是升温体系，则将调整好的温度计放入初始体系中，水银柱应停在刻度2左右；若是降温体系，则应停在刻度4左右。如测定20℃时恒温水浴温度的波动范围，调节贝克曼温度计的水银柱处于刻度尺2～4即可使用。若低于2则表示水银球内水银量过少，若高于4则表示水银球内水银量过多，这就需将一部分水银从水银储槽引回水银球中或从水银球中引入水银储槽中。

（2）将水银储槽中的水银引回水银球的方法

先将温度计倒持，使水银球中的水银流向毛细管顶端与储槽中的水银相接，再将温度计轻缓地倒转直立，并立即浸入冷水中。此时水银便由储槽流回至水银球中，借助储槽上的刻度判断流回的水银量已够时，迅速取出温度计，用另一只手轻叩持温度计的手腕，使水银在毛细管顶端断开，不再流回水银球。

（3）将水银球中的水银引入水银储槽的方法

将温度计倒持，用手心微温水银球，使水银不断流回储槽，借助储槽上的刻度判断水银球中水银量适中时，立即轻轻将温度计正向直立，如上法将水银柱断开。

由于不同温度下水银密度不同，贝克曼温度计上的刻度差值1℃不能真正代表1℃，在不同温度范围内使用时还必须做刻度的校正，校正值见表4-1。

表4-1 贝克曼温度计的校正值

调整温度/℃	校正值	调整温度/℃	校正值	调整温度/℃	校正值
0	0.9936	35	1.0043	70	1.0125
5	0.9953	40	1.0056	75	1.0135
10	0.9969	45	1.0069	80	1.0144
15	0.9985	50	1.0081	85	1.0153
20	1.0000	55	1.0093	90	1.0161
25	1.0015	60	1.0104	95	1.0169
30	1.0029	65	1.0115	100	1.0176

3.使用注意事项

① 贝克曼温度计价格较贵，玻璃薄且长，易损坏，使用时必须十分小心，不可任意放置。使用时安装在仪器上，调节时握在手中，不用时放在温度计盒内。

② 调节时，勿骤冷、骤热或重击。断开水银的步骤，应远离实验台，且动作不可过大。

③ 调节好的温度计，不要使毛细管与水银球中的水银量再有变动。

④ 固定温度计时，必须垫有橡胶垫，不宜夹得过紧。拆卸仪器时应先取出温度计。

◯ 实验 4-2　燃烧热的测定

一、实验目的与要求

① 了解氧弹式量热计的原理、构造及使用方法。

② 学会用氧弹式量热计测定萘的燃烧热。

③ 学会用雷诺（Reynolds）图解法校正温差。

二、实验原理

燃烧热是指 1mol 物质完全燃烧时的热效应。一般化学反应的热效应可用燃烧热数据间接进行求算。燃烧热可在恒容或恒压情况下测定。由热力学第一定律可知，在无非体积功条件下，恒容燃烧热 $Q_V = \Delta U$，恒压燃烧热 $Q_p = \Delta H$。用氧弹式量热计测得的燃烧热是 Q_V，而一般热化学计算用的是 Q_p，两者之间可通过式(4-1)进行换算：

$$Q_p = Q_V + \Delta nRT \tag{4-1}$$

式中，Δn 为燃烧反应前、后气体物质的量的变化，mol；R 为气体常数，J/(K·mol)；T 为反应时的热力学温度，K。

测量热效应的仪器称为量热计，燃烧热的测定一般用氧弹式量热计。氧弹式量热计具有很好的绝热性能，其主体是一个以空气层与外界隔离的绝热的内筒，其中氧弹是最重要的装置。氧弹式量热计及氧弹的结构分别如图 4-5 和图 4-6 所示。

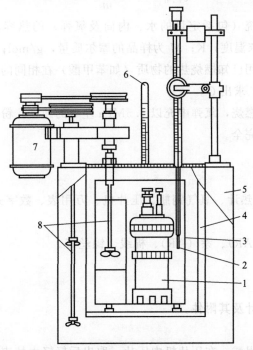

图 4-5　氧弹式量热计的结构（实验化学，刘约权和李贵深，2005）

1—氧弹；2—贝克曼温度计；3—内筒；4—挡板；5—恒温水夹套；6—水夹套温度计；7—电动机；8—搅拌器

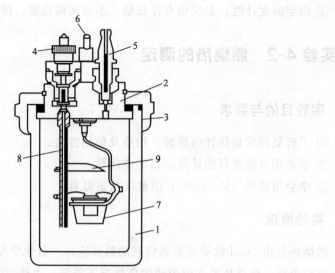

图 4-6 氧弹的结构（实验化学，刘约权和李贵深，2005）
1—厚壁圆筒；2—弹盖；3—螺帽；4—氧气进气孔；5—排气孔；6—电极；
7—燃烧皿；8—电极（也是进气管）；9—火焰挡板

在盛有定量水的内筒中，放入装有一定量样品和 O_2 的密闭氧弹，然后使样品完全燃烧，放出的热量（包括样品在氧弹中燃烧、燃烧丝燃烧、棉线燃烧和空气中少量氮气氧化成硝酸所放出的热）全部被量热系统吸收，使其温度升高。测得温度升高值，样品的摩尔燃烧热即可按式(4-2)计算：

$$Q_{V,m} = \frac{MC(T_n - T_0)}{m} \tag{4-2}$$

式中，C 为量热系统（包括定量的水、内筒及氧弹）的热容，J/K，视为常数；T_0 和 T_n 分别为水的始、末温度，K；M 为样品的摩尔质量，g/mol；m 为样品的质量，g。

量热系统的热容可用已知燃烧热的物质（如苯甲酸）在相同的量热体系中燃烧，测其始、末温度，按式(4-2)求出 C。

为了保证样品完全燃烧，氧弹中充以 1.5MPa 左右的纯氧。粉末样品需要压片，以防止因飞散而造成燃烧不完全。

三、实验仪器与试剂

① 仪器：氧弹式量热计、氧气钢瓶、压片机、万用表、数字式精密温差测量仪、容量瓶等。

② 试剂：苯甲酸（AR）、萘（AR）、棉线、镍丝等。

四、实验步骤

1. 整理并洗净量热计及其附件。

2. 样品压片

取 0.8~1.0g 的苯甲酸，在压片机中压片，取出后轻轻去掉表面碎屑。取 10cm 长的棉线和燃烧丝（镍丝）各一根，分别精确称量后，用棉线将药片与燃烧丝固定好，再精确称量至 0.1mg。

将氧弹的弹盖放在专用架上，将样品小心挂在燃烧皿中，将燃烧丝两端紧缠于两电极上。燃烧丝必须与样品接触，但不可与燃烧皿相碰。两电极与燃烧皿不能相碰或短路。盖好弹盖并拧紧，关闭出气孔。

3. 充氧气

用万用表检查两电极是否通路，若通路，则充氧。使用高压钢瓶时必须严格遵守操作规则。用氧气瓶通过氧弹的进气孔慢慢向氧弹充入少量氧气（约 0.5MPa），然后开启出口，借以赶出氧弹中的空气。此后充入氧气至 1.5MPa（勿超过 2.5MPa），关闭氧弹的进气孔。再次用万用表检查两电极是否通路（通路时电阻值应为 5～8Ω）。若不通路，需泄出氧气重新系紧燃烧丝后重复上述操作。

4. 内筒准备

将氧弹放入内筒。用容量瓶量取 3000mL 去离子水（水温预先调到比外筒水温低约 1℃），顺着筒壁小心倒入内筒中。水面盖过氧弹（两电极需保持干燥），若有气泡逸出，说明氧弹漏气，寻找原因并排除。装好搅拌器，把电极插头插在氧弹两电极上，盖好盖子，将温差测量仪探头插入内筒水中（探头不可碰到氧弹）。

5. 点火

检查控制箱的开关，不处于"点火"状态时，将"点火"电源旋钮旋到最小，打开控制箱总电源开关。打开搅拌开关，待 2～3min 后，每隔 1min 读取水温一次（精确至 ±0.002℃），直到连续 5 次温度基本不变。迅速按下点火开关，调节"点火"电源旋钮，逐步加大电流，直到点火指示灯灭，把"点火"电源旋钮调至最小，关掉点火开关。若点火灯亮一下就熄掉，数字显示升温明显时说明点火成功，氧弹内样品已燃烧。若点火灯亮后不熄，表示点火丝没有烧断，应立即加大电流；若加大电流也不熄灭，且升温缓慢说明点火失败，应查明原因后重做。自按下点火开关后，每 0.5min 记录温度一次，当温度升到最高点后，再记录 10 次，停止实验。

实验停止后，切断电源，取出温差测量仪探头放入外筒水中，取出氧弹擦干，打开氧弹出气孔，缓缓放尽余气后，再旋下氧弹盖，检查样品燃烧结果。若氧弹中没有燃烧残渣，表示燃烧完全（若有剩余的燃烧丝，应小心取下，准确称量）；若留有黑色残渣表示燃烧不完全，应重新测定。燃烧不完全的原因可能是：样品量太多、氧气压力不足、氧弹漏气或燃烧皿太湿等。

实验完毕，用水冲洗氧弹及燃烧皿，倒出内筒中的水，用纱布擦干待用。

6. 萘的燃烧热的测定

称取 0.4～0.5g 萘，重复以上操作测量萘的燃烧热。

五、实验注意事项

① 待测样品需干燥，否则不易燃烧且称量有误。

② 压片的紧实程度应适中，太紧不易燃烧，太松易形成爆炸性燃烧，使燃烧不完全。

③ 进行氧气钢瓶及减压操作时，应注意安全。

④ 打开控制箱总电源开关前，点火开关不处于"点火"状态，防止尚未实验就自行点火。

⑤ 测定第二个样品时内筒水必须再次调节水温。

六、数据记录与结果处理

① 将实验数据记录列表。

② 用雷诺图解法求出苯甲酸、萘在燃烧前、后的温差 ΔT。

③ 计算量热计的热容 C 和萘的定容摩尔燃烧热。

已知：苯甲酸、萘的分子量分别为 122.12、128.2，苯甲酸在 25℃时的燃烧热 $Q_p = -3226.8 \text{kJ/mol}$。

七、思考题

① 在本实验中，哪些是系统？哪些是环境？系统与环境之间有无热交换？

② 开始时内筒水的温度为什么要比外筒水的温度低？低多少合适？

③ 实验中的误差主要由哪些因素引起？

八、参考资料

1. 注释一

本实验是在近似绝热的系统内进行的，但系统与环境间的热交换还是不可避免的。在测定的前期和后期，系统与环境间温差的变化不大，热交换较稳定，但反应期系统和环境的温差随时改变，很难用实验数据直接求算。通常采用雷诺校正图对温差测量值进行校正。先作温度-时间曲线，如图 4-7(a) 所示，图中 H 点相当于开始燃烧的温度读数，D 点为观察到的最高点的温度读数，从环境温度 J 点作横坐标的平行线与温度-时间曲线交于 I 点，过 I 点作垂直线 ab，该垂线与 FH 线和 GD 线的延长线分别交于 A、C 两点，则此两点间的温度差即为燃烧前、后的温度升高值 ΔT。图中 AA' 表示从开始燃烧到温度升高至环境温度这段时间 Δt_1 内，由环境辐射和搅拌造成的量热计温度的升高，必须扣除；CC' 表示温度由环境温度升高至最高温度这段时间 Δt_2 内，量热计向环境散热造成的温度下降，应该补偿。因此 A、C 两点的温差就是 ΔT。

有时量热计的绝热效果良好，散热小，但由于搅拌不断引进少量能量使燃烧后最高点

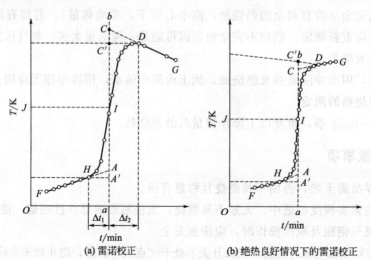

(a) 雷诺校正　　　　(b) 绝热良好情况下的雷诺校正

图 4-7　雷诺校正图（实验化学，刘约权和李贵深，2005）

不出现 [图 4-7(b)]，这种情况下，ΔT 也可以按照上述方法校正。

2. 注释二

在精确测量燃烧热时，量热计热容 C 的计算公式应为：

$$C = \frac{Q_{V,1} m_1 + Q_{V,2} m_2 + Q_{V,3} m_3 + n \Delta_f H_m}{\Delta T} \tag{4-3}$$

式中，m_1、m_2、m_3 分别为苯甲酸、已燃烧的镍丝、棉线的质量，g；n 为生成硝酸的物质的量，mol；$Q_{V,1}$、$Q_{V,2}$、$Q_{V,3}$ 分别为苯甲酸、镍丝、棉线的质量燃烧热，J/g；$\Delta_f H_m$ 为硝酸的摩尔生成焓，kJ/mol；ΔT 为量热系统温度的升高值，K。

其中 N_2 氧化生成硝酸的物质的量的测定方法为：用去离子水洗涤氧弹内壁，收集洗液，煮沸片刻，用酚酞作指示剂，以 0.1000mol/L NaOH 滴定洗液。

3. 注释三

若实验中应用计算机自动监控量热计测量全过程，则处理数据更快捷。

○ **实验 4-3　液体饱和蒸气压的测定**

一、实验目的与要求

① 学会用静态法测定纯液体在不同温度下的饱和蒸气压。
② 掌握数字式低真空测压仪及真空泵的正确使用方法。
③ 学会用图解法求所测温度范围内的平均摩尔汽化焓。

二、实验原理

一定温度下，真空密闭容器中的纯液体建立气液平衡时的蒸气压就是该液体在此温度下的饱和蒸气压。液体的蒸气压与温度有一定关系，温度升高，蒸气压增大，温度降低，蒸气压减小。当蒸气压与外界压力相等时，液体便沸腾，外压不同，液体的沸点也不同。液体的饱和蒸气压与温度的关系可用克劳修斯-克拉贝龙（Clausius-Clapeyron）方程来表示：

$$\ln p = -\frac{\Delta_{vap} H_m}{RT} + B \tag{4-4}$$

式中，p 为液体在温度 T 时的饱和蒸气压，Pa；T 为热力学温度，K；$\Delta_{vap} H_m$ 为液体摩尔汽化焓（温度变化较小的范围内，视为常数），J/mol；R 为气体常数，8.3145J/(K·mol)；B 为积分常数。克劳修斯-克拉贝龙方程提供了一种不用量热技术测定液体汽化热的方法。在一定温度范围内，通过测定不同温度下的饱和蒸气压，作 $\ln p$-$1/T$ 图，可得一直线，由直线的斜率就可求出待测液体在实验温度范围内的平均摩尔汽化焓 $\Delta_{vap} H_m$。

测定饱和蒸气压常用的方法有：动态法和静态法两类。常用的动态法有饱和气流法，即通过一定体积的已被待测液体所饱和的气流，用某物质完全吸收，再称量吸收物质增加的质量，求出蒸气的分压力。此法的缺点是难以达到饱和状态，因此实测值偏低。静态法是把待测液体放在一个密闭容器中，在不同温度下直接测量蒸气压或在不同外压下测液体的沸点。静态法不适宜测定溶液的蒸气压，因为该法要求体系内无杂质气体。本实验采用静态法。实验装置如图 4-8 所示。

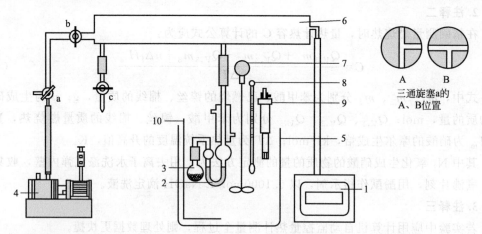

图 4-8　静态法测定液体饱和蒸气压装置（基础化学实验，孟长功和辛剑，2009）

1—数字式低真空测压仪；2—等压计；3—液体瓶；4—真空泵；5—恒温槽；6—缓冲罐；7—搅拌器；
8—温度计；9—调节温度计；10—加热器；a—三通旋塞；b—抽气阀；c—压力调节阀

三、实验仪器与试剂

① 仪器：恒温槽、真空装置、等压计、数字式气压表、数字式低真空测压仪等。

② 试剂：无水乙醇（AR）等。

四、实验步骤

1. 装样

向干燥的等压计中注入适量的无水乙醇，使液体瓶容积的 2/3 及 U 形管容积的 1/2 均装有无水乙醇。将等压计与冷凝管相连（玻璃磨口上涂抹高真空脂）。

2. 测压仪置零

打开数字式低真空测压仪，打开压力调节阀使系统压力与大气压相等，此时示值应为 0，若不为 0，按"置零"键。

3. 检查气密性

关闭压力调节阀，开动真空泵，旋转三通旋塞使真空泵与系统相通而与大气隔绝，打开抽气阀，当系统压力降低 50kPa 左右时关闭抽气阀，再旋转三通旋塞使真空泵与大气相通而与系统隔绝后，停泵。观察数字式低真空测压仪的读数变化。若 5min 之内显示数值基本不变或降低不超过 150Pa，则表明系统不漏气。否则应分段检查并设法消除。

4. 排除管内的空气

通冷凝水，启动搅拌，调节恒温槽至所需温度后，旋转三通旋塞使真空泵与系统相通而与大气隔绝，开泵并缓慢打开抽气阀，使液体瓶中乙醇溶解的空气和等压计中的空气呈气泡状通过 U 形管的液体缓慢排出。起初气泡较小，当气泡呈长柱状时（约抽气几分钟后）关闭抽气阀，旋转三通旋塞使真空泵与大气相通而与系统隔绝，停泵。

5. 饱和蒸气压的测定

旋转压力调节阀向系统内缓缓放入空气，直至 U 形管中双臂液面等高，保持 3～

5min 不变。记录测压仪示值。同法再抽气，再调节至 U 形管中双臂等液面，直至两次测压仪示值相差无几，则表示空气被排除干净，液体瓶液面上的空间已被乙醇充满，记录测压仪读数和平衡温度。提高恒温水浴温度，用上述方法测定 6 个不同温度下乙醇的蒸气压，温度间隔 2℃ 或 3℃，最高测定温度不超过 45℃。

从数字式气压表读取实验开始、结束时的大气压，从而得到大气压平均值 $p_{大气压}$。实验结束后，关闭所有电源和冷却水，将体系通大气，整理好仪器装置，但勿拆装置。

五、实验注意事项

① 抽气速度要适中，以免等压计内液体沸腾过剧，致使 U 形管内液体被抽尽。

② 测定前，等压计液体瓶液面上的空气必须抽净。

③ 测定过程中恒温水浴的温度波动要小，最好控制在 ±0.1K。

④ 严格控制压力调节阀向系统缓慢放气的速度，以免空气通过 U 形管内液体进入液体瓶。

⑤ 实验过程中需防止 U 形管内液体倒灌入液体瓶中，以免带入空气使实验数据偏大。

⑥ 本实验也可以沿降温方向测定。温度降低，饱和蒸气压下降。为防止空气倒灌，必须在测定过程中始终开动真空泵以使系统减压。其他操作同上。

六、数据记录与结果处理

① 设计实验数据记录表，既记录测得的原始数据，又能列出计算结果。

② 蒸气压计算：蒸气压 $p = p_{大气压} - \Delta p$（Δp 为测压仪读数）。

③ 用 Excel 或 Origin 程序处理数据，作 $\ln p$-$1/T$ 图，由直线斜率求出实验温度范围内乙醇的平均摩尔汽化焓。

七、思考题

① 为何必须先使真空泵与大气相通后才能停泵？

② 为何一定要将等压计液体瓶液面上方的空气抽净？如何判断已经抽净？实验过程中如何防止空气倒灌？

③ 为什么温度越高测出的蒸气压误差越大？

④ 在体系中设置缓冲瓶起什么作用？

○ 实验 4-4　凝固点降低法测摩尔质量

一、实验目的与要求

① 用凝固点降低法测定萘的摩尔质量。

② 掌握凝固点降低法的测量原理，加深对稀溶液依数性的理解。

二、实验原理

稀溶液具有依数性，凝固点降低是依数性的一种表现。稀溶液的凝固点（对析出物为纯固相溶剂的体系）降低值与溶质的质量摩尔浓度成正比，即：

$$\Delta T_f = T_f^* - T_f = \frac{R(T_f^*)^2 M_A}{\Delta_l^s H_{m,A}^*} b_B = K_f b_B \tag{4-5}$$

式中，ΔT_f 为稀溶液的凝固点降低值，K；T_f^*、T_f 分别为纯溶剂和稀溶液的凝固点，K；M_A 为溶剂的摩尔质量，kg/mol；$\Delta_l^s H_{m,A}^*$ 为摩尔凝固焓，kJ/mol；R 为气体常数，J/(K·mol)；b_B 为溶质的质量摩尔浓度，mol/kg；K_f 为溶剂的凝固点降低系数，K·kg/mol，不同溶剂的 K_f 不同。

设溶质和溶剂的质量分别为 m_B 和 m_A，溶质的摩尔质量为 M_B，则：

$$b_B = \frac{m_B}{M_B m_A} \tag{4-6}$$

将式(4-6) 代入式(4-5) 得：

$$M_B = \frac{K_f m_B}{\Delta T_f m_A} \tag{4-7}$$

若已知某种溶剂的 K_f 值并测得该溶液的凝固点降低值 ΔT_f、溶质和溶剂的质量 m_B 和 m_A，利用式(4-7) 即可求出溶质的摩尔质量。

凝固点降低值直接反映了溶液中溶质的有效质点数目。溶质在溶液中有解离、缔合、溶剂化或配合物生成等情况时，均影响溶质在溶剂中的表观摩尔质量。因此凝固点降低法可用于研究溶液中电解质的电离度、溶质的缔合度、溶剂的活度系数等。K_f 既可从有关手册中查到，也可以用已知摩尔质量的标准物质测定。部分溶剂的凝固点降低系数 K_f 列于表 4-2 中。

表 4-2 部分溶剂的凝固点降低系数 K_f

（物理化学实验，北京大学化学学院物理化学实验教学组，2002）

溶剂	T_f^*/K	K_f/(K·kg/mol)
水	273.15	1.86
乙酸	289.75	3.90
苯	278.65	5.12
环己烷	279.65	20
环己醇	297.05	39.3

通常凝固点测定方法是将已知浓度的待测溶液逐渐冷却成过冷溶液，此时加以搅拌会促使溶液结晶。当晶体生成时，放出的凝固热使体系温度回升，当放热与散热达到平衡时温度不再改变，此固-液两相达到平衡的温度，即为溶液的凝固点。本实验要测定纯溶剂和溶液的凝固点之差。

对于纯液体，在凝固前温度随时间均匀下降，达到凝固点时开始析出固体，固-液两相平衡共存时体系的温度保持恒定，直至全部凝固，温度再均匀下降，其冷却曲线见图 4-9(a)。但实际上纯液体在凝固时，由于开始结晶出的微小晶粒的饱和蒸气压大于同温度下的液体饱和蒸气压而经常产生过冷现象，冷却曲线见图 4-9(b)。而对于溶液，冷却到凝固点，开始析出固态纯溶剂。随着溶剂的析出，溶液的浓度增大，溶液的凝固点也会逐渐降低，因此凝固点不是一个恒定值。若溶液的过冷程度不大，可将温度回升的最高值作为溶液的凝固点；若过冷程度很大，则回升的最高温度不是原浓度溶液的凝固点，溶液的凝固点应从冷却曲线上待温度回升后外推而得，见图 4-9(c) 曲线。

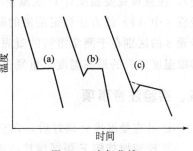

图 4-9 冷却曲线

（物理化学实验，孙尔康、

徐维清和邱金恒，2003）

三、实验仪器与试剂

① 仪器：凝固点测定仪、贝克曼温度计（或数字式精密温差测量仪）、压片机、移液管、温度计（-10～100℃）、放大镜等。

② 试剂：环己烷（AR）、萘（AR）、冰块等。

四、实验步骤

1. 仪器安装

按图 4-10 所示安装凝固点测定仪。盛溶液内管、贝克曼温度计（或温差测量仪探头）及搅拌棒均需洁净而干燥。贝克曼温度计的水银柱刻度在 4 左右（温差测量仪数字显示为"0"左右）。要防止搅拌棒搅拌时与管壁或温度计发生摩擦。

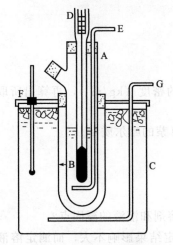

图 4-10 凝固点测定仪（实验化学，

刘约权和李贵深，2005）

A—盛溶液内管；B—空气套管；

C—冰槽；D—贝克曼温度计；E—玻璃

搅拌棒；F—冰槽内的温度计；G—冰槽搅拌棒

2. 冰浴温度的调节

冰浴槽中装适量的自来水和碎冰，温度控制在低于环己烷的凝固点 2～3℃。实验过程中应经常搅拌并不断补充碎冰，使冰浴温度基本保持不变。

3. 溶剂凝固点的测定

（1）近似测定

用移液管取 25.00mL 环己烷小心注入盛溶液内管 A 中（注意勿溅在管壁上），塞紧软木塞，防止环己烷挥发。取出盛溶液内管 A，直接放入冰水浴中，使环己烷逐步冷却，若没有结晶就轻轻上下移动玻璃搅拌棒 E，当刚有结晶析出时，迅速取出盛溶液内管 A 并擦干外壁，插入空气套管 B 中，缓慢均匀搅拌，同时观察贝克曼温度计 D 读数或温差测量仪的数显值（约每 30s 读取一次），直至温度稳定，记录温度，即为环己烷的凝固点参考温度。

（2）准确测定

从空气套管 B 中取出盛溶液内管 A，用手温热，同时搅拌，使管中固体完全熔化，再将其直接插入冰水浴中，缓慢搅拌，使环己烷迅速冷却，当温度降至其凝固点参考温度以上 0.5℃时，迅速取出盛溶液内管 A，擦干，放入空气套管 B 中，每秒搅拌一次，使环己烷均匀降温，当温度低于凝固点参考温度 0.2℃同时又无晶体析出时（若有结晶析出则溶解后重新冷却降温），应急速搅拌（防止过冷超过 0.5℃），促使晶体析出。当结晶析出时，温度开始回升，搅拌减慢，待温度读数稳定后，记录温度，此为环己烷的准确凝固点。重复测定三次，要求凝固点的绝对平均误差小于±0.003℃，取平均值。

4. 溶液凝固点的测定

称量 0.2～0.3g 萘，压片后再准确称量。自盛溶液内管 A 的支管将萘加入（勿沾管壁），注意贝克曼温度计 D 或温差测量仪探头不能离开液体。搅拌使萘完全溶解，然后按步骤 3 中（1）的方法测定溶液的凝固点参考温度，再按（2）的方法精确测定凝固点。与步骤 3 的区别在于测定溶液的凝固点不是读取温度回升的稳定温度（无稳定温度），而是读取温度回升的最高温度。重复三次，要求绝对平均误差小于 $\pm 0.003℃$，取其平均值。

五、实验注意事项

① 贝克曼温度计调好后，在整个测定过程中，其水银储槽中的水银量要保持不变。

② 玻璃搅拌棒 E 缓慢搅拌的速度约每秒一次，水槽搅拌棒 G 可每分钟搅拌几次。

③ 实验过程中注意冰浴的温度（不低于溶液凝固点 3℃为宜），可随时加减冰和水来调节。

④ 高温高湿季节不宜安排本实验。环己烷会吸收空气中的水蒸气，实验前需用高效精馏柱精制，并用 5A 分子筛进行干燥，否则测量结果偏低。

⑤ 在测定溶液的凝固点时，析出的晶体越少，测得的凝固点越准确。

⑥ 测定凝固点时，防止过冷温度超过 0.5℃，也可加入少量溶剂的微小晶种来促使晶体生成。

六、数据记录与结果处理

① 将实验数据记录列表。

② 用 $\rho = 0.7971 \times 10^3 - 0.8879t$ 计算室温时环己烷的密度（kg/m³），再算出所取环己烷的质量 m_A。

③ 由测定的纯溶剂和溶液的凝固点，用式(4-7)计算萘的摩尔质量。

七、思考题

① 为什么凝固点要先近似测定？

② 为什么产生过冷现象？怎样利用过冷现象来确定溶剂和溶液的凝固点？

③ 为何测定溶剂的凝固点时，过冷程度稍大些对测定结果影响不大，而测定溶液凝固点时须尽量减少过冷现象？

④ 依据什么原则考虑加入溶质的量？太多或太少对实验结果有何影响？

◎ 实验 4-5　完全互溶双液系沸点-组成图的绘制

一、实验目的与要求

① 采用回流冷凝法测定双液系的沸点及平衡气相和液相的组成，绘制沸点-组成图，并确定体系的最低恒沸点和相应的组成。

② 掌握沸点仪测沸点的方法。

③ 了解阿贝折射仪的构造原理，掌握阿贝折射仪的使用方法。

二、实验原理

根据构成双液系的两组分间溶解度的不同，双液系可分为完全互溶、部分互溶和完全不互溶三种情况。两种完全互溶的挥发性液体（组分 A 和 B）混合后，在一定温度下，混合物的液相组成与平衡气相的组成通常并不相同。因此在一定压力下，将混合物蒸馏，测定馏出物（气相）和蒸馏液（液相）的组成，就可得到沸点及其对应的平衡气、液两相的组成，由此绘出沸点-组成相图。完全互溶双液系的沸点-组成图可分为以下三类。

① 混合物的沸点介于两纯组分之间［图 4-11(a)］，如苯-甲苯体系。

② 混合物有最高恒沸点［图 4-11(b)］，如盐酸-水、丙酮-氯仿、硝酸-水等体系。

③ 混合物有最低恒沸点［图 4-11(c)］，如水-乙醇、苯-乙醇、环己烷-乙醇等体系。

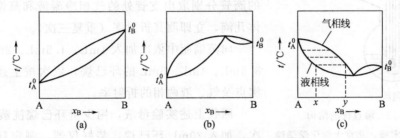

图 4-11　完全互溶双液系的沸点-组成图

（物理化学实验，孙尔康、徐维清和邱金恒，2003）

第一种情况的混合物与拉乌尔定律的偏差不大，后两种情况都与拉乌尔定律有较大偏差，为具有恒沸点的双液系。最高或最低恒沸点时的气相和液相组成相同，其相应的液相称为恒沸点混合物。恒沸点混合物靠蒸馏无法改变其组成，因此不能通过蒸馏将两个组分相互分离。

本实验利用沸点仪直接测定一系列不同组成混合物的沸点，气液平衡时气、液两相的组成使用阿贝折射仪测定，因为溶液的折射率与组成有关。

三、实验仪器与试剂

① 仪器：沸点仪、阿贝折射仪（附带超级恒温水浴）、调压器、温度计（50～100℃，最小分度 1/10℃）、吸量管（5mL）、小滴瓶、漏斗、滴管等。

② 试剂：环己烷（AR）、无水乙醇（AR）、丙酮、重蒸馏水等。

四、实验步骤

1. 调节阿贝折射仪

打开连接在阿贝折射仪上的超级恒温水浴，恒温于（25±0.1）℃（以折射仪上的温度计读数为准）。打开棱镜锁紧旋钮，用擦镜纸蘸少量丙酮顺单一方向轻轻擦洗上、下镜面，晾干备用。使用重蒸馏水作为标准样品，校准折射仪，测定值与水的折射率（$n_D^{25} = 1.3325$）的差值作为仪器的系统误差。

2. 标准工作曲线的测定

准备 6 个干净的小滴瓶，准确称量后，用带刻度的移液管分别加入 1mL、2mL、3mL、4mL、5mL、6mL 的乙醇，分别称其质量后，再依次分别加入 6mL、5mL、4mL、3mL、2mL、1mL 的环己烷，再称重，旋紧盖子摇匀。此外，取两个干净的小滴瓶，分

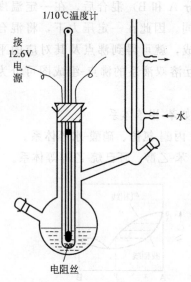

1/10℃温度计

接 12.6V 电源

水

电阻丝

图 4-12 沸点仪的结构

（物理化学实验，北京大学化学学院
物理化学实验教学组，2002）

别加入环己烷和乙醇。在恒温下分别测定这些样品的折射率。

3. 沸点及气、液两相组成的测定

将蒸馏瓶洗净、烘干、冷却后加入 20mL 乙醇，按图 4-12 安装沸点仪，温度计的水银球一半在液面下，一半露在液面上，并置于电热丝之上。通冷凝水，通电加热使溶液沸腾。待温度稳定几分钟后，记录温度和室内大气压力。停止通电，冷却液相，用两支干净的滴管分别取出支管处的气相冷凝液和蒸馏瓶中的液体几滴，立即测其折射率（重复三次）。

向蒸馏瓶中依次加入 1mL、1.5mL、2mL、3mL、3.5mL、4mL、5mL 的环己烷，依次按上述方法测其沸点及气、液两相的折射率。

回收上述实验母液，用少量环己烷洗蒸馏瓶 3~4 次，加入 20mL 环己烷，装好仪器，测定环己烷的沸点。此后依次加入 0.2mL、0.3mL、0.5mL、1mL、2mL、4mL、5mL 的乙醇，依次测其沸点及气、液两相的折射率。实验过程中应注意室内的气压。

五、实验注意事项

① 电热丝一定要浸在液面下，通过电流也不能太大，否则通电加热时会引起有机溶剂的燃烧。

② 测定时一定要使体系达到气、液平衡，温度保持恒定。

③ 在切断电源后才能取样分析。

④ 测定折射率时一定要迅速，防止由于挥发而改变其组成。若样品来不及分析，可将样品放入带有标号的小试管中，用包有锡纸的塞子塞紧，放在冰水中待测。

⑤ 使用阿贝折射仪时，棱镜不能触及硬物，擦棱镜时要用擦镜纸。

六、数据记录与结果处理

① 以折射率为纵坐标、乙醇质量分数为横坐标，绘制工作曲线。

② 将气、液两相平衡时的沸点、折射率、组成等数据列表。

③ 绘制沸点-组成图，并求出环己烷-乙醇体系的最低恒沸点及相应的恒沸混合物的组成。

七、思考题

① 沸点仪中储存气相冷凝液的凹槽过大或过小，对测量有何影响？

② 环己烷-乙醇溶液的浓度是否需要准确配制？

③ 如何判断气、液两相已达平衡状态？

④ 折射率的测定为何要在恒温下进行？

第二章 化学动力学

实验 4-6 过氧化氢催化分解速率系数的测定

一、实验目的与要求

① 了解催化剂对 H_2O_2 分解反应速率的影响。

② 测定 H_2O_2 催化分解反应的速率系数及表观活化能，学会用图解法求一级反应的速率系数。

二、实验原理

H_2O_2 的分解反应为：$H_2O_2 \longrightarrow H_2O + \frac{1}{2}O_2$

该反应的反应速率与 H_2O_2（A）浓度的一次方成正比，即对 H_2O_2 为一级反应。其微分速率方程为：

$$-dc_A/dt = k_A c_A \tag{4-8}$$

将式（4-8）积分得：

$$\ln(c_{A,0}/c_A) = k_A t \tag{4-9}$$

式中，k_A 为反应速率系数；$c_{A,0}$ 为反应开始时 H_2O_2 的浓度；c_A 为 t 时刻 H_2O_2 的浓度。

测定不同时间 H_2O_2 的浓度 c_A，根据式（4-9）即可求出反应速率系数 k_A。在 H_2O_2 的分解过程中，若保持生成 O_2 的温度、压力不变，t 时刻 H_2O_2 的浓度 c_A 可通过测量在相应时间内反应放出的 O_2 的体积求得。因为分解反应中，放出 O_2 的体积与已分解了的 H_2O_2 浓度成正比。

设 H_2O_2 全部分解所放出的 O_2 体积为 V_∞，在 t 时刻 H_2O_2 分解放出的 O_2 体积为 V_t，因为 $c_{A,0} \propto V_\infty$，$c_A \propto (V_\infty - V_t)$，则：

$$\ln \frac{V_\infty}{V_\infty - V_t} = k_A t \tag{4-10}$$

$$\ln(V_\infty - V_t) = -k_A t + \ln V_\infty \tag{4-11}$$

以 $\ln(V_\infty - V_t)$ 对 t 作图应得到一直线，从直线斜率可求出反应速率系数 k_A。若求出两个温度下的 k_A 值，根据 Arrhenius 方程的定积分式（4-12）即可求出该反应的表观活化能 E_a。

$$\ln \frac{k_2}{k_1} = \frac{E_a}{R} \left(\frac{1}{T_1} - \frac{1}{T_2} \right) \tag{4-12}$$

H_2O_2 分解反应的速率受 H_2O_2 的浓度、反应温度、pH 值、催化剂种类及浓度等因素的影响。本实验以 $Fe(NH_4)(SO_4)_2$ 作催化剂。反应温度不宜高于 60℃，否则硫酸高铁铵易因水解而失效。

三、实验仪器与试剂

① 仪器：恒温水浴槽、反应瓶及稳压系统、秒表、容量瓶（100mL）、移液管（50mL）、滴瓶等。

② 试剂：H_2O_2（30％）、$Fe(NH_4)(SO_4)_2$ 溶液（0.2mol/L）等。

四、实验步骤

1. 实验准备

调节恒温水浴至设定温度。取适量 30％ H_2O_2，稀释至 100mL。

2. 检查装置气密性

按图 4-13 安装好仪器，打开二通阀举起高位储水瓶使管中水位升至中间位置，关闭二通阀并放下高位储水瓶。把三通阀放到反应瓶与量气管相通而与大气不相通的位置，再打开二通阀，使一部分水流回高位储水瓶，此时量气管液面开始下降，然后停在某高度上，若液面高度保持 2min 不变就说明系统不漏气。

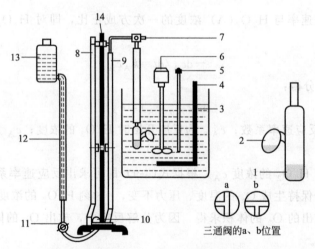

图 4-13 H_2O_2 催化分解装置示意（基础化学实验，孟长功和辛剑，2009）

1—反应瓶；2—催化剂储瓶；3—恒温水浴槽；4—加热器；5—温度计；6—搅拌器；7—三通阀；
8—压力平衡管；9—量气管；10—玻璃三通；11—二通阀；12—橡胶管；13—高位储水瓶；14—铁架台

3. 测量 V_t

取 10mL 稀释后的 H_2O_2 溶液放入反应瓶中，再取 2mL 催化剂放入催化剂储瓶中，小心连接仪器，勿让二者混合，置于恒温水浴槽中恒温 10min。恒温时将量气管的液面调至 0 刻度，使压力平衡管与量气管的液面保持水平。三通阀通大气，使催化剂全部流入反应瓶，再轻轻摇动反应瓶使两种溶液混合均匀。当出现大量气泡时，调节三通阀使反应瓶与量气管相通而与大气不相通，并开始计时。记录 6～7 组生成不同体积氧气所需的时间。

4. 测量 V_∞

将反应瓶置于 55℃ 左右的热水中，使 H_2O_2 完全分解。再放回上述恒温水浴中恒温 5min 后读取氧气体积。

5. 重复实验

改变恒温水浴槽的温度（可与前次实验相差 10℃ 左右），重复上述实验。

五、实验注意事项

① H_2O_2 长期放置会因分解而浓度降低，稀释时的取用量应适当调整，一般为 3～5mL。

② 实验装置必须气密性良好，否则严重影响实验结果。

③ 为了保持反应系统压力恒定，应该随时保持压力平衡管与量气管液面在同一水平面上。每次记录氧气体积时，必须使压力平衡管与量气管的液面相平时才可读数。

④ 反应开始时氧气的逸出速率不稳定，不必一开始反应就立即收集氧气。

⑤ 秒表读数需连续，每次记下秒表读数后，切不可把秒表停下。

六、数据记录与结果处理

① 将两个温度下的 t、V_t、$\ln(V_\infty - V_t)$ 等数据列表。

② 以 $\ln(V_\infty - V_t)$ 对 t 作图，由直线斜率求出反应速率系数 k_A。

③ 计算反应的表观活化能 E_a。

七、思考题

① 反应速率系数与哪些因素有关？

② 为什么要在量气管与压力平衡管的液面在同一水平面上时才可读体积数？

③ 本实验过氧化氢的浓度及体积是否要非常准确？催化剂的浓度和体积是否要准确？

⚪ 实验 4-7　蔗糖水解反应的动力学研究

一、实验目的与要求

① 了解旋光仪的结构和测定旋光物质旋光度的原理，掌握旋光仪的使用方法。

② 利用旋光仪测定蔗糖水解反应的速率系数和半衰期。

二、实验原理

蔗糖水解反应为：

$$C_{12}H_{22}O_{11} + H_2O \xrightarrow{H^+} C_6H_{12}O_6 + C_6H_{12}O_6$$

$$\text{蔗糖} \qquad\qquad \text{葡萄糖} \qquad \text{果糖}$$

此反应速率与蔗糖、水及催化剂氢离子的浓度有关。在催化剂 H^+ 浓度一定的条件下，该反应为二级反应，但由于水是大量的，可认为反应过程中水的浓度保持恒定，因此，反应速率只与蔗糖浓度成正比，即该反应为假一级反应。其动力学方程为：

$$-\frac{\mathrm{d}c}{\mathrm{d}t}=kc \tag{4-13}$$

式中，k 为反应速率系数；c 为时间 t 时反应物蔗糖的浓度。当温度和氢离子浓度为定值时反应速率系数为定值。

将式(4-13) 积分得：

$$\ln\frac{c_0}{c_t}=kt \tag{4-14}$$

式中，c_0 和 c_t 分别为反应物蔗糖的初始浓度和时间 t 时的浓度。若以 $\ln c_t$ 对 t 作图，可得一直线，其斜率即为反应速率系数 k。

反应速率也可用半衰期来表示。当反应物浓度为起始浓度 $1/2$ 时，即 $c=\frac{1}{2}c_0$ 时所需时间为半衰期，用 $t_{1/2}$ 表示。由式(4-14) 可得：

$$t_{1/2}=\frac{\ln 2}{k}=\frac{0.693}{k} \tag{4-15}$$

式(4-15) 说明一级反应的半衰期只取决于反应速率系数 k，而与起始浓度无关。

蔗糖水解反应中的反应物及产物均具有旋光性，但它们的旋光能力不同，故可用体系反应过程中旋光度的变化来度量反应的进程。通过旋光仪测定旋光度随时间的变化关系，再推算蔗糖的水解程度。测得的旋光度的大小与溶液中旋光物质的旋光性、溶剂性质、溶液的浓度、光源波长、光源所经过的厚度、温度等因素有关，当其他条件均固定时，旋光度 α 与被测溶液的浓度呈直线关系，即：

$$\alpha=Kc \tag{4-16}$$

式中，比例系数 K 与物质的旋光度、溶剂性质、溶液厚度及温度等有关。

蔗糖是右旋性物质，其比旋光度 $[\alpha]_D^{20}=66.6°$，水解产物中的葡萄糖也是右旋性物质，其比旋光度 $[\alpha]_D^{20}=52.5°$，但果糖是左旋性物质，其比旋光度 $[\alpha]_D^{20}=-91.9°$。由于果糖的左旋性比葡萄糖的右旋性大，因此随着水解反应的进行，体系的右旋角不断减小，最后变成左旋。

设最初的旋光度为 α_0，反应物的最初浓度为 c_0，反应终了时的旋光度为 α_∞，反应时间为 t 时的旋光度为 α_t，蔗糖浓度为 c_t，则：

$$\alpha_0=K_{反}c_0 \quad (t=0，蔗糖尚未转化) \tag{4-17}$$
$$\alpha_\infty=K_{生}c_0 \quad (t=\infty，蔗糖全部转化) \tag{4-18}$$
$$\alpha_t=K_{反}c_t+K_{生}(c_0-c_t) \quad (t=t，蔗糖部分转化) \tag{4-19}$$

式中，$K_{反}$、$K_{生}$ 分别为反应物与生成物的比例系数。

由式(4-17)、式(4-18)、式(4-19) 得：

$$\frac{c_0}{c_t}=\frac{\alpha_0-\alpha_\infty}{\alpha_t-\alpha_\infty} \tag{4-20}$$

将式(4-20) 代入式(4-14)，则得：

$$t=\frac{1}{k}\ln\frac{\alpha_0-\alpha_\infty}{\alpha_t-\alpha_\infty} \tag{4-21}$$

或
$$\lg(\alpha_t - \alpha_\infty) = -\frac{k}{2.303}t + \lg(\alpha_0 - \alpha_\infty) \tag{4-22}$$

以 $\lg(\alpha_t - \alpha_\infty)$ 对 t 作图,从直线斜率可求出反应速率系数 k,进而求得半衰期 $t_{1/2}$。

三、实验仪器与试剂

① 仪器:旋光仪、恒温旋光管、超级恒温槽、停表、移液管（25mL）、锥形瓶（100mL）、容量瓶（100mL）、量筒（100mL）、洗耳球、洗瓶等。

② 试剂:蔗糖（AR）、盐酸（4mol/L）等。

四、实验步骤

1. 了解和熟悉旋光仪的构造和使用方法

2. 恒温调节

调节恒温槽至 (25.0±0.1)℃,然后向恒温旋光管中通入恒温水。

3. 零点校正

将洗净的恒温旋光管一端的盖子旋紧,向管内注入蒸馏水,至满,然后盖上玻璃片,使管内无气泡,旋紧套盖,勿漏水。用滤纸将管外部擦干,再用擦镜纸擦干旋光管两端的玻璃片。将旋光管放入旋光仪中。打开光源,调节目镜使视野清晰,再旋转检偏镜至观察到明暗相等的三分视野为止,记下检偏镜的旋转角 α,重复三次,取其平均值,即为旋光仪的零点。

4. 配制溶液

用粗天平称取 30g 的蔗糖溶于 150mL 蒸馏水中,配制 20% 的蔗糖溶液,若溶液不清需过滤。

5. α_t 的测定

用移液管分别移取 25mL 蔗糖溶液和 25mL 盐酸溶液,并分别置于 100mL 的锥形瓶中,放入恒温槽中恒温 10min。取出,将盐酸倒入蔗糖中摇荡,使溶液混合并同时开始计时(注意:秒表一经启动勿停,直至实验完毕)。把溶液摇匀,用此混合液少许洗旋光管 2~3 次后,装满旋光管,勿有气泡,擦干后尽快放入旋光仪中,测定不同时间 t 时溶液的旋光度 α_t。由于旋光度随时间而不断改变,测定时要熟练迅速,当三分视野明暗度调节相同后,立即记下时间 t,之后再读取旋光度 α_t。在开始的 30min 内,每隔 5min 记录一次读数,之后的 30min 内,每隔 10min 记录一次。随着反应物浓度的降低,反应速率变慢,可将每次测量时间间隔适当延长,如此测定直至旋光度为负值,并测量 4~5 个负值为止。

6. α_∞ 的测定

将步骤 5 剩余的混合液置于 55℃ 的水浴中,恒温 30min 以加速反应,然后冷却至原来实验温度,再测此溶液的旋光度,即为 α_∞。

五、实验注意事项

① 蔗糖在配制溶液前,需先经 110℃ 烘干。

② 在本实验测定之前,要熟练掌握旋光仪的使用,能正确而迅速地读数。

③ 装样品时,旋光管管盖只要旋至不漏水即可,用力过猛易造成玻璃片损坏。

④ 旋光仪中的钠光灯不宜长时间开启，测量间隔较长时应熄灭，防止损坏。

⑤ 测 α_∞ 时的水浴温度不可过高，否则副反应会使溶液颜色变黄，而且加热过程应避免溶液蒸发影响浓度。

⑥ 操作时避免酸液滴漏到仪器上。实验结束后，应将旋光管洗净、擦干，防止酸对旋光管的腐蚀。

六、数据记录与结果处理

① 将时间 t、旋光度 α_t、$(\alpha_t - \alpha_\infty)$、$\lg(\alpha_t - \alpha_\infty)$ 列表。

② 以 $\lg(\alpha_t - \alpha_\infty)$ 对 t 作图，由直线斜率求出反应速率系数 k。

③ 由 k 值计算反应的半衰期 $t_{1/2}$。

七、思考题

① 蔗糖的转化速率和哪些因素有关？

② 为什么用蒸馏水来校正旋光仪的零点？

③ 实验中是将盐酸溶液加到蔗糖溶液中，可否将蔗糖溶液加到盐酸溶液中？

④ 蔗糖的比旋光度 $[\alpha]_D^{20} = 66.6°$，若旋光管长为 20cm，试估算所配的蔗糖和盐酸混合液的最初旋光度。

⑤ 能否根据已知的蔗糖、葡萄糖和果糖的比旋光度数据计算 α_∞？

◎ 实验 4-8　乙酸乙酯皂化反应速率系数的测定

一、实验目的与要求

① 了解测定化学反应速率系数的一种物理方法——电导法。

② 掌握电导率仪的使用方法。

③ 测定乙酸乙酯皂化反应的速率系数和表观活化能，学会图解法求二级反应的反应速率系数。

二、实验原理

乙酸乙酯皂化反应是二级反应，其反应式为：

$$CH_3COOC_2H_5(A) + OH^-(B) \longrightarrow CH_3COO^- + C_2H_5OH$$

其微分速率方程为：

$$-\frac{dc_A}{dt} = kc_A c_B \tag{4-23}$$

若两种反应物的初始浓度相同，均为 c_0；t 时刻反应物 A 或 B 消耗的浓度为 c_x，则速率方程为：

$$-\frac{d(c_0 - c_x)}{dt} = k(c_0 - c_x)^2 \tag{4-24}$$

对式(4-24) 积分得：

$$k = \frac{1}{tc_0} \times \frac{c_x}{c_0 - c_x} \qquad (4-25)$$

式中，k 为反应速率系数。通过测定 t 时刻的 c_x 值，就可求出该反应的速率系数。若 k 值为常数，就证明反应为二级。不同时间生成物的浓度可采用化学分析法测定（如 OH^- 浓度的测定），也可采用物理分析法测定（如测量系统的电导、体积、旋光度、折射率等）。本实验采用电导法测定反应过程中电导率的变化来监测浓度的变化。

反应系统中，$NaOH$ 和 CH_3COONa 是强电解质，随着反应的进行，Na^+ 的浓度不变，但电导率大的 OH^- 逐渐被电导率小的 CH_3COO^- 所取代，溶液电导率不断下降。而对于稀溶液而言，强电解质的电导率 κ 与其浓度成正比，而且溶液的总电导率等于组成溶液的电解质的电导率之和。因此可得出：

$$\kappa_0 = A_1 c_0$$
$$\kappa_\infty = A_2 c_0$$
$$\kappa_t = A_1(c_0 - c_x) + A_2 c_x$$

式中，A_1、A_2 是与温度、溶剂、电解质性质等因素有关的比例系数；κ_0、κ_∞、κ_t 分别为反应开始、反应终了、反应 t 时刻系统的总电导率。

整理上述三式可得：

$$c_x = \frac{\kappa_0 - \kappa_t}{\kappa_t - \kappa_\infty} c_0 \qquad (4-26)$$

将式(4-26)代入式(4-25)得：

$$\kappa_t = \frac{1}{kc_0} \times \frac{\kappa_0 - \kappa_t}{t} + \kappa_\infty \qquad (4-27)$$

以 κ_t 对 $\dfrac{\kappa_0 - \kappa_t}{t}$ 作图得一直线，由直线斜率可求得反应速率系数 k。反应速率系数 k 与温度 T 的关系符合：

$$\lg k = -\frac{E_a}{2.303RT} + C \qquad (4-28)$$

式(4-28)为 Arrhenius 方程的不定积分式，E_a 为反应的表观活化能。只要测得不同温度下的反应速率系数 k，作 $\lg k$-$\dfrac{1}{T}$ 图，由直线斜率就可求出 E_a。

三、实验仪器与试剂

① 仪器：DDS-12A 型数字电导率仪（配有计算机接口）、计算机、打印机、电导电极、双管皂化池（图 4-14）、恒温槽、移液管、秒表、大试管等。

② 试剂：$CH_3COOC_2H_5$ 溶液（0.0200mol/L）、$NaOH$ 溶液（0.0200mol/L）等。

四、实验步骤

1. 调节恒温槽水温至设定温度

温度在 25~40℃，每组学生分别设定一温度。

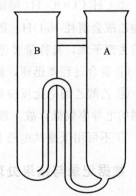

图 4-14 双管皂化池（基础化学实验，孟长功和辛剑，2009）

2. 调节电导率仪

① 按下电源开关，预热 10min。使用高频，按下"20MΩ/cm"量程按钮，在没有接入电导电极时调节"调零"旋钮，使读数为 000。

② 接好电导电极，用去离子水淋洗电极并用滤纸吸干（严禁用滤纸擦拭电极），悬空放置，电极头部不能接触任何物体。按下"2μS/cm"量程按钮，调节"电容补偿"旋钮，再使读数为 000。

③ 调节"温度补偿"旋钮于溶液实际温度，按照电导电极的电导池常数标示值调节"常数补偿"按钮（准确的电导池常数需用 KCl 溶液标定，但本实验可不必标定）。将电极浸入待测溶液，按下"20mS/cm"按钮，稳定的读数即为待测溶液在该条件下的电导率 κ。

3. 测定 κ_0

用移液管取 0.0200mol/L NaOH 溶液 25mL 放入 50mL 容量瓶中，加去离子水定容摇匀后加入到洁净、干燥的大试管中。用去离子水淋洗电极，滤纸吸干后，插入大试管中（液面高于电极 1cm 以上），置于恒温槽中恒温 10min 后，测得的电导率即为 κ_0。

4. 测定 κ_t

① 用移液管分别取 0.0200mol/L NaOH 溶液和 $CH_3COOC_2H_5$ 溶液各 25mL 放入皂化池的 A 管和 B 管中，塞上塞子以防挥发，将皂化池置于恒温槽中恒温 10min。

② 用双联球将 A 管溶液压入 B 管中（此时 B 管塞子不要塞紧，压时不宜过猛，以防溶液溅出）。当 A 管溶液压出一半时，开始计时。将混合液从 A 管压入 B 管，又从 B 管压入 A 管，反复 2~3 次至混匀后，将洗净、吸干的电极插入皂化管（此时双联球不要拿掉，反应中液面始终高于电极 1cm 以上），从而测得即时电导率 κ_t。从计时开始，每隔 3min 记录一次 κ_t，1h 后（温度升高，测量时间可适当缩短）结束实验。将电极洗净、吸干，放入电极盒内。

五、实验注意事项

① 所用 $CH_3COOC_2H_5$ 溶液和 NaOH 溶液的浓度必须相同。配好的 NaOH 溶液需装配碱石灰吸收管，防止空气中的 CO_2 进入改变溶液浓度。

② $CH_3COOC_2H_5$ 溶液须使用时再配制，否则其会缓慢水解而影响浓度，而且水解产物乙酸会消耗 NaOH。因为 $CH_3COOC_2H_5$ 易挥发，称量时可预先在称量瓶中放入少量的去离子水，且称量要迅速。

③ 混合过程要迅速，但要避免溶液溅出。

④ 乙酸乙酯皂化反应是吸热反应，混合后系统温度略有降低，使混合后的几分钟内所测的电导率偏低，故一般舍弃反应 5min 内的测量值，否则作图得不到直线。

⑤ 不可用纸擦拭电极上的铂黑。

六、数据记录与结果处理

① 将实验温度下的 t、κ_t、$\dfrac{\kappa_0-\kappa_t}{t}$ 等数据列表。

② 以 κ_t 对 $\dfrac{\kappa_0 - \kappa_t}{t}$ 作图，由直线斜率计算出反应速率系数 k。

③ 结合其他同学的实验数据，作 $\lg k - \dfrac{1}{T}$ 图，由直线斜率求出该反应的表观活化能。

七、思考题

① 为什么乙酸乙酯和氢氧化钠溶液的浓度要足够稀？若均为浓溶液，能否用此法求 k 值？

② 实验中为什么要使乙酸乙酯和氢氧化钠溶液的浓度相同？若不同应怎样计算 k 值？

③ 本实验是否需要准确知道所用电极的电导池常数？

八、参考资料：DDS-12A 型数字电导率仪

1. 仪器的外观结构

仪器正面板、后面板如图 4-15 所示。仪器与计算机联机如图 4-16 所示。

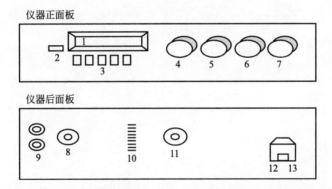

图 4-15　DDS-12A 型电导率仪面板键钮结构（基础化学实验，孟长功和辛剑，2009）

1—显示屏；2—电源开关；3—量程选择开关；4—调零；5—电容补偿；6—常数调节；7—温度补偿；
8—电极插座；9—输入接线柱；10—输出选择开关；11—输出信号插座；12—保险丝座；13—电源插座

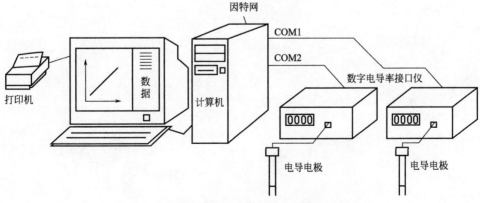

图 4-16　DDS-12A 型电导率仪与计算机的联机示意

（基础化学实验，孟长功和辛剑，2009）

2. 使用方法

① 按下电源开关，预热 10min。接入电极前，用调零旋钮使仪器读数为 000。

② 将电极插头插入电极插孔内，连线屏蔽层引出端应接黑色接线柱。用去离子水淋洗电极并用滤纸吸干，悬空放置，电极头部不能接触任何物体。按下 $2\mu S/cm$ 量程按钮，调节电容补偿旋钮，使读数为 000。

③ 调节温度补偿旋钮于 25℃，常数调节旋钮置于电极的实际常数相应位置。将电极浸入待测溶液，按下相应的量程按钮，稳定的读数即为待测溶液在该条件下的电导率 κ。若读数第一位是 1，后三位数字熄灭，说明被测电导率已超出量程范围。

④ 使用 DJS-10 电导电极，可以扩展测量范围。通过将结果乘以 10，量程扩至 10 倍，此时常数补偿的示值也扩大 10 倍。

⑤ 仪器可长时间连续使用，也可外接记录仪进行连续监测。当需拔出电极插头时，按插座外套，插头即自行脱出。

3. 注意事项

仪器应保持干燥，防止湿气、腐蚀性气体进入仪器。电极插头、插孔及连线勿弄湿。

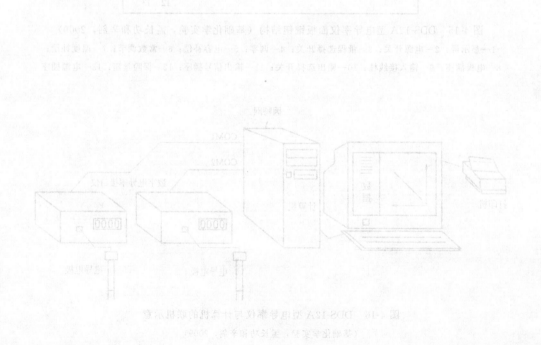

第三章 电化学

○ 实验 4-9 电动势的测定及其应用

一、实验目的与要求

① 掌握对消法测定原电池电动势的原理及方法，学会数字式电子电位差计的使用。

② 掌握电动势法测量电解质溶液 pH 值的原理和方法。

③ 学会用电化学方法测量化学反应的热力学函数变。

二、实验原理

原电池是由两个电极（半电池）组成的，电池的电动势 E_{MF} 是电池内无电流通过，且消除了液接电势时的正、负两电极的电极电势之差。若已知一电极的电极电势，通过测定电动势，就可求得另一个电极的电极电势。由于电极电势的绝对值无法测量，在电化学中，电极的电极电势是以标准氢电极为标准而求出的相对值。而在实际应用中，使用氢电极比较麻烦，故常用甘汞电极、银-氯化银电极等作为参比电极。

1. 对消法测定原电池的电动势

原电池电动势不能直接用伏特计来测量，因为待测电池与伏特计相接后，就会有电流通过整个系统，此时电池两电极会发生化学反应，溶液浓度发生改变，引起电极极化，电池内部存在的内电阻还会引起电势降，导致电动势数值不稳定，难以准确测定电池电动势，只有在无电流通过的情况下进行，因此测定电池电动势采用对消法。测定电池电动势一般使用高阻直流电位差计，原理如图 4-17 所示。

图 4-17 中 E_W、E_N 及 E_X 分别为工作电池、标准电池（校准用）及待测电池电动势；AB 为均匀电阻，用来对消标准电池电动势或待测电池电动势；R 为可调电阻，用以调节 AB 上的电势降；G 为灵敏检流计；K_1、K_2 为开关；X 和 N 是均匀电阻上的两个可调接点。在此原理图中可形成三个电

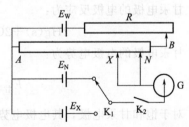

图 4-17 对消法测定电池电动势原理
（基础化学实验，孟长功和辛剑，2009）

回路：①由 E_W—A—B—R—E_W 构成的对消用工作回路；②由 A—E_N—K_1—K_2—G—N—A 构成的标准化回路；③由 A—E_X—K_1—K_2—G—X—A 构成的测量回路。

根据标准电池在工作温度下的电动势 E_N 值，调节 N 使 N 点对应值与 E_N 相等，将开关 K_1 指向 E_N，合上开关 K_2，调节可调电阻 R 使检流计 G 的指针为零，此时 AN 间的电势差就是标准电池的电动势 E_N。标准电池的作用就是使电位差计的工作电流标准

化。在数字式电子电位差计中，标准电池被能精密稳压的数字化模块电路所代替。

当测量待测电池的电动势时，将开关 K_1 指向 E_X，迅速合上开关 K_2，同时观察检流计 G 指针的偏转，调节 X 的位置，使检流计 G 的指针为零，此时 AX 间的电势差就等于待测电池的电动势 E_X。读出 X 对应数值即为待测电池的电动势 E_X。

2. 电动势法测量电解质溶液的 pH 值

将氢离子指示电极与参比电极组成电池，利用电池电动势就可以测出溶液的 pH。本实验用醌氢醌电极与饱和甘汞电极组成电池如下：

$$(-)Hg \mid Hg_2Cl_2(s) \mid 饱和 KCl 溶液 \parallel H^+(a) \mid Q \cdot H_2Q(s) \mid Pt(+)$$

醌氢醌（$Q \cdot H_2Q$）是醌（Q）与氢醌（H_2Q）的等物质的量混合物，呈墨绿色晶体，在水中溶解度很小，且部分解离：

将少量醌氢醌放入含有 H^+ 的待测溶液中，达到饱和后，插入铂电极即成为一支醌氢醌电极，其电极反应为

$$Q + 2H^+(a) + 2e^- \longrightarrow H_2Q$$

由于醌氢醌在水中溶解度和解离度都很小，取 $a_Q \approx a_{H_2Q}$，则该电极的电极电势为：

$$E_{Q/H_2Q} = E^\ominus_{Q/H_2Q} - \frac{RT}{2F}\ln\frac{a_{H_2Q}}{a_Q a^2_{H^+}} = E^\ominus_{Q/H_2Q} - \frac{2.303RT}{F}\lg\frac{1}{a_{H^+}}$$

当 $T = 298.15K$ 时，

$$E_{Q/H_2Q} = E^\ominus_{Q/H_2Q} - 0.0592V \cdot pH \tag{4-29}$$

醌氢醌电极的标准电极电势与温度的函数关系为：

$$E^\ominus_{Q/H_2Q}/V = 0.6995 - 0.7359 \times 10^{-3}(t/℃ - 25) \tag{4-30}$$

甘汞电极的电极反应为：

$$2Hg(s) + 2Cl^-(aq) \longrightarrow Hg_2Cl_2(s) + 2e^-$$

甘汞电极的电极电势为：

$$E_{甘汞} = E^\ominus_{甘汞} - \frac{RT}{F}\ln a_{Cl^-}$$

对于饱和甘汞电极，其电极电势只与温度有关，关系式如下：

$$E_{饱和甘汞}/V = 0.2415 - 0.76 \times 10^{-3}(t/℃ - 25) \tag{4-31}$$

当 $T = 298.15K$ 时，醌氢醌电极与饱和甘汞电极组成电池的电动势为：

$$E_{MF} = E_{Q/H_2Q} - E_{饱和甘汞} = E^\ominus_{Q/H_2Q} - E_{饱和甘汞} - 0.0592V \cdot pH \tag{4-32}$$

所以溶液的 pH 为：

$$pH = \frac{E^\ominus_{Q/H_2Q} - E_{饱和甘汞} - E_{MF}}{0.0592V} \tag{4-33}$$

3. 电动势法测量化学反应的热力学函数变

测定原电池在不同温度 T 下的电动势 E_{MF}，以 E_{MF} 对 T 作图，从曲线斜率可求出任

一温度下电动势的温度系数 $\left(\dfrac{\partial E_{MF}}{\partial T}\right)_p$, 由 E_{MF} 和 $\left(\dfrac{\partial E_{MF}}{\partial T}\right)_p$ 就可进行电池反应热力学函数变的计算:

$$\Delta_r G_m = -zFE_{MF} \tag{4-34}$$

$$\Delta_r S_m = zF\left(\frac{\partial E_{MF}}{\partial T}\right)_p \tag{4-35}$$

$$\Delta_r H_m = -zFE_{MF} + zFT\left(\frac{\partial E_{MF}}{\partial T}\right)_p \tag{4-36}$$

三、实验仪器与试剂

① 仪器:数字电位差计、光亮铂电极、双盐桥饱和甘汞电极、超级恒温槽、烧杯等。

② 试剂:饱和 KCl 溶液、盐酸溶液(0.1mol/L)、醌氢醌等。

四、实验步骤

① 熟悉数字电位差计的使用方法。操作依次是接通电源、连接线路、选择量程、调零、测量。打开数字电位差计的电源开关,预热 15min。

② 调节恒温槽温度至 20.0℃。

③ 电极制备:取 pH 未知的 0.1mol/L 盐酸溶液放入烧杯中,溶解少量醌氢醌至饱和,插入干净的铂电极,此即为醌氢醌电极。

④ 电动势测定:饱和甘汞电极插入待测盐酸溶液中,组成图 4-18 所示的电池。将此电池放入恒温水浴中,待电池中溶液的温度稳定后(约需 15min),接入电位差计,进行电动势的测量。

⑤ 调节恒温槽温度,依次测定上述原电池在 25℃、30℃、35℃、40℃下的电动势。

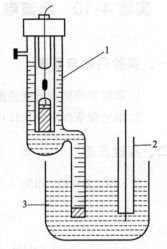

图 4-18 电池示意(实验化学,周冬香,2012)

1—饱和甘汞电极;2—铂电极;

3—未知 pH 溶液

五、实验注意事项

① 工作电池与标准电池和待测电池的正、负极切勿接反。接通和断开电路时,必须严格按照先接通工作电池,后接通待测电池(或标准电池)的次序,断开时次序则相反。

② 用标准电池校正电位差计时,需将变阻器的电位值先调至最大,再逐步减小。

③ 接通电路的时间应尽量短,避免因导线发热而影响实验结果的准确性。

④ 醌氢醌电极使用方便,但当 pH>8.5 时氢醌会发生电离,而且碱性溶液中氢醌容易氧化,不宜使用醌氢醌电极。此外,硼酸盐(会与氢醌络合)、强氧化剂或还原剂存在时也不适用。

⑤ 改变电池温度时,要保证醌氢醌溶液和饱和甘汞电极内溶液的饱和。

⑥ 为了消除液接电势,必须使用盐桥。一般盐桥的制备方法是以琼脂:KCl(或 KNO_3):$H_2O=1.5:20:50$(质量比)的比例加入锥形瓶中,于热水浴中加热溶解,然

后用滴管将其灌入干净的 U 形管中，U 形管中以及管两端不能留有气泡，冷却待用。

六、数据记录与结果处理

① 将实验数据记录列表。

② 根据测得的醌氢醌电极与饱和甘汞电极组成电池的电动势，求出未知溶液的 pH 值。

③ 绘制上述原电池的 E_{MF}-T 曲线，计算 25℃时电池反应的 $\Delta_r G_m$、$\Delta_r H_m$、$\Delta_r S_m$。

七、思考题

① 为什么不能用伏特计来测量电池电动势？

② 测电池的电动势用什么方法？主要原理是什么？

③ 若 KCl 溶液未饱和，对测量结果有何影响？

◎ 实验 4-10　示波电势动力学分析法测定水样中痕量酚

一、实验目的与要求

① 掌握苯酚标准溶液的配制和标定方法。

② 学习和掌握测定水样中痕量酚的示波电势动力学分析法。

二、实验原理

当 KBr、$KBrO_3$ 和酚（ArOH）混合溶液被酸化后，可能发生以下三个反应：

$$BrO_3^- + 5Br^- + 6H^+ \xrightarrow{k_1} 3Br_2 + 3H_2O \tag{4-37}$$

$$[ArOH]-H + Br_2 \xrightarrow{k_2} [ArOH]-Br + H^+ + Br^- \tag{4-38}$$

$$BrO_3^- + [ArOH]-H + H^+ \xrightarrow{k_3} 醌类等氧化产物 \tag{4-39}$$

常温下，$k_2 \gg k_1 \gg k_3$，即反应式(4-38) 速率最快。而反应式(4-37) 的产物 Br_2 又是反应式(4-38) 的反应物，因此整个反应体系由反应式(4-37) 控制，而且由反应式(4-37)产生的 Br_2 因被酚及时消耗掉而具有相应稳定态浓度的特征。与反应式(4-38) 相比，反应式(4-39) 虽消耗酚，但反应太慢可忽略。

当酚全部完成一溴代，由于芳环上 Br 的钝化作用，使得二溴代速率变得很慢，生成的 Br_2 开始积累。当 Br_2 达到一定浓度（约 10^{-6} mol/L）时，电极电势 E（Br_2｜Br^-）陡增，Pt 电极开始对 Br_2 浓度变化所引起的电势变化产生响应。由于甘汞电极（参比电极）的电极电势为一常数，因此 Pt 电极电势的变化直接反映在两电极电势差的变化上，于是示波器上荧光点（线）开始突移，指示 Br_2 的"出现"。荧光点（线）的移动速率取决于电势差的变化，即 Br_2 的生成速率。从反应开始到 Br_2 出现所需时间 t 与酚的初始浓度 c 成正比。因此，通过测量试剂空白或样品空白所需时间 t_0，再利用 Δt（$=t-t_0$）与 c成正比的关系进行酚含量的测定。这样测得的是沸点低于 230℃的挥发性酚的总量（以苯酚计），环境分析中主要检测的正是这类酚。

本方法的检出限为 8ng/mL，相对标准偏差小于 2%，测定范围为 8ng/mL～0.2mg/mL。当水中某些与 Br_2 反应快速而与 BrO_3^- 反应慢的还原性物质及某些氧化性物质含量高时，可在酸性条件下通过蒸馏来消除从而避免干扰。

三、实验仪器与试剂

① 仪器：示波电势动力学分析装置（可不带恒温系统）、石英（或玻璃）磨口蒸馏装置（500mL）、烧杯（100mL）、容量瓶（250mL）、量筒、吸量管（5mL，10mL，20mL）、小试管、秒表、磁力搅拌器、Pt 电极、甘汞电极等。

② 试剂：苯酚标准储备溶液（1.0mg/mL）、苯酚标准工作溶液（0.4mg/mL，用 0.04mol/L HCl 配制）、HCl 标准溶液（0.04mol/L，0.1mol/L）、$KBrO_3$（0.005mol/L）、KBr（0.01mol/L）、H_3PO_4（10%）、$CuSO_4$（10%）等。

四、实验步骤

1. 标准曲线的绘制（参阅示波电势动力学分析装置）

取 6 个 100mL 洁净干燥的烧杯，分别加入 0.00mL（空白）、1.00mL、2.00mL、3.00mL、4.00mL、5.00mL 苯酚标准工作溶液，再各加入 0.04mol/L HCl 标准溶液至 20.00mL。放入搅拌子，插入电极，并将电极连接到示波器的 Y 轴上。开动磁力搅拌器和示波器，调节示波器的灵敏度及荧光点（线）至适当。移取 5.00mL 混合液（0.005mol/L $KBrO_3$ 和 0.01mol/L KBr 按体积比 1:1 混合）到洁净、干燥的小试管中，再将此溶液迅速倒入烧杯中，同时启动秒表，准确记录至荧光点（线）突移所需时间 t。以 $\Delta t(=t-t_0)$ 对苯酚质量 m（单位为 mg）作图，即得标准曲线。

2. 样品分析

取 250mL 水样于蒸馏装置中，用 10% H_3PO_4 调节 pH 值至 4 以下（以甲基橙作指示剂），再加入 5mL 10% $CuSO_4$ 溶液和一些玻璃珠，加热蒸馏。当馏出液达 225mL 时，停止蒸馏。冷却后，向蒸馏装置中加入 25mL 蒸馏水，补加一些玻璃珠，继续蒸馏，直至馏出液达 250mL 为止。

移取 10.00mL 馏出液于 100mL 干燥、洁净的烧杯中，加入 0.1mol/L HCl 标准溶液使其稀释后的 HCl 浓度达到 0.04mol/L，记下所用 0.1mol/L HCl 标准溶液的体积。再加入 0.04mol/L HCl 标准溶液至总体积为 20.00mL。按实验步骤 1 的测定方法测出时间 t 和 Δt，再从标准曲线上查得酚质量 m（单位为 μg）。

五、数据记录与结果处理

① 将 V、t、Δt 等实验数据列表。

② 水样中的酚含量 ρ（单位为 μg/mL）（以苯酚计），按下式计算：

$$\rho = \frac{m}{V}$$

式中，V 为测定时所取馏出液体积，mL。

六、思考题

① 环境水样测定前为什么需先在酸性条件下蒸馏？

② 本实验中三个反应的速率系数 $k_2 \gg k_1 \gg k_3$，此顺序可否变动？

七、参考资料：示波电势动力学分析装置

1. 结构

示波电势动力学分析装置如图 4-19 所示，主要由电极系统、示波器、夹层烧杯、磁力搅拌器和恒温循环水系统所组成。其中电极系统最重要，它随实验所采用的指示反应的不同而异。

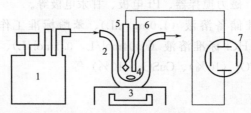

图 4-19 示波电势动力学分析装置示意（实验化学，刘约权和李贵深，2005）

1—恒温水浴（带泵）；2—夹层烧杯；3—电磁搅拌器；4—搅拌子；

5—铂电极；6—饱和甘汞电极；7—示波器

2. 使用方法

操作步骤如下：

① 开启恒温水浴，开通恒温循环水。

② 将反应试剂按规定量吸入注射器中，套上塑料帽，置于恒温水浴中恒温。

③ 向洁净、干燥的夹层烧杯中加入待测液及有关试剂。

④ 将两电极连在示波器 Y 轴的两个接线柱上。

⑤ 开启磁力搅拌器和示波器的电源开关，调整荧光点（线）在荧光屏的适当位置。

⑥ 15min 后取出注射器，擦干外部，去掉塑料帽，将溶液迅速注入夹层烧杯中，同时启动秒表，记录至荧光点（线）突移所需时间 t。

当样品中待测组分的含量很低，反应中所产生的热效应较小时，恒温系统可省去，则上述操作步骤①删去，操作步骤②、⑥中的注射器可换成小试管，而且夹层烧杯可换成普通烧杯。

3. 注意事项

① 铂电极在使用前需要浸泡或用砂纸打光，以增强其响应性能。

② 示波器不能连续使用过长时间，荧光点亮度不宜过强，更不能使强荧光点长时间集中在某一点上，否则易灼毁荧光屏。

◎ 实验 4-11 电位滴定法测定水中 Cl⁻ 含量

一、实验目的与要求

① 掌握自动电位滴定法测定 Cl⁻ 含量的原理和方法。

② 学会自动电位滴定仪的使用。

二、实验原理

在滴定溶液中插入指示电极和参比电极就构成一个工作电池（原电池）。在滴定过程中，由于待测离子与滴定剂发生化学反应，离子浓度的变化会引起指示电极电位的改变，尤其在滴定终点前后，溶液中待测离子的浓度一般会连续变化几个数量级，引起指示电极的电位发生突跃，从而引起工作电池电动势的突跃。因此，通过观察和测量电池电动势的变化，可确定滴定终点及滴定终点时消耗的滴定剂用量，即可计算出待测离子的含量。

本实验采用 $AgNO_3$ 标准溶液作为滴定剂，滴定溶液中的 Cl^-，反应式为：

$$Ag^+ + Cl^- \longrightarrow AgCl\downarrow$$

实验中以 Ag 电极作指示电极，用 KNO_3 盐桥的饱和甘汞电极作参比电极。25℃时，Ag 电极的电极电位与溶液中 Ag^+ 的活度间关系为：

$$E_{Ag^+/Ag} = E_{Ag^+/Ag}^{\ominus} + 0.0592 \lg a_{Ag^+} \tag{4-40}$$

滴定过程中，随着 Ag^+ 的不断滴入，Ag 电极的电极电位也随之改变，当滴定近终点时，Ag^+ 的含量陡增，引起 Ag 电极的电极电位发生突变，从而使溶液的电动势有一个突变。

电位滴定法终点的确定通常有以下 3 种方法：①E-V 曲线法；②$\Delta E/\Delta V$-V 一阶微商曲线法；③$\Delta^2 E/\Delta^2 V$-V 二阶微商曲线法以及二阶微商计算法。

根据滴定终点所消耗 $AgNO_3$ 标准溶液的体积来计算样品中 Cl^- 的含量：

$$c_{Cl^-} = \frac{c_{AgNO_3} V_{AgNO_3}}{V_{Cl^-}} \tag{4-41}$$

电位滴定仪可以自行组装。任何一种可以测量电极电位或指示电极电位变化的仪器，如电位计、电极电位仪、示波器（作电位指示器）等都可以组装成电位滴定分析装置。电位滴定仪一般包括电极系统、电位测量系统和滴定系统。全自动电位滴定仪还包括反馈控制系统、自动取样系统和数据处理系统。自动电位滴定仪使用方便，分析速度快，分析结果准确度高。电位滴定法中常用的指示电极有各种离子选择性电极、金属电极（如铂、银、金、钨等）、石墨电极和醌氢醌电极等。pH 计、离子计、数字电压表等均可用于电位滴定的电位测量系统。

电位滴定仪基本装置及全自动电位滴定仪如图 4-20 及图 4-21 所示。

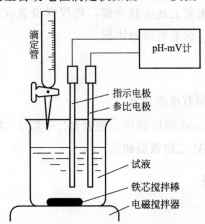

图 4-20　电位滴定仪基本装置（实验化学，刘约权和李贵深，2005）

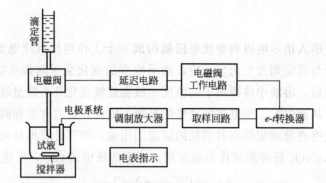

图 4-21 全自动电位滴定仪结构（实验化学，刘约权和李贵深，2005）

三、实验仪器与试剂

① 仪器：自动电位滴定仪、Ag 电极、双盐桥饱和甘汞电极、棕色滴定管（25mL）、吸量管（10mL 等）。

② 试剂：$AgNO_3$ 标准溶液（0.01mol/L）、$NH_3 \cdot H_2O$（1:1）等。

四、实验步骤

1. 手动滴定

① 取 10.00mL 水样于 100mL 烧杯中，加 20mL 蒸馏水，放入磁转子（铁芯搅拌棒），启动搅拌。小心将电极插入溶液中，测量溶液的电动势。

② 向烧杯中滴入 $AgNO_3$ 标准溶液，开始每次滴入 0.50mL，待电位稳定后再读数，滴定快接近终点时，每次滴入 0.20mL，终点过后，再恢复每次滴定 0.50mL，同时记录加入 $AgNO_3$ 标准溶液的体积（V）和对应的电动势（E）。

③ 根据实验记录，绘制 E-V 图，并确定终点的电动势。

2. 自动滴定

① 用 1:1 $NH_3 \cdot H_2O$ 洗涤电极和烧杯。

② 根据手动滴定确定的终点电动势，在仪器上设置滴定终点。

③ 取 10.00mL 水样，重复上述实验步骤，将仪器设置在自动滴定处。滴定结束时，记录下滴定终点所用 $AgNO_3$ 标准溶液的体积。

五、实验注意事项

① $AgNO_3$ 标准溶液必须有准确浓度。

② 计算机作图即通过 Excel 应用程序，绘制 $(E_2 - E_1)/(V_2 - V_1)$-V 一阶微商曲线，$(\Delta E_2 - \Delta E_1)/(\Delta V_2 - \Delta V_1)$-$V$ 二阶微商曲线。

六、数据记录与结果处理

1. 确定终点电位

① 手动滴定完成后，先绘制 E-V 图，并确定终点的电动势。

② 用计算机作图画出 $\Delta E/\Delta V$-V 曲线及 $\Delta^2 E/\Delta^2 V$-V 曲线，确定滴定终点电位，并与第一步结果比较。

2. 计算 Cl⁻ 的浓度

根据自动滴定所得到的滴定终点所用 $AgNO_3$ 标准溶液的体积来计算水样中 Cl⁻ 的浓度。

七、思考题

① 为什么在自动滴定前用氨水清洗电极及烧杯？

② 利用此沉淀电位滴定法能否同时测定水样中多种卤素离子的浓度？

第四章 表面化学与胶体化学

● 实验 4-12 最大气泡法测定溶液表面张力

一、实验目的与要求

① 了解溶液表面张力与表面吸附的关系。

② 掌握测定表面张力的一种方法——最大气泡法。

③ 掌握用吉布斯（Gibbs）吸附公式计算溶液吸附量的方法及计算吸附质分子截面积的方法。

二、实验原理

液体表面层分子与内部分子相比处于力的不平衡状态，表面层分子受到指向液体内部的拉力，所以液体表面都有自动缩小的趋势。要使分子由内部迁移到表面，就必须对抗拉力而做功。当温度、压力和组成一定时，可逆地使液体表面积增加 dA 所需对体系做的功，称为表面功，可表示为：

$$-\delta W' = \sigma dA \tag{4-42}$$

式中，比例系数 σ 称为表面自由能，也称为表面张力，J/m^2 或 N/m。σ 在数值上等于温度、压力和组成一定时，增加单位表面积时对系统做的可逆非体积功，也可以说是每增加单位表面积时系统自由能的增加值。表面张力是液体的重要性质之一，其值与温度、压力、组成及共存的另一相的组成等有关。纯液体的表面张力一般是指该液体与饱和了其蒸气的空气共存的情况而言的。

当液体中加入某种溶质时，溶液的表面张力就会升高或降低。当溶质在表面层的浓度大于在溶液内部的浓度时，溶液表面张力会降低；当溶质在表面层的浓度小于在溶液内部的浓度时，溶液表面张力则会升高。这种表面浓度与溶液内部浓度不同的现象叫"吸附"。Gibbs 用热力学方法推导出溶质的吸附量与溶液的表面张力及溶液浓度间的关系式：

$$\Gamma = -\frac{c}{RT}\left(\frac{d\sigma}{dc}\right)_T \tag{4-43}$$

式中，Γ 为表面吸附量，mol/m^2；σ 为溶液的表面张力，J/m^2；T 为热力学温度，K；c 为溶液的浓度，mol/dm^3；R 为气体常数。

当 $\left(\frac{d\sigma}{dc}\right)_T < 0$ 时，$\Gamma > 0$ 称为正吸附，即增加溶质的浓度使液体表面张力降低，表面层的浓度大于溶液内部的浓度，此类物质称为表面活性物质。当 $\left(\frac{d\sigma}{dc}\right)_T > 0$ 时，$\Gamma < 0$ 称为负

吸附，也就是增加溶质浓度，液体表面张力增大，表面层的浓度小于溶液内部的浓度，此类物质为非表面活性物质。通过测定不同浓度溶液的表面张力，作 σ-c 图，在图的曲线上作不同浓度的切线，将切线的斜率代入 Gibbs 吸附关系式，即可求出不同浓度时气液界面上的吸附量 Γ。

定温下，吸附量 Γ 与溶液浓度 c 之间的关系由朗格缪尔（Langmuir）等温式表示：

$$\Gamma = \Gamma_\infty \frac{Kc}{1+Kc} \tag{4-44}$$

式中，Γ_∞ 为饱和吸附量；K 为经验常数，与溶质的表面活性有关。式(4-44) 也可表示为：

$$\frac{c}{\Gamma} = \frac{c}{\Gamma_\infty} + \frac{1}{K\Gamma_\infty} \tag{4-45}$$

可见，以 $\frac{c}{\Gamma}$-c 作图，所得直线斜率的倒数即为 Γ_∞。

若在饱和吸附情况下，溶质在气液界面上铺满一单分子层，则被吸附分子的横截面积 S 可应用下式求得：

$$S = \frac{1}{\Gamma_\infty L} \tag{4-46}$$

式中，L 为阿伏伽德罗常数。

本实验采用单管式最大气泡法，其装置如图 4-22 所示。当表面张力仪中的毛细管端面与待测液液面相切时，液面即沿毛细管上升。打开滴液漏斗的活塞，使水缓慢滴下以减小系统压力，此时毛细管内液面上压力 p_0（大气压）比试管中液面上的压力 p 大，当此压力差在毛细管端面上产生的作用力略大于毛细管口液体的表面张力时，就有气泡从毛细管口逸出。气泡的曲率半径由大到小变化，当形成曲率半径最小（等于毛细管半径 r）的半球形气泡时，其承受的压力差最大，该压力差可由数字式微压差测量仪上读出。根据拉普拉斯（Laplace）公式，则有：

$$\Delta p_{max} = p_0 - p_r = \frac{2\sigma}{r} \tag{4-47}$$

$$\sigma = \frac{r}{2} \Delta p_{max} \tag{4-48}$$

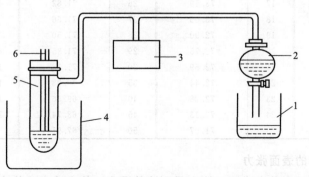

图 4-22　最大气泡法测定表面张力的装置（物理化学实验，孙尔康等，2003）

1—烧杯；2—滴液漏斗；3—数字式微压差测量仪；4—恒温装置；5—带有支管的试管；6—毛细管

若用同一根毛细管，就两种表面张力分别为 σ_1 和 σ_2 的液体而言，则有如下关系：

$$\frac{\sigma_1}{\sigma_2}=\frac{\Delta p_{\max,1}}{\Delta p_{\max,2}}$$

$$\sigma_1=\sigma_2\frac{\Delta p_{\max,1}}{\Delta p_{\max,2}}=K\Delta p_{\max,1} \tag{4-49}$$

式中，K 为仪器常数，可用已知表面张力的物质来测定，从式（4-49）即可求出待测液体的表面张力。

三、实验仪器与试剂

① 仪器：恒温槽、带支管的试管（附木塞）、毛细管（0.15～0.20mm）、烧杯（25mL）、滴液漏斗、T形管、数字式微压差测量仪等。

② 试剂：不同浓度的正丁醇溶液（0.02mol/L、0.05mol/L、0.10mol/L、0.15mol/L、0.20mol/L、0.25mol/L、0.30mol/L、0.35mol/L）等。

四、实验步骤

1. 仪器准备

洗净仪器并按图 4-22 安装实验装置，检查体系不漏气。调节恒温水浴温度为 25℃。将数字式微压差测量仪与大气相通后，按下面板上的采零键，显示值应为 00.00（即视大气压为零）。

2. 仪器常数 K 的测定

在带支管的试管中加入适量蒸馏水，将干燥的毛细管垂直插入，使毛细管端口恰好与水面相切。打开注入了自来水的滴液漏斗，控制滴液速度，使毛细管逸出气泡的速度平稳（8～10s 出一个气泡）。在毛细管口气泡逸出的瞬间最大压差在 700～800Pa（否则需换毛细管）。记录数字式微压差测量仪的最大读数，连续读取 3 次，求其平均值。通过表 4-3 查出实验温度下水的表面张力，则可求出仪器常数 K。

表 4-3 不同温度下水的表面张力（实验化学，周冬香，2012）

$t/℃$	$\sigma/(10^{-3}\text{N/m})$	$t/℃$	$\sigma/(10^{-3}\text{N/m})$	$t/℃$	$\sigma/(10^{-3}\text{N/m})$	$t/℃$	$\sigma/(10^{-3}\text{N/m})$
0	75.64	17	73.19	26	71.82	60	66.18
5	74.92	18	73.05	27	71.66	70	64.42
10	74.22	19	72.90	28	71.50	80	62.61
11	74.07	20	72.75	29	71.35	90	60.75
12	73.93	21	72.59	30	71.18	100	58.85
13	73.78	22	72.44	35	70.38	110	56.89
14	73.64	23	72.28	40	69.56	120	54.89
15	73.59	24	72.13	45	68.74	130	52.84
16	73.34	25	71.97	50	67.91		

3. 测定正丁醇的表面张力

将不同浓度的正丁醇水溶液，按由稀到浓的顺序，依上述方法依次测定表面张力。每次测定前需用待测溶液润洗毛细管和带支管试管 3 次，以确保毛细管内外溶液浓度一致，并注意保护毛细管端口。

五、实验注意事项

① 毛细管必须洗干净，否则气泡可能不能连续、稳定地流过，而使压差计读数不稳定。若出现此现象，毛细管需重洗。在测定每份试样前，必须用该试样冲洗毛细管。

② 毛细管一定要保持垂直，其端面应平整，毛细管口刚好插到与液面接触。

③ 在数字式微压差测量仪上，应读出气泡单个逸出时的最大压力差。

④ 气泡逸出速度不能太快，否则在气泡表面来不及建立吸附平衡，从而影响测量的准确性。

六、数据记录与结果处理

① 将实验数据记录列表。

② 由表 4-3 中查出实验温度下水的表面张力，算出仪器常数 K。

③ 由实验结果计算不同浓度正丁醇溶液的表面张力 σ，并作 σ-c 曲线。

④ 在 σ-c 曲线上选取 6～7 个点，作切线，求出各浓度的 $\left(\dfrac{d\sigma}{dc}\right)_T$ 值，并计算在各相应浓度下的 Γ。

⑤ 以 $\dfrac{c}{\Gamma}$ 对 c 作图，可得一条直线，由直线斜率求出 Γ_∞，由此计算正丁醇分子的横截面积 S。

七、思考题

① 若毛细管不干净，对测量结果有何影响？

② 若气泡出得太快，或两三个一起出来，对结果有何影响？

③ 为何毛细管端口要刚好接触液面而与液面垂直相切？若毛细管插入一定深度，对测量结果有何影响？

④ 最大气泡法测定表面张力时为什么要读取最大压力差？

⑤ 滴液漏斗滴液速度过快对实验结果有没有影响？

⑥ 影响本实验测定结果的因素有哪些？如何减小以致消除这些因素对实验的影响？

◯ 实验 4-13　Fe(OH)₃ 溶胶的制备及性质研究

一、实验目的与要求

① 掌握凝聚法制备 $Fe(OH)_3$ 溶胶和纯化溶胶的方法。

② 掌握电泳法测定胶粒电泳速度和溶胶 ζ 电势的方法，了解溶胶的电学性质。

③ 了解溶胶的光学性质及不同电解质对溶胶的聚沉作用。

二、实验原理

溶胶是高度分散（分散相胶粒的大小在 1～1000nm）的热力学不稳定的多相系统。

溶胶的制备方法分为两种：将较大的物质颗粒变为胶体大小质点的分散法，以及将分子或离子聚集成胶体大小质点的凝聚法。本实验采用凝聚法制备 $Fe(OH)_3$ 溶胶。

新制备的溶胶常因杂质的存在而影响其稳定性，因此必须纯化。溶胶的纯化通常采用半透膜渗析法。半透膜的特点是只允许电解质离子及小分子透过，而胶粒不能透过。提高渗析温度或搅拌渗析液，均可提高渗析效率。

固体粒子由于自身电离或选择性地吸附某些离子及其他原因而带电，带电的固体粒子称为胶核。胶核周围的分散介质中则分布着电量相等而电性相反的离子。这些反离子由于静电引力和热运动的作用，在胶核周围形成扩散双电层——紧密层和扩散层。紧密层反离子连同其溶剂化层一起紧密吸附在胶核表面上，约有一两个分子层厚，而扩散层的厚度则随外界条件（温度、系统中电解质浓度及其离子的价态等）而改变。在外电场作用下，胶核与紧密层作为一个整体（胶粒）向与胶粒电性相反的电极移动，而扩散层中的反离子则向相反电极方向移动。这种在电场作用下分散相粒子相对于分散介质的运动称为电泳。

带电的胶粒与带有反离子的扩散层发生相对移动时的界面称为滑动面，滑动面与液体内部的电位差称为电动电势或 ζ 电势。ζ 电势是表征溶胶特性的重要物理量之一，在研究胶体性质及其实际应用中有着重要意义。胶粒的电泳速度除与外加电场的强度有关外，还与 ζ 电势的大小有关。ζ 电势的数值与胶粒性质、介质成分和溶胶浓度等有关。溶胶的稳定性与 ζ 电势有直接关系。ζ 电势绝对值越大，说明胶粒荷电越多，胶粒之间的排斥力越大，溶胶越稳定。当 ζ 电势为零时，溶胶的稳定性最差，可观察到溶胶的聚沉。

少量电解质的存在对溶胶起稳定作用，过量电解质则可使 ζ 电势降低而使溶胶聚沉。不同电解质的聚沉能力通常用聚沉值来表示，即使一定量的溶胶完全聚沉所需电解质的最小浓度。起聚沉作用的主要是与胶粒电性相反的反离子，电解质的聚沉值与反离子价数的 6 次方成反比。

本实验在一定外加电场强度下通过测定胶粒的电泳速度来计算胶粒的 ζ 电势。采用界面移动法测胶粒的电泳速度。实验装置如图 4-23 所示。旋塞 2、3 以下盛待测溶胶，以上盛辅助液。在电泳仪两极间接上电势差 $E(V)$ 后，在时间 $t(s)$ 内溶胶界面移动的距离为 $d(m)$，则胶粒的电泳速度 $v(m/s)$ 为：

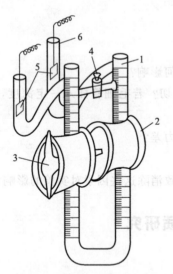

图 4-23 拉比诺维奇-付其曼 U 形电泳仪

（物理化学实验，孙尔康等，2003）

1—U 形管；2,3,4—旋塞；

5—电极；6—弯管

$$v = \frac{d}{t} \tag{4-50}$$

若两极间液体的电导率相同，两电极间液体通道的长度为 $l(m)$，则两极间的平均电势梯度 H（V/s）为：

$$H = \frac{E}{l} \tag{4-51}$$

若溶胶的电导率 k 与辅助液的电导率 k_0 相差较大，则在整个电泳管中的电势降是不均匀的，此时需用式(4-52)计算 H：

$$H = \frac{E}{\frac{k}{k_0}(l - l_k) + l_k}$$ (4-52)

式中，l_k 为溶胶两界面间距离。

由实验测得胶粒的电泳速度后，胶粒的 ζ 电势可按式(4-53)求得：

$$\zeta = \frac{K\pi\eta}{\varepsilon H}v$$ (4-53)

式中，K 为与胶粒形状有关的常数 [对于球形粒子和棒形粒子，K 分别为 $5.4 \times 10^{10} V^2 \cdot s^2/(kg \cdot m)$ 和 $3.6 \times 10^{10} V^2 \cdot s^2/(kg \cdot m)$]，本实验 $Fe(OH)_3$ 胶粒为棒形；η 为介质的黏度，$kg/(m \cdot s)$；ε 为介质的相对介电常数（本实验介质为水）。

三、实验仪器与试剂

① 仪器：直流稳压电源、电导率仪、电泳仪、铂电极（2个）、量筒、烧杯、锥形瓶、移液管、尺子、激光笔、暗箱等。

② 试剂：三氯化铁（AR）、棉胶液（AR）、KCl 溶液（0.10mol/L）、K_2SO_4 溶液（0.01mol/L）、$K_3Fe(CN)_6$ 溶液（0.001mol/L）等。

四、实验步骤

1. Fe(OH)₃ 溶胶的制备

将 0.5g $FeCl_3$ 溶于 20mL 蒸馏水中，再将 200mL 蒸馏水盛于烧杯中煮沸，然后边搅拌边将 $FeCl_3$ 溶液滴入沸水中（控制在 4~5min 内滴完），滴加完毕后停止搅拌，继续煮沸 1~2min，即制得红色的 $Fe(OH)_3$ 溶胶。

2. 半透膜的制备

用量筒取约 20mL 棉胶液倒入洁净、干燥的 250mL 锥形瓶内。轻轻转动锥形瓶，使瓶内壁均匀铺展一层液膜，倒出多余棉胶液，将锥形瓶倒置于铁圈上。待溶剂挥发完，此时胶膜已不粘手，在瓶口处剥开胶膜，将蒸馏水注入胶膜与瓶壁之间，使胶膜与瓶壁分离，将胶膜从瓶中取出，注入蒸馏水检查胶袋是否有漏洞，如无漏洞，则浸入蒸馏水中待用。

3. 溶胶的纯化

待 $Fe(OH)_3$ 溶胶冷却至 60℃左右，取约 150mL 注入刚制好的胶袋中，用约 60℃ 的蒸馏水进行渗析，每 15min 换水一次，渗析 5 次。

4. 辅助液的配制

将渗析好的 $Fe(OH)_3$ 溶胶冷至室温，测其电导率（应低于 $0.6 \times 10^3 \mu S/cm$）。若高于此值，应重新渗析直至满足要求。用 0.10mol/L KCl 溶液和蒸馏水配制与溶胶电导率相同的辅助液。辅助液的温度和电导率应与溶胶一致，否则界面容易模糊。

5. 测定电泳速度

① 用洗液和蒸馏水把电泳仪洗干净（3个旋塞均涂好凡士林）。

② 用少量渗析好的 $Fe(OH)_3$ 溶胶洗涤电泳仪 2~3 次，然后注入 $Fe(OH)_3$ 溶胶直至

溶胶液面高出旋塞 2、3 少许，关闭这两个旋塞，倒掉多余的溶胶。

③ 用蒸馏水把电泳仪旋塞 2、3 以上的部分荡洗干净后，在两管内注入辅助液至支管口，使两电极能完全浸没，并把电泳仪固定在支架上。

④ 将两铂电极插入支管内并连接电源，开启旋塞 4 使管内两辅助液面等高，关闭旋塞 4，缓缓开启旋塞 2、3（勿使溶胶液面搅动）。打开稳压电源，将电压调至 150V，观察溶胶液面移动现象及电极表面现象。每隔 10min 记录液面移动的距离，共记录 30min。若在电泳开始时界面不够清晰或由于电泳仪原因起始读数不够准确，需等到界面平稳能准确读数时开始计时。用绳子和尺子量出两电极间的距离（不是水平距离，而是 U 形管的导电距离）。

6. 观察丁达尔（Tyndall）现象

用激光笔将一束光线通过溶胶系统，在与光束前进方向相垂直的侧面观察，可以看到一个浑浊而发亮的光柱，这就是丁达尔现象。

7. 溶胶的聚沉

取 3 个干净的 50mL 锥形瓶，用移液管各加入 10mL 纯化后的 $Fe(OH)_3$ 溶胶，在不断摇动下，向 3 个瓶中分别用滴定管慢慢滴加 KCl 溶液、K_2SO_4 溶液、$K_3Fe(CN)_6$ 溶液。在开始有明显聚沉物出现时即停止加入电解质，记下所用各电解质溶液的体积。

五、实验注意事项

① 溶胶制备过程应控制好浓度、温度、搅拌和滴加速度。渗析时也应控制好水温，常搅动渗析液，勤换渗析液。如此制得的溶胶胶粒大小均匀，反离子分布趋于合理，测得的 ζ 电势准确，重复性好。

② 在制备半透膜时，若加水过早，因胶膜中的溶剂还未完全挥发，胶膜呈乳白色，强度差不能用。若加水过迟，胶膜变干、变脆，不易取出也易破。

③ 渗析后的溶胶需冷至接近辅助液的温度（室温），以保证两者的电导率一致，而且避免打开旋塞时产生热对流而破坏溶胶界面。

六、数据记录与结果处理

① 将实验数据列表记录。

② 将实验数据 d、t、E 和 l 分别代入式(4-50) 和式(4-51) 计算电泳速度 v 和平均电势梯度 H。

③ 将 v、H、介电常数和介质黏度代入式(4-53) 求 ζ 电势。水的介电常数 $\varepsilon_{H_2O}^T$ (F/m) 按下式计算：

$$\varepsilon_{H_2O}^T = 8.899 \times 10^{-9} - 4.45 \times 10^{-11}(T-293)$$

式中，T 为实验时的热力学温度。实验温度下水的黏度可从表 4-4 中查得。

④ 根据电泳时胶粒的移动方向确定其所带电荷符号。

七、思考题

① 电泳速度与哪些因素有关？

② 辅助液应具备哪些条件？

③ 写出 $FeCl_3$ 的水解反应式及 $Fe(OH)_3$ 胶团的结构。

④ 若改变外加电压，溶胶的 ζ 电势是否变化？

八、参考资料

① 电泳的实验方法有多种。界面移动法——适用于溶胶或大分子溶液与分散介质形成的界面在电场作用下移动速率的测定。显微电泳法——用显微镜可直接观察质点电泳的速度，所研究对象必须在显微镜下能明显观察到，此法简便、快速、用样量少，在质点自身所处的环境下测定，适用于粗颗粒的悬浮体和乳状液。区域电泳法——以惰性而均匀的固体或凝胶作为待测样品的载体进行电泳，以达到分离与分析电泳速度不同的各组分的目的，该法简便易行，分离效率高，用样量少，还可避免对流影响，现已成为分离与分析蛋白质的基本方法。目前，电泳技术不仅用于理论研究，还广泛地应用在陶瓷工业的黏土精选、电泳涂漆、电泳镀橡胶、生物化学和临床医学上的蛋白质及病毒的分离等方面。

② 界面移动法电泳实验中辅助液的选择很重要，因为 ζ 电势对辅助液成分非常敏感，最好是用该溶胶的超滤液。1-1 型电解质组成的辅助液多采用 KCl 溶液，因为 K^+ 与 Cl^- 的迁移速率基本相同。此外，辅助液与溶胶的电导率一致，可以避免因界面处电场强度的突变造成两臂界面移动速率不等产生界面模糊。

③ 若待测溶胶无颜色，则与辅助液间的界面肉眼看不到，可利用胶体的光学性质——乳光或利用紫外线照射而产生的荧光来观察界面的移动。

④ 不同温度下水的黏度见表 4-4。

表 4-4　不同温度下水的黏度（实验化学，刘约权等，2005）

$t/℃$	$\eta/10^{-3}Pa \cdot s$	$t/℃$	$\eta/10^{-3}Pa \cdot s$	$t/℃$	$\eta/10^{-3}Pa \cdot s$
0	1.787	11	1.271	22	0.9548
1	1.728	12	1.235	23	0.9325
2	1.671	13	1.202	24	0.9111
3	1.618	14	1.169	25	0.8904
4	1.567	15	1.139	26	0.8705
5	1.519	16	1.109	27	0.8513
6	1.472	17	1.081	28	0.8327
7	1.428	18	1.053	29	0.8148
8	1.386	19	1.027	30	0.7975
9	1.346	20	1.002	31	0.7808
10	1.307	21	0.9779	32	0.7647

⦿ 实验 4-14　黏度法测定高聚物黏均分子量

一、实验目的与要求

① 掌握用乌氏（Ubbelohde）黏度计测定高聚物溶液黏度的原理和方法。

② 测定聚乙二醇的黏均分子量。

二、实验原理

黏度是液体流动时所表现出来的内摩擦阻力。液体在流动过程中，必须克服该阻力而做功。液体在流动过程中所受阻力的大小可用黏度系数 η（简称黏度）来表示，单位为 $kg/(m \cdot s)$。

高聚物溶液的特点是黏度大，原因在于其分子链长度远大于溶剂分子，加上溶剂化作用，使其在流动时存在较大的内摩擦阻力。高聚物稀溶液的黏度就是液体流动时内摩擦力大小的反映。而高聚物稀溶液的黏度 η 包括 3 种分子之间的内摩擦力：①溶剂分子之间的内摩擦力，即纯溶剂黏度，记作 η_0；②高聚物分子之间的内摩擦力；③高聚物分子与溶剂分子之间的内摩擦力。在相同温度下，一般 $\eta > \eta_0$。相对于纯溶剂，高聚物溶液黏度增大的分数称为增比黏度，记作 η_{sp}，即：

$$\eta_{sp} = \frac{\eta - \eta_0}{\eta_0} \tag{4-54}$$

而溶液黏度与纯溶剂黏度的比值称为相对黏度，记作 η_r，即：

$$\eta_r = \frac{\eta}{\eta_0} \tag{4-55}$$

η_r 反映的也是溶液的黏度行为，而增比黏度 η_{sp} 则已从总黏度 η 中扣除了溶剂分子间的内摩擦效应，仅反映了高聚物分子与溶剂分子间和高聚物分子间的内摩擦效应。η_r 和 η_{sp} 都是无量纲量。η_{sp} 往往随溶液浓度 c 的增大而增大。为了便于比较，将单位浓度下溶液所显示的增比黏度 η_{sp}/c 称为比浓黏度，而 $\ln\eta_r/c$ 称为比浓对数黏度。当溶液无限稀释时，高聚物分子彼此相隔甚远，高聚物分子之间的内摩擦效应可以忽略不计，这时溶液所呈现的黏度行为反映的是高聚物分子与溶剂分子间的内摩擦，有如下关系式：

$$\lim_{c \to 0}\eta_{sp}/c = \lim_{c \to 0}\ln\eta_r/c = [\eta] \tag{4-56}$$

式中，$[\eta]$ 称为特性黏度，其值与浓度无关，取决于溶剂的性质及高聚物分子的大小和形态，$[\eta]$ 的单位是浓度 c 单位的倒数。表 4-5 列出了上述溶液黏度的名称、符号及定义。

表 4-5　溶液黏度的名称、符号及定义

名称	符号及定义
黏度（系数）	η
相对黏度	$\eta_r = \eta/\eta_0$（η_0 为溶剂的黏度）
增比黏度	$\eta_{sp} = (\eta - \eta_0)/\eta_0 = \eta_r - 1$
比浓黏度	η_{sp}/c
比浓对数黏度	$\ln\eta_r/c$
特性黏度	$[\eta] = \lim\limits_{c \to 0}\eta_{sp}/c = \lim\limits_{c \to 0}\ln\eta_r/c$

对于足够稀的高聚物溶液，η_{sp}/c 与 c 和 $\ln\eta_r/c$ 与 c 之间的关系可以用下述两个经验公式来表示：

哈金斯（Huggins）方程　　　$\eta_{sp}/c = [\eta] + \kappa[\eta]^2 c \tag{4-57}$

克雷默（Kraemar）方程　　　$\ln\eta_r/c = [\eta] - \beta[\eta]^2 c \tag{4-58}$

上两式中的 κ 和 β 分别称为 Huggins 和 Kraemar 系数。通过 η_{sp}/c 对 c 和 $\ln\eta_r/c$ 对 c 作图（图 4-24），得两条直线，分别外推至 $c = 0$，可得到相同的 $[\eta]$。显然，对于同一高聚物，它们在纵坐标上相交于同一点。

高聚物溶液的特性黏度 $[\eta]$ 与高聚物平均分子量的关系，通常用 Mark Houwink 经验方程式来表示：

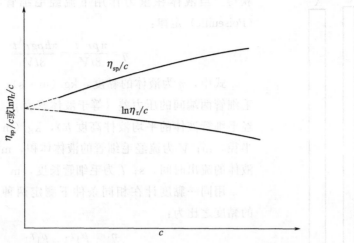

图 4-24　外推法求高聚物特性黏度［η］（物理化学实验，孙尔康等，2003）

$$[\eta] = K\overline{M}_\eta^\alpha \tag{4-59}$$

式中，$\overline{M}_\eta$ 是高聚物的黏均分子量；K、α 是与温度、高聚物及溶剂的性质有关的常数，只能通过其他实验方法（如膜渗透压法、光散射法等）确定。其中指数 α 是溶液中高分子形态的函数，一般在 0.5～1.7。若在良性溶剂中，分子舒展松懈，α 较大；反之，分子团聚紧密，α 则较小。因此根据高聚物在不同溶剂中［η］的数值，可以相互比较分子的形态。在良性溶剂中温度对［η］的影响极微。

测定高聚物相对分子质量的方法有多种，不同方法的测定原理和计算方法有所不同，因此所得结果有一定的差别。各种高聚物平均黏均分子量的测定方法和适用范围见表 4-6。近年来，脉冲核磁共振仪、红外分光光度计和电子显微镜等实验技术也可用于测定高聚物的平均黏均分子量。

表 4-6　各种平均黏均分子量测定法的适用范围（物理化学实验，孙尔康等，2003）

方法名称	适用黏均分子量范围	平均黏均分子量类型	方法类型
端基分析法	3×10^4 以下	数均	绝对法
沸点升高法	3×10^4 以下	数均	相对法
冰点降低法	5×10^3 以下	数均	相对法
气相渗透压法（VPO）	3×10^4 以下	数均	相对法
膜渗透压法	$2\times10^4\sim1\times10^6$	数均	绝对法
光散射法	$2\times10^4\sim1\times10^7$	重均	绝对法
超速离心沉降速度法	$1\times10^4\sim1\times10^7$	各种平均	绝对法
超速离心沉降平衡法	$1\times10^4\sim1\times10^6$	重均、数均	绝对法
黏度法	$1\times10^4\sim1\times10^7$	黏均	相对法
凝胶渗透色谱法	$1\times10^3\sim5\times10^6$	各种平均	相对法

本实验采用的黏度法具有设备简单、操作方便的优点，测定黏均分子量的准确度可达 ±5％（一般在±20％左右），因此是目前应用较广泛的方法。但黏度法不是测定高聚物分子量的绝对方法，因为该方法中所用的特性黏度与分子量的经验方程是通过其他方法确定的，高聚物不同，溶剂不同，分子量范围不同，需用不同的经验方程式。

测定黏度的方法主要有毛细管法、转筒法和落球法。本实验使用乌氏黏度计（图 4-25），采用毛细管法测定黏度，通过测定一定体积的液体流经一定长度和半径的毛细管所需时间而

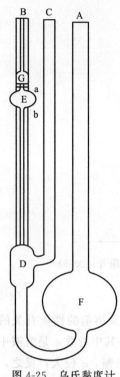

图 4-25 乌氏黏度计

（物理化学实验，

孙尔康等，2003）

获得。当液体在重力作用下流经毛细管时，其遵守泊肃叶（Poiseuille）定律：

$$\eta = \frac{\pi p r^4 t}{8lV} = \frac{\pi h \rho g r^4 t}{8lV} \qquad (4\text{-}60)$$

式中，η 为液体的黏度，$kg/(m \cdot s)$；p 为液体流动时在毛细管两端间的压力差（等于液体密度 $\rho \times$ 重力加速度 $g \times$ 流经毛细管液体的平均液柱高度 h），$kg/(m \cdot s^2)$；r 为毛细管半径，m；V 为流经毛细管的液体体积，m^3；t 为体积为 V 的液体的流出时间，s；l 为毛细管长度，m。

用同一黏度计在相同条件下测定两种液体的黏度，它们的黏度之比为：

$$\frac{\eta_1}{\eta_2} = \frac{p_1 t_1}{p_2 t_2} = \frac{\rho_1 t_1}{\rho_2 t_2} \qquad (4\text{-}61)$$

若用已知黏度的液体作为参考，则待测液体的黏度就可通过上式求得。在测定溶液和溶剂的相对黏度时，如溶液的浓度不大（$c < 10kg/m^3$），溶液和溶剂的密度可近似地看作相同，则有：

$$\eta_r = \frac{\eta}{\eta_0} = \frac{t}{t_0} \qquad (4\text{-}62)$$

即只需测定溶液和溶剂在毛细管中的流出时间就可得到 η_r。

三、实验仪器与试剂

① 仪器：恒温槽、乌氏黏度计、具塞锥形瓶（50mL）、容量瓶（25mL）、移液管（5mL，10mL）、洗耳球、停表、乳胶管、弹簧夹、恒温槽夹、吊锤等。

② 试剂：聚乙二醇（AR）等。

四、实验步骤

1. 调节恒温槽温度

调节恒温槽温度至 25℃±0.1℃。

2. 配制高聚物溶液

称取聚乙二醇 0.8g（准确至 0.0001g）置于容量瓶中，先加蒸馏水至容量瓶的 2/3 处，待其全部溶解后恒温 10min，再用同温度的蒸馏水稀释至刻度。

3. 洗涤黏度计

先用热洗液浸泡，再用自来水、蒸馏水冲洗（经常使用的黏度计则用蒸馏水浸泡，去除留在黏度计中的高聚物）。黏度计的毛细管要反复用水冲洗，微量的灰尘、油污等会产生毛细管局部堵塞现象，从而影响溶液在毛细管中的流速，产生较大的误差。

4. 测定溶剂流出时间 t_0

将黏度计垂直放入恒温槽内，使 G 球完全浸没于水中，并用吊锤检查是否垂直。按

图 4-25 在 B、C 管上连接两根乳胶管。取 10mL 纯溶剂从 A 管注入黏度计内，恒温几分钟，用夹子夹住 C 管上的乳胶管，同时在 B 管的乳胶管上接洗耳球慢慢抽气，待液体升至 G 球的一半时即停止抽气，松开 C 管乳胶管上的夹子，空气进入 D 球，毛细管内液体同 D 球分开，G 球液面逐渐下降。当液面达到刻度 a 时开始计时，流至刻度 b 时停止计时。重复测定 3 次，每次相差不超过 0.3s，取平均值得 t_0。

5. 测定溶液流出时间 t

取出黏度计，倒出溶剂并吹干。用移液管取 10mL 已恒温的聚乙二醇溶液，同上法测定流经时间 t_1。再用移液管加入 5mL 已恒温的溶剂，用洗耳球从 C 管鼓气搅动并将溶液缓慢地吸上、压下数次，保证溶液混合均匀，再同上法测定流经时间 t_2。如此再依次加入 5mL、10mL、10mL 溶剂，逐一测定溶液流出时间，即可得到 t_3、t_4、t_5。

实验完毕，将溶液倒入回收瓶内，用溶剂认真冲洗黏度计 3 次，最后用溶剂浸泡，备用。

五、实验注意事项

① 黏度计必须干净，如毛细管壁上挂有水珠，需用经 2# 砂芯漏斗过滤过的洗液浸泡。

② 黏度计易折，操作要小心，一般拿粗管，切勿三管一把抓或只拿细管。接乳胶管时应在玻璃管的外围蘸少量水润滑，两手应近距离操作。

③ 高聚物在溶剂中溶解缓慢，必须保证其完全溶解，否则影响溶液起始浓度，从而导致结果偏低。

④ 测定时黏度计要垂直放置，使黏度计的毛细管与水平面垂直，否则影响结果的准确性。

⑤ 本实验中溶液的稀释是直接在黏度计中进行的，所用溶剂也必须提前在恒温槽中恒温，然后用移液管准确量取并充分混合均匀方可测定。

⑥ 抽吸溶液时，切勿将溶液带入乳胶管内，否则需重做。

⑦ 温度的波动直接影响溶液黏度的测定，因此恒温槽的控温精度很重要。

六、数据记录与结果处理

① 将测量的原始数据和计算出的各浓度下的 η_r、η_{sp}、η_{sp}/c、$\ln\eta_r/c$ 列表。

② 在同一直角坐标图中以 η_{sp}/c 及 $\ln\eta_r/c$ 分别对 c 作图，并作线性外推至 $c \to 0$，得同一截距，即得特性黏度 $[\eta]$。

③ 取 25℃时常数 K、α 值，计算出聚乙二醇的黏均分子量 $\overline{M}_\eta$。

七、思考题

① 乌氏黏度计中 C 管的作用是什么？能否去除 C 管改为双管黏度计使用？为什么？

② 黏度法测量高聚物的黏均分子量为什么要用非常稀的高聚物溶液？

③ 为什么要使乌氏黏度计的毛细管与水平面垂直？

④ 黏度计毛细管的粗细对实验有何影响？

⑤ 高聚物溶液的 η_r、η_{sp}、$[\eta]$ 和 η_{sp}/c 的物理意义是什么？

⑥ 稀溶液的黏度和纯溶剂的黏度有何区别？

八、参考资料

① 对于聚乙二醇水溶液，不同温度下的 K、α 值见表 4-7。

表 4-7 聚乙二醇不同温度下的 K、α 值（水为溶剂）

（物理化学实验，孙尔康等，2003）

$t/℃$	$K \times 10^6/(m^3/kg)$	α	$\overline{M_\eta} \times 10^{-4}$
25	156	0.50	0.019~0.1
30	12.5	0.78	2~500
35	6.4	0.82	3~700
40	16.6	0.82	0.04~0.4
45	6.9	0.81	3~700

② 黏度不随剪切力和剪切速度改变的流体称为牛顿流体，牛顿流体的黏度只与温度有关。小分子液体和高分子稀溶液都属于牛顿流体，而多数高分子溶液为非牛顿流体。黏度法测定高聚物的分子量只适用于牛顿流体。

③ 高聚物分子链在溶液中的一些行为也会影响 $[\eta]$ 的测定。如某些高分子链的侧基可以电离，电离后的高分子链存在静电排斥作用，随 c 的减小，η_{sp}/c 却反常地增大，这称为聚电解质行为。通常加入少量小分子电解质作为抑制剂，利用同离子效应加以抑制。又如某些高分子在溶液中会发生降解，会使 $[\eta]$ 和 $\overline{M}_\eta$ 结果偏低，可加入少量的抗氧剂加以抑制。

④ 实验过程中的一些因素可影响到 η_{sp}/c 或 $\ln\eta_r/c$ 对 c 作图的线性。如温度波动、溶液浓度选择不当、浓度不准确、因杂质局部堵塞毛细管而影响流经时间及毛细管垂直发生改变等因素都可对作图线性产生较大影响。但在测定过程中即使注意了上述影响因素还会出现一些如图 4-26 所示的异常现象，并不是操作不严格而是高聚物本身的结构及其在溶液中的形态所致。目前尚不清楚产生这些反常现象的原因，只能做一些近似处理。

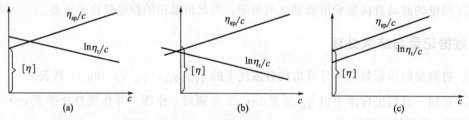

图 4-26　黏度测定中的异常现象示意（物理化学实验，孙尔康等，2003）

◉ 实验 4-15　溶液吸附法测定固体比表面积

一、实验目的与要求

① 了解固体在溶液中的吸附作用和朗格缪尔（Langmuir）等温吸附理论在溶液吸附中的应用。

② 测定活性炭自乙酸溶液中对 HAc 的等温吸附，计算被测活性炭的比表面积。

二、实验原理

高度分散的固体物质（如活性炭、硅胶、分子筛等）有非常大的比表面自由能，有很强的吸附能力，可作为吸附剂从气相或液相中吸附物质。影响吸附剂吸附性能的因素除吸附剂的种类外，吸附剂的比表面积（即单位质量或单位体积的吸附剂所具有的表面积，单位分别为 m^2/g 或 m^{-1}）也是一个重要因素。

测定固体比表面积的方法主要有 BET 低温吸附法、气相色谱法和电子显微镜法，但它们或仪器设备昂贵或实验时间较长。活性炭是一种比表面积很大的多孔性固体，在溶液中有很强的吸附能力，采用溶液等温吸附法测量活性炭的质量表面积是了解固体吸附剂性能的一种简便方法。

在一定浓度范围内，活性炭对 HAc 的吸附为单分子层吸附，符合朗格缪尔等温吸附理论。朗格缪尔吸附理论的基本假定是固体表面是均匀的，吸附是单分子层吸附，被吸附的吸附质分子之间无相互作用，吸附平衡时，吸附速率与脱附速率相等。则有：

$$\Gamma = \frac{n}{m} = \Gamma_\infty \frac{cK}{1+cK} \tag{4-63}$$

式中，Γ 为吸附量，即单位质量吸附剂吸附溶质的物质的量，在一定温度下，吸附量与吸附质在溶液中的平衡浓度 c 有关，mol/g；m 为吸附剂的质量，g；n 为吸附平衡时所吸附溶质的物质的量，mol；Γ_∞ 为饱和吸附量，即吸附剂表面全部吸附位置被吸附质覆盖单分子层的吸附量，mol/g；c 为吸附平衡时溶液的浓度，mol/L；K 为吸附平衡常数，其值取决于吸附剂和吸附质的性质及温度，K 值越大，说明吸附剂对吸附质的吸附能力越强，反之则越弱。

式(4-63) 可改写为：

$$\frac{c}{\Gamma} = \frac{c}{\Gamma_\infty} + \frac{1}{\Gamma_\infty K} \tag{4-64}$$

以 $\frac{c}{\Gamma}$ 对 c 作图，得到一条直线。由斜率可求得饱和吸附量 Γ_∞，由截距再结合 Γ_∞ 可求得 K。

当活性炭对 HAc 的吸附达到饱和吸附后，HAc 分子铺满吸附剂表面而不留空位。若已知 HAc 分子的横截面积 a，则吸附剂的比表面积 A_m 可按式(4-65) 计算：

$$A_m = aL\Gamma_\infty \tag{4-65}$$

式中，L 为阿伏伽德罗常数，$6.02 \times 10^{23}/mol$；A_m 为比表面积，m^2/g。一般直链脂肪酸分子的截面积为 $24.3 \times 10^{-20}\,m^2$，HAc 可取此数值。

本方法所测固体的比表面积往往比实际数值偏低，原因是忽略了吸附剂对溶剂分子的吸附；此外，固体的孔径也有大有小，吸附质可能占据不了小孔内的表面。但这一方法仪器简单，操作方便。

三、实验仪器与试剂

① 仪器：分析天平、恒温振荡器、碱式滴定管（50mL）、具塞磨口锥形瓶（150mL）、吸量管（5mL，10mL，20mL）、容量瓶、吸管、烧杯、漏斗、锥形瓶等。

② 试剂：HAc 溶液（0.4mol/L）、NaOH 标准溶液（0.1000mol/L）、酚酞指示剂、活性炭等。

四、实验步骤

1. HAc 溶液的标定

以酚酞作指示剂，用 0.1000mol/L NaOH 标准溶液标定 0.4mol/L HAc 溶液的准确浓度。

2. 吸附溶液的配制

用吸量管分别取 5.00mL、10.00mL、20.00mL、40.00mL、70.00mL、100.00mL 的 0.4mol/L HAc 溶液于 6 个已洗净的 100mL 容量瓶中，用去离子水定容至刻度，摇匀备用。

3. 溶液吸附

取 6 个洁净、干燥的具塞磨口锥形瓶并依次编号，用分析天平迅速称取 6 份各 1g （精确至 0.0001g）经过预处理的活性炭，依次放入各锥形瓶中。再依次倒入实验步骤 2. 中已配好的吸附溶液（顺序如表 4-8 所列），迅速塞好磨口塞并用橡皮筋束紧，置于恒温振荡器中振荡 1h 后静置一会儿。待吸附平衡后取出磨口瓶，用干燥的漏斗过滤，滤液收集在干燥的烧杯中。

4. 吸附平衡 HAc 溶液的标定

1、2 号溶液各取 50mL，3、4 号溶液各取 20mL，5、6 号溶液各取 10mL，以酚酞作指示剂，依次用 0.1000mol/L NaOH 标准溶液标定各平衡浓度 c 并列于表 4-8。

表 4-8 溶液吸附法实验数据

编号	1	2	3	4	5	6
活性炭/g						
0.4mol/L HAc 体积/mL	5.00	10.00	20.00	40.00	70.00	100.00
总体积/mL	100	100	100	100	100	100
c_0/(mol/L)						
c/(mol/L)						
Γ/(mol/g)						

五、实验注意事项

① 吸附用溶液需精确配制。

② 去离子水中应不含 CO_2。

③ 为保证 HAc 溶液浓度的准确，在溶液转移中容器必须干燥。

④ 活性炭颗粒应均匀，且称量应尽量接近。

⑤ 振荡时间需充足，以达到吸附平衡。

六、数据记录与结果处理

1. 计算吸附量 Γ

依表 4-8 中数据，按式(4-64)计算活性炭在不同浓度 HAc 溶液中的吸附量 Γ 并列于表 4-8。

2. 作吸附等温线

以 Γ 对 c 作图，由画出的吸附等温线说明吸附量与浓度的关系。

3. 求饱和吸附量 Γ_∞ 和吸附平衡常数 K

作 $\frac{c}{\Gamma}$-c 图，由直线斜率和截距求出饱和吸附量 Γ_∞ 和吸附平衡常数 K。

4. 计算活性炭的比表面积 A_m

按式(4-65)计算出活性炭的比表面积 A_m。

七、思考题

① 用溶液等温吸附法测定固体吸附剂的比表面积的理论依据是什么？

② 吸附作用与哪些因素有关？本实验中产生误差的因素有哪些？

③ 如何判断吸附是否达到平衡？

④ 固体吸附剂在稀溶液中对溶质分子的吸附与其在气相中对气体分子的吸附有何不同？

八、参考资料

① 活性炭预处理方法：将活性炭浸在 2mol/L HCl 溶液中，水浴加热 30min，过滤并用去离子水洗至 pH 值在 5~6，置于 150℃ 的恒温干燥箱中烘 4~8h，然后放入干燥器中备用。

② 采用溶液等温吸附法测定固体吸附剂的比表面积时，溶液的浓度要适当，即溶液的初始浓度和吸附平衡时的浓度都在合适的范围内。既要防止初始浓度过高导致出现多分子层吸附，也要避免吸附平衡后溶液浓度过低，使吸附达不到饱和。

参考文献

[1]　刘约权，等.实验化学 [M].第 2 版.北京：高等教育出版社，2005.

[2]　孟长功，等.基础化学实验 [M].第 2 版.北京：高等教育出版社，2009.

[3]　孙尔康，等.物理化学实验 [M].南京：南京大学出版社，2003.

[4]　北京大学化学学院物理化学实验教学组.物理化学实验 [M].第 4 版.北京：北京大学出版社，2002.

[5]　徐家宁，等.基础化学实验 [M].北京：高等教育出版社，2006.

[6]　杜登学，等.基础化学实验简明教程 [M].北京：化学工业出版社，2007.

[7]　吴江.大学基础化学实验 [M].北京：化学工业出版社，2005.

[8]　陈六平，等.现代化学实验与技术 [M].北京：科学出版社，2007.

[9]　吴俊森.大学基础化学实验 [M].北京：化学工业出版社，2006.

[10]　周冬香.实验化学 [M].北京：中国农业出版社，2012.

[11]　复旦大学，等.物理化学实验 [M].第 3 版.北京：高等教育出版社，2004.

[12]　罗澄源，等.物理化学实验 [M].第 4 版.北京：高等教育出版社，2004.

第五篇
天然产物
化学实验

第一章　天然产物化学实验基础知识

◉ 第一节　天然产物化学实验常用提取方法

天然产物化学是运用现代科学理论与方法研究天然产物（陆生及海洋生物）化学成分的一门学科，其研究内容主要针对各类化学成分的结构特点、提取、分离、纯化方法、物理性质、化学性质、结构鉴定方法等。

天然产物化学实验是在学生掌握相关天然产物化学理论知识的基础上，强化学生实验动手能力，对学生进行天然产物提取、分离、纯化、性质鉴定、结构分析等方面的训练，并进一步提高其分析问题、解决问题的能力。本实验部分在原天然产物化学实验的基础上增加了海洋天然产物化学实验部分，加强学生对海洋天然产物中典型的海洋皂苷、甾醇、海洋多糖、鱼油、蛋白质、色素、糖醇等化学成分的提取、分离、纯化及鉴别等方面的实践能力，增强学生认识海洋、发展海洋、合理利用海洋、保护海洋的能力。

天然产物中所含的成分极为复杂，既含有效成分又有无效成分。天然产物化学成分的提取即是使有效成分（目标成分）最大限度地从待提取物中释放出来，同时尽可能减少无效成分甚至是有害成分的浸出。在整个提取过程中，尽可能避免有效成分变化或流失，以提高药物疗效，避免产生不良反应。天然产物化学成分的提取方法很多，下面逐一进行介绍。

一、溶剂提取法

溶剂提取法是最经典、最常用的提取药材中有效成分的方法之一。选择的溶剂不同，浸出的成分也各不相同，在提取过程中，可在室温条件，亦可在加热条件下进行，以提高提取效率。

1. 基本原理

溶剂提取法遵循"相似相溶"原理，通过分析药材中目标成分在溶剂中的溶解性质，选择对目标成分溶解度大，而对其他成分溶解度小的溶剂，将目标成分从药材中提取出来。化合物对溶剂的亲脂性或亲水性程度的大小与其分子结构有密切关系，一般来说，物质分子中所含极性官能团越多或官能团极性越大，该分子的极性就越大，表现出亲水性能强，反之，则亲脂性强。

2. 溶剂的选择

溶剂的选择在溶剂提取法中极为关键。一般来说，选择的溶剂具备：①对目标成分溶解度大，而对其他成分溶解度小；②沸点适中，易于回收；③低毒性；④价廉；⑤安全性较高。依据极性大小，常用提取溶剂的极性顺序为水、甲醇、乙醇、正丁醇、丙酮、乙酸乙酯、乙醚、三氯甲烷、苯、石油醚、环己烷。其中水为强极性溶剂，具有价廉、使用安全等特点，可用于提取糖及苷类、氨基酸及蛋白质、鞣质类、盐类等化合物，但提取液中含杂质相对较多，且储存易发生霉变。而甲醇、乙醇、丙酮等亲水性溶剂，兼有水和亲脂性的特点，溶解范围广，可用于提取药材中的大部分成分。环己烷、石油醚、苯、三氯甲烷、乙醚等为亲脂性溶剂，适于提取极性较小的脂溶性成分，如某些苷元、挥发油、生物碱等。

3. 影响溶剂提取效率的因素

药材中化学成分在提取溶剂中的溶解程度取决于化合物极性的大小，即遵循"相似相溶"原理。而化学成分在溶剂中的扩散速度则与提取温度、溶剂黏度、扩散面积及两相间的浓度差等密切相关。因此在进行有效成分的提取时，对药材的粉碎程度、提取温度、时间、压力、提取次数、溶剂性质等条件进行考察，以确定适宜的提取条件。

4. 溶剂提取常见方法

（1）浸渍法

浸渍法是指将药材装入适当容器，用一定量溶剂浸泡一定时间来提取目标成分的一种提取方法。浸渍法操作简便，无需加热，对于遇热结构易分解变化的目标成分及含大量具有糊化性质的淀粉、黏液质、树胶等的药材，新鲜药材或某些具有芳香气味药材尤其适用。所用溶剂常用不同浓度的乙醇、甲醇或水，浸渍过程注意密闭，以防止有机溶剂挥发。但该法为静态提取，溶剂用量大，提取时间长，有效成分浸出不完全，故整个提取过程提取效率相对较低。

（2）渗漉法

渗漉法是指溶剂自上而下通过装在渗漉装置中的药材粉，使提取液从渗漉器下部流出来进行提取的一种方法。与浸渍法相比，该法为一种动态提取法，且需不断补充新鲜溶剂，有效成分浸出相对完全，适用于名贵药材、有效成分含量较低的药材的提取。但溶剂消耗量大，操作相对复杂，提取时间也较长。

（3）煎煮法

煎煮法是将待提取物加水加热煮沸一定时间，趁热过滤的一种传统提取方法。适用于对热稳定的有效成分的提取，挥发油类、含大量黏液质类药材不适用该法。该法最大的缺点是选择性差，煎煮液中杂质较多，易霉变，但煎煮法符合中医用药习惯。

（4）回流提取法

回流提取法是指采用回流提取装置对药材中的目标成分进行加热提取的一种方法。该法适用于对热稳定的目标成分，提取效率高，但溶剂消耗量较大，提取时间长。对热不稳定的目标成分不适用。

（5）连续回流提取法（索氏提取法）

连续回流提取法是利用索氏提取器进行提取的一种方法，由于每次蒸气冷凝后进入提取器中的均为新鲜溶剂，故实现了一份溶剂多次提取的效果，具有溶剂消耗量少，提取效率高等优点，是回流提取法的发展，适用于药量小、脂溶性化合物的提取。

（6）超声波提取法

超声波提取法是以超声波辐射压强产生的骚动效应、空化效应和热效应引起机械搅拌，加速扩散溶解的一种新型提取方法，利用超声波作用可增大物质分子运动频率和速度，增强溶剂的穿透力，提高提取速度、溶出次数以及缩短提取时间。超声波提取技术更能有效地提高有效部位提取率，瞬间升高温度对热不稳定成分影响较小，该法具有实验设备简单、提取速度快、提取效率高、节约溶剂、无需加热等优点，可用于多糖、黄酮、生物碱、多酚、油脂等类物质的提取，可大大提高中药有效成分及有效部位的浸出率。

（7）微波提取法

微波是指频率在300MHz～300GHz的一种电磁波。微波提取法也称为微波辅助萃取（microwave assisted extraction，MAE），在微波提取过程中，高频电磁波通过穿透溶剂，到达被提取物质的内部，微波能迅速转化为热能使细胞内部的温度迅速上升。当细胞内部的压力超过细胞的承受能力时，细胞就会破裂，有效成分在较低的温度下从细胞内流出，溶解于萃取溶剂中，达到目标化合物被提取的目的。该过程克服了传统有机溶剂萃取法提取温度高、时间长、溶剂/原料用量比大、能耗大等缺点，具有提取成分不易分解、耗时短、环境污染小、安全节能等优点。对体系中的一种或几种组分进行选择性加热，使目标组分直接基本分离，而周围的环境温度却不受影响。同时改善了药材细粉易凝聚、焦化等缺点，该法广泛适用于各种天然活性成分的提取，包括黄酮类、蒽醌类、皂苷类、多糖、生物碱类等对热稳定的物质，而对于蛋白质和多肽这一类对热敏感的物质则不适用。

（8）闪式破碎提取法

闪式破碎提取技术是一种动态提取方法，它可直接把细胞壁打破，使细胞内的目标成分"迅速"直接溶解到溶剂中去，无需加热助溶，也无需长时间即可达到溶解平衡，瞬间完成提取。闪式提取器集快速粉碎、浸泡渗透、剧烈搅拌、强力振动等技术优势于一体，使完成一次提取只需数秒至数十秒，可避免对热不稳定成分的破坏。由于该法为动态提取方法，提取的收率高，且提取的效率和操作的简便性远远高于其他方法。

以上溶剂提取法的优缺点及适用性见表5-1。

表 5-1　各种溶剂提取法的对比

提取方法	使用溶剂	是否加热	提取效率	适用范围	优缺点
浸渍法	水或有机溶剂	不加热	不高	各类成分，尤其适合热不稳定成分	效率低，易发霉，时间长
渗漉法	有机溶剂或水	不加热	—	各类成分，尤其适合热不稳定成分	溶剂量大，时间长
煎煮法	水	直火加热	—	水溶性成分、热稳定成分适用	热不稳定成分不宜用
回流提取法	有机溶剂	水浴加热	—	脂溶性成分	热不稳定成分不宜用
连续回流提取法	有机溶剂	水浴加热	效率高	脂溶性成分	—
超声波提取法	有机溶剂或水	近室温	效率高	各类成分	规模小、耗时
微波萃取法	有机溶剂或水	微波加热	效率高	热稳定性成分	规模小、成分易变化
闪式破碎萃取法	有机溶剂或水	近室温	效率高	各类成分	安全、操作易行
超临界流体萃取法	CO_2/少量溶剂作夹带剂	近室温	效率高	各类成分	安全、设备复杂、投资大

二、水蒸气蒸馏法

水蒸气蒸馏法指将含有挥发性目标成分的药材与水共蒸馏，使药材中的挥发性目标成分随水蒸气一同被蒸馏出来的提取方法。该法依据道尔顿分压定律，即不互溶也不起化学反应的液体混合物总蒸气压，等于该温度下各组分饱和蒸气压（即分压）之和，因此挥发性组分可在远低于自身沸点的温度下（低于 100℃）达到沸腾并被蒸馏出来。要求被提取物具有一定的挥发性、不与水发生反应且不溶或难溶于水。天然产物中的挥发油、小分子化合物常采用此法提取，如烟叶中烟碱的提取。

三、升华法

升华是指固体物质受热直接汽化，遇冷凝固为固体的过程。天然产物中有一些成分具有升华的性质，故可利用升华法直接提取。该法适用于在不太高温度下具有足够大蒸气压（≥2.67kPa）物质的提取。如茶叶中咖啡因在 178℃ 以上就能升华而不被分解，故可用升华法进行提取；樟木中樟脑的提取；某些游离羟基蒽醌类成分、香豆素类、有机酸类成分也具有升华的性质。

◯ 第二节　天然产物化学实验常用分离纯化方法

药材经提取后所获得的多为混合物，一般需要进一步的分离纯化。主要依据的方法原理为根据物质溶解度的差别进行分离，如结晶、重结晶、沉淀法；根据物质在两相溶剂中的分配系数不同进行分离，如液-液萃取、逆流分溶法（CCD）；依据物质吸附能力的差别进行分离，如液固色谱法；根据物质分子量大小的差别进行分离，如凝胶过滤法；根据物质解离度不同进行分离，如离子交换色谱法等。

一、结晶及重结晶

固体化学成分在溶剂中的溶解度一般随温度升高而增大。若在加热条件将待提纯物质溶解在溶剂中制成饱和溶液，当冷却时其溶解度会随着溶液温度降低而降低，溶液形成过饱和状态而析出晶体。重结晶就是利用溶剂对需提纯化合物和杂质的溶解度差异，使不溶性杂质经热过滤除去，滤液冷却后可析出待提纯化合物，再过滤含有少量可溶性杂质的滤液，从而实现待提纯化合物的纯化。

在重结晶过程中，溶剂的选择非常关键。理想的溶剂需具备如下条件：

① 不能与待提纯物质发生化学反应。

② 待提纯化合物在较高温度下有较大的溶解度，而低温时则溶解度较小。

③ 对杂质的溶解度很小或不溶，亦可对杂质的溶解度很大而对待提纯物质不溶或难溶。

④ 沸点较低（低于待提纯物质的熔点），易挥发，易与晶体分离，毒性小，不易燃。

⑤ 能使待提纯物析出较好的晶体。

重结晶的一般操作过程如下。

1. 溶解及脱色

选择合适的溶剂将待提纯物加热溶解制成饱和溶液，溶剂的用量不宜过多，避免母液中待提纯物的损失较大，一般的加入量超过需要量 2%～5% 即可，使待提纯物在热溶液中处于未完全饱和状态。若使用单一溶剂溶解不好，可选择两种及以上混合溶剂（表 5-2）进行溶解。若杂质有颜色，加入一定量的活性炭进行吸附脱色，活性炭的用量不宜多，视杂质的多少而定，一般加入量为干燥粗产品质量的 1%～5%。

表 5-2　常用的混合溶剂

乙醇-水	甲醇-水	丙酮-水	乙酸-水	甲酸-水
石油醚-苯	石油醚-丙酮	二氯甲烷-丙酮	氯仿-乙醚	石油醚-氯仿
乙醚-丙酮	氯仿-甲醇	石油醚-乙酸乙酯	乙酸乙酯-甲醇	乙醚-乙酸乙酯
二氯甲烷-苯	苯-乙酸乙酯	丙酮-甲醇	丙酮-乙醇	丙酮-甲酸

2. 热过滤

将制得的热饱和溶液趁热过滤，除去不溶性杂质及活性炭。

3. 结晶

将热过滤后的滤液静置放冷或置入冰箱中，使其中大部分待提纯物析出晶体，溶解度较大的杂质则留在母液中。若溶液冷却仍不结晶，可用玻璃棒摩擦器壁，或投入该物质的晶种均可提高结晶速度。

4. 抽滤及干燥

抽滤分离出晶体，以不溶性溶剂洗涤，抽干、干燥后即得待提纯化合物。抽滤过程中，用溶剂洗涤晶体的目的是除去存在于晶体表面的滤液。洗涤所用溶剂的量应尽量少，以减少溶解损失。在用溶剂洗涤晶体时，应暂时停止抽滤，使晶体均匀地被浸湿后再抽滤。不能边加溶剂边抽滤，否则洗涤效果不好。

二、改变溶剂极性法

通过在一种溶剂中加入另一种溶剂来改变溶剂的极性，使一部分物质溶解度降低，以沉淀形式析出，达到物质的分离纯化。常见的体系如下。

1. 水/醇法

将药材以水提取，提取液浓缩后加入一定量的高浓度乙醇以改变溶液的极性，静置后，药材中的水溶性杂质如多糖、蛋白等沉淀析出，过滤或抽滤除去杂质。

2. 醇/水法

将药材以乙醇提取，提取液浓缩后加入一定量的水来改变溶液的极性，冰箱中静置数小时或数天后，药材中的水不溶性杂质如叶绿素、树脂等沉淀析出。

3. 醇/醚法

将药材以乙醇提取，提取液浓缩后加入一定量的乙醚来降低溶液的极性，药材中极性大的苷类成分等以沉淀析出。

三、改变成分存在状态

若药材中含有某些酸性、碱性或两性成分，可采用加入碱、酸来调节溶液的 pH 值，从而能够改变成分的存在状态（成为游离型或解离型），使其溶解度发生变化而进行分离纯化。如一叶萩碱等生物碱类成分可通过加酸使其从药材中提出，然后再加碱使其游离，即可从水中沉淀析出（酸溶解碱沉淀法）；黄酮和蒽醌类成分则可通过加碱使其从药材中提出，然后再加酸使其游离，即可从水中沉淀析出（碱溶解酸沉淀法）。

四、萃取法

萃取法是利用混合物质中的各成分在互不相溶的两相溶剂中的分配系数不同而进行的

一种分离操作。互不相溶的溶剂经过振摇分为上、下两相，每种溶质在两相中的浓度比为分配系数 K，在一定温度和压力下，有下式：

$$K = c_U / c_L$$

式中，c_U 表示物质在上相溶剂中的浓度；c_L 表示物质在下相溶剂中的浓度。萃取时，待分离物质在两相中的分配系数 K 值相差越大，则分离效率越高。分离难易程度可用分离因子 β 表述，有下式：

$$\beta = K_A / K_B \, (K_A > K_B)$$

式中，β 为两种待分离物质在同一溶剂系统中的分配系数的比值；K_A 和 K_B 分别为 A、B 两种待分离物质的分配系数。一般来说，β 值越大，A、B 两者越容易分离，当 $\beta > 100$ 时，一次萃取即可实现 A、B 的分离；当 $100 > \beta \geq 10$ 时，则需要萃取 10 次以上才能实现 A、B 的分离；当 $\beta < 2$ 时，则需要萃取 100 次以上才能实现 A、B 的基本分离；当 $\beta \approx 1$ 时，A、B 两种物质在该系统下无法进行分离，需考虑更换其他溶剂系统。

1. 简单萃取

通过分液漏斗即可实现简单的液-液萃取。生物体中各化学成分及较适宜的提取溶剂总结见表 5-3。

表 5-3　生物体中各化学成分及较适宜的提取溶剂

化学成分的极性	化学成分类型	适宜的提取溶剂
脂溶性(极性小)	脂肪油、蜡质、脂溶性色素、挥发油、甾体类、苷元、酮醌类、有机酸类、生物碱、萜类等	石油醚、乙醚、苯、己烷、三氯甲烷等
中等极性	黄酮苷、蒽醌苷、甾体皂苷、三萜皂苷、强心苷等	乙酸乙酯、正丁醇
水溶性(极性大)	多糖苷、糖类、氨基酸、多肽、蛋白质、黏液质、无机盐类、部分生物碱盐	丙酮、甲醇、乙醇、水

2. pH 梯度萃取

pH 梯度液-液萃取是通过依次改变溶液的 pH 值，改变待分离物质的存在状态，进而改变物质的溶解度，并结合液-液萃取技术来实现化合物分离的一种方法。

基本原理是利用酸、碱或两性物质在 pH 值改变前、后，即游离时和成盐状态下的溶解度差别来实现分离的。

具体的反应方程式为：

$$R\text{—}COOH \text{ 或 } Ar\text{—}OH + OH^- \rightleftharpoons R\text{—}COO^- \text{ 或 } ArO^- + H_2O$$

$$ALK + H^+ \rightleftharpoons ALKH^+$$

通过上述两式可以看出，当酸性或碱性物质加入碱或酸后，物质能由原来的游离状态转变为解离状态，大大增强了在水中的溶解度，然后再加入酸或碱，使待分离物质再变为游离状态。因此通过调节溶液的 pH 值，可实现物质脂溶性—水溶性—脂溶性的转变，根据变化选择适宜的溶剂进行液-液萃取，即可实现酸、碱或两性物质与其他类杂质的分离。如一叶萩碱的分离纯化实验，采用酸溶解，再经碱还原可提纯一叶萩碱。

一些中药材中的活性成分其所含有的酸性或碱性基团的数目或位置不同，使得其酸性或碱性大小不同，通过逐级改变溶液的 pH 值，可使酸性或碱性不同的目标化合物依次得以分离。如中药大黄中大黄酸、大黄素、芦荟大黄素、大黄素甲醚、大黄酚等蒽醌化合物的分离即可采用碱性强弱不同的 Na_2CO_3、$NaHCO_3$、$NaOH$ 依次进行萃取分离。

3. 连续萃取

当分离因子 β 很小时，需要萃取 10 次甚至上百次以上才能实现 A、B 的分离，这对简单萃取法来说，操作难度大，可采用连续萃取装置，如液滴逆流色谱（droplet counter current chromatography，DCCC）、高速逆流色谱（high speed counter current chromatography，HSCCC）仪来实现。

4. 固相萃取

固相萃取法是根据被萃取的目标组分与其他组分在固定的填料中作用力强弱不同，在流动相作用下不同物质洗脱下来的时间不同而得以分离。一般来说，萃取柱可以是玻璃柱、不锈钢柱或者聚丙烯柱，所填充填料多为十八烷基硅烷键合硅胶、苯基硅烷键合硅胶、氰基、氨基等，萃取柱上、下两端用砂芯封好。操作具体过程为：将样品加入柱中，使其通过固相萃取剂，待萃取物质被吸附在萃取剂上，其他不易保留的杂质和溶剂从柱中流过，加入适宜的溶剂进一步洗涤杂质，最后加入洗脱剂使得停留柱中的待分离样品被洗脱下来。

五、沉淀法

天然产物的分离还可通过加入适宜的沉淀试剂，使待分离的成分以沉淀形式析出而达到分离目的。常用的化学沉淀剂见表 5-4。

表 5-4 常用的化学沉淀剂

常用沉淀剂	被沉淀物质种类
乙酸铅（中性或碱式）	酚羟基化合物、酸性化合物、皂苷、黄酮类、糖类、生物碱
雷氏铵盐	生物碱
碘化钾	季铵碱
明胶	鞣质
胆固醇	皂苷
苦味酸	生物碱
氯化钙	有机酸

六、膜分离法

膜分离是 20 世纪初出现，60 年代后迅速崛起的一门分离新技术。由于兼有分离、浓缩、纯化和精制的功能，具备高效、节能、环保、过滤过程简单、易于控制等优点，已广泛应用于生物、医药、食品、环保、化工等多个领域，成为当今分离科学中最重要的手段之一。

膜分离过程的工作原理见表 5-5。

表 5-5 膜分离工作原理

膜分离类型	工作原理
微滤、超滤	以压力差为推动力的膜分离
亲和膜（透水膜、透油膜）	以待分离组分与膜的亲和力差异进行分离
膜蒸馏、电渗析、气体膜	利用温度场、化学势及电位梯度场进行的膜扩散

七、色谱分离方法

将待分离的混合样品加入固定相中，通过加入流动相进行洗脱，由于混合样品中各成分在固定相和流动相中作用不同，使得待分离成分通过固定相的速率不同，分离各成分的方法为色谱法。色谱法中的三因素为固定相、流动相、待分离样品。依据色谱分离的具体方式不同，可分为柱色谱、薄层色谱、纸色谱，其中柱色谱分离量相对较大，主要用于分离制备，薄层色谱和纸色谱分离量较小，主要以鉴定为主，亦可少量制备。

色谱分离的主要类型见表 5-6。

表 5-6　色谱分离的主要类型

主要类型	作用原理	种类
吸附色谱	依据待分离物质在色谱中吸附能力不同进行分离	硅胶、氧化铝、聚酰胺、活性炭、大孔吸附树脂等
分配色谱	依据待分离物质在两相不互溶的溶剂中分配比不同进行分离	液滴逆流色谱、高速逆流色谱
离子交换色谱	依据待分离物质解离程度不同进行的分离	磺酸型、羧酸型、季铵型、叔胺型
凝胶色谱	依据待分离物质分子大小不同进行的分离	葡聚糖凝胶色谱(Sephadex G 型)、羟丙基葡聚糖凝胶色谱(Sephadex LH-20 型)
亲和色谱	利用专一的亲和吸附剂将待分离组分选择性吸附进行的分离	聚丙烯酰胺凝胶色谱等
电泳色谱	依据待分离物质离子趋电性不同进行的分离	琼脂电泳、纸电泳、凝胶电泳等

由于药材中的化合物结构复杂、种类繁多，同时具有不同的理化性质，因此在分离的过程中，要根据分离目标选择适宜的分离方法。

第三节　天然产物化学实验常用仪器

一、索氏提取器

索氏提取器，又称脂肪抽提器，由提取瓶、提取器和回流冷凝管三部分组成，提取器两侧分别连有虹吸管和连接管，如图 5-1 所示。提取时，在提取瓶内盛装提取溶剂，待提取的固体粉末包在脱脂滤纸筒内装入提取器内。加热提取瓶，溶剂沸腾，蒸气沿提取器侧管上升至冷凝管，冷凝成液体滴入提取器内，浸泡固体样品。待提取器中液面超过虹吸管最高处时，已萃取了部分化合物的液体经虹吸管虹吸至提取瓶中。流入提取瓶内的溶剂反复沸腾、汽化、上升、冷凝，如此多次循环，达到萃取富集的目的。提取结束，取出滤纸筒，可用同一装置回收溶剂、浓缩被提取物。

图 5-1　索氏提取器

二、微波辅助萃取器

利用微波进行萃取是匈牙利学者 Ganzler K 在 1986 年提出的。微波萃取装置一般包括带有功率选择、控温、控压、控时等附件的微波萃取罐设备（图 5-2）。萃取罐组成主要有：内萃取腔、进液口、回流冷凝口、搅拌装置、微波加热腔、排料装置、微波源、微波抑制器。

三、超声波提取器

超声波是指频率为 20kHz～50MHz 的机械波，超声波提取器又称超声波提取仪，小型超声波提取机等，多为台式超声波提取机。超声波提取设备分为小试型超声波提取机、中试型超声波提取机和规模生产型超声波提取机。国内常见超声波提取机型号有 THC-2B、THC-5B、THC-10B 等。THC 型超声波提取机见图 5-3。

图 5-2　微波萃取仪 BQ-MW3

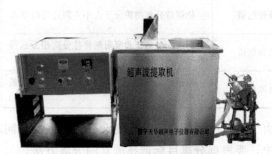

图 5-3　THC 型超声波提取机

四、闪式破碎提取器

闪式破碎提取器是一种对动、植物软、硬组织进行先行破碎的新型提取器，其主要作用原理是依靠高速机械剪切力和超动分子渗滤技术，可实现在室温条件下，几秒钟内将动、植物组织破碎成细小微粒，使有效成分迅速扩散进入溶剂中，达到提取目的。其主要部件包括高速电机、组织破碎头、升降系统、电源控制系统等。该仪器能最大限度地避免因加热改变动、植物组织的有效成分，提取效率高，提取时间短，溶剂用量小，且刀具耐磨，结构紧凑，使用安全可靠。闪式破碎提取器见图 5-4。

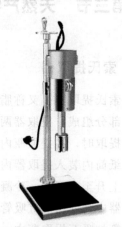

图 5-4　闪式破碎提取器

五、超临界流体萃取器

超临界流体 CO_2 萃取器的主要设备包括萃取釜、减压阀、分离釜、加压泵。其进行物质萃取的典型工艺流程如图 5-5 所示。具体过程为：超临界流体 CO_2 作为萃取溶剂从萃取釜底部进入，与被提取物质充分接触，依据相似相溶原理选择性溶解出化学成分；溶解了萃取物的高压 CO_2 流体经减压阀将压力降低到临界压力以下，进入分离釜；由于溶解度急剧下降，溶质析出，定期从分离釜底部放出，CO_2 气体作为循环气体，经热交换器冷凝成液体，再经高压泵送回萃取釜循环使用。

自 1978 年德国 HAGAG 公司推出第一套利用超临界 CO_2 流体装置脱除咖啡因以来，超临界流体萃取技术在食品加工、医药工业、化学工业、生物工程、环保等领域的应用取得了迅猛的发展。

由于 CO_2 为一种非极性物质，对于脂溶性化合物具有很好的溶解性，但对极性较大的成分则难于溶解，因此在使用中根据待萃取物质的极性大小可适当选择加入少量的极性夹带剂，以增大 CO_2 流体的极性，有利于极性化合物的溶出。

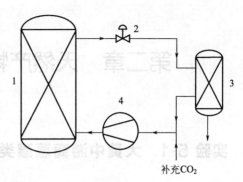

图 5-5　超临界流体 CO_2 萃取工艺过程

1—萃取釜；2—减压阀；3—分离釜；4—加压泵

超临界 CO_2 流体具有无毒、几乎无残留、绿色环保、高效等优点，因此应用前景十分广阔，但其在理论、工艺及设备的完善上有待进一步加强来不断满足各个领域的应用需求。

六、多级闪蒸仪

多级闪蒸仪是根据"闪蒸"原理和技术进行溶剂浓缩的一种高效仪器。该仪器先对蒸发的溶剂进行一级或二级预热，然后在闪蒸管中瞬间受热，达到溶剂快速蒸发，并实现与浓缩液分离，进入不同的回收系统，完成溶剂的浓缩回收。由于仪器具有一级、二级预热过程，使得待蒸发的溶剂高温受热时间极短，迅速完成蒸发、分离，因此浓缩效率高于传统浓缩仪器，有效保护热敏性成分不被破坏。该仪器特别适合大量液体的浓缩，也非常适合于热敏性成分的浓缩，同时整套仪器辅助设备少，操作简单，可循环操作，节能环保。多级闪蒸仪见图 5-6。

图 5-6　多级闪蒸仪

第二章　天然产物化学实验

○ 实验 5-1　大黄中游离蒽醌类化合物的提取、分离与鉴定

一、实验目的与要求

① 了解大黄中游离蒽醌类化合物的提取方法。

② 掌握 pH 梯度萃取法对酸性不同的蒽醌类化合物的分离原理与操作。

③ 熟悉硅胶柱色谱分离天然产物的原理及操作。

④ 掌握蒽醌类化合物的鉴别方法（化学法、色谱法）。

二、实验原理

大黄为蓼科植物掌叶大黄（*Rheum palmatum* L）、唐古特大黄（*Rheum tangguticum-maim. Ex Balf.*）或药用大黄的干燥根及根茎。味苦、性寒，有泄热通便、凉血解毒、驱淤血通经、利湿退黄之功效。大黄中的活性成分番泻苷具有较强的泻下作用，而芦荟大黄素、大黄素、大黄酸则具有很好的抗菌作用，对多数革兰氏阳性菌均有一定的抑制效果。

大黄中的蒽醌类成分约占药材干重的 $2\%\sim5\%$，部分为游离的蒽醌类化合物，以大黄酚、大黄素、芦荟大黄素、大黄素甲醚、大黄酸为主，约占 $10\%\sim20\%$，大多数蒽醌苷元与葡萄糖等结合形成蒽醌苷化合物，如大黄酚葡萄糖苷、大黄素葡萄糖苷、大黄酸葡萄糖苷、芦荟大黄素葡萄糖苷等，主要成分的结构式如下：

	R^1	R^2
大黄酚	CH_3	H
大黄素	CH_3	OH
大黄素甲醚	CH_3	OCH_3
芦荟大黄素	CH_2OH	H
大黄酸	COOH	H

大黄中以蒽醌苷类化合物为主，通过酸水解蒽醌苷得到游离型苷元，极性小，并可用有机溶剂萃取获得。大黄中的游离蒽醌类化合物由于所含羧基、酚羟基数目和取代位置不同，酸性也不同，故可用 pH 梯度萃取法进行分离。依据固定相——硅胶对不同结构游离蒽醌化合物的吸附作用不同，并结合流动相的洗脱达到分离不同极性化合物的目的。

三、实验仪器与试剂

① 仪器：圆底烧瓶、电热套、分液漏斗、烧杯、玻璃棒、布氏漏斗、吸滤瓶、真空泵、色谱柱、烘箱、脱脂棉等。

② 试剂：大黄、硫酸溶液（20%）、浓盐酸、碳酸氢钠（5%）、碳酸钠（5%）、氢氧化钠（1%）、乙醇、氯仿、石油醚、乙酸乙酯、乙酸镁甲醇溶液（1%）、硅胶 G 等。

四、实验步骤

1. 游离蒽醌的提取

取大黄粗粉 50g，置于 500mL 圆底烧瓶中，加 200mL 20％硫酸溶液，电热套加热回流提取 1h，冷却后过滤，滤液置于分液漏斗中，加入 100mL 氯仿萃取，得氯仿提取液，即为游离蒽醌混合物。

2. pH 梯度萃取分离

① 将实验步骤 1. 中的氯仿提取液置于分液漏斗中，加 100mL 5％碳酸氢钠溶液萃取两次，分出上层的碱水层，下面的氯仿层备用。在搅拌下缓慢滴加浓盐酸调 pH＝2，可得大黄酸沉淀。

② 经①萃取后的氯仿层用 5％碳酸钠溶液 100mL 萃取两次，合并上层萃取液，下层的氯仿层备用。并在搅拌下缓慢滴加浓盐酸调溶液 pH 值为 2，可得大黄素沉淀。

③ 经②萃取后的氯仿层再用 1％氢氧化钠溶液 100mL 萃取两次，合并上层萃取液，下层的氯仿层备用。并在搅拌下缓慢滴加浓盐酸调溶液 pH 值为 2，可得芦荟大黄素沉淀。

④ 经③萃取后的氯仿层再用 3％氢氧化钠溶液 100mL 萃取两次，合并上层萃取液，并在搅拌下缓慢滴加浓盐酸调溶液 pH 值为 3，析出黄色沉淀，过滤，水洗，干燥，得大黄素甲醚和大黄酚混合物，进行实验步骤 3. 中硅胶柱色谱分离。

3. 硅胶柱色谱分离大黄素甲醚和大黄酚

（1）湿法装柱

色谱柱下端填脱脂棉，灌入以石油醚拌匀的硅胶 G 粉（柱层析用硅胶）10g，轻轻敲打色谱柱，使硅胶自然沉降。

（2）上样

将实验步骤 2.④中的大黄素甲醚和大黄酚混合物以少量石油醚溶解，小心加入色谱柱顶端。

（3）洗脱

打开色谱柱下端旋塞，加入石油醚进行洗脱，以试管接收洗脱液，每管 3～4mL，TLC 检测，合并相同组分，回收溶剂，以 CH_3OH 重结晶，可得大黄素甲醚和大黄酚纯品。

4. 实验流程

大黄中游离蒽醌类化合物的提取、分离见图 5-7。

5. 游离蒽醌类化合物的化学和色谱法鉴定

（1）化学法

乙酸镁反应：取各化合物结晶少许分别加入试管中，各加乙醇溶解，分别滴加乙酸镁溶液几滴，观察颜色变化。

氢氧化钠碱液反应：取各化合物结晶少许分别加入试管中，各加乙醇溶解，分别滴加 10％氢氧化钠溶液几滴，观察颜色变化。

（2）薄层色谱法

取各化合物结晶少许分别加入试管中，各加少量乙醇溶解，与对应品溶液一同进行

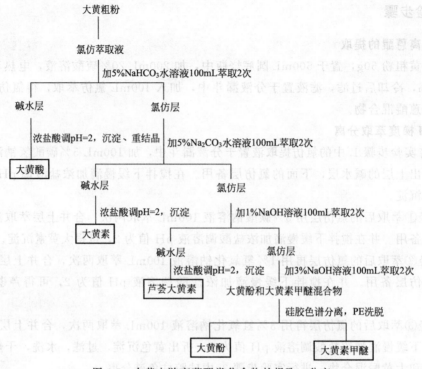

图 5-7　大黄中游离蒽醌类化合物的提取、分离

TLC 鉴定。

　　固定相：GF254 硅胶薄层色谱板。

　　展开剂：石油醚-乙酸乙酯-甲酸（15：5：1）。

　　展开方式：预饱和后，上行展开。

　　显色剂：喷洒 1% 乙酸镁甲醇溶液或 10% 硫酸乙醇溶液显色，喷洒前、后置于日光及紫外线灯（365nm）下检视色斑的变化。

　　观察记录：记录薄层展开情况及斑点颜色、顺序。

五、实验注意事项

　　① 碱液梯度萃取时一定要注意不同碱液的使用顺序。

　　② 色谱柱底部所垫脱脂棉不能过多或过少，过多流速过慢，过少下部可能会漏硅胶。

六、思考题

　　① 为什么大黄中的五种游离蒽醌类化合物可用 pH 梯度萃取法进行提取？

　　② 在柱色谱分离过程中大黄酚与大黄素甲醚的极性与洗脱顺序怎样？

　　③ 五种游离蒽醌化合物在硅胶薄层色谱中展开情况如何？

七、参考资料：五种化合物的理化性质

1. 大黄酚（chrysophanol）

分子式 $C_{15}H_{10}O_4$，分子量 254.23，橙黄色片状体，熔点 196℃，能升华。几乎不溶

于水，溶于苯、氯仿、乙醚、冰醋酸及丙酮等，微溶于冷醇，易溶于沸乙醇。具有止咳、抑菌、利尿作用。^{1}H NMR(600MHz，DMSO-d_6)δ：11.93(2H,s,1,8-OH)，7.77(1H，t,$J=8.0$Hz,H-6)，7.66(1H,brd,$J=8.0$Hz,H-5)，7.48(1H,br.s,H-4)，7.36(1H，br.d，$J=8.0$Hz，H-7)，7.16(1H，br.s，H-2)，2.41(3H，s，Ar-CH$_3$)。^{13}C NMR(500MHz,DMSO-d_6)δ：162.7(C-1)，124.7(C-2)，149.3(C-3)，121.3(C-4)，119.9(C-5)，136.9(C-6)，124.3(C-7)，162.4(C-8)，192.5(C-9)，181.9(C-10)，133.3(C-4a)，115.9(C-8a)，113.7(C-9a)，133.6(C-10a)，22.2(—CH$_3$)。

2. 大黄素 (emodin)

分子式 C$_{15}$H$_{10}$O$_5$，分子量 270.23，橙黄色长针状结晶（丙酮中结晶为橙色，甲醇中结晶为黄色），熔点 256～257℃。几乎不溶于水，溶于乙醇及碱溶液。大黄素本身虽有泻下活性，但由于体内易被氧化破坏，实际上泻下作用很弱，当与糖结合成苷类时，则可发挥泻下作用。此外还具有抗菌、止咳、抗肿瘤、降血压等作用。^{1}H NMR(600MHz,DM-SO-d_6)δ：12.00(m,s,α-OH)，11.92(1H,s,α-OH)，11.32(1H,s,β-OH)，7.37(1H，br.s,H-4)，7.05(1H,br.s,H-5)，7.04(1H,d,$J=2.4$Hz,H-2)，6.52(1H,d,$J=2.4$Hz,H-7)，2.36(3H,br.s,Ar-CH$_3$)。^{13}C NMR(DMSO-d_6)δ：164.32(C-1)，107.71(C-2)，165.40(C-3)，108.68(C-4)，120.22(C-5)，148.04(C-6)，123.88(C-7)，161.19(C-8)，189.44(C-9)，180.92(C-10)，132.51(C-11)，112.99(C-12)，108.68(C-13)，134.77(C-14)，21.44(CH$_3$)。

3. 大黄素甲醚 (physcion)

1,8-二羟基-3-甲氧基-6-甲基蒽醌，分子式 C$_{16}$H$_{12}$O$_5$，分子量 284.27，金黄色针状结晶，熔点为 203～207℃，几乎不溶于水，微溶于冷乙醇，易溶于沸乙醇，溶于苯、氯仿、乙醚、丙酮、冰醋酸、氢氧化钠及热碳酸钠溶液，极微溶于石油醚。大黄素甲醚对金黄色葡萄球菌、大肠杆菌、绿脓杆菌、链球菌和痢疾杆菌等 26 种细菌均有抑制作用，对人体宫颈癌 Hela 细胞生长抑制作用较强。^{1}H NMR(500MHz,CDCl$_3$)δ：7.62(1H,s,H-4)，7.34(1H,s,H-5)，7.06(1H,s,H-6)，3.67(1H,s,H-7)，3.93(3H,s,6-OCH$_3$)，2.44(3H,s,3-CH$_3$)，12.33(1H,s,1-OH)，12.14(1H,s,8-OH)。^{13}C NMR(125MHz,CDCl$_3$)δ：165.2(C-1)，124.5(C-2)，148.4(C-3)，121.3(C-4)，108.2(C-5)，166.6(C-6)，106.8(C-7)，165.2(C-8)，190.8(C-9)，181.9(C-10)，133.2(C-4a)，110.3(C-8a)，113.7(C-9a)，135.2(C-10a)，22.1(—CH$_3$)，56.0(1-OCH$_3$)。

4. 芦荟大黄素 (aloeemodin)

1,8-二羟基-3-羟甲基蒽醌，分子式 C$_{15}$H$_{10}$O$_5$，分子量 270.24，橙色针状结晶（甲苯），或呈土黄色结晶粉末状。熔点 223～224℃，易升华。易溶于热乙醇，可溶于苯、热乙醇、稀氨水、乙醛、碳酸钠和氢氧化钠水溶液。在乙醚及苯中呈黄色，氨水及硫酸中呈绯红色。具有心血管保护、保肝、抗肿瘤、抗菌、抗病毒、抗炎、免疫调节及泻下等作用。^{1}H NMR(400MHz,DMSO-d_6)δ：11.98(2H,br.s,H-1,H-8)，7.27(1H,s,H-2)，7.77(1H,s,H-5)，7.57(2H,s,H-4,H-6)，7.36(1H,d,$J=8.0$Hz,H-7)，5.67(1H，br.s,3-OH)，4.68(2H,s,3-CH$_2$OH)，2.44(3H,s,3-CH$_3$)，12.33(1H,s,1-OH)，12.14(1H,s,8-OH)。^{13}C NMR(100MHz,DMSO-d_6)δ：161.6(C-1)，119.3(C-2)，153.7

(C-3)，117.1(C-4)，120.7(C-5)，137.3(C-6)，124.4(C-7)，161.3(C-8)，191.6(C-9)，181.4(C-10)，133.3(C-11)，113.1(C-12)，115.9(C-13)，114.4(C-14)，62.1(3-CH_2OH)。

5. 大黄酸（rhein）

1,8-二羟基-3-羧基蒽醌，分子式 $C_{15}H_8O_6$，分子量 284.22，咖啡色针晶，升华后为黄色针晶。熔点为 321～322℃，不溶于水，能溶于吡啶、碳酸氢钠水溶液，微溶于乙醇、苯、氯仿、乙醚和石油醚。具有抗肿瘤、抗菌、免疫抑制、利尿、抗炎、改善糖代谢等作用。^{1}H NMR(400MHz，DMSO-d_6)δ：7.78(1H，s，H-2)，8.14(1H，d，$J=1.5Hz$，H-4)，7.75(1H，d，$J=7.5Hz$，H-5)，7.81(1H，t，$J=7.7，8.2Hz$，H-6)，7.72(1H，d，$J=8.3Hz$，H-7)，11.92(1H，br.s，—OH)，11.91(1H，br.s，—OH)。^{13}C NMR(100MHz，DMSO-d_6)δ：161.5(C-1)，124.2(C-2)，138.2(C-3)，119.5(C-4)，119.5(C-5)，137.7(C-6)，124.6(C-7)，161.3(C-8)，191.5(C-9)，181.3(C-10)，133.4(C-11)，116.3(C-12)，118.5(C-13)，133.6(C-14)，165.5(—COOH)。

⦿ 实验 5-2 槐米中芦丁的提取与纯化、水解和结构鉴定

一、实验目的与要求

① 掌握碱溶解酸沉淀法提取黄酮类化合物的原理及操作。
② 掌握黄酮苷酸水解的方法与操作。
③ 了解黄酮苷类化合物的鉴别方法（化学法、色谱法）。

二、实验原理

槐米系豆科植物槐树（*Sophora japonica. L.*）的花蕾。性微寒，味苦。可用作止血药物治疗痔疮、子宫出血等症，具有清肝泻火，治疗肝热目赤，头痛眩晕等功效，其中的主要成分芦丁（rutin）亦称作芸香苷，在花蕾中含量高达 12%～20%。已发现含有芦丁化合物的物种约 70 种，以槐米和荞麦中含量最高。现代药理实验表明，芦丁具有调节毛细血管壁渗透作用，临床上用于治疗因毛细血管脆性引起的出血症，可作为高血压症的辅助治疗药物。其苷元为槲皮素（quercetin）。芦丁和槲皮素的结构如下：

芦丁结构中含有四个酚羟基，特别是 $7,4'$-二羟基的存在使其具有较强的酸性，能溶于碱水溶液中，再经酸化后析出。

利用芦丁对冷水和热水溶解度差异的特性，采用重结晶法进行精制。

芦丁为槲皮素 3-位羟基与芸香糖脱水缩合而成的苷，在酸性条件下可水解成槲皮素、鼠李糖和葡萄糖。

三、实验仪器与试剂

① 仪器：研钵、烧杯、纱布、玻璃棒、滤纸、圆底烧瓶、冷凝管、抽滤装置、薄层板、层析缸、紫外灯等。

② 试剂：槐米、饱和石灰水、浓盐酸、浓硫酸、甲醇、乙醇、乙酸、正丁醇、10％ α-萘酚乙醇溶液、镁粉（或锌粉）、三氯化铝、芦丁、槲皮素、葡萄糖、鼠李糖、邻苯二甲酸苯胺等。

四、实验步骤

1. 芦丁的提取——碱溶解酸沉淀

称取 15g 槐米，研钵中研碎，放入烧杯中，加 300mL 硼砂水溶液，加饱和石灰水的上清液，调至 pH 值为 8～9，加热煮沸 30min，此过程可补充石灰水溶液，保持 pH 值为 8～9。趁热过滤，弃去残渣，滤液放冷后，滴加浓盐酸，并不停搅拌，调 pH 值为 3～4 放冰箱中至析出沉淀，减压抽滤，并以蒸馏水洗涤沉淀，得芦丁粗品，称重，计算提取率，并分成两份备用。

2. 芦丁的精制

取芦丁粗品 0.5g，加 25mL 蒸馏水，加热使其完全溶解，趁热抽滤，滤过液于冰箱中放冷析出结晶，抽滤后即得芦丁精品，颜色为浅黄色至黄色。

若结晶发灰绿或呈暗黄色，表示杂质未除干净。可加甲醇或乙醇，并加活性炭加热回流溶解，抽滤除去炭渣，滤液放冷，析出结晶，抽滤，干燥后，得精制芦丁，称重，计算产率。

3. 芦丁酸水解制备槲皮素

另取一份芦丁粗品 0.5g，研细后置于圆底烧瓶中，按 1∶70 量加入 2％硫酸，直火加热回流 40min，静置放冷，可观察到瓶中液体由浑浊变为澄清，最后生成鲜黄色沉淀。抽滤即得槲皮素，以蒸馏水洗至中性，抽干，晾干，称重，得槲皮素粗品，再以乙醇重结晶得槲皮素精品。抽滤后的滤液，加饱和氢氧化钡溶液中和至中性（搅拌下进行），滤去白色沉淀，滤液蒸干后，加 1mL 95％乙醇溶解，作为糖的共试液进行 Molish 反应及纸色谱鉴定。

4. 芦丁的提取、精制、水解流程

芦丁的提取、精制、水解流程见图 5-8。

5. 鉴定

（1）芦丁和槲皮素的化学鉴别

取芦丁及槲皮素精品 1～2mg，各用 2mL 乙醇溶解，制成样品乙醇溶液，分别置于两试管中，按下列方法进行实验，比较芦丁及槲皮素的反应情况。

① 盐酸-镁粉反应：芦丁与槲皮素溶液分别加入金属镁粉少许、盐酸几滴，观察并记录颜色变化。

② $ZrOCl_2$-柠檬酸反应：芦丁与槲皮素溶液分别滴加 3～4 滴 2％ $ZrOCl_2$ 甲醇溶液，观察两试管颜色变化，再继续滴加 3～4 滴 2％柠檬酸溶液，比较两试管中颜色变化情况。

③ Molish 反应：芦丁与槲皮素溶液分别加入 10％ α-萘酚乙醇溶液 1mL，振摇后斜置

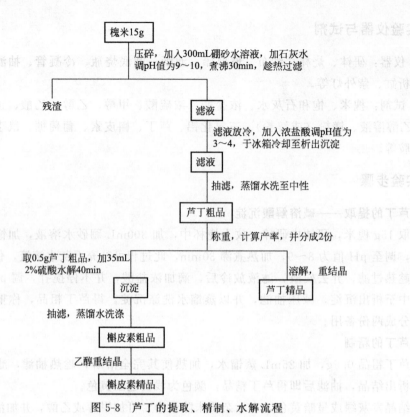

图 5-8 芦丁的提取、精制、水解流程

试管，沿管壁滴加 0.5mL 硫酸，静置，观察并记录两试管中液面交界处颜色变化。

（2）芦丁和槲皮素的色谱法鉴别

取自制的芦丁及槲皮素精品 1～2mg，各用 2mL 乙醇溶解，制成样品溶液，另取标准品芦丁及槲皮素，同样配成标准品溶液，进行薄层色谱鉴别。具体的色谱条件如下。

固定相：GF254 硅胶薄层色谱板。

点样：自制的槲皮素及芦丁乙醇溶液、标准品槲皮素及芦丁乙醇溶液。

展开剂：氯仿-甲醇-冰醋酸（4：1：5）为展开剂。

显色：喷洒三氯化铝试剂前、后置日光及紫外线灯（365nm）下检视色斑的变化。

观察记录：记录薄层展开情况及斑点颜色。

（3）糖的鉴别

取实验步骤 3.中的滤液，分装于 2 个试管中，各 1～2mL，以及标准品葡萄糖和鼠李糖水溶液。分别进行 Molish 反应和纸色谱鉴别。

① Molish 反应：取上述一试管加入 10% α-萘酚乙醇溶液 1mL，振摇后斜置试管，沿管壁滴加 0.5mL 硫酸，静置，观察并记录试管液面交界处颜色变化。

② 纸色谱鉴别。

纸色谱固定相：新华滤纸。

点样：实验步骤 3.中的滤液、标准品葡萄糖和鼠李糖水溶液。

展开剂：正丁醇-乙酸-水（4：1：5）。

显色：以邻苯二甲酸苯胺溶液喷洒前、后置于日光及紫外线灯（365nm）下检视色斑的变化。

观察记录：记录薄层展开情况及斑点颜色。

五、实验注意事项

① 药材槐米在研钵中挤压研成粗粉，不能过细，防止过滤困难。

② 提取过程中，加入硼砂的目的是保护芦丁分子中的邻二酚羟基，以减少其氧化，并使其不与钙离子结合（钙盐络合物不溶于水），使芦丁不受损失，提高产率。

③ 加入饱和石灰水的目的是提供提取所需的碱性条件，还可以除去槐花米中的多糖类、黏液质等，但 pH 值控制不超过 10，因为在强碱性条件下煮沸，可能会使芦丁发生碱水解，降低提取产率。

④ 酸化时 pH 值不可过小，否则会使芦丁发生酸水解而降低产率。

六、思考题

① 芦丁的提取及水解为什么对 pH 值进行控制？

② 若芦丁酸水解不完全，硅胶薄层色谱会有什么现象？

七、参考资料：芦丁和槲皮素的理化性质

1. 芦丁（芸香苷，rutin）

$C_{27}H_{30}O_{16} \cdot 3H_2O$，淡黄色针状结晶，熔点 $174 \sim 178℃$，无结晶水时为 $188 \sim 190℃$。溶解度：冷水中 $1:8000$，热水中 $1:200$，冷乙醇中 $1:300$，热乙醇中 $1:30$，冷吡啶中 $1:12$，易溶于碱液，呈黄色，酸化后又析出，微溶于丙酮、乙酸乙酯、乙醇、甲醇，不溶于石油醚、乙醚、氯仿等溶剂。芦丁属维生素类药，具有降低毛细血管通透性和脆性的作用，保持及恢复毛细血管的正常弹性。可作为防治高血压的辅助药，防治糖尿病视网膜出血和出血性紫癜等，也用作食品抗氧化剂和色素用。

UV λ_{max} （EtOH）/nm：259，299 (sh)，359。

^{1}H NMR(400MHz,DMSO-d_6)δ：12.60(1H,s,5-OH)，6.21(1H,d,$J = 1.8$Hz,H-6)，10.88(1H,s,7-OH)，6.42(1H,d,$J = 1.8$Hz,H-8)，7.56(1H,br. s,H-2′)，9.24(1H,s,3′-OH)，9.73(1H,s,4′-OH)，6.86(1H,d,$J = 8$Hz,H-5′)，7.55(1H,dd,$J = 1.8,8$Hz,H-6′)，5.36(1H,d,$J = 8$Hz,Glc-H-1)，3.08~3.69(5H,Glc-H-2~6)，4.56(1H,d,$J = 2$Hz,Rha-H-1)，3.09~3.59(4H,Glc-H-2~5)，0.99(3H,d,$J = 8$Hz,Rha-CH$_3$)。^{13}C NMR(100MHz,DMSO-d_6)δ：156.6(C-2)，133.3(C-3)，177.4(C-4)，161.2(C-5)，98.7（C-6），164.1（C-7），93.6（C-8），156.4（C-8a），103.9（C-4a），121.1（C-1′），115.3（C-2′），144.7（C-3′），148.4（C-4′），116.2（C-5′），121.6（C-6′），101.2（Glc-1），74.1(Glc-2)，76.4(Glc-3)，74.5(Glc-4)，75.9(Glc-5)，67.0(Glc-6)，100.7(Rha-1)，70.4(Rha-2)，70.0(Rha-3)，71.8(Rha-4)，68.2(Rha-5)，17.7(Rha-6)。

2. 槲皮素（quercetin）

$C_{15}H_{10}O_7 \cdot 2H_2O$，黄色结晶，熔点 $313 \sim 314℃$，无结晶水时 $316℃$。溶解度：冷乙醇中 $1:290$，热乙醇中 $1:23$，可溶于甲醇、丙酮、乙酸乙酯、吡啶等，不溶于水、乙醚、苯、氯仿、石油醚等溶剂。槲皮素具有较好的祛痰、止咳及平喘作用。此外，还可降

低血压、增强毛细血管抵抗力、减少毛细血管脆性、降血脂、扩张冠状动脉、增加冠脉血流量等，对冠心病及高血压患者也有辅助治疗作用。

UV λ_{max}(EtOH) /nm：255，269(sh)，301(sh)，370。

IR ν_{max}(KBr) /cm^{-1}：3306，1654，1600，1582，1462，1359，1260。

^{1}H NMR(500MHz,DMSO-d$_6$)δ：12.48(1H,s,5-OH)，6.19(1H,d,$J=1.5$Hz,H-6)，10.79(1H,br.s,7-OH)，6.42(1H,d,$J=1.8$Hz,H-8)，7.67(1H,br.s,H-2')，9.59(1H,br.s,OH)，9.33(2H,br.s,OH)，6.91(1H,d,$J=8$Hz,H-5')，7.54(1H,dd,$J=1.5,8$Hz,H-6')，5.36(1H,d,$J=8$Hz,Glc-H-1)，3.08~3.69(5H,Glc-H-2-6)，4.56(1H,d,$J=2$Hz,Rha-H-1)，3.09~3.59(4H,Glc-H-2-5)，0.99(3H,d,$J=8$Hz,Rha-CH$_3$)。^{13}C NMR(125MHz,DMSO-d$_6$)δ：156.6(C-2)，136.2(C-3)，176.3(C-4)，161.2(C-5)，98.7(C-6)，164.4(C-7)，93.9(C-8)，156.8(C-8a)，103.9(C-4a)，122.5(C-1')，115.6(C-2')，145.5(C-3')，147.3(C-4')，116.0(C-5')，120.5(C-6')。EI-MS m/z：302 [M]$^+$，274，229，153，128，69。

⊙ 实验 5-3　黄芩根中黄芩苷的提取、分离与鉴定

一、实验目的与要求

① 掌握从黄芩中提取和精制黄芩苷的原理。

② 掌握黄芩苷的化学性质和鉴别方法。

③ 初步了解利用 UV 光谱进行黄酮化合物结构推断的方法及分析过程。

二、实验原理

黄芩为唇形科植物黄芩 (*Scutellaria baicalensis* georgi) 的干燥根，具有清热、泻火、解毒、止血、安胎之功效。现代药理研究表明黄芩有解热、抗菌、利尿、降压和镇静作用。黄芩的主要成分有黄芩苷 (baicalin)、汉黄芩 (wogonside)、黄芩素 (baicalein)、汉黄芩素 (bogonin) 等，其中以黄芩苷的含量居高 (含量可达 4% 以上)，是黄芩的主要有效成分，具有镇静、解热和利尿作用。

黄芩苷为黄芩素的 7-*O*-葡萄糖醛酸，其结构如下：

黄芩苷为黄芩苷元与葡萄糖醛酸形成的糖苷，具有一定的酸性而在植物中以盐形式存在，可采用沸水提取，再将提取液加酸析出而达到与其他杂质分离纯化的目的。

三、实验仪器与试剂

① 仪器：烧杯、锥形瓶、玻璃棒、试管、蒸发皿、水浴锅、连续波长 UV 仪等。

② 试剂：黄芩粉、蒸馏水、浓盐酸、氢氧化钠、镁粉、二氯氧锆、柠檬酸、甲醇、

α-萘酚、乙醇、氢氧化钡、三氯化铝等。

四、实验步骤

1. 黄芩苷的提取与纯化

① 称取黄芩粉末 50g，将 400mL 蒸馏水加于 1000mL 的烧杯中，加热煮沸提取 1h，提取 2 次，合并提取液。

② 提取液中加浓盐酸至 pH 值为 1～2，80℃水浴下加热 30min，置于冰箱中冷却析出晶体，抽滤得固体粗品，称重。

③ 粗品中加入 8 倍量蒸馏水，拌匀，加 40％NaOH 溶液调溶液 pH 值为 7，使黄芩苷成盐溶解，过滤杂质，留滤液。

④ 滤液中滴加浓盐酸调 pH 值为 1～2，搅拌均匀，50℃水浴下加热 30min，析出黄芩苷，抽滤，晶体以 50％乙醇洗涤，干燥，得黄芩苷精品。

2. 黄芩苷的鉴别

（1）黄芩苷的化学鉴别

取黄芩苷精品 1～2mg，以 2～3mL 乙醇溶解，制成黄芩苷-乙醇溶液，分别置于三支试管中，按下列方法进行实验，观察黄芩苷的反应情况。

① 盐酸-镁粉反应：试管中加入金属镁粉少许、盐酸几滴，观察并记录颜色变化。

② $ZrOCl_2$-柠檬酸反应：试管中滴加 3～4 滴 2％ $ZrOCl_2$ 甲醇溶液，观察两试管颜色变化，再继续滴加 3～4 滴 2％柠檬酸溶液，比较两试管中的颜色变化情况。

③ Molish 反应：试管中加入 10％ α-萘酚乙醇溶液 1mL，振摇后斜置试管，沿管壁滴加 0.5mL 硫酸，静置，观察并记录两试管中液面交界处的颜色变化。

（2）黄芩苷的薄层色谱鉴定

取自制的黄芩苷精品 1～2mg，以 2mL 乙醇溶解，制成样品溶液，另取标准品黄芩苷，同样配成标准品溶液，进行聚酰胺薄层色谱鉴别。具体的色谱条件如下。

固定相：聚酰胺薄层色谱板。

点样：自制的黄芩苷-乙醇溶液、标准品黄芩苷-乙醇溶液。

展开剂：70％乙醇作为展开剂。

显色：喷洒三氯化铝溶液前、后置于日光及紫外线灯（365nm）下检视色斑的变化。

观察记录：记录薄层展开情况及斑点颜色。

3. 黄芩苷的 UV 光谱测定

精密称取黄芩苷 5mg，用无水甲醇溶解并稀释至 50mL，从中吸取 5mL，置于 50mL 容量瓶中，用无水甲醇稀释至刻度（10μg/mL），制成待测样品溶液 A。

（1）样品的甲醇溶液光谱

取样品溶液 A 置于石英杯中，在 200～400nm 内扫描。重复操作一次，记录其紫外光谱。

（2）样品的甲醇钠溶液光谱

取样品溶液 A 加入甲醇钠溶液 3 滴，混匀，置于石英杯中，立即测定。放置 5min 后再测定一次，记录其紫外光谱。

（3）样品的三氯化铝及三氯化铝/盐酸溶液光谱

取样品溶液 A 滴入 6 滴三氯化铝溶液，混匀，置于石英杯中，放置 1min 后测定，然后加入 3 滴盐酸溶液（HCl-H$_2$O=1∶1），再进行测定，记录其紫外光谱。

（4）样品的乙酸钠溶液光谱

取样品液 A 约 3mL，加入过量的无水乙酸钠固体，摇匀（杯底约剩有 2mm 厚的乙酸钠），置于石英杯中，放置 2min 后进行测定，5～10min 后再测定一次，记录其紫外光谱。

（5）样品的乙酸钠/硼酸溶液光谱

在盛有乙酸钠的样品液 A 的石英杯中，加入足够量的无水硼酸粉末使其成为饱和的溶液进行测定（本法适用于在加入乙酸钠后无分解现象的样品），记录其紫外光谱。

综合分析黄芩苷中取代基的连接位置。

五、实验注意事项

① 黄芩苷结构中存在邻三氧取代，在分离纯化样品时尽量避免长时间置于空气中。

② 黄芩苷纯化过程中 pH 值调节要适中。

③ 析出黄芩苷后抽滤得到的晶体可以在抽滤瓶中以 50％乙醇直接进行洗涤，风干，收集。

六、思考题

① 黄芩苷为什么要以沸水提取，然后加浓盐酸调节 pH 值？

② 聚酰胺薄层色谱分离的原理是什么？

③ 试讨论苷类成分的鉴定程序，分析示教所做的紫外光谱。

七、参考资料：黄芩苷的理化性质

黄芩苷英文名为 baicalin，淡黄色针晶，熔点 223～225℃，分子式 C$_{21}$H$_{18}$O$_{11}$，分子量为 446.35，易溶于 N,N-二甲基甲酰胺、吡啶、氢氧化钠、碳酸钠、碳酸氢钠等碱性溶液中，难溶于甲醇、乙醇、丙酮、水、乙醚、苯、氯仿等溶剂，微溶于热的乙酸，加乙酸铅溶液有橘黄色沉淀生成。具有抗菌消炎、抗肿瘤、利尿、镇静、降血压、降低胆固醇及甘油三酯、清除自由基、抑制醛糖还原酶、保护心脑血管等作用，临床上主要用于治疗肝炎，对急、慢型肝炎具有明显的治疗作用。

UV(MeOH) λ_{max}/nm：280，316。^{1}H NMR(400MHz,DMSO-d$_6$)δ：12.58(1H,s,5-OH)，8.84(1H,s,6-OH)，7.04(1H,s,H-3)，6.98(1H,s,H-8)，8.02(2H,m,H-2′,6′)，7.59(3H,m,H-3′,4′,5′)，5.42(1H,d,J=7.5Hz,H-1″)，3.12～4.92(4H,m,H-Glucuronide)。^{13}C NMR(100MHz，DMSO-d$_6$) δ：163.3(C-2)，106.2(C-3)，181.5(C-4)，145.8(C-5)，130.7(C-6)，151.3(C-7)，93.8(C-8)，149.1(C-8a)，104.6(C-4a)，131.2(C-1′)，126.4(C-2′)，128.9(C-3′)，131.8(C-4′)，128.9(C-5′)，126.4(C-6′)；Glucuronide：100.2(C-1″)，72.7(C-2″)，75.1(C-3″)，71.5(C-4″)，75.6(C-5″)，170.2(C-6″)。FAB-MS m/z：447 [M+H]$^+$。

○ 实验 5-4 甘草中甘草酸和甘草次酸的提取、分离纯化与结构鉴定

一、实验目的与要求

① 学会稀酸水提取酸性三萜皂苷的方法及应用。
② 掌握三萜皂苷的检测方法。
③ 学会硅胶柱色谱分离甘草次酸的方法。
④ 分离得到两种三萜皂苷及皂苷元两种纯品化合物。

二、实验原理

中药甘草 (glycyrrhizae radix) 为豆科甘草属植物乌拉尔甘草 (*Glycyrrhizae uralensis* Fisch)、光果甘草 (*Glycyrrhizae glabra* L.)、胀果甘草 (*Glycyrrhizae inflatable* Bat.) 的干燥根及茎，其中以乌拉尔甘草 (*Glycyrrhizae uralensis* Fisch) 分布广、产量高、品质好。其性平、味甘，具有补脾益气、清热解毒、缓急定痛、调和中药、抗菌消炎、抗溃疡之功效。关于甘草治病的记载，距今已有 2500 多年。此外，甘草具有一定的甜味，可用于食品中作为调味剂。

甘草中的化学成分主要有三萜类、黄酮类、香豆素类等，其中的三萜类成分主要为齐墩果烷型五环三萜类型，甘草酸 (glycyrrhizic acid) 是甘草中起甜味作用的成分，在药材中以盐的形式存在，含量约占 10%，由甘草次酸连接两分子葡萄糖醛酸组成。甘草酸和甘草次酸具有抗炎、抗肿瘤等作用，是甘草的有效成分，其结构见下图：

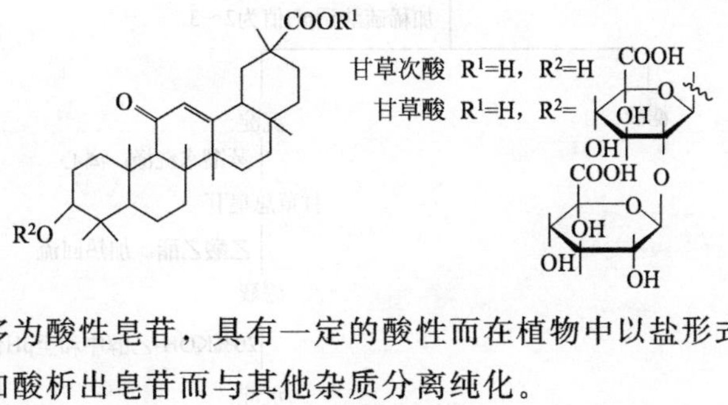

甘草中的皂苷多为酸性皂苷，具有一定的酸性而在植物中以盐形式存在，可采用沸水提取，再将提取液加酸析出皂苷而与其他杂质分离纯化。

三、实验仪器与试剂

① 仪器：天平、圆底烧瓶、旋转蒸发仪、布氏漏斗、吸滤瓶、真空泵、离心机、烘箱、冰箱、烧杯、色谱柱 (2.5cm×50cm)、GF254 硅胶薄层板 (5cm×10cm)、小试管等。
② 试剂：甘草、蒸馏水、硫酸、乙酸乙酯、20%氢氧化钾-乙醇溶液、冰醋酸、乙醇、甲醇、层析硅胶、二氯甲烷、丙酮、氯仿、乙酸酐、石油醚、苯等。

四、实验步骤

1. 甘草总皂苷的提取

取甘草药材 500g，加 8 倍量蒸馏水 4000mL 煮沸提取 1h，提取 2 次。过滤，合并提取液，浓缩至 2L，在搅拌下加入稀硫酸至溶液 pH 值为 2～3，于冰箱中放置，此时溶液析出大量棕黄色沉淀，离心除去上清液，取出沉淀，以蒸馏水洗涤沉淀至溶液 pH 值为 6～7，低温干燥得甘草总皂苷。

2. 甘草酸的分离纯化

取实验步骤 1. 中的甘草酸总皂苷，加入 100mL 乙酸乙酯加热回流提取 2h，同样条件提取 2 次，趁热过滤，合并提取液，放冷，加入 20％氢氧化钾-乙醇溶液中和至 pH 值为 7～8，放置，溶液中析出大量棕红色沉淀，抽滤，得甘草酸三钾盐粗品。

将甘草酸三钾盐粗品中加入约 2 倍量的冰醋酸，水浴中加热使其溶解，室温放置待析出晶体，抽滤，以乙醇洗涤，得甘草酸单钾盐。

3. 甘草酸水解得甘草次酸

取实验步骤 2. 中得到的甘草酸单钾盐 1/2 量，置于圆底烧瓶中，加入 7 倍量的 5％硫酸加热回流 1h，回流液经冷却后析出沉淀，抽滤，并以蒸馏水洗涤沉淀至流出液为中性，干燥，得甘草次酸粗品。

4. 甘草酸和甘草次酸实验流程

甘草酸和甘草次酸实验流程见图 5-9。

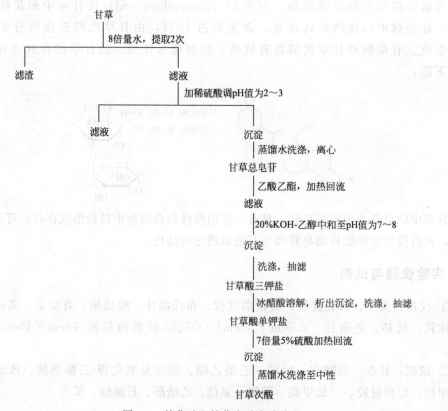

图 5-9　甘草酸和甘草次酸实验流程

5. 甘草次酸粗品的硅胶柱色谱分离纯化

取甘草次酸粗品 0.5g，以适量甲醇溶解，加入 3g 硅胶粉末拌入溶液中，拌匀，挥干甲醇后待用。再取柱色谱用硅胶 50g，以二氯甲烷拌和，湿法装入 2.5cm×50cm 的玻璃柱中，随后加入拌样硅胶，加流动相进行洗脱。先以二氯甲烷洗脱 3 个保留体积，后用二氯甲烷：丙酮 10：1、8：1、6：1 各洗脱 3 个保留体积，收集流分，合并单一斑点，浓缩，重结晶得甘草次酸纯品。

6. 甘草总皂苷、甘草酸和甘草次酸的鉴定

（1）泡沫实验

取甘草总皂苷、甘草酸和甘草次酸各少许于试管中，各加入约 2mL 蒸馏水，塞好，剧烈振摇，观察各试管中泡沫形成状况及持续时间。

（2）氯仿-浓硫酸（Salkowaski）反应

取甘草总皂苷、甘草酸和甘草次酸各少许于试管中，分别加 3mL 氯仿，沿管壁滴加入 1mL 浓硫酸，观察氯仿层和硫酸层颜色的变化情况。

（3）乙酸酐-浓硫酸（Liebermann-Burchard）反应

取甘草总皂苷、甘草酸和甘草次酸各少许于试管中，加入 1mL 乙酸酐混悬，再加入乙酸酐-浓硫酸（20：1）混合液 1mL，观察溶液中的颜色变化情况。

（4）色谱法

样品：取甘草酸 2～3mg 溶于甲醇，甘草次酸 2～3mg 溶于氯仿，制成溶液。

薄层板：GF254 硅胶薄层板（5cm×10cm）。

展开剂：石油醚：苯：乙酸乙酯：冰醋酸＝5：10：3.5：0.25；苯：乙酸乙酯：冰醋酸＝10：3.5：0.25。

显色剂：10％硫酸-乙醇溶液。

五、实验注意事项

① 甘草酸分离纯化过程中，采用低压柱色谱时一定注意控制压力不要过大，以免分离过程中玻璃柱爆裂。

② 沉淀析出后，洗涤过程要充分。

六、思考题

① 甘草中总皂苷提取的原理是什么？

② 如何实现甘草酸的沉淀析出？

③ 甘草皂苷还有哪些提取方法？

七、参考资料：甘草酸、甘草次酸的理化性质

1. 甘草酸（glycyrrhizic acid）

白色针晶，熔点 219～220℃，分子式为 $C_{42}H_{62}O_{16}$，分子量 822.9，有特殊甜味。结构上具有 α、β 两种异构体，存在三个羧基，因此可与碱结合形成单盐、二盐、三盐状态。易溶于甲醇、乙醇、丙酮，不溶于冷水、乙醚、氯仿等有机溶剂，再加热、加压及酸解形成一分子甘草次酸和两分子葡萄糖醛酸。甘草酸具有抗炎、抗变态反应、解毒、抗肿瘤、

预防高血脂、免疫调节、抗病毒、类皮质激素等作用。

^{1}H NMR（600MHz，DMSO-d$_6$）δ：5.96（1H，s，29-COOH），5.48（1H，s，H-13），5.46（1H，s，H-12），4.43（1H，d，$J = 7.2$Hz，H-1′），4.58（1H，d，$J = 9$Hz，H-1″）。^{13}C NMR（150MHz，DMSO-d$_6$）δ：39.4（C-1），25.5（C-2），89.0（C-3），39.9（C-4），55.3（C-5），17.5（C-6），32.8（C-7），45.4（C-8），62.0（C-9），37.1（C-10），199.4（C-11），128.5（C-12），169.5（C-13），43.3（C-14），26.6（C-15），26.5（C-16），32.0（C-17），48.6（C-18），31.5（C-19），43.3（C-20），31.5（C-21），38.3（C-22），28.0（C-23），16.6（C-24），16.7（C-25），18.6（C-26），23.5（C-27），28.7（C-28），28.6（C-29），179.1（C-30）。糖上碳信号δ：105.0（C-1′），84.5（C-2′），78.4（C-3′），72.9（C-4′），73.2（C-5′），172.3（C-6′），106.9（C-1″），77.5（C-2″），77.71（C-3″），72.9（C-4″），76.8（C-5″），172.3（C-6″）。

2. 甘草次酸 （glycyrrhetinic acid）

白色结晶，熔点 289～290℃，难溶于水，易溶于氯仿、乙酸乙酯、甲醇、乙醇和乙醚，甘草次酸对大鼠棉球肉芽肿、甲醛性浮肿、结核菌素反应、皮下肉芽囊性炎症有一定的抑制作用，对大鼠试验性骨髓瘤和腹水肝癌均有抑制作用。

^{1}H NMR（600MHz，DMSO-d$_6$）δ：12.21（1H，s，29-COOH），2.99（1H，d，$J = 4.8$Hz，H-2），4.31（1H，d，$J = 4.8$Hz，H-3），3.12（1H，d，$J = 4.8$Hz，H-12），2.19（1H，m，H-9），0.8-1.3（21H，7×CH$_3$）。^{13}C NMR（150MHz，DMSO-d$_6$）δ：38.5（C-1），26.8（C-2），76.5（C-3），37.6（C-4），54.1（C-5），26.1（C-6），30.3（C-7），42.9（C-8），48.1（C-9），36.6（C-10），177.6（C-11），127.2（C-12），169.7（C-13），44.8（C-14），25.8（C-15），28.1（C-16），32.1（C-17），61.1（C-18），39.1（C-19），31.5（C-20），38.8（C-21），43.1（C-22），27.8（C-23），17.2（C-24），16.17（C-25），16.1（C-26），18.3（C-27），28.4（C-28），23.0（C-29），199.1（C-30）。

◉ 实验 5-5 一叶萩碱的制备

一、实验目的与要求

① 通过一叶萩碱的提取分离，掌握用离子交换树脂法提取、分离生物碱的原理和方法。

② 熟悉并掌握生物碱的检识方法。

二、实验原理

大戟科植物一叶萩 ［*Securinega suffruticosa*（Pall）Rehd］ 在我国资源十分丰富。其根、叶和嫩枝中含有多种生物碱，结构已经清楚的有十几种。一叶萩碱（securinine）亦称一叶碱、叶萩碱是该植物嫩枝或根中的主要生物碱，已用于临床。该生物碱最早于1956 年由苏联学者从乌苏里地区植物中分离得到，但其化学结构是从北京生长的一叶萩中采用活性炭吸附法提取、分离得到的一叶萩碱，于 1962 年由我国学者及日本的 Saito 分别完成了结构测定工作并确定其结构，具体如下所示：

一叶萩碱有左旋和右旋 2 种旋光异构体，在临床中应用的是左旋一叶萩碱的盐酸盐和硝酸盐。一叶萩碱和它的衍生物能兴奋中枢 X 神经，增强心肌收缩，升高血压，临床用硝酸一叶萩碱治疗面神经麻痹，小儿麻痹骶神经炎和股外侧神经炎感染引起的多发性神经炎，成为神经科疾患的常用药物。

结构上，一叶萩碱是一个由 $\Delta^{\alpha\beta}$ 不饱和内酯环和一个环己烯及一个吡咯啶并合而成的叔胺碱；分子中具有共轭双键，氮原子的孤对电子恰好处于键之上，因而可与π电子发生干扰，从而"延伸"了共轭体系，产生了"跨环共轭"。一叶萩碱与酸生成盐后则为无色，旋光度降低、表明 N 原子上电子与质子不能再参与"跨环共轭"。一叶萩碱 N 中原子三价都结在环中，有一定程度的碱性（pK_a＝7.2），因而具有生物碱的一般通性；能与生物碱沉淀试剂产生沉淀反应，亦可与显色剂反应。从一叶萩叶中提取生物碱可采用溶剂法、活性炭吸附法和离子交换法。

本实验的反应方程式为：

$$ALK + H^+/H_2O \longrightarrow ALKH^+$$
$$RSO_3^- H^+ + ALKH^+ \longrightarrow RSO_3^- ALKH^+ + H^+$$

洗脱：吸碱树脂用 $NH_4^+ OH^-$ 碱化后，反应如下：

$$RSO_3^- ALKH^+ + NH_4^+ OH^- \longrightarrow RSO_3^- NH_4^+ + ALK(游离生物碱) + H_2O$$

三、实验仪器与试剂

① 仪器：渗漉筒、色谱柱、pH 试纸、培养皿、量筒、棉花、玻璃棒、滤纸、索氏提取器、硅钨酸试剂、碘-碘化钾试剂、碘化铋钾试剂等。

② 试剂：一叶萩、硫酸溶液（0.3％）、氨水、石油醚、732 阳离子交换树脂等。

四、实验步骤

1. 一叶萩碱的提取

（1）渗漉

一叶萩干燥叶子 100g 提前用 300mL 0.3％ H_2SO_4 溶液浸泡，浸泡液体连同叶子一同转入渗漉筒中，再添加 0.3％ H_2SO_4 溶液 1000mL，以 6～8mL/min 速度进行渗漉，收集酸水溶液。

（2）离子交换色谱分离

取 50g 事先处理好的 732 磺酸型阳离子交换树脂装入玻璃柱中，将实验步骤（1）中收集的酸水溶液以 5～6mL/min 的流速通过阳离子交换树脂进行离子交换，直至酸水溶液完全交换完，弃去交换下来的液体，将柱中的离子交换树脂装在布氏漏斗中，以蒸馏水洗至澄明（中性），抽干，取出树脂放入蒸发皿中室温风干。

（3）碱化

风干后的树脂中加入氨水 8～10mL 进行碱化，密闭放置 20min，再挥散多余的氨水，至无氨味。

(4) 索氏提取

将挥散好的无氨味的树脂装入索氏提取器中，加入 100mL 石油醚加热回流 2h，提取完毕，以相同的装置回收溶剂，待溶剂剩余 10mL 左右，停止加热，移出瓶中溶剂至三角瓶，加少量无水硫酸镁干燥，析出结晶，抽滤得一叶萩碱晶体。

2. 实验流程

一叶萩碱的提取实验流程见图 5-10。

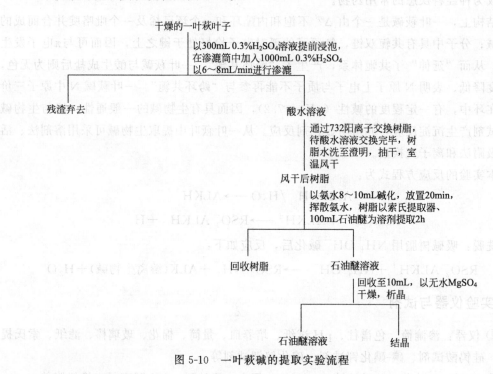

图 5-10 一叶萩碱的提取实验流程

3. 生物碱的定性实验

① 取渗漉液 1mL，加硅钨酸试剂数滴，产生淡黄色沉淀。

② 取渗漉液 1mL，加碘-碘化钾试剂数滴，产生棕褐色沉淀。

③ 取渗漉液 1mL，加碘化铋钾试剂数滴，产生橘红色沉淀。

4. 一叶萩碱的薄层鉴定

样品：取一叶萩碱 2～3mg 溶于甲醇，制成溶液。

薄层板：中性 Al_2O_3 薄层板（5cm×10cm）。

展开剂：$CHCl_3$：$EtOH$＝9：1。

显色剂：碘化铋钾-乙醇溶液。

五、实验注意事项

① 装渗漉筒：渗漉筒底部放一块脱脂棉（先用水湿润）然后将润湿过的药料分次加入，分层填压，顶部盖一张滤纸压上洁净的鹅卵石。

② 树脂处理：取新树脂（已用水膨胀过的）置于烧杯中，用 5 倍量的 6％～7％

HCl 浸泡过夜，先用去离子水洗至 pH 值为 3～4，改用蒸馏水洗至中性，再用 5％ NaOH（约 2 倍）搅拌洗涤后，水洗至中性，最后用 6％～7％ 的 HCl 转型，蒸馏水洗至近中性。

③ 装树脂柱用蒸馏水将已处理好的树脂悬浮起来加到底部垫有脱脂棉的交换柱中，等树脂颗粒下沉后，其上覆盖一层棉花或一张滤纸，以免加入液体时冲破树脂表面，注意在整个操作过程中树脂的上部要覆盖少量液体，以免进入空气影响交换效果，将树脂柱表层多余液体由底部活塞放出，待液层降至树脂层表面时，关闭活塞，由柱的上部加入含一叶萩碱的酸水，打开底部活夹，控制流速。

六、思考题

① 为什么要用阳离子树脂交换生物碱？
② 索氏提取器的原理及特点是什么？
③ 用 $NH_3 \cdot H_2O$ 碱化的目的是什么？
④ 装树脂柱应该注意哪些事项？

七、参考资料：一叶萩碱的理化性质

一叶萩碱为淡黄色棱状晶体或结晶性粉末，味微苦，分子式 $C_{13}H_{15}NO_2$，分子量为 217.27，熔点为 139.5～140.5℃，难溶于水，易溶于乙醇、氯仿。其提取方法主要有碱化后氯仿溶剂提取、活性炭吸附法、离子交换树脂法等，其生物活性主要集中于对中枢神经系统具有士的宁样的兴奋作用、抗肿瘤作用，联合其他药物对肾性贫血有一定的疗效。

奚凤德、梁晓天以 1,4-环己二酮为原料经与哌啶缩合、还原、乙酸汞环合、碱催化分子内缩合等 11 步反应完成了一叶萩碱的全合成。

ESI-MS m/z：218 $[M+H]^+$，134，106，80。IR/cm^{-1}：3020，1810，1750，1630。^1H NMR（400MHz，CDCl$_3$）δ：6.58（1H，d，$J=9.0Hz$，H-14），6.38（1H，dd，$J=9.0,6.0Hz$，H-15），5.49（1H，s，H-12），3.79（1H，t，$J=14.8Hz$，H-7），2.98（1H，m，H-6a），2.48（1H，dd，$J=9.0,4.0Hz$，H-8a），2.44（1H，m，H-6b），2.09（1H，dd，$J=11.6,2.8Hz$，H-2），1.88（1H，m，H-4a），1.77（1H，d，$J=9.0Hz$，H-8b），1.59（1H，m，H-3a），1.53（1H，m，H-3b），1.51（1H，m，H-5a），1.49（1H，m，H-5b），1.18（1H，m，H-4b）。^{13}C NMR（100MHz，CDCl$_3$）δ：63.1（C-2），27.3（C-3），24.5（C-4），25.9（C-5），48.8（C-6），48.8（C-7），42.1（C-8），89.6（C-9），173.7（C-11），105.2（C-12），169.8（C-13），121.5（C-14），140.1（C-15）。

◎ 实验 5-6　海燕总皂苷的制备及海燕皂苷 P1 的分离纯化

一、实验目的与要求

① 学会闪式提取器进行海燕总皂苷的快速提取。
② 掌握大孔吸附树脂进行海燕总皂苷的制备。

　　③ 学会硅胶柱色谱法进行海燕皂苷 P1 的分离纯化。

　　④ 学会皂苷的定性鉴定。

二、实验原理

　　海星为棘皮动物门（Echinodermata）海星纲（Asteroidea）的一类海洋无脊椎动物，其种类繁多，资源十分丰富，世界上已报道的就约有 1200 多种，我国所有的海星种类约 100 多种。海星以牡蛎、鲍鱼、海参为食，对养殖业的发展起着较大的危害。科研人员已从海星中分离得到了多种类型的化合物，如甾醇、皂苷、多糖、蛋白质、维生素类，具有抗肿瘤、抗菌、抗病毒、抗炎、降低血压等生理活性。海星中皂苷类成分按结构特点可分为海星皂苷、多羟基甾体皂苷和环状甾体皂三种类型。

　　海燕（Asterina pectinifera）为我国黄、渤海海域常见底栖棘皮动物，处于海洋底栖动物食物链的顶端，在分类上属于棘皮动物门海星纲海燕科（Hydrobatidae）动物，是我国常见的海星品种之一。在我国传统医学中，海燕作为补肾、祛风湿、止痛之用。海燕中皂苷类化合物是其主要的生物活性成分之一，目前从海燕中分离得到的皂苷类化合物主要包括 Pectinioside（海燕皂苷）A~G、asterosaponin（海星皂苷）P1 等。

　　如下所示，海星皂苷 P1 为黄海产海燕中重要的皂苷类成分，本实验即是使学生学会从海星中分离纯化总皂苷，并进一步利用硅胶柱色谱纯化得到海星皂苷 P1。

三、实验仪器与试剂

　　① 仪器：闪式提取器、色谱柱、蒸发皿、电陶炉、小试管、恒温水浴锅、分光光度计、索氏提取器等。

　　② 试剂：海星、蒸馏水、D-101 型大孔树脂、乙醇、HCl、NaOH、α-萘酚、浓硫酸、氯仿、海星皂苷 P1 标准品、香草醛、石油醚、乙酸乙酯、正丁醇、二氯甲烷、甲醇等。

四、实验步骤

1. 海星总皂苷的提取

　　取干海星 10g，加入体积为 10 倍量的水溶液，在常温下提取 3min，再加热提取 30min，得提取液Ⅰ。

2. 海星总皂苷的纯化

　　取提取液Ⅰ，通过处理好的大孔吸附树脂柱（30mL）预吸附 30min，先以水洗脱至 Molish 反应为阴性（大约 300mL 水）；再用 300mL 50％乙醇洗脱，得洗脱液Ⅱ。取洗脱液Ⅱ50mL 置于蒸发皿中，先水浴加热除乙醇，再挥干水分，即为海星皂苷Ⅲ。

3. 皂苷的定性鉴定

（1）Molish 反应

取海星皂苷Ⅲ少许，加入 2～3 滴 10%α-萘酚乙醇溶液，充分摇匀后，沿试管壁加入 1mL 浓硫酸，观察两液相交界面处紫色环的出现情况。

（2）Salkowaski 反应

取海星皂苷Ⅲ少许，加 3mL 氯仿，沿管壁滴加入 1mL 浓硫酸，观察氯仿层和硫酸层颜色的变化情况。

4. 含量测定

（1）标准溶液的配制

精密称取干燥至恒重的海星皂苷 P1 标准品 20.0mg，用 95% 乙醇溶解并定容至 50mL，得到浓度 $400\mu g/mL$ 的标准品溶液，备用。

（2）标准曲线的绘制

采用香草醛-硫酸法作为总皂苷的测定方法。分别吸取 0.05mL、0.10mL、0.20mL、0.30mL、0.40mL、0.50mL 标准品溶液，注入具塞试管中，各加入 95% 乙醇 0.45mL、0.40mL、0.30mL、0.20mL、0.10mL、0.00mL 补足至 0.5mL，再分别加入 0.5mL 8% 的香草醛试剂，摇匀，置于水浴中缓缓加入 5mL 72% 的硫酸，摇匀，立即放入 62℃ 的恒温水浴中，保温 20min，迅速取出置于水浴中冷却 10min，在 30min 内，在最大吸收波长处测定吸光度，以标准品皂苷的吸光度 $A(Y)$ 为纵坐标，以标准品的浓度 (X) 为横坐标，绘制标准曲线。对实验数据用最小二乘法作线性回归，得到吸光度 A 与浓度的关系曲线回归方程式。

（3）样品含量的测定

吸取海星总皂苷提取液Ⅰ 1mL 并稀释到 10mL，再从中吸取稀释液 2mL，用香草醛-硫酸法进行测定，操作方法同标准曲线的绘制。

吸取海星皂苷Ⅲ 1mL 并稀释到 10mL，再从中吸取稀释液 2mL，用香草醛-硫酸法进行测定，操作方法同标准曲线的绘制。

提取率计算公式：$Q＝$ 提取的总皂苷质量 (m_1) /海星样品的质量 $(m_2)×100\%$。提取液中总皂苷的含量由标准曲线求出。

5. 硅胶柱色谱分离纯化海星皂苷 P1

取粉碎的干燥海燕 1kg，加入 8L 的 70% 乙醇热回流提取 2 次，回收溶剂后以水混悬，分别以石油醚、乙酸乙酯、正丁醇萃取，得到的正丁醇萃取部分用硅胶柱色谱以二氯甲烷-甲醇梯度洗脱，接收流分，再以二氯甲烷-甲醇重结晶，与标准品对照，得到海星皂苷 P1 白色晶体。

五、实验注意事项

新购大孔树脂可能含有分散剂、致孔剂、惰性溶剂等化学残留，所以使用前通常需要进行预处理。预处理方法为：分别准确称取一定质量的 D-101 型大孔树脂于 8 倍量 95% 乙醇中浸泡 24h，使其充分溶胀，然后将树脂装入层析柱中用浓度 95% 的乙醇淋洗至流出液加 3 倍水后不出现白色沉淀，再用去离子水洗至无醇味为止；再用 3～5 倍体积的浓度为 5% HCl 溶液，以 0.3～0.5mL/min 的速度淋洗，保持速度不变，用去离子水洗至 pH 值为 5～7；用 3～5 倍体积的浓度 5% NaOH 溶液以 0.3～0.5mL/min 的速度淋洗，最后用去离子水洗至 pH 值为 7～9，取出浸泡备用。

六、思考题

① 什么是皂苷？如何提取分离皂苷类化合物？

② 皂苷如何定性鉴定？总皂苷含量如何定量测定？

③ Molish 反应和 Salkowaski 反应的原理是什么？

七、参考资料：海燕皂苷 P1 的理化性质

海燕皂苷 P1 为白色固体，熔点 191～192℃。$[\alpha]_D$（20℃）：+7.0°(MeOH)。IR ν_{max}/cm^{-1}：3407，1221。FAB-MS：m/z 716（$M^+ + 1 + K$）。^{13}C NMR（150MHz，CD_3OD）δ：39.58(C-1)，32.34(C-2)，72.17(C-3)，33.10(C-4)，53.58(C-5)，66.97(C-6)，50.80(C-7)，76.00(C-8)，57.29(C-9)，37.84(C-10)，19.64(C-11)，42.86(C-12)，45.46(C-13)，67.68(C-14)，69.89(C-15)，41.80(C-16)，56.05(C-17)，15.48(C-18)，14.23(C-19)，36.37(C-20)，18.96(C-21)，31.89(C-22)，28.50(C-23)，84.54(C-24)，31.45(C-25)，18.50(C-26)，18.14(C-27)，109.54(C-1′) 81.66(C-2′)，89.36(C-3′)，81.79(C-4′)，68.90(C-5′)，58.42(OMe)。

◎ 实验 5-7 海带中岩藻甾醇和岩藻黄质的提取与精制

一、实验目的与要求

① 学会混合溶剂提取岩藻黄质和岩藻甾醇的方法。

② 学会采用硅胶柱色谱方法分离纯化岩藻黄质和岩藻甾醇。

③ 了解岩藻黄质的皂化过程。

二、实验原理

海带（*Laminaria japonica* aresch）为海藻门、褐藻纲、海带目、海带科、海带属的一种大型褐藻，其中富含碘、钾、钙、镁、锌、硒等矿物质及色素等，中药上称为"昆布"，始载于《名医别录》《嘉佑本草》等医书上，具有"去瘿行水，下气化痰"等功效。海带中含有大量有用的物质，如褐藻酸钠、碘、甘露醇、褐藻胶、岩藻甾醇和岩藻黄质。褐藻酸钠、碘和甘露醇常常利用海带来进行提取，而岩藻甾醇和岩藻黄质则往往作为废弃物被丢掉。

岩藻甾醇（fucosterol），又称 24-亚乙基胆甾-5-烯-3β-醇，是在海藻中大量存在的一种 29 个碳的植物甾醇。岩藻甾醇可保持生物体内的环境稳定，具有调节糖和矿物质的代谢、调节应激反应、降低胆固醇和抗癌等活性。同时作为合成雌激素、雄激素和氢化可的松的原料，调节人体生长、生殖、发育等功效，其结构如下：

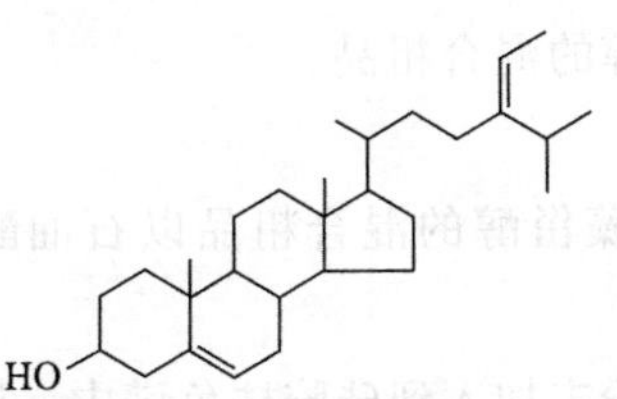

岩藻黄质为一种胡萝卜素类化合物，化学名称为 $3'$-乙酰氧基-$6',7'$-二脱氢-$5,6$-环氧-$5,5',6,6',7,8$-六氢-$3,5'$-二羟基-8-氧代-β,β'-胡萝卜素，结构如下：

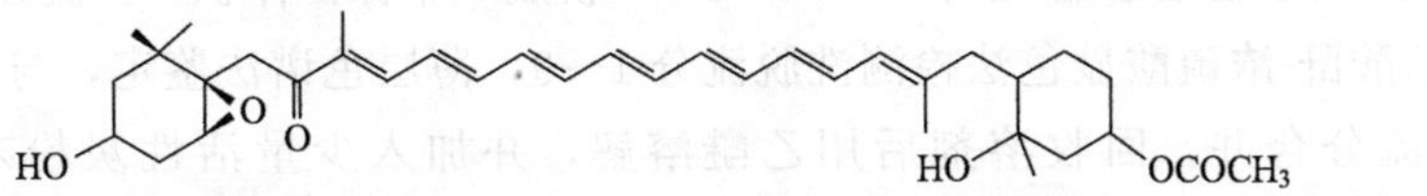

最初对于岩藻黄质的应用仅仅是作为一种着色剂加入到食品中，随着研究的深入，发现岩藻黄质在光合作用中能发挥捕获光能、传递能量、输送电子与氧气等作用，具有良好的抗氧化、消除脂肪堆积、抗肥胖、抗肿瘤、调节血糖、抗炎等作用，可作为非处方药用于与其他药物的配伍中或作为保健品使用。

目前，主要是从海带、裙带菜中提取岩藻黄质，提取方法以溶剂浸提法为主，也有超临界流体二氧化碳提取法、超声波辅助法提取，使用的有机溶剂有石油醚、甲醇、乙醇、丙酮、二甲基亚砜、乙酸乙酯等的一种或几种以不同比例进行混合的溶液。岩藻黄质的纯化主要以硅胶柱色谱进行分离得到，亦可利用有机溶剂萃取结合硅胶柱色谱法或通过大孔吸附柱色谱法进行分离纯化。其结构分析方法有紫外分光光度法、质谱法、核磁共振光谱法等。

岩藻黄质为一种天然的脂溶性色素，岩藻甾醇结构中只有一个羟基基团，易溶于弱极性的有机溶剂中，故实验中选择石油醚-丙酮-乙醇的混合溶剂进行提取；提取的岩藻黄质一部分以脂肪酸酯的形式存在于植物体中，在进一步纯化前须经过皂化反应过程，可以除去脂肪酸部分，将岩藻黄质分子从酯的形式转化为游离型。皂化后的提取物中含有岩藻黄质和岩藻甾醇，可经硅胶柱色谱进行分离纯化。

三、实验仪器与试剂

① 仪器：恒温水浴锅、冷凝管、玻璃柱、浓硫酸、乙酸酐、旋转蒸发仪、圆底烧瓶、锥形瓶等。

② 试剂：干海带、石油醚、丙酮、乙醇、氢氧化钾、甲醇、柱色谱用硅胶、乙酸乙酯、岩藻甾醇标准品、活性炭等。

四、实验步骤

1. 岩藻黄质和岩藻甾醇的提取

称取 200g 干海带，研磨成粉，加入 10 倍量无水乙醇-丙酮-石油醚的混合溶液（混合比例为无水乙醇：丙酮：石油醚＝4：1：1）加热，40℃水浴下回流提取 2 次，每次 1h，过滤，合并上清液，回收溶剂，浸膏称重待用。

2. 皂化

将实验步骤 1. 中制得的浸膏加入 20 倍量的 30％氢氧化钾-甲醇溶液，在 45℃恒温水浴锅中加热皂化 3h 后，溶液体系中加入 1 倍量的石油醚进行萃取，取上层液体，回收石油醚，即得岩藻黄质和岩藻甾醇的混合粗品。

3. 柱色谱分离纯化

① 皂化后的岩藻黄质和岩藻甾醇的混合粗品以石油醚溶解拌入柱色谱用硅胶，自然挥干。

② 将①中挥干的拌样硅胶粉末加入到硅胶柱色谱中，以石油醚-乙酸乙酯混合溶剂进行梯度洗脱（8：1，5：1，3：1），每个极性各洗 3 个保留体积，分别收集，得流分 1～9。再用混合溶剂石油醚-乙酸乙酯-乙醇（3：2：0.1）洗脱 3 个保留体积，得流分 10～12。

③ 以乙酸酐-浓硫酸显色法检测洗脱流分 1～9，薄层色谱法鉴定，与岩藻甾醇标准品相同 R_f 值流分合并，回收溶剂后用乙醚溶解，并加入少量活性炭粉末于溶液中，脱色 20min。

④ 抽滤除去活性炭，滤液中加入一定量的乙醇，析出晶体，即为岩藻甾醇。

⑤ 将流分 10～12 进行薄层色谱法鉴定，与岩藻黄质标准品相同 R_f 值流分合并，进行溶剂回收，冷冻干燥，即得岩藻黄质精品。

4. 实验流程

海带中岩藻甾醇和岩藻黄质的提取与精制流程见图 5-11。

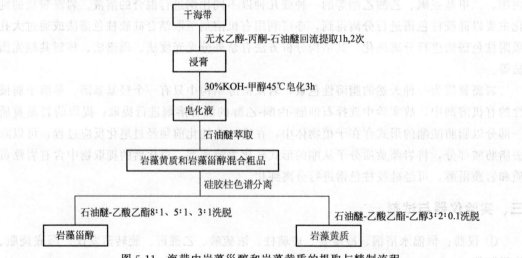

图 5-11　海带中岩藻甾醇和岩藻黄质的提取与精制流程

五、实验注意事项

① 岩藻黄质的皂化过程加入 30％氢氧化钾-甲醇溶液在 45℃水浴下皂化 3h，皂化不仅可以使大部分以脂肪酸酯形式结合的岩藻黄质游离出来，同时还可除去叶绿素、小分子杂质和一些极性较大的杂质。

② 由于岩藻黄质在强碱、强酸、强光或高温条件下结构发生改变，故分离纯化过程应尽量在低温和暗处进行。

六、思考题

① 岩藻黄质可以采用哪些方法进行分析和含量测定？

② 岩藻黄质与岩藻甾醇在理化性质上有哪些不同？

七、参考资料：岩藻甾醇和岩藻黄质的理化性质

1. 岩藻甾醇（fucosterol）

24-亚乙基胆甾-5-烯-3β-醇，分子式 $C_{29}H_{48}O$，白色针状结晶，熔点 124℃（甲醇作为溶剂析晶），旋光度 −38.4°（氯仿）。Liebermann Burchard 反应阳性。易溶于非极性有机溶剂，如石油醚、氯仿、苯、环己烷、正己烷、乙醚、二氯甲烷等，难溶于极性有机溶剂，如乙醇、甲醇、丙酮等，不溶于水。

^{1}H NMR（$CDCl_3$，400MHz）δ：3.52（1H，m，H-3），5.35（1H，br. s，$J=5.1$Hz，H-6），0.69（3H，s，H-18），1.01（3H，s，H-19），0.99（1H，d，$J=6.4$Hz，H-21），2.20（3H，m，H-25），5.18（1H，q，$J=6.8$Hz，H-28），1.57（3H，d，$J=6.6$Hz，H-29）。^{13}C NMR（150MHz，CD_3OD）δ：37.35（C-1），32.02（C-2），71.79（C-3），42.37（C-4），140.57（C-5），121.55（C-6），31.76（C-7），32.02（C-8），50.19（C-9），36.60（C-10），21.22（C-11），39.85（C-12），42.43（C-13），56.79（C-14），24.45（C-15），28.35（C-16），55.83（C-17），12.00（C-18），19.53（C-19），36.51（C-20），18.90（C-21），35.32（C-22），25.83（C-23），146.78（C-24），34.87（C-25），22.26（C-26），22.36（C-27），115.43（C-28），13.32（C-29）。

2. 岩藻黄质

3′-乙酰氧基-6′,7′-二脱氢-5,6-环氧-5,5′,6,6′,7,8-六氢-3,5′-二羟基-8-氧代-β，β′-胡萝卜素，分子式 $C_{42}H_{58}O_6$，分子量 658.91，相对密度 1.09，熔点为 166~168℃，溶于氯仿、石油醚、乙醚、己烷、乙醇、甲醇、二甲基亚砜等有机溶剂，不溶于水。在偏酸溶液、弱光和低温条件下比较稳定，对强酸、强碱、强光照、空气或高温条件下极为敏感，发生结构改变。

质谱 m/z：697.6、681.6、659.6 $[M+H]^+$、641.6 $[M+H-18]^+$（基峰）、582.6、581.6、486.6、453.3、415.4、413.4、346.4、318.4、274.4。^{1}H NMR（$CDCl_3$）δ（J/Hz）：7.13（br. d，12），6.73（br. dd，12，14），6.65（br. d，15），6.62（m），6.58（m），6.55（br. dd，12，15），6.39（br. d，12），6.33（br. d，15），6.25（br. d，12），6.11（br. d，11），6.03（s），5.36（m），3.80（m），3.63（d，18.3），2.58（d，18.3），2.31（m），2.28（m），2.02（s），1.98（m），1.97（s），1.97（s），1.92（s），1.79（s），1.76（br. dd，11，14），1.49（m），1.49（m），1.39（m），1.36（s），1.33（m），1.20（s），1.05（s），1.01（s），0.94（s）。^{13}C NMR（150MHz，C_6D_6）δ：35.8（C-1），47.1（C-2），64.3（C-3），41.7（C-4），66.0（C-5），66.9（C-6），40.9（C-7），170.5（C-8），135.0（C-9），138.2（C-10），123.5（C-11），145.1（C-12），135.5（C-13），136.7（C-14），130.8（C-15），25.1（C-16），28.2（C-17），21.2（C-18），11.9（C-19），12.8（C-20），35.1（C-1′），45.5（C-2′），68.1（C-3′），45.3（C-4′），72.7（C-5′），118.0（C-6′），202.4（C-7′），103.4（C-8′），132.6（C-9′），128.6（C-10′），125.8（C-11′），137.2（C-12′），138.2（C-13′），132.2（C-14′），132.3（C-15′），29.3（C-16′），32.1（C-17′），31.2（C-18′），14.3（C-19′），13.0（C-20′），197.4（C=O），21.5（$COCH_3$）。

○ 实验 5-8　鱿鱼肝脏中鱼油的精制

一、实验目的与要求

① 学会采用超声波辅助提取法进行鱿鱼肝脏中鱼油的快速提取。

② 熟悉采用化学法进行鱼油的精炼。

③ 了解采用气相色谱法进行鱼油中成分的分析。

④ 了解鱼油中主要理化指标的测定。

二、实验原理

多不饱和脂肪酸（polyunsaturated fatty acid，PUFA）是指含有两个或两个以上双键且碳链长度为 18～22 个碳原子的直链脂肪酸，在 PUFA 中，距离羧基最远端的双键在倒数第三个碳原子上的称为 omega-3，在第六个碳原子上的称为 omega-6。其中对人体最重要的两种多不饱和脂肪酸为 DHA 和 EPA。DHA 为二十二碳六烯酸，具有软化血管、健脑益智、改善视力等作用；EPA 为二十碳五烯酸，具有调节血脂，清除血管中胆固醇、甘油三酯等的作用。

海产鱼油中含有大量的 PUFA，具有重要的营养和保健功效。鱿鱼肝脏是鱿鱼加工过程中产生的下脚料，约占鱿鱼湿重的 15%，一般将其作为废弃物处理，不但浪费资源，而且还污染环境。有报道采用气相色谱仪分析鱿鱼油中脂肪酸的成分，其中 EPA 和 DHA 含量占多不饱和脂肪酸的 35% 左右，通过对鱿鱼肝脏中鱼油的制备，可以达到利用鱿鱼资源的目的。

通过超声、加热、加压使得鱿鱼肝脏中的鱼油易于释放，鱼油中的脂肪酸成分可通过甲酯化反应制备成脂肪酸甲酯进行 GC/MS 分析。

$$RCOOH + CH_3OH \longrightarrow RCOOCH_3 + H_2O$$

三、实验仪器与试剂

① 仪器：分液漏斗、分析天平、旋转蒸发仪、高压锅、离心机、气相色谱/质谱联用仪等。

② 试剂：鱿鱼肝脏、叔丁基对苯二酚、活性白土、磷酸、氢氧化钠、氢氧化钾、甲醇等。

四、实验内容

1. 鱿鱼肝脏中鱼油的提取

取湿鱿鱼肝脏 200g 置于烧杯中，加入 300mL 蒸馏水，搅拌均匀，充入 N_2，加入 4mg 的叔丁基对苯二酚（TBHQ）以防止不饱和脂肪酸氧化，超声波中超声 5min 后，置于高压锅（126℃，0.5MPa）中加热 20min，液体取出，冷却后，以 5000r/min 的速度离心 10min，萃取上层即为粗鱼油。

2. 鱼油的精炼

鱼油的精炼主要包括脱胶、脱酸、脱色、脱腥等过程。

(1) 脱胶

取粗鱼油 10mL，水浴搅拌下加热至 70℃，然后缓慢加入 0.1mL 磷酸，70℃水浴下加热 1min 后，5000r/min 离心 10min，萃取上层即得脱胶的鱼油。

(2) 脱酸

向 (1) 中得到的脱胶鱼油中加入 4mol/L 的 NaOH 溶液，具体加入量需根据粗鱼油测得的酸值来计算（计算过程：$7.13\times10^{-4}\times$油重$\times$酸值），10min 内加完碱液。加热搅拌，至 70℃，保温 30min 后，冰箱中冷却，静置分层后，以 5000r/min 离心 10min，弃去沉淀后，加入 90℃左右的去离子水（加入量为鱼油量的 10%），反复搅拌下去除残余的皂，上层即为脱酸的鱼油。

(3) 脱色

将 (2) 中得到的鱼油水浴加热至 60℃，向鱼油中拌入适量的活性白土（加入量为鱼油量的 20%），搅拌吸附 0.5h，5000r/min 离心 10min，萃取上层即为脱色鱼油。

(4) 脱腥

将 (3) 中得到的鱼油以旋转蒸发仪在水浴 100℃下减压除腥，即得脱腥鱼油。

3. 鱼油理化指标的测定

(1) 测定水分及挥发物

参照 GB 5009.236—2016 的方法测定水分及挥发物，采用电热干燥箱法测定，具体过程如下：在已恒重的称量瓶 (m_0) 中，称取摇匀的 5g 左右的油样质量 (m_1)，精确至 0.001g；将称量好的油样称量瓶放入电热干燥烘箱中，(103 ± 2)℃下烘干 1h。取出油样后立即放入干燥器中，充分冷却到室温，称量烘干后的质量 (m_2)，精确至 0.001g；复烘一次，至两次质量之差小于 0.002g，计算水分及挥发物的含量。

$$水分及挥发物含量=\frac{m_1-m_2}{m_1-m_0}\times100\%$$

(2) 测定酸值

参照 GB 5009.229—2016 的方法测定酸值，具体过程如下：将准确称重的待测油样 2.5g，加入 250mL 锥形瓶中，加入 50~150mL 预先中和过的乙醚-异丙醇混合液和 3~4 滴酚酞指示剂，再用 0.1mol/L 的氢氧化钾溶液边振摇边滴定，直至溶液变为粉红色（维持 15s 内不褪色）停止滴定。平行测定两次。

$$酸值=\frac{Vc\times56.1}{m}$$

式中，V 为所用 KOH 溶液的体积，mL；c 为所用 KOH 溶液的浓度，mol/L；m 为油样的质量，g；56.1 为 KOH 的摩尔质量，g/mol。

酸度则通过酸值的结果计算得到：

$$酸度=\frac{VcM}{10m}\times100\%$$

式中，V 为所用 KOH 溶液的体积，mL；c 为所用 KOH 溶液的浓度，mol/L；m 为油样的质量，g；M 表示结果选用的酸的摩尔质量，g/mol。

两次测定的算术平均值作为测定结果。

(3) 测定碘值

参照 GB/T 5532—2008 的方法测定碘值，具体过程如下：预估油样的碘值，取油样

1g（碘值在 $5\sim20$g I_2/100g；当碘值小于 5g I_2/100g 时，取油样 3g），加入 20mL 环氧乙烷-冰醋酸混合溶剂，准确加入 25mL 的一氯化碘乙酸溶液，密闭下摇匀置于暗处反应 $1\sim2$h，同样条件下，做空白实验。反应结束后，加入 100g/L 的碘化钾溶液和 150mL 水于锥形瓶中，用标定好的硫代硫酸钠（0.1mol/L 左右）滴定至浅黄色，加几滴淀粉溶液继续滴定，直至剧烈振摇后蓝色消失为止。同一油样要测定两次。

碘值按每 100g 油样吸取碘的克数表示，结果计算公式：

$$碘值(cV)=1269(V_1-V_2)/m$$

式中，c 为硫代硫酸钠溶液的标定浓度，mol/L；V_1 为空白实验中消耗硫代硫酸钠溶液的体积，mL；V_2 为测定时所消耗硫代硫酸钠溶液的体积，mL；m 为试样的质量，g。

（4）测定过氧化值

参照 GB 5009.227—2016 的方法测定过氧化值，具体过程如下：称取 $2\sim3$g 待测油样（精确至 0.001g），置于 250mL 碘量瓶中，加入 30mL 三氯甲烷-冰醋酸混合溶液，完全溶解油样。再在瓶中加入 1mL 饱和碘化钾溶液，密闭反应装置，并轻轻振摇 0.5min，在暗处放置 3min 后，取出，向其中加入 100mL 蒸馏水，摇匀，立即以淀粉试液为指示剂，用硫代硫酸钠标准溶液（0.01mol/L 左右）滴定至蓝色消失为终点。同时做空白试验。

过氧化值按下式计算：

$$过氧化值=\frac{0.1269c(V-V_0)}{m}\times100\%$$

式中，c 为硫代硫酸钠标准溶液的浓度，mol/L；V 为油样消耗硫代硫酸钠标准溶液的体积，mL；V_0 为空白消耗硫代硫酸钠标准溶液的体积，mL；m 为样品质量，g；0.1269 为换算系数。

4. GC/MS 分析鱼油中脂肪酸的组成

（1）鱼油甲酯化

取 1mL 左右的鱼油置于具塞试管中，加入 2mL 正己烷，充分溶解鱼油后再加入 0.4mol/L 氢氧化钾-甲醇溶液 1mL，摇匀，静置 0.5h 使其充分反应。上清液于 $-20℃$ 冰箱中保存，GC/MS 仪进行鱼油脂肪酸组成的分析。

（2）GC/MS 分析条件

PEG-20M 型毛细管柱（30cm×0.25mm），流速 0.4mL/min，进样量 0.6μL，电离方式为 EI，电离能量 70eV。进样口与检测器温度均为 260℃；程序升温 210℃ 20min，随后以 3℃/min 速度升温至 240℃ 至检测结束。

（3）结果分析

采用 GC/MS 进行鱼油中脂肪酸组成的分析，计算鱼油中饱和脂肪酸与不饱和脂肪酸、单不饱和脂肪酸与多不饱和脂肪酸的组成与比例。

五、实验注意事项

① 鱼油提取的过程中注意充入 N_2 和加入一定量的抗氧化剂，以防止鱼油中不饱和脂肪酸被氧化。

② 鱼油中的不饱和脂肪酸极易被氧化，需及时进行甲酯化，冷冻保存。

六、思考题

① 鱿鱼肝脏中鱼油的快速提取，除了采用超声辅助方法，还可采用哪些方法？

② 脂肪酸在结构上分为几类？哪些在营养与保健上具有重要意义？

七、参考资料：溶液的配制

① 硫代硫酸钠标准溶液（0.1mol/L）：配制和标定按 GB/T 5490—2010 进行，7d 内使用。

② 碘化钾溶液：浓度为 100g/L，溶液中不含碘酸盐或游离碘。

③ 环己烷-冰醋酸溶液：环己烷与冰醋酸按 1∶1（体积比）混合配成溶液。

④ 含一氯化碘溶液的乙酸溶液：称量三氯化碘 9g 溶解在冰醋酸（700mL）和环己烷（300mL）的混合溶液中，从中取 5mL 混合液加入 100g/L 的碘化钾溶液和 300mL 蒸馏水，滴加几滴淀粉溶液作为指示剂，然后再用 0.1mol/L 的硫代硫酸钠标准溶液滴定反应析出的碘，滴定体积即为 V_1。

加 10g 纯碘于上述试剂中，使其完全溶解，如上法滴定，得滴定体积 V_2。V_2/V_1 值应大于 1.5，如略低，可稍加纯碘直至 V_2/V_1 值略大于 1.5。将溶液静置，上层清液装入棕色试剂瓶中避光保存。

⑤ 饱和碘化钾溶液：称取 14g 碘化钾固体加入 10mL 水溶解，冷却后储于棕色瓶中。

⑥ 三氯甲烷-冰醋酸混合液：三氯甲烷 40mL 与 60mL 冰醋酸混匀。

⑦ 1%淀粉试液：0.5g 淀粉加 10mL 水搅匀成糊状，再加入 40mL 沸水，煮沸，该试剂现用现配。

◯ 实验 5-9 鱼皮中胶原蛋白的提取与纯化

一、实验目的与要求

① 学会利用冰醋酸进行鱿鱼皮中胶原蛋白的提取。

② 学会胶原蛋白含量的测定方法。

二、实验原理

胶原蛋白（collagen）是一种由三条肽链形成的螺旋纤维状糖蛋白，是存在于多细胞动物体内结缔组织中非常重要的一种蛋白质，占结缔组织的 20%～30%，具有很强的延展特性，是肌腱和韧带的重要组成。

胶原蛋白由纤维细胞合成，主要有四种形态：Ⅰ型主要存在于成人皮肤和骨组织，Ⅱ型主要存在于软骨组织中，Ⅲ型主要存在于婴幼儿皮肤或血管，Ⅳ型主要存在于组织器官的基底膜、胎盘及晶状体中。其组成主要包括除色氨酸、半胱氨酸外的 18 种氨基酸，人体必需的氨基酸有 7 种，甘氨酸、脯氨酸及羟脯氨酸含量非常高，甘氨酸占 25%～30%，脯氨酸约占 12%，羟脯氨酸约占 10%，丙氨酸和谷氨酸的含量也较高。胶原蛋白分子量约为 300000，其三螺旋结构使其分子结构非常稳定。

胶原蛋白可以补充皮肤所需营养，使皮肤中胶原活性增强、滋润皮肤、保持皮肤弹性等作用。具有提高免疫力、抑制癌细胞、参与细胞机能活化、防止衰老等作用，使得胶原蛋白在食品保健、护肤美容、延缓皮肤老化等方面具有极好的应用前景。同时胶原蛋白可提供给表皮细胞的增殖、迁移铺垫支架，提供良好的营养，可用于伤口的愈合。其保护、支持人体组织与骨骼张力强度、黏弹性等优点，亦可作为一种新型生物材料应用于骨科、整形外科、皮肤科、牙科、神经外科等医疗卫生领域。

胶原蛋白是一种纤维状蛋白，对称性差，溶解性不好，其提取的基本原理是改变蛋白质所处的外界环境，从而使得胶原蛋白从其他成分中分离出来，方法主要集中于溶剂提取法，如酸法、碱法、盐法、酶法、热水提取法。碱法提取中常用的碱为石灰、氢氧化钠、碳酸钠等，胶原蛋白在碱性溶液中发生肽键断裂，难以保持其三螺旋结构；盐法提取中常用的试剂为盐酸-三羟甲基氨基甲烷（Tris-HCl）；酸法提取中常用的酸有盐酸、乙酸、柠檬酸、甲酸等，在低温时可以最大限度地保持胶原蛋白的结构；酶法中最常用的酶为胃蛋白酶，提取的胶原蛋白具有纯度高、水溶性好、理化性质稳定等特性。热水提取法尽管具有一定的提取率，但高温条件下胶原蛋白失去了原有的三螺旋空间结构，不具备胶原蛋白的功能。

目前我国的胶原蛋白产品一般来源于屠宰动物的结缔组织，从水产动物中获得的胶原蛋白与陆生哺乳动物来源的胶原蛋白在特性、组成及性质上都存在一定的差异。在鱿鱼的加工过程中，产生了约 35％ 的头、足、内脏、表皮等废弃物，鱼皮占水产总废弃物的 8％～13％，含有大量的胶原蛋白。本实验即是采用冰醋酸提取法从鱿鱼皮中提取其中的胶原蛋白，并进行胶原蛋白含量的测定。

采用冰醋酸进行鱼皮中胶原蛋白的提取，可以提高鱼皮中胶原蛋白的溶出度。利用分光光度法先测定提取液中羟脯氨酸的含量，通过羟脯氨酸的含量折算鱼皮中胶原蛋白的含量和纯度。

三、实验仪器与试剂

① 仪器：组织捣浆机、分光光度计、冷冻离心机、电子天平、水浴锅、酒精喷灯等。
② 试剂：鱿鱼皮、4-羟基-L-脯氨酸、氢氧化钠、冰醋酸、正丁醇、氯化钠、盐酸等。

四、实验步骤

1.酸法提取胶原蛋白

（1）预处理

鱿鱼皮经解冻，以蒸馏水洗净晾干，加入 10％正丁醇，冰箱中浸泡 1d，然后用蒸馏水清洗干净，备用。

（2）酸法提取胶原蛋白

上述处理好的鱼皮用 6 倍量（鱼皮质量）体积的 0.05mol/L 的氢氧化钠溶液于 4℃下浸泡 60min，用蒸馏水洗至中性，晾干水分后，剪碎，再加入 6 倍量体积的 0.5mol/L 冰醋酸溶液以组织捣浆机匀浆，于 4℃冰箱中浸泡放置过夜，低温离心（5000r/min，20min），弃去沉淀，得上清液体，即为液态胶原蛋白粗胶制品。

（3）胶原蛋白的纯化

在（2）中胶原蛋白溶液中加入一定量的 NaCl 至最终浓度为 2.6mol/L，胶原蛋白即以白色絮状沉淀析出，低温条件下离心 30min（4000r/m），弃去上清液，沉淀以 0.5mol/L 冰醋酸溶解，以 0.1mol/L 冰醋酸溶液透析 1d，再改用蒸馏水透析 2 次，即得纯度较高的胶原蛋白溶液，采用真空冷冻干燥，得到胶原蛋白纯品。

2. 胶原蛋白含量的测定

（1）羟脯氨酸标准曲线的制作

精密量取羟脯氨酸 0.1g，用 0.001mol/L 的盐酸定容，配制成 1mg/mL 的羟脯氨酸溶液。再经稀释至浓度为 10μg/mL 的标准溶液，依次配制成不同浓度的羟脯氨酸溶液。分别取 1mL，加入 2mL 氯胺 T 溶液，室温下放置 5min 后，再加入 2mL 高氯酸溶液，充分混合，放置 5min，再加入 2mL 对二甲基氨基苯甲醛溶液，混合均匀，60℃ 水浴下加热 20min，冷却至室温，以 0.001mol/L 的盐酸作为空白液，同样加入上述溶液后进行调零，测定其在 560nm 处的吸光度，绘制标准曲线。

（2）样品中羟脯氨酸含量的测定

取纯化的胶原蛋白的待测样品约 10mg，置于安瓿中，加入 6mol/L 的盐酸 1mL，采用酒精喷灯进行封口，于 130℃ 油浴下水解 3h。取出，再用蒸馏水定容至 10mL，离心取上清液 1mL，按羟脯氨酸标准曲线的测定方法，以空白调零，测定待测样品的吸光度。由羟脯氨酸标准曲线换算出待测样品中羟脯氨酸的浓度和胶原蛋白的含量。

由于不同鱼皮中羟脯氨酸的含量不同，因而计算胶原蛋白含量时所用的折算系数也不同，文献中报道的鳕鱼、鱿鱼、鲤鱼的鱼皮中羟脯氨酸的折算系数分别为 7.46、14.12、9.75，可以依据此数来进行折算。

五、实验注意事项

① 鱼皮在提取前需要进行预处理。

② 由于热提取胶原蛋白会使其失去原有的三螺旋空间结构，不具备胶原蛋白的功能。因此，本实验中采用低温（4℃）条件下进行加乙酸提取，可以保证胶原蛋白保持原有性质。

六、思考题

① 处理好的鱼皮为什么要先加 0.05mol/L 的氢氧化钠溶液浸泡？

② 除采用分光光度法，还有哪些方法测定胶原蛋白的含量？

⊙ 实验 5-10　海带中碘及甘露醇的提取与精制

一、实验目的与要求

① 学会从海带中精制碘的方法。

② 学会采用水提法和乙醇沉淀法从海带中制备甘露醇。

③ 学会甘露醇含量的化学测定方法。

二、实验原理

甘露醇（D-mannitol），又名 D-甘露糖醇、木蜜醇，为山梨醇的差向异构体，白色或无色结晶性粉末，味甜，甜度是蔗糖的70%左右，广泛存在于植物的根、茎、叶中，在海带中含量最高。我国目前生产甘露醇的主要方法是从海带提取碘及海藻酸钠后的废水中提取甘露醇，10t 的海带可提取出 1t 甘露醇。

甘露醇为单糖，在体内不被代谢，经肾小球过滤后在肾小管内甚少被重吸收，因而在医药工业中起到渗透性利尿剂、组织脱水剂与脑血管舒通剂的作用。甘露醇对急性肾功能衰竭、肺水肿、乙型脑炎等疾病亦有一定的治疗作用。在食品工业中可代替食糖用于制备糖尿病、肥胖症患者的特殊食品及口香糖和醒酒药的添加剂。在化学工业中主要作为生产甘露醇聚氨酯、硬脂甘露醇酯的主要原料，在生物化学上用于配制细菌培养基。

海带中的碘主要以碱金属碘化物形式存在，将海带灰化后，以蒸馏水提取，得到固体碘盐（碘化盐和碘酸盐），再经氧化剂（如重铬酸钾）氧化后即可得到单质碘，反应式如下：

$$2K_2Cr_2O_7 + KI = 2K_2CrO_4 + Cr_2O_3 + KIO_3$$
$$3K_2Cr_2O_7 + KIO_3 + 5KI = 6K_2CrO_4 + 3I_2$$

总反应方程式：$5K_2Cr_2O_7 + 6KI = 8K_2CrO_4 + Cr_2O_3 + 3I_2$

海带中甘露醇的制备主要采用水提法获得甘露醇粗提液，以80%乙醇沉淀法获得甘露醇。

三、实验仪器与试剂

① 仪器：坩埚、圆底烧瓶、抽滤瓶、蒸发皿、pH试纸、升华冷凝装置、分光光度计、离心机、锥形瓶等。

② 试剂：鲜海带、重铬酸钾、硫酸、高碘酸钠、D-甘露醇、无水乙醇、乙酸铵、冰醋酸、乙酰丙酮、氢氧化钙、盐酸等。

四、实验步骤

1. 海带中提取碘

① 新鲜海带洗净，烘箱中烘干，坩埚加热烧成灰。

② 称取海带灰 5g 于圆底烧瓶中，加入 50mL 蒸馏水煮沸 5min，收集滤液，再加 50mL 蒸馏水煮沸，抽滤，合并滤液，得碘盐溶液。

③ 在碘盐溶液中加入一定量硫酸溶液调 pH 值为 5~7，在蒸发皿中蒸发浓缩，炒干得到碘盐固体。

④ 再加入碘盐量 1/3~1/2 的重铬酸钾，混合拌匀，移入升华冷凝装置中（图5-12）加热，收集经升华、冷凝的碘单质。

2. 海带中提取甘露醇

（1）海带中甘露醇的提取

取新鲜海带洗净、风干、研磨后备用。称取研磨后的海带 3g 左右，加入 150mL 的蒸馏水，以硫酸溶液调 pH 值为 2，25℃恒温水浴下浸泡提取 3h，过滤后，加入一定量 1.0mg/mL 的石灰水中和浸泡液，过滤，除去沉淀物得清液。将清液在蒸发皿中加热浓缩至原体积的 1/5，缓缓加入 3 倍量体积的无水乙醇溶液，冰箱中静置过夜，离心除清液，得到甘露醇沉淀，室温下风干即可。

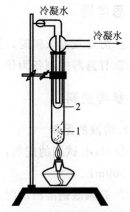

图 5-12　微量升华冷凝装置
1—碘盐和重铬酸钾混合物；
2—升华冷凝出的碘

（2）海带中甘露醇含量的测定方法

① 甘露醇标准溶液的配制。准确称取 D-甘露醇标准品 10.0mg，加入蒸馏水充分溶解，定容至 100mL，置于棕色瓶中冷藏保存。

② 标准曲线的制作。分别精确量取①中标准溶液 0.1mL、0.2mL、0.3mL、0.4mL、0.5mL、0.6mL、0.7mL 于 7 个具塞试管中，加水至 1.0mL，各试管中分别加入 1.0mL 0.015mol/L 的高碘酸钠溶液，充分振荡，室温下放置 10min，再加入 4.0mL 新鲜配制的 Nash 试剂，摇匀后立即放入 53℃的恒温水浴锅加热 15min，冷却至室温，以蒸馏水代替甘露醇溶液作为空白，于 $\lambda=413nm$ 下测定其吸光度，以甘露醇标准溶液质量浓度为横坐标、吸光度 A 为纵坐标绘制标准曲线，获得标准曲线方程。

③ 甘露醇含量测定。将提取的甘露醇溶液稀释后，精确吸取 1.0mL 于试管中，按②中所述方法进行操作，将样品液改为蒸馏水进行参比对照，在 413nm 处测吸光度 A，代入标准曲线方程，计算溶液中甘露醇的浓度，并根据下列公式计算海带中甘露醇的提取率：

$$甘露醇的提取率（\%）=[(X\times稀释倍数\times溶液体积)/样品质量]\times100\%$$

式中，X 为在 A 吸光度下根据标准曲线方程计算所得值。

五、实验注意事项

① 海带灰中含有 K_2CO_3 等碱性物质，使得煮沸液呈强碱性（pH＞13），此时需加入稀硫酸调节滤液酸度，以有利于下步的氧化还原反应析出碘单质，pH 值在 5～7 最适宜。若 pH 值小于 5，在蒸发炒干过程中碘离子被空气中的氧气氧化，有大量紫色气体逸出，即为单质碘升华，碘损失多；若 pH 值大于 7，呈碱性，碘盐不易与氧化剂发生氧化还原反应，使得生成的碘单质量减少，产率不高。故酸化时调 pH 值在 5～7 最适宜。

② 氧化剂的使用，常用氧化剂 $K_2Cr_2O_7$、$NaBiO_3$、PbO_2、$KMnO_4$、MnO_2、$(NH_4)_2S_2O_8$、$KClO_3$、CrO_3 中，以 $K_2Cr_2O_7$ 氧化效果最好，碘产量高；而 $NaBiO_3$、PbO_2、MnO_2、CrO_3 与碘盐反应生成的碘量少；$KMnO_4$、$(NH_4)_2S_2O_8$、$KClO_3$ 与碘盐在加热过程中，氧化剂自身发生剧烈的分解反应，得到的碘很少。

③ 制得的碘盐用小火炒干，碘盐和重铬酸钾反应前研细混合均匀。

④ 提取甘露醇过程中加入石灰水的目的是中和滤液，使硫酸镁、硫酸钙及提取液中一些胶状物质一同被沉淀下来。

六、思考题

① 海带灰提取碘时，为什么要进行酸化？调 pH 值多大适宜？

② 甘露醇的制备为什么采用乙醇沉淀法？

七、参考资料

1. 溶液的配制

① Nash 试剂的配制：75.054g 乙酸铵加入 1mL 冰醋酸和 1mL 乙酰丙酮，蒸馏水稀释至 500mL。

② 高碘酸钠溶液的配制：称取 0.323g 高碘酸钠，加入 0.12mol/L HCl 溶液 100mL，混合均匀，即得 0.015mol/L 的高碘酸钠溶液。

2. 甘露醇（D-mannitol）

白色或无色结晶性粉末，分子式为 $C_6H_{14}O_6$，分子量 182.78，熔点 166～170℃，沸点 290～295℃，密度为 1.489g/cm³，易溶于水、吡啶、苯胺、热甲醇及热乙醇中，微溶于冷甲醇、乙醇，而不溶于脂溶性有机溶剂中，不易被氧化，对稀酸和稀碱稳定，不发生吸湿现象。

其作为脱水剂和利尿剂的作用机理主要为：①组织脱水作用，20%甘露醇溶液可以提高血浆渗透压，导致组织（包括眼、脑、脑脊液等）内水分进入血管内，从而减轻组织水肿，降低眼内压、颅内压和脑脊液容量及其压力；②利尿作用，甘露醇可以增加血容量，并促进前列腺素-12 分泌，从而扩张肾血管，增加肾血流量包括肾髓质血流量。肾小球入球小动脉扩张，肾小球毛细血管压升高，皮质肾小球滤过率升高。自肾小球滤过后极少（<10%）由肾小管重吸收，故可提高肾小管内液渗透浓度，减少肾小管对水及 Na^+、Cl^-、K^+、Ca^{2+}、Mg^{2+} 以及其他溶质的重吸收。

○ 实验 5-11 牡蛎中提取牛磺酸

一、实验目的与要求

① 学会从牡蛎中提取牛磺酸的方法。

② 学会利用离子交换树脂法提纯牛磺酸。

③ 学会氨基酸含量的测定方法。

二、实验原理

牛磺酸（2-氨基乙磺酸）是最为重要的一种氨基酸，但其结构上与普通氨基酸存在着本质的区别，属于含硫元素的非蛋白质结构的氨基酸。由于最初是从牛胆汁中分离得到的，故也称为牛胆酸、牛胆素。

Hayes 发现幼猫视网膜老化导致失明的原因在于体内缺少牛磺酸，至此，人们对牛磺酸的生理活性进行了深入研究。牛磺酸具有抗氧化、抗病毒、增强视力、促进大脑发育、消炎、镇痛、解热、减少胆固醇、维持视觉功能、提高免疫力等作用。其在生物体内以二肽或三肽的形式存在于中枢神经系统中，可促进脑细胞中 DNA 和 RNA 的合成，具有提高学习、记忆能力，促进细胞代谢等活性，可增强超氧化物歧化酶 SOD 和谷胱甘肽过氧化物酶 GSH-Px 的活性，延缓大脑神经细胞的衰老。牛磺酸在新生哺乳动物脑中含量最高，但由于自身不能合成牛磺酸，随着脑的发育，其含量会减少，必须从添加了牛磺酸的食物中补充。牛磺酸已被广泛应用于医药、食品、饲料等工业作为营养保健的食品添加剂。

牛磺酸的获得主要有三种途径，即通过化学合成获得、微生物发酵或从动物体内提取得到。化学合成可以采用二氯乙烷法、乙醇胺法、亚乙基亚胺法、胱胺氧化合成法、乙胺合成法、乙二磺酸酐合成法等十余种。采用超滤、反渗透、电渗析、重结晶等方法进行牛磺酸的提纯。合成法对环境污染较大。天然提取主要从牛和鸡的胆汁、牡蛎、鱼、蚌肉、贝母等提取，天然提取工艺简单、无污染，但价格要高于化学合成法。我国海洋生物资源极为丰富，从鱼、贝类及其下脚料中提取天然的牛磺酸具有较高的经济效益。本实验即是从渤海密鳞牡蛎中提取牛磺酸。

牛磺酸 $NH_2CH_2CH_2SO_3H$ 结构中既有碱性基团—NH_2，又有酸性基团—SO_3H，极易溶于水，在酸性条件下，—NH_2 转化成—NH_3^+，可以用阳离子交换色谱进行纯化。

牛磺酸本身无紫外吸收，但在乙酸钠存在下，与乙酰丙酮和甲醛加热反应呈黄色，生成 N-取代-2,6-二甲基-3,5-二乙酰基-1,4-二氢吡啶，在 400nm 有一肩峰，其吸光度值与牛磺酸的含量在一定浓度范围内呈线性关系。

三、实验仪器与试剂

① 仪器：匀浆器、分光光度计、烧杯、色谱柱、电导率仪等。

② 试剂：密鳞牡蛎、牛磺酸标准品、732 阳离子交换树脂、乙醇、盐酸、氢氧化钠、乙酰丙酮、甲醛、乙酸钠等。

四、实验步骤

1. 牛磺酸的提取

（1）预处理

取牡蛎去壳留肉，以水洗净泥沙等脏物，称取约 1kg 备用。

（2）水提取

将洗好的牡蛎肉以匀浆器捣成浆状，置于大烧杯中，加 3 倍量蒸馏水煮沸 1h，离心，留上清液。

（3）除蛋白质

将上清液浓缩至原体积的 $1/8\sim1/6$ 后，滴加盐酸调溶液 pH 值为 3，静置析出沉淀，离心除沉淀，清液再用 5mol/L NaOH 溶液调 pH 值为 10，静置析出碱性蛋白，离心，分出上清液，再用 HCl 调 pH 值为 $4\sim5$，以备上柱用。

（4）离子交换色谱柱分离

将处理好的强酸型阳离子交换树脂湿法装入玻璃柱中，从上面加入（3）中的处理清液通过离子交换色谱柱，以蒸馏水进行洗脱，洗脱速度不超过 10mL/min，1min 接收 1 管。

(5) 结晶

接取的流分经浓缩后，置于冰箱中放置，析出牛磺酸，母液中再加入 3 倍量的无水乙醇后，再析出牛磺酸，合并牛磺酸粗品，加入少量水溶解，再向其中加入 3 倍量的无水乙醇，即可析出牛磺酸针晶。

2. 牛磺酸的含量测定

(1) 牛磺酸标准曲线的制作

配制浓度分别为 0mg/mL、0.01mg/mL、0.02mg/mL、0.03mg/mL、0.04mg/mL、0.06mg/mL、0.08mg/mL、0.10mg/mL 的牛磺酸标准溶液，各取 1.0mL 置于 10mL 的比色管中。加入乙酰丙酮：甲醛＝1.5：1 的显色剂各 1.5mL 及蒸馏水 2.5mL，以棉花塞住管口，100℃水浴中加热 15min。冷却后于 415nm 波长下测定其吸光度。得到牛磺酸的标准曲线方程。

(2) 牛磺酸含量的测定

取提取液各 1mL，置于 10mL 的比色管中，加入乙酰丙酮：甲醛＝1.5：1 的显色剂各 1.5mL 及蒸馏水 2.5mL，以棉花塞住管口，100℃水浴中加热 15min。冷却后于 415nm 波长下测定其吸光度。带入标准曲线方程中，计算提取液中牛磺酸的含量。

五、实验注意事项

① 离子交换色谱柱分离时，可逐管测定溶液的电导率，只收集电导率下降至稳定期间的洗脱液进行结晶。

② 测定牛磺酸含量时，如吸光度超过标准曲线范围，可适当将提取液稀释。

六、思考题

① 牛磺酸为一种氨基酸，其化学显色法中所使用的显色剂有哪些？

② 牛磺酸的分析测定方法有哪些？

③ 提取牛磺酸后其纯化方法有哪些？

◎ 实验 5-12　鱿鱼眼中透明质酸的提取与纯化

一、实验目的与要求

① 学会利用酶解法从鱿鱼下脚料中制备透明质酸。

② 学会透明质酸的脱色、分离纯化方法。

③ 学会透明质酸的含量测定方法。

二、实验原理

透明质酸（hyaluronic acid，HA）又名玻璃酸、玻尿酸，是一种独特的直链高分子酸性黏多糖，组成上由 (1-β-4)-D-葡萄糖醛酸 (1-β-3)-N-乙酰基-D-氨基葡萄糖的双糖单位重复连接而成。不同组织来源的透明质酸其结构均一致，没有种属差异，只存在分子量的不同，范围为 $10^5 \sim 10^7$，双糖单位数为 300～1100 对，具体结构如下：

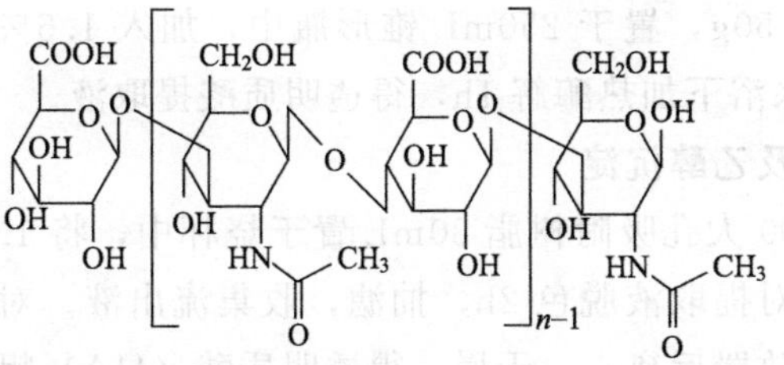

透明质酸具有许多天然黏多糖共有的性质：呈白色，无定形固体，无臭无味，有强吸湿性，溶于水，不溶于有机溶剂。其水溶液的比旋度为 $-70°\sim -80°$，在氯化钠溶液中由于葡萄糖醛酸中的—COOH 解离，产生 H^+，使得透明质酸呈现为酸性多聚阴离子状态，赋予了透明质酸酸性黏多糖的性质。由于透明质酸分子直链轴上基团之间的氢键作用，透明质酸分子在空间上呈现刚性的双螺旋柱形。

不同用途的透明质酸对分子量有不同要求，中等分子量的透明质酸主要用于化妆品，而高分子量的透明质酸可用于眼科黏性手术、治疗关节病、软组织修复和作为药物载体等，特别是在预防和减少外科手术后组织粘连中具有很高的利用价值。因此，透明质酸的应用主要分为：在化妆品中的应用、在保健食品中的应用、在医药领域的应用等。

透明质酸在动物组织中的分布较为广泛，几乎所有的动物组织中均含有透明质酸，不同的是含量差异。透明质酸大多存在于动物和人体结缔组织细胞间质中，而且在眼玻璃体、皮肤、脐带、软骨和关节滑液中含量较高。考虑到原料透明质酸含量的高低、数量的多少和易于取得的程度等成本因素，能够用于生产的原料主要为鸡冠、人脐带和动物眼球。鱿鱼眼睛相对于其他鱼类眼睛较大，晶状体所占体积也大，水产加工过程中产生 $15\%\sim 40\%$ 的下脚料，其中鱼眼占 $2\%\sim 5\%$。通常这些下脚料会被人类忽视，没有得到充分利用，造成渔业资源浪费。有资料表明，鱿鱼加工每年达几十万吨，大规模的加工废弃物对环境造成很大压力，从鱿鱼眼球中提取透明质酸，不但可以减轻加工对环境的影响，也为开发高附加值产品开辟道路，更好地进行废弃材料的重新利用。提高其加工的综合效益和经济价值，使其变废为宝。

葡萄糖醛酸用 Bitter-Muir 咔唑法确定，葡萄糖醛酸在透明质酸含量为 46.43%，由计算出的葡萄糖醛酸含量再折算出透明质酸含量。

三、实验仪器与试剂

① 仪器：具塞试管、容量瓶、移液器、离心机、恒温水浴锅、pH 计、可见光分光光度计、色谱柱、烘箱、红外光谱仪等。

② 试剂：鱿鱼眼、木瓜蛋白酶、葡萄糖醛酸、硫酸、咔唑、HPD100 大孔吸附树脂、DEAE-cellulose 52 等。

四、实验步骤

1. 透明质酸的提取

（1）预处理

取鱿鱼眼睛，经清洗后，收集眼睛中的液体，除去泥沙、色素等沉淀后冷冻备用。

（2）提取

称量准备好的液体 50g，置于 250mL 锥形瓶中，加入 1.5% 的木瓜蛋白酶，调溶液 pH 值为 8.5，在 55℃ 水浴下加热酶解 1h，得透明质酸提取液。

2. 透明质酸的脱色及乙醇沉淀

取处理好的 HPD100 大孔吸附树脂 30mL 置于烧杯中，将 1.（2）中的提取液加入杯中，在振荡器中振摇，对提取液脱色 2h，抽滤，收集流出液。对脱色后的流分采用不同浓度的乙醇进行沉淀，放置后离心，干燥，得透明质酸（HA）粗品。

3. 透明质酸的柱色谱分离纯化

对透明质酸粗品进行 DEAE-cellulose 52 柱色谱分离，取 HA 粗品 0.5g 溶于 1mL 蒸馏水中，缓慢加入 DEAE-cellulose 52 柱中，先用 100mL 蒸馏水洗脱，然后用 400mL 1mol/L 的 NaCl 溶液进行洗脱。控制流速 0.5mL/min，5mL 收集为一管，硫酸咔唑法测定每管中 HA 的含量，制作出洗脱曲线（光密度-管数），将同一峰的样品管进行合并，减压浓缩，透析除盐，冷冻干燥得到透明质酸精品。

4. 透明质酸含量的测定

（1）透明质酸标准曲线的制作

精密称取葡萄糖醛酸 100.0mg，置于 50mL 容量瓶中，加水定容至刻度，备用。精密量取标准溶液 0.2mL、0.4mL、0.6mL、0.8mL、1.0mL，分别加入 10mL 容量瓶中，加水稀释至刻度，得 $40\mu g/mL$、$80\mu g/mL$、$120\mu g/mL$、$160\mu g/mL$、$200\mu g/mL$ 浓度的对照品溶液。取 6 支具塞刻度试管分别加入硫酸 5mL，置于冰水浴中冷却至 4℃ 左右。然后分别取空白溶液和不同浓度的对照品溶液各 1.0mL 加入试管，先轻轻振摇，再充分混匀，并不断用冰水浴冷却，将试管至沸水中加热 10min，置水中冷至室温。加入咔唑试剂 0.2mL，混匀，水浴中加热 15min，冷至室温。在 530nm 处测定吸光度 A，以吸光度 A 对浓度 c 作图绘制标准曲线，计算出 A 和 c 的线性回归方程。

（2）透明质酸含量的测定

取 1.（2）中的提取液，配成浓度 0.1g/L，取 1mL，按照标准曲线的测定方法测定提取液吸光度。从标准曲线方程计算相应的葡萄糖醛酸浓度：

$$葡萄糖醛酸含量＝标准曲线查出的浓度/样品液浓度$$

葡萄糖醛酸在透明质酸中含量为 46.43%。由计算出的葡萄糖醛酸含量折算透明质酸含量，计算透明质酸的提取率：

$$透明质酸提取率＝（透明质酸含量/鱿鱼眼玻璃体干重）×100%$$

5. 透明质酸的 IR 图谱

将提取的透明质酸样品和溴化钾预先分别在烘箱中干燥 5h，取干燥的 1mg 左右的纯化样品与 2~3mg 的溴化钾混合均匀，进行压片，置于傅里叶红外仪中在 $400~4000cm^{-1}$ 下进行扫描。

五、实验注意事项

① 透明质酸为一种多糖，通过蛋白酶的酶解，可以去除连在多糖上的蛋白质，从而使多糖得以游离出来。蛋白酶的水解有一定条件，本实验所选用的木瓜蛋白酶是通过多种蛋白酶进行比较优选的，酶解条件结合了单因素和正交实验优化确定。较优的酶解条件为

加入 1.5％的木瓜蛋白酶，酶解 pH＝8.5，酶解温度为 55℃，酶解时间为 1h。

② 脱色过程可以采用大孔吸附树脂进行静态和动态吸附，本实验中采用静态吸附，利用大孔吸附树脂的良好作用达到对透明质酸的脱色。

六、思考题

① 如何确定透明质酸的纯度？
② 还可以从哪些生物体中提取透明质酸？
③ 透明质酸的作用有哪些？

七、参考资料：透明质酸的理化性质

红外光谱在多糖的结构研究中极为重要，特别是对于不同糖的鉴别、定量测定以及不同取代基的识别等。

透明质酸精品的红外吸收光谱如图 5-13 所示。在 $3440cm^{-1}$ 处有强烈的—OH 伸缩振动的特征吸收峰，表明存在多糖的羟基结构。在 $1650cm^{-1}$ 和 $1608cm^{-1}$ 处有 —C＝O 和—C—N 伸缩振动及 N—H 弯曲振动的特征吸收峰，说明分子中存在乙酰氨基结构。在 $1405cm^{-1}$ 和 $1206cm^{-1}$ 处有 O＝C—O— 伸缩振动和—OH 弯曲振动偶合产生的两个吸收峰，进而说明有糖醛酸的解离羧基和多羟基结构存在。与 HA 标品的红外图谱基本一致，二者在特征区与指纹区的各主要吸收峰的波长和各吸收峰间的相互强度关系基本相同。图中没有明显的蛋白与碱基的吸收峰，说明提取的透明质酸纯度相对较高。

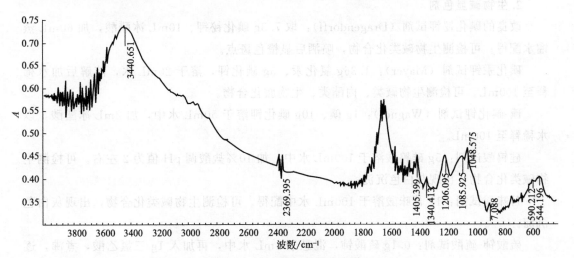

图 5-13 HA 的红外吸收光谱

附录3

附录 3-1　天然产物化学实验常用检出、鉴别试剂的配制

1. 通用试剂

碘粒：直接放入密闭的碘缸中显色。

硫酸：浓硫酸 1 倍体积缓慢加入到 9 倍体积的无水乙醇中，配成 10％硫酸-乙醇溶液。

高锰酸钾：0.5g 高锰酸钾溶于 100mL 蒸馏水中。可检测结构中存在双键或三键的化合物。

重铬酸钾-硫酸：5g 重铬酸钾溶于 100mL 40％硫酸中。一般有机化合物均可检测。

碘-碘化钾试剂（Wagner）：1g 碘、10g 碘化钾溶于 50mL 水中，加 2mL 冰醋酸，以水稀释至 100mL。一般有机化合物均可显色。

铁氰化钾-三氯化铁试剂：甲液，1g 铁氰化钾溶于 100mL 水中；乙液，2g 三氯化铁溶于 100mL 水中，临用时甲液和乙液等体积混合。可检测具有还原性的化合物，显蓝色。

2,4-二硝基苯肼：1g 2,4-二硝基苯肼、10mL 浓盐酸，加入 1L 乙醇溶解即可。对含有羰基的化合物喷洒后显黄色斑点。

2. 生物碱显色剂

改良的碘化铋钾试剂（Dragendorff）：取 7.3g 碘化铋钾、10mL 冰醋酸，加 60mL 蒸馏水配得。可检测生物碱类化合物，喷洒后显橙色斑点。

碘化汞钾试剂（Mayer）：1.36g 氯化汞、5g 碘化钾，溶于 20mL 水，溶解后加水稀释至 100mL。可检测生物碱类、内酯类、生物胺化合物。

碘-碘化钾试剂（Wagner）：1g 碘、10g 碘化钾溶于 50mL 水中，加 2mL 冰醋酸，以水稀释至 100mL。

硅钨酸试剂：5g 硅钨酸溶于 100mL 水中，加 10％盐酸调 pH 值为 2 左右。可检测生物碱类化合物，出现灰白色沉淀。

苦味酸试剂：1g 苦味酸溶于 100mL 水中配得。可检测生物碱类化合物，出现灰白色沉淀。

硫酸铈-硫酸试剂：0.1g 硫酸铈，混悬于 4mL 水中，再加入 1g 三氯乙酸，煮沸，逐滴加入浓硫酸至溶液澄清。

3. 糖类化合物检出试剂

α-萘酚-浓硫酸（Molish 试剂）：10g α-萘酚溶解于 100mL 乙醇中。使用时取一试管加入待检测溶液，加入 10％ α-萘酚乙醇溶液 1mL，振摇后斜置试管，沿管壁滴加 0.5mL 硫酸，静置，观察并记录试管液面交界处颜色变化。可检测糖、糖苷类化合物。

茴香醛-硫酸试剂：0.5g 茴香醛溶解于 50mL 乙醇中。使用时临时加入 1mL 浓硫酸。可检测糖类化合物，喷洒后不同糖显不同的斑点。

苯胺-二苯胺-磷酸试剂：取二苯胺 2g、苯胺 2mL、85％的磷酸 10mL，加入 100mL

丙酮中，可检测喷洒于薄层的糖类斑点，85℃烘箱中烘烤10min，各种糖类化合物喷洒后不同糖显示不同的斑点。

茴香醛-邻苯二甲酸试剂：配制0.1mol/L的对茴香醛乙醇溶液与0.1mol/L邻苯二甲酸乙醇溶液进行等量混合。可检测喷洒于薄层的糖类斑点，100℃烘箱中烘烤10min，各种糖类化合物喷洒后不同糖显示不同的斑点。

Fehling试剂：甲液，取69.3g结晶硫酸铜溶于1L水中；乙液，取349g酒石酸钾钠、100g NaOH溶于1L水中，使用前甲液和乙液等体积混合使用。可检测还原糖，产生砖红色沉淀。

间苯二胺试剂：称取2.16g间苯二胺溶于100mL 70%乙醇溶液中，配制0.2mol/L间苯二胺的乙醇溶液。可检测喷洒于薄层的糖类斑点，105℃烘箱中烘烤5min，呈现黄色荧光斑点。

三氯化铁-冰醋酸试剂：甲液，取0.5mL 1%三氯化铁水溶液，加冰醋酸至100mL；乙液，浓硫酸。使用时分别加入两液。可检测2-去氧糖。

咕吨氢醇冰醋酸试剂：取10mg咕吨氢醇溶于100mL冰醋酸（含1%盐酸）中。可检测2-去氧糖。

4. 香豆素类化合物检出试剂

对氨基苯磺酸-重氮盐试剂：取4.5g对氨基苯磺酸加入45mL 12mol/L的盐酸溶液，加热溶解，以水稀释至500mL。取10mL冷却，冰浴下加入10mL预先冷却的4.5%亚硝酸钠水溶液，反应15min，使用前加入等体积的1%碳酸钠溶液。可检测香豆素、芳香胺类化合物，在薄层板上喷洒后，香豆素显黄、橙、红、紫等颜色。

异羟肟酸铁试剂：甲液，盐酸羟胺5g，溶于12mL水中，乙醇定容至50mL。乙液，氢氧化钾10g溶于10mL水中，乙醇定容至50mL。甲液和乙液以1:2进行混合，除去沉淀后滤液在冰箱中放置。丙液，三氯化铁结晶物10g，加入20mL浓盐酸溶解，检测香豆素时先喷洒甲液和乙液混合液，干燥后，再喷洒丙液，可显淡红色斑点。

间硝基苯试剂：甲液，2%间硝基苯乙醇溶液；乙液，2.5mol/L氢氧化钾水溶液。可检测喷洒于薄层的香豆素类化合物斑点，先喷洒甲液，室温挥干后，再喷洒乙液，70～100℃烘箱中烘烤，香豆素类化合物喷洒后显紫红色的斑点。

5. 醌类化合物检出试剂

乙酸镁试剂：取0.5g乙酸镁溶于100mL甲醇。使用时在色谱板上喷洒乙酸镁试剂，100℃烘箱中烘烤，醌类化合物显红色至紫色的斑点。

氢氧化钠（钾）碱液：取5g氢氧化钠（钾）溶于100mL乙醇中。使用时在色谱板上喷洒氢氧化钠（钾）试剂，日光或紫外灯下检测。

无色亚甲蓝试剂：100g亚甲蓝溶于100mL甲醇溶液中，再加入冰醋酸1mL、1g锌粉，缓慢摇匀，至蓝色消失。使用时在色谱板上喷洒该试剂，醌类化合物呈现蓝色斑点。

6. 黄酮化合物检出试剂

盐酸-镁粉反应：金属镁粉少许，盐酸几滴，黄酮（醇）、二氢黄酮（醇）类化合物呈现橙红-紫红颜色。

四氢硼钠（钾）试剂：配制1%～2%四氢硼钠的异丙醇溶液（新制），加入待测样品溶液中，再加入几滴浓盐酸或浓硫酸。可使二氢黄酮（醇）类化合物呈现紫色-紫红色。

三氯化铝（或硝酸铝）试剂：配制 1％或 5％AlCl₃ 的乙醇溶液。使用时在色谱板上喷洒该试剂，具有酚羟基的黄酮类化合物呈现黄色荧光。

二氯氧锆试剂：配制 2％的二氯氧锆的甲醇溶液。取 1mL 加入样品溶液中，具有 3-羟基或 5-羟基的黄酮化合物呈现黄色，再加入 2％枸橼酸甲醇溶液后 5-羟基黄酮化合物黄色褪去，3-羟基黄酮黄色不变。

乙酸铅试剂：配制 1％乙酸铅水溶液。可使具有邻二酚羟基或 3-羟基、4-酮基或 5-羟基、4-酮基黄酮化合物出现黄色-红色沉淀。

乙酸镁试剂：配制 2％乙酸镁甲醇溶液。可使二氢黄酮（醇）显天蓝色荧光，黄酮（醇）、异黄酮显黄-橙黄-褐色。

氯化锶（SrCl₂）试剂：配制 0.01mol/L 氯化锶甲醇溶液，取 3 滴加入到待测样品中，再加入 3 滴已用氨蒸气饱和的甲醇溶液，可使具有邻二酚羟基的黄酮出现绿色-棕色-黑色沉淀。

硼酸试剂：甲液，配制饱和的硼酸丙酮溶液；乙液，枸橼酸的丙酮溶液。使用时在色谱板上先喷洒甲液，再喷洒乙液，黄酮化合物呈现黄色斑点。

氨水试剂：层析缸中加入一定量氨水，薄层板放在缸中，黄酮化合物斑点颜色加深。

7. 三萜、甾体类化合物检出试剂

2％血细胞生理盐水混悬液：取新鲜兔血适量，以洁净小毛刷迅速搅拌，除去纤维蛋白，生理盐水反复洗涤，离心至上清液无色后，取沉降的红细胞，加入生理盐水配成 2％混悬液，放于冰箱内备用。

乙酸酐-浓硫酸反应：无水样品溶解或悬浮于 0.5mL 的乙酸酐中，滴加几滴浓硫酸，三萜化合物可呈现黄-红-紫-蓝，直至褪色。甾体化合物呈现红-紫-蓝-绿-污绿等颜色。

磷钼酸试剂：配制 25％的磷钼酸乙醇溶液。将样品点于薄层板或滤纸上，喷以该试剂，在 140℃烘烤 5min，可显现深蓝色斑点。

三氯化锑试剂：配制 25％的三氯化锑-氯仿溶液。将样品点于薄层板或滤纸上，喷以该试剂，在 90℃下烘烤 10min，可显现不同颜色斑点。

五氯化锑试剂：配制 20％五氯化锑的氯仿溶液，将样品氯仿或醇溶液点于滤纸上，喷以该试剂，干燥后 60～70℃加热，三萜、甾体化合物显蓝色、灰蓝色、灰紫色等多种颜色斑点。

三氯乙酸试剂：配制 25％三氯醋酸乙醇溶液，将样品溶液滴在滤纸上，喷该溶液，加热至 100℃，三萜、甾体化合物显红色渐变为紫色。

间二硝基苯试剂：新鲜配制 2％间二硝基苯的乙醇溶液和 14％氢氧化钾乙醇溶液的混合液，在薄层板上喷洒该试剂，空气中挥干，样品呈现黄褐色或紫色斑点。

氯仿-浓硫酸反应：将样品溶于 1mL 氯仿中，加入 1mL 浓硫酸后，三萜类化合物在氯仿层出现红色或蓝色，氯仿层有绿色荧光出现。甾体化合物在氯仿层显血红色或青色，硫酸层显黄绿色，并具有绿色荧光，久置颜色加深，荧光加强。

氯磺酸试剂：氯磺酸与乙酸等体积混合，将样品点于薄层板或滤纸上，喷洒该试剂，在 130℃烘烤 5min，可显现天蓝色、紫色、粉红色、淡棕色等。

8. 强心苷类化合物检出试剂

氯胺 T-三氯乙酸试剂：甲液，取 3g 氯胺 T 溶于 100mL 水中（现用现配）；乙液，

25g 三氯乙酸溶解于 100mL 乙醇中。用前取甲液 10mL、乙液 40mL 混合，将样品点于薄层板或滤纸上，喷洒该试剂，在 110℃烘烤 5min，可显现蓝色或黄色荧光。

Legal 试剂：配制 2mol/L NaOH 水溶液和乙醇的等体积混合液 100mL，加入 1g 亚硝酰铁氰化钠，得到亚硝酰铁氰化钠-氢氧化钠溶液，将样品点于薄层板或滤纸上，喷洒该试剂，显红色或紫色斑点。

Kedde 试剂：1g 3,5-二硝基苯甲酸溶解于 50mL 甲醇中，再加入 1mol/L KOH 溶液 50mL，混合均匀。将样品点于薄层板或滤纸上，喷洒该试剂，显紫红色斑点直至褪色。

三氯乙酸试剂：25g 三氯乙酸用 100mL 乙醇溶解。将样品点于薄层板或滤纸上，喷洒该试剂，在 110℃烘烤 5min，在荧光下显蓝色或黄色斑点。

碱性三硝基苯试剂：甲液，取 100mg 间三硝基苯溶于 40mL N,N-二甲基甲酰胺中，加浓盐酸 3～4 滴，以水稀释至 100mL；乙液，5g 碳酸钠溶解于 100mL 水中。将样品点于薄层板或滤纸上，先喷洒甲液，然后再喷洒乙液，在 100℃烘箱中烘烤 5min，可显现红色斑点。

9. 氨基酸检出试剂

茚三酮试剂：0.2g 茚三酮溶于 100mL 乙醇中。使用时在色谱板上喷洒该试剂，氨基酸化合物呈现蓝紫色斑点。

吲哚醌试剂：1g 吲哚醌溶于 100mL 乙醇中，加入 10mL 冰醋酸，混匀。使用时在色谱板上喷洒该试剂，不同氨基酸化合物呈现不同的颜色。

1,2-萘醌-4-磺酸钠试剂（Folin 试剂）：0.02g 1,2-萘醌-4-磺酸钠溶于 100mL 5%碳酸钠溶液中（现用现配）。使用时在色谱板上喷洒该试剂，不同氨基酸化合物呈现不同的颜色。

附录 3-2 常用有机溶剂的沸点

常温常压下，常用有机溶剂的沸点见附表 3-1。

附表 3-1 常用有机溶剂的沸点

有机溶剂	沸点/℃	有机溶剂	沸点/℃
石油醚	沸程 30～60,60～90,90～120	甲苯	110.6
乙醚	34.6	二甲苯	110.6
苯	80.1	己烷	68.7
甲醇	64.7	环己烷	80.7
乙醇	77.8	甲酸	100.8
丙醇	97.2℃	冰醋酸	118
异丙醇	82.5	甲酰胺	210
正丁醇	117.7	N,N-二甲基甲酰胺	153
丙酮	56.2(无水)	四氢呋喃	65.4
丁酮	79.6	乙腈	81.6
二氯甲烷	39.8	四氯化碳	76.8
三氯甲烷	61.2	乙酸乙酯	77.1
吡啶	115	苯胺	184

参考文献

[1] 韩伟，等.超声波在活性成分提取中的应用进展 [J].装备应用于研究，2011，20：33-38.

[2] 刘延泽.植物组织破碎提取法及闪式提取器的创制与实践 [J].中国天然药物，2007，5 (6)：401-407.

[3] 贾振宝，等.决明子中蒽醌类化学成分的研究 [J].林产化学与工业，2009，29 (3)：100-102.

[4] 张妮，等.罗汉果叶的化学成分研究 [J].热带亚热带植物学报，2014，22 (1)：96-100.

[5] 孟云，等.芦荟中蒽醌类化合物成分研究 [J].北京化工大学学报，2004，31 (3)：70-73.

[6] 余晓霞.芒果树皮的化学成分研究 [D].广州：中山大学，2009.

[7] 辛文好，等.黄芩素和黄芩苷的药理作用及机制研究进展 [J].中国新药杂志，2016，6：647-653，659.

[8] 文敏，等.黄芩苷药理作用研究新进展 [J].沈阳药科大学学报，2008，2：158-162.

[9] 胡浩斌，等.短柄五加中抑菌活性成分研究 [J].四川大学学报（自然科学版），2009，46 (5)：1510-1514.

[10] 刘文丛.甘草酸及甘草次酸衍生物的研究 [D].长春：吉林农业大学，2004.

[11] 阿迪拉·吐尔逊塔依.新疆胀果甘草（Glycyrrhiza inflata Batal）抗血栓有效部位研究 [D].乌鲁木齐：新疆医科大学，2009.

[12] 田庆来，等.甘草有效成分的药理作用研究进展 [J].天然产物研究与开发，2006，18：343-347.

[13] 史桂兰，等.甘草酸药理作用及临床应用研究进展 [J].天津药学，2001，13 (1)：10-12.

[14] 奚凤德，等.一叶萩碱全合成的研究 [J].药学学报，1992，5：349-352.

[15] 黎莲娘，等.利用活性炭吸附法从一叶萩中分离一叶萩碱的研究 [J].药学学报，1962，9 (6)：352-358.

[16] 刘毅，等.一叶萩碱的研究进展 [J].中国药事，2009，23 (8)：817-818，828.

[17] 刘艳萍，等.白饭树枝叶的化学成分研究 [J].广东化工，2015，42 (5)：12-13.

[18] 汤华.总合草苔虫和海燕中化学成分的研究 [D].上海：第二军医大学，2007.

[19] 任连杰，等.海燕化学成分研究 [J].中草药，2004，35 (2)：138-140.

[20] 肖策.海带中岩藻黄质、岩藻甾醇、甘露醇和褐藻糖胶的综合提取纯化工艺研究 [D].西安：西北大学，2008.

[21] 汪曙晖.海藻中岩藻黄素的分离鉴定及抗肿瘤活性研究 [D].青岛：中国海洋大学，2010.

[22] 刘丽平.羊栖菜岩藻黄质的提取及理化性质研究 [D].杭州：浙江理工大学，2012.

[23] 秦玉清，等.鱿鱼皮胶原蛋白的提取利用 [J].中医研究，2002，15 (1)：20-21.

[24] 林琳.鱼皮胶原蛋白的制备及胶原蛋白多肽活性的研究 [D].青岛：中国海洋大学，2006.

[25] 陈申如，等.鱼皮胶原蛋白的纯化及酶解性质的研究 [J].厦门大学学报（自然科学版，增刊），2004，43：20-23.

[26] 曾凡梅.海带甘露醇提取工艺的研究 [J].农产品加工·学刊，2008，6：60-62.

[27] 林国荣，等.海带多糖和甘露醇的提取工艺研究 [J].福建水产，2014，36 (3)：205-210.

[28] 龚丽芬，等.牛磺酸的生物活性、提取与测定 [J].福建化工，2003，1：26-28.

[29] 李珊，等.密鳞牡蛎中牛磺酸的提取 [J].青岛医学院学报，1999，35 (3)：175-177.

[30] 李秀娟，等.牡蛎中牛磺酸含量测定方法的建立 [J].安全与检测，2010，26 (5)：81-83.

[31] 卢佳芳.鱿鱼眼中透明质酸的提取、降解及其生物活性研究 [D].宁波：宁波大学，2010.

[32] 孟繁桐.鱿鱼中透明质酸的制备及全缘叶蓝刺头活性成分的研究 [D].大连：大连海洋大学，2014.

[33] 周晴川，等.透明质酸的提取、应用及发展前景 [J].技术研发，2010，17 (11)：22.